A+U 高等学校建筑学与城乡规划专业教材

# 住宅和城市设计导论

姚 栋 著

An Introduction to
Housing and
Urban Design

中国建筑工业出版社

**图书在版编目（CIP）数据**

住宅和城市设计导论 = An Introduction to Housing and Urban Design / 姚栋著 . -- 北京：中国建筑工业出版社，2024. 3. --（A+U 高等学校建筑学与城乡规划专业教材）. -- ISBN 978-7-112-29983-6

Ⅰ. TU241

中国国家版本馆 CIP 数据核字第 2024F5D745 号

为了更好地支持相应课程的教学，我们向采用本书作为教材的教师提供课件和相关教学资源，有需要者可与出版社联系。

建工书院：https: //edu.cabplink.com

邮箱：jckj@cabp.com.cn　电话：（010）58337285

责任编辑：王　惠　陈　桦

责任校对：芦欣甜

A+U 高等学校建筑学与城乡规划专业教材

**住宅和城市设计导论**

An Introduction to Housing and Urban Design

姚　栋　著

*

中国建筑工业出版社出版、发行（北京海淀三里河路 9 号）

各地新华书店、建筑书店经销

北京雅盈中佳图文设计公司制版

北京同文印刷有限责任公司印刷

*

开本：787 毫米 × 1092 毫米　1/16　印张：$16^{1}/_{4}$　字数：343 千字

2024 年 8 月第一版　2024 年 8 月第一次印刷

定价：59.00 元（赠教师课件）

ISBN 978-7-112-29983-6

（42671）

给达人和幼棣

# 序

城市是一个鲜活的生命体，需要通过新陈代谢来保障其活力。这个过程应该是小规模渐进式的有机更新，而不是大拆大建；应该是全民参与的过程，而不是闭门造车。根据“十四五”规划和“2035 远景目标纲要”，中国城市发展的总体目标是实现宜居城市、绿色城市、韧性城市、智慧城市和人文城市。所有的这些目标往往需要通过城市有机更新，需要住宅与城市的协同。

居住是城市最重要的功能，宜居是城市永恒的追求。优秀的住宅为城市增光添彩，忽略城市设计原则的住宅如鲠在喉。本书介绍了住宅与城市关系的诸多案例，包括直接形成举世无双城市风貌的巴塞罗那扩展区，衬托伟大城市空间风貌基底的威尼斯，塑造城市公共空间界面的伦敦展览路，还有酝酿城市文化创作源泉的上海里弄。优秀的住宅可与城市交相辉映，而失败的住宅往往可以归咎于对城市设计的漠视和大拆大建的盲目决策。最极端的教训莫过于贯穿本书的普鲁伊特—艾格住宅，美国圣路易斯市 50 年都难以弥合的一道城市伤疤。最普遍的教训则是在过去 40 年间遍布中华大地的高层住宅小区——那些千城一面的塑造者。我们坚决反对用大拆大建淹没历史积淀，用标准化住宅代替城市烟火气的城市更新方式。美好城市需要专业设计师，需要有机更新的机制探索，更需要全民都加入学习城市设计和共创美好生活的实践中。

居住是每一个人的天赋权利。每个人都有权追求并有机会为自己创造更美好的居住空间。从这个意义上说，城市的最终设计者和建造者是人民。住宅和城市的最终评判者是使用者自己。住宅不仅是城市中最不可或缺的建筑类型和时代生活方式的直接载体，更是市民开始共创美好城市生活的便利学习途径。这本书体现了姚栋老师长期以来在通识教育上普及专业知识的积极探索，有效平衡了专业深度与阅读体验，在城市设计书籍中独树一帜。本书对于没有专业背景的读者极其友好，无论是否学习过建筑、规划、风景园林或城市设计都可以轻松阅读，还可以在复习思考中检验学习的成果。这本书对于专业读者同样开卷有益，无论是对于住宅和城市设计的历史梳理、工业革命以来到近现代的思潮变化与制度建设，还是对典型案例的研究也都达到了前所未有的深度。本书平衡通识与专业，是一本人人可以阅读的城市更新专业读物。

美好城市离不开每个人的参与，只有广泛参与才能避免千城一面。改革开放 40 年，中国经济成就卓著，城市风貌则一言难尽。如何用有机更新纠正过往的发展失误，实现宜居城市、绿色城市、韧性城市、智慧城市和人文城市的目标，不妨从本书开篇的十条原则开始。从结合自然开始学习设计，尊重经济性的约束，依托技术发展……在阅读中逐步了解一条条原则并通过理论和案例相互校对，最后再通过复习题和讨论题加以检验。然后再带着书中学到的知识回到城市，加入城市有机更新的洪流，成为美好城市生活的共创者。

这是我在阅读本书后的一点体会，也是对城市更新未来的美好期待。


伍江　博士

建筑学教授

法国建筑科学院院士

法国文化部艺术与文学骑士勋章

上海市城市规划学会理事长

中国城市规划学会副理事长

上海市政府决策咨询特聘专家

城市发展与管理重点智库首席专家

上海市城市更新及其空间优化技术重点实验室主任

# 前言

伟大的哲学家亚里士多德认为“城市的长成出于人类‘生活’的发展，而其实际的存在却是为了‘优良的生活’。”[1] 尽管城市形象和风貌已经发生了巨大改变，但对于“优良生活”的追求仍然与2000年前一样，亘古不变。

作为21世纪的学生，为什么要学习住宅和城市设计呢?

学习住宅设计有助于理解现代居住环境。阅读本书可以帮助你更好地认识自己的生活，并从历史源流中窥探未来。为什么现代住宅必须有套内卫生间，为什么东西向布局有利于更多的房间获得阳光，为什么除了花园和公共空间，我们还需要丰富多样的设施与服务。

学习城市设计可以帮助你更好地理解城市生活。城市中最不可或缺的建筑类型是住宅，住宅也是受城市影响最大的标准化产品。同一品牌手机或者汽车在全国各地的价格和使用体验几乎完全一致；为什么同样品牌、设计和配置的住宅产品却有着完全不同的价格与体验？因为你在选择住宅产品时，也在选择邻里，选择街道，选择城市，选择历史，选择工作与生活的方方面面。毫无疑问，本书会帮助你做出更有利于优良生活的选择。

学习住宅和城市设计的第三个原因是，它将帮助你了解并突破城市生活的局限。住宅和城市设计，曾经被认为是极其专业的工作和影响深远的公共政策，似乎只有知识精英和社会领导层才有能力影响和介入。但21世纪的知识发展和社会进步赋予了每一位市民参与城市工作的能力。作为普通市民的你也可以影响甚至引导公共资源的选择，从小区公共空间的管理与支出，到街道的使用模式乃至城市的发展方向。学习和储备城市设计知识，也许有一天你也会成为城市进步中的参与者、执行者和决策者。

住宅和城市设计与生活的方方面面都息息相关。无论你今后是否从事与之相关的设计、管理、投资决策，或者与之无关的行业或岗位，都是在追求更优良的生活。在这个意义上，学习住宅和城市设计一定能带给你具体的启发和帮助。

---

① 此处引用了吴寿彭中文译本，做了一字修改。原文主语是古希腊文字 πόλις，英译本译作 polis，吴寿彭中文版译作“城邦”，作者改为“城市”。参考：[古希腊]亚里士多德．政治学[M]. 吴寿彭，译．北京：商务印书馆，1983：7.

# 目录

## 下篇　住宅塑造城市

# 第1章

# 绪论

现在的时代不同了。
多数国家都对于人民个别或集体的住宅问题极端重视，
认为它是国家或社会的责任。
以最新的理想与技术合作，
使住宅设计，不但是美术，
且成为特种的社会科学。

它是全国经济的一个方面，
公共卫生的一个因素，行政上的一个理想，
也是文化上的一个表现。
故建造能给予每个人民所应得健康便利的住处，
并非容易达到的目的。
它牵涉着整一个时代政治理想及经济发展的途径，
以及国际间之了解与和平。

——林徽因[1]

城市设计（Urban Design）是一个历史悠久的学科，住宅是学习城市设计的零基础入口。尽管人类文明史中的城市都有设计[2]，但直到1960年美国哈佛大学才开设了全世界第一个城市设计专业学位，60年之后同济大学才获准建设了中国大陆地区首个城市设计专业。几千年的城市发展为这个新专业积累了庞大的知识体系，但城市中最不可或缺的建筑类型始终是住宅。没有居住功能的建筑群是遗址，有了住宅才有居民，有了居民才是城市。

**住宅和城市**与我们每个人息息相关。本书的读者绝大多数都居住在城市中，城市和住宅又决定了我们的生活。你的房间有多大，有没有窗，是否能照到阳光？有没有独用卫生间，有没有厨房，从入口玄关到卧室有多长的走廊？出门可有绿地，有没有公共设施提供服务，在哪里有公共空间可以邻里交流？你的家和单位距离多远，工作能够如何通勤，闲时能去哪里学习、娱乐……由卧室开始的一个个单元组成了家，由住宅开始的一个个单元组成了城市。

**住宅**
本书中的住宅指城市集合住宅，不包括独立式的别墅。

和一个家庭一样，一座城市也面临着诸多设计问题，都需要使用者的参与。入住新居时家庭需要决策哪间屋子做卧室，哪里做书房，哪里用作起居空间；住的时间久了也许就需要重新装修，生儿育女就需要想着是否能够把书房改造成婴儿房或是换一套更大的居所……一座城市从建设初期就需要决策在哪里安排住宅，在哪里安排商业、办公和工厂；城市发展必然需要旧城改造和城市更新，也许需要拓展城市用地边界。为了追求更美好的生活，我们学会了先辈所不知道的很多设计知识。设计不仅仅属于设计师，也需要使用者参与共创。在“人民城市人民建”的新时代，需要各行各业的专业设计师，也需要每一位市民都学习设计知识；如同把自己的居所设计成梦想家的理想，每个市民携手也一定可以让我们的城市更接近理想城市。

**慕课**
这部书是慕课《零基础的住宅和城市设计》的配套教材，也包含了大量慕课中没有的新内容。

毫无疑问城市设计专业由众多的知识体系所组成，但仍可以用一些核心的原则将其统一起来。在本章节中，我们将阐述城市设计所面对的十条原则。如果不理解或者不认同这些原则中的某一条，也完全不必担心。在第1章中讨论这些原则是为了帮助读者提纲挈领地了解城市设计概况，为之后它们出现在每一个章节做好铺垫。这些原则将会贯穿在这部书中，举一反三地解释住宅和城市设计；如同它们贯穿在人类的文明史中，塑造着我们的住宅，塑造我们的城市，也塑造着我们。

## 1.1 原则一：改造自然还是结合自然

大自然孕育了万物生命，以及人类文明，无论是住宅或城市设计首先面对的都是自然原则。住宅和城市本质上是人的聚居地，是复杂自然系统的一部分，从自然获取资源而非与自然对立。寻找改造自然和结合自然之间的平衡点，是贯穿人类城市史的主线。

**图 1-1 古汉字“城”**
“城”是在自然中保护人类的聚居地。

“城市”并非一个神秘主义的问题，城市就是取材于自然并改造自然的过程（图 1-1）。无论是在非洲、欧洲、亚洲，还是世界上的其他地方，城市设计都同样起源于对自然环境的改造。“任何一次建筑的行为，都是对自然的必要抵抗，建筑正是纽曼所说的意识发展乃非自然过程的那种非自然行为。当你选择一块基地的时候，你就把基地从自然中区别了出来。”[3] 人类的祖先为了躲避恶劣的天气、野兽以及敌人，开始建立起庇护所[4]。建筑理论家森佩尔认为建筑起源于对自然的模仿，“当人们用手砌成第一道墙，第一道空间的垂直分隔的时候，我们乐于认同这个屏障，这个由树棍和枝条编扎成的篱笆。制作这个篱笆需要的技术，是由大自然传递给人的。”[5] 于是由棚屋开始建造住宅，由住宅组成村落，开始了由村庄聚落到城市的发展。

设计城市必须首先考虑自然条件，地形、空气和上下水，这些是必不可少的自然要素。无论中外，在公元前都已经形成了朴素的城市设计理论，干净的饮用水、充足的食物、远离灾害且便于出行的地理条件，这些条件都制约着城市的设计和发展。中国古代战国时期的思想集《管子》就已经归纳了尊重自然的城市设计选址规则：避免山巅的选址以防取水困难，避免河滨选址以防洪涝灾害，因地制宜不必拘泥城市方正和道路笔直[6]。稍晚的古罗马时期，维特鲁威在《建筑十书》中明确提出了细致的城市选址原则：“地势应较高，无风，不受雾气侵扰，朝向应不冷不热温度适中。此外，应尽量远离湿地。”[7] 尊重自然和改造自然的原则贯穿在人类的建筑史和城市史中，也将反复出现在本书中重点讲解的案例中，例如西安、上海等中国城市，也包括了罗马、波士顿和华盛顿等西方城市。

城市的独特风貌往往来自于自然。本书第 3 章讲述的英国巴斯和第 4 章记录的中国上海都是这方面的典型，而第 6 章中的威尼斯则是最成功的城市设计典范。依托于亚得里亚海北部潟湖群岛的独特自然环境，威尼斯拥有了抵御大陆和海洋进攻的超级护城河，也通过改造潟湖的千年建设创造了举世无双的水上城市风景线。当然更多的城市并没有如此突出的风景，并且在工业革命之后进一步削弱了原有的自然特色（这个过程也发生在改革开放后的中国）。这种趋势并非一蹴而就，恰恰是如同自然般崎岖进程中不断改变认识的进程。城市发展污染自然、自然反噬城市的例子比比皆是，因地下水污染而成为废都的并不仅仅是古都长安。19 世纪之后人类又逐步发现了设计结合自然的重要性。从亨利·梭罗为代表的自然主义理论，到弗雷德里克·奥姆斯特德由曼哈顿中央公园开始的设计实践，再到埃比纳泽 · 霍华德提出兼有城乡优势的“田园城市”理念，追求人类文明与自然环境融合发展的可能已经成为今日世界的共识。

认识自然是城市设计学习的第一步。不改造自然就没有城市，然而罔顾环境的破坏性建设就会遭遇自然的反噬。人类文明不能为了自己的意愿就对自然为所欲为，也不能因为片面保护自然就放弃发展。两者之间并不是非此即彼的关系，而是存在复杂多元的可能性。因此，对城市设计的学习要从认识改造自然和结合自然之间的平衡点开始。

## 1.2 原则二：城市设计受到经济性的约束

城市总是面临着诸多的决策，包括改造自然和结合自然之间的权衡，而经济性往往是决策的关键性因素。城市设计没有简单的成本收益公式可用，而是受到包括自然地理、政治制度和社会发展等因素的综合影响。

**图 1-2 古汉字“市”**
“市”是支持聚居地可持续发展的动力。

城市的发展由多方面因素促成，政治和经济是城市设计绕不开的话题（图 1-2）。英语中城市设计的“城”（Urban）是 17 世纪脱胎于罗马时期的拉丁语词汇（Urbs），后者特指古罗马建设的由城墙围合的聚居地。中文的城市由“城”与“市”两个词语组成，前者象征权利而后者说明经济，有城无市常见于军事堡垒，有市无城则得不到制度保护。能经历时间考验而长盛不衰的城市必有独特的自然条件，也必须有政治和经济的双重保障。在国际间和平磋商机制诞生前，国与国之间，城市之间都奉行着弱肉强食的丛林法则，没有政治力量保护的商贸繁荣无法持续。城墙是古代城市经济的重要保障，对外是防范可能的军事劫掠和自然灾害，对内作为地方经济收入的税收关卡则是更日常的经济功能。

在城市形成阶段，政治与经济孰轻孰重在学术界并无定论。杰出的城市学者斯派洛 · 科斯托夫认为在城市形成的作用中，军事征服、政治平稳比商贸更重要[8]。地理学家伊德翁 · 舍贝里指出前工业城市时期城市是“社会统治者用来巩固和维持自身力量的一种机制”。城市向非城市地区扩展的情况与“某一政治机构的强化和扩张有关，其结果是产生出一个王国或一个帝国”。[9] 相对而言，以简 · 雅各布斯为代表的“因市而城”理论则缺乏有效的历史证据。如同中国古代天子分封诸侯，古希腊和古罗马开拓殖民地，这些政治操作为建立城市提供了制度化基础和经济增长的保障。人类古代历史鲜有如上海、中国香港和新加坡这样因为贸易而兴盛的城市，同时也必须承认上述城市不仅有卓越的地理位置，更享有特殊的政治地位。

政治力量可以建立城市，但维系城市命运的仍然是经济；特定制度条件下的经济性约束着城市设计能否得到实施。本书讨论了诸多世界名城在政权旁落后一蹶不振的故事，也论证了为什么激动人心的理论只是乌托邦。强大宏伟的城市，如第 3 章的西方古罗马城和第 6 章的东方古长安城，都深度依赖于权力聚拢的财富续命，一旦政权瓦解整个城市也就随之一落千丈。古罗马城和古长安城都经历了上千年的衰落期才能恢复到曾经的人口规模。不同的制度条件下，有着对城市形态和城市设计的不同评价，本书中讨论过的案例包括由唐代的里坊森严到宋代遍地商业的转变，也包括同样遭受天灾之后采用不同重建模式的伦敦和里斯本。城市发展的经济性与设计相关，但更需要在特定的时间地点来讨论。一个时代难以实现的理想设计在下一个时代可能都算不上基础入门款，否则就难以理解第 2 章中亨利 · 罗伯茨的模范住宅在今天看起来平平无奇。在某一地赚得盆满钵满的开发模式在另一地也有可能让公司倒闭破产，否则就不能理解同一个财团在美国纽约巴特雷公园城的辉煌与英国伦敦金丝雀码头的折戟沉沙。[10]

经济性体现在城市的方方面面，作为城市风貌基底的住宅尤甚。鼓舞着无数社会改良者的“田园城市”理论，与第 8 章中那两个远远谈不上成功的试验品莱齐沃茨和韦林，使城市蒙羞的美国圣路易斯市普鲁伊特—艾格项目贯穿了本书的多个章节，它们高开低走的教训中都有忽视经济性的原因。回到个体层面，年轻人憧憬的未来住所，也许是融入自然的湖畔森林小屋，能够接触到充分的光线、清新的空气和纯净的湖水。实现这个梦想的经济性因素可能又不仅仅限于：如何找到合法的可建设用地，如何筹措建设或者购买所需要的资金，施工期间如何将建筑材料运输到偏僻的工地，建成之后如何解决每天穿越森林与城市工作岗位之间的通勤交通难题，如何弃置废物以避免破坏自然环境，只有全面了解以上诸多因素以及它们背后的财务、制度和时间成本后，才能判断能否承担梦想住宅。住宅如此，城市如斯。

## 1.3 原则三：技术是基础与革命性力量

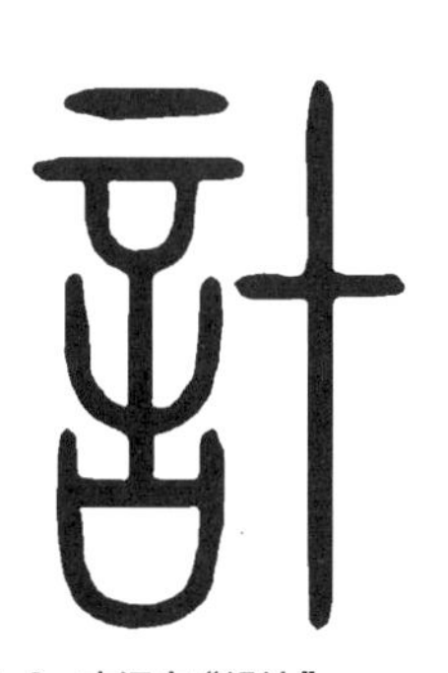

**图 1-3 古汉字“设计”**
传承、计划和统计都需要技术的支持。

城市设计在改造自然的过程中需要技术，而突破经济性约束更需要技术的进步。在自然中选择一个地点作为城市所在地，确定坐标并划分用地与道路，利用可获得的自然资源铺设场地、修筑围墙和建造房屋……以上每一个环节都需要技术。技术不仅仅是城市设计的基础，也是推动城市进步的重要力量（图 1-3）。

古代意大利人设计了宏伟的罗马城市，又为了建设城市发明了一系列的新技术。建设新城需要测绘技术，在选定的吉祥之地划定两条相互垂直的十字形主路。古罗马发明了名为“追影仪”的测绘工具，将青铜杆插入一块大理石圆盘的正中心，并记录影子在正午前后与圆周相交的点，两点连线成为城市的主轴。[11] 没有这样的技术，十字形方格网城市就无从落地。地标公共建筑需要建造技术，古罗马人发明了天然混凝土配方、拱券结构乃至起重机，才能突破古希腊露天剧院必须依山而建的桎梏，在平地矗立起高达 48m，周长超过 500m，可以同时容纳 8 万观众的罗马斗兽场。恢弘的巴洛克城市设计需要透视技术。15 世纪发源于佛罗伦萨的透视法定义了独立建筑物之间的关系，极大地丰富了作为视觉艺术的城市设计[12]，也为教宗西克斯图斯五世改造罗马提供了技术支持，我们也才有机会见证罗马人民广场三叉戟式样的经典城市空间。

技术的进步突破了经济性的约束。本书中讨论的伦敦市政管道与奥斯曼改造巴黎案例都是典型案例。伦敦威斯敏斯特区臭名昭著的贫民窟“恶魔之地”，随着 1868 年市政污水管道和泵站系统建成，洼地旋即成为市中心的富贵之地。本书第 3 章中奥斯曼改造巴黎的故事更是充分说明了技术进步对城市设计的巨大推动作用。杰出的建筑理论家希格弗莱德 · 吉迪恩在《空间·时间·建筑》中感叹“路易十四虽掌有全国的人力、物力、财力供其自由支配，也费一辈子的时间才造好凡尔赛宫。奥斯曼仅以 17 年的时间，由于其决心、毅力和先见，就开辟了 19 世纪的伟大城市。……奥斯曼是将大城市——几百万人的首都——当作一个技术问题来看待的第一人。”并由此得出结论——“城市属于技术问题。”[13]

工业革命后，突飞猛进的科技带动了城市的跨越发展。前工业时代只有政治能够主导城市，工业革命之后技术和资本就可以通过扩大生产吸引源源不断的人口。纺织技术的革命、蒸汽机的革命、钢铁工业的革命，带来越来越强大的生产力。充足的物资供应、改进的市政系统、更好的医疗技术，都在帮助延长人的寿命，需求也同时随着人口一起增长。产业技术的发展催生了一系列大工厂、大工程和大城市，诸如纺织业中心曼彻斯特、羊毛交易中心悉尼、谷物交易中心芝加哥、肉制品交易中心布宜诺斯艾利斯。后发的城市往往更加注重积极吸收前人的经验和技术，德国出版了第一本城市设计教科书，也创造了区划的城市设计技术（见第 2 章）。

设计是技术的积累，而城市设计正是这一人类文明成果的具体证据。加拿大学者梅林·唐纳德在《现代思维的起源》中指出，人类可以将知识和智力传承给下一代，也正是该能力将人类区别于其他的灵长类动物。[14] 传承知识和技术是人类的特征，站在巨人肩膀上眺望远方，文明才能持续前进；传承并迭代前人的设计技术，城市才能创造更灿烂的明天。所以城市建设艺术需要学习方方面面的知识，认识自然，懂得经济，掌握技术。

## 1.4　原则四：城市设计师是参与者

城市设计师应该以参与者的态度介入设计，避免自以为能决定一切的上帝视角[15]（图 1-4）。在讨论作为人性问题的城市设计时，希格弗莱德·吉迪恩指出“城市设计的法则在亚里士多德简介的说明中已概括无疑：城市建设应着眼于保护其居民，并且同时使他们获得幸福。”[16] 优秀的城市设计需要设计师，也需要世代人民的共同奋斗。

城市是人类最伟大的文明成就之一，也是市民共创的艺术品。主政者和设计师可以建造纪念物，设计城市形式和功能，但不可能阻止城市的动态发展；后续的建设、发展和更新必须世代共同参与。早在公元前 400 年，古希腊剧作家索福克勒斯就指出“属于一个人的城市不是真正的城市。”[17] 杰出的城市研究学者凯文·林奇指出“城市的形式，实际功能以及人赋予城市的思想和价值共同造就了一种奇迹。”[18] 伟大的城市设计都是世代协力共创的成果，本书中涉及的几十个城市无一例外。

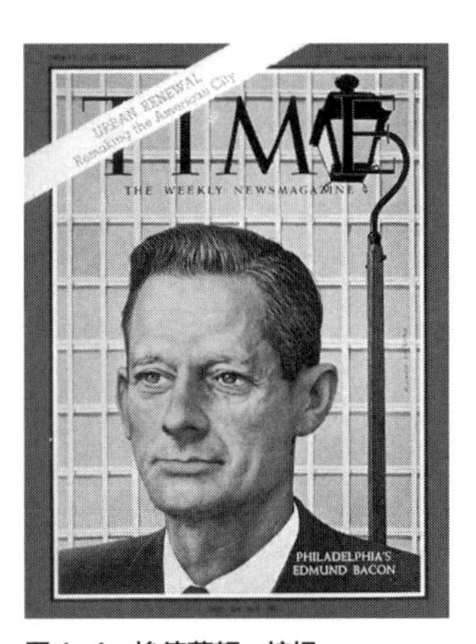


**图 1-4　埃德蒙顿·培根**
唯一登上《时代》周刊封面的城市设计师，1949—1970 年间费城城市设计负责人。通过他的名著《城市设计》提出了“城市设计师是参与者”这一关键原则。

城市设计师需要警惕高高在上的鸟瞰视角和越俎代庖的创作思维。王建国院士在《城市设计》中指出由于现代城市设计的“代表人物接受的多为建筑学教育，是用建筑师的眼光看待城市建设问题。……沙里宁甚至认为，'城市设计基本上是一个建筑问题。'"[19] 基于"艺术家主导创作"的精英态度，甚至有建筑大师强调"不能把城市设计留给市民。"[20] 城市设计师需要掌握自然、经济和技术的基础信息，更需要带入参与者的视角了解和预判市民的需求，基于以上内容制定并维护城市发展的规则。"好的城市设计通常类似于足球比赛中的裁判员，他们自身不引起过分关注的比赛才是一场好的比赛。"[21]

城市设计师是参与者而不是主宰者，教宗西克斯图斯五世是说明这条原则的绝佳示范。罗马并非一日建成，即使设计师是教皇国的最高统治者。本书第 3 章讨论了教宗西克斯图斯五世的故事，通过城市设计挽救衰败罗马城并奠定巴洛克城市设计范式的故事。串联主要教堂的大道方便了信徒朝圣；方尖碑、三叉戟广场和开始重建的圣保罗大教堂凸显了教廷的神圣地位；修缮和新建输水管道也大幅度改善了城市的卫生状况。[22] 尽管教宗短短五年在位期间建成的实际项目屈指可数，"恰恰是他的思想所包含的力量而不是他的政治影响引起他身后一连串的大事。"[23] 罗马古典主义时期只有宏伟但相互孤立的建筑，是西克斯图斯五世将整个城市纳入思考，设计了超越地形和时间的空间结构，用视廊、节点、地标和市政设施，引导着此后几百年的罗马市民一起建设这座伟大的城市。

城市是人们积极地聚集行动发生的场所，城市设计师需要作为参与者思考如何引导市民成为共创者，而不是把自己当作主宰一切设计的"上帝"。除了地标和纪念物，更要考虑如何安排居住、街道和公共空间。本书第 6 章分析了朗方设计华盛顿的原则和方法，这位城市设计师没有设计国会山、白宫或者任何一幢华盛顿建筑物，但是并无损于他的伟大贡献。

**即时讨论：**

1. 请描述你所知道的伟大城市和著名的设计师。

2. 父母自小重视你的教育，你也取得了一定的成功。请问你的成功是否有自己的努力，父母是你成功的主导者还是参与者？

在《城市的形成》这部巨著的最后，斯派洛 · 克斯托夫如此结尾。"如果我们仍然相信城市是人类创造物中最复杂的物品，如果我们进一步相信城市是积累性的、世代相传的东西，它凝集着我们社会共同体的整体的价值，并且为我们提供了一个可以学会共同生活的空间环境的话，那么控制它的设计便是我们集体的责任。"[24]

## 1.5 原则五：健康是永恒的主题

人类生活持续进化，尤其工业革命以来的住宅和城市更是经历了翻天覆地的变化，健康，在推动变化的主题中始终占有一席之地。追求健康促使人类告别风餐露宿；然而聚居又会带来新的健康问题。

早在公元前 4 世纪，健康选址已经是城市设计的核心主题。伟大的古希腊思想家亚里士多德就提出城市设计"首先和最基本的是应该有利于健康……下一个要点是城市所处的地点应该有利于开展城市的市民活动和军事活动。"[25] 维特鲁威在《建筑十书》中的第一书第四章标题就是"选择健康的营建地点”，书中强调“首先是选取一处健康的营造地点。”[26] 尽管大师们的理论都关注着朝向、阳光和通风，但是对于实践中的健康城市设计并没有共识。例如维特鲁威强调避风，而另一位杰出的建筑家阿尔伯蒂则强调通风“如果风不能到达那里，空气又将变得泥泞般厚重。”[27] 根据塔西佗的记载，阿尔贝蒂认为狭窄和尽端封闭的街道益于健康，理由是街道拓宽后“城市变热，因此不利于健康。”[28]

城市发展中的健康挑战更多。人口集聚后饮水和排水都随之成为健康难题。贯穿本书前半部分的罗马可能是最早遭遇环境影响健康问题的大城市。公元前 300 年罗马城人口超过 50 万，健康用水问题变得极为突出。为避免污染浅层地下水，建造了延续使用至今的大型下水道，将污水排入台伯河造成河水污染；为解决台伯河污染问题修建了翻山越岭的输水工程。“为了让大家记住这些古罗马的成就，罗马的政府官员在引水渠进入城市的地方建了拱廊装饰，在广场建了华丽的喷泉。”[29] 修建喷泉彰显健康城市功绩的做法此后成为传统，也出现在本书记载的锡耶纳和波士顿等城市（图 1-5）。本书第 6 章分析了中国古都长安因地下水被污染而制约城市发展的故事。古代罗马和长安都深受用水之苦，但技术的差异造成了城市发展轨迹的变化。

工业革命之后人类进入城市化的快车道，环境问题直接威胁到公共卫生和生存权，健康住宅和健康城市的追求也变得越来越突出。本书详细记录了早期资本主义时期恶劣的生存环境，以及改良运动通过制度化与城市设计改造城市的过程。快速建设的城市和不断涌入的市民，加上工业化的环境污染，促使疫病加快传播，可预期寿命短到令人发指的地步。正是生死困局推动了城市设计的革命，例如 1780 年巴黎才禁止了市民在门前倾倒便溺[30]。本书第 2 章以伦敦为案例，讲述了对健康的威胁改变城市设计的故事；1854 年的死亡地图与 1858 年的大恶臭迫使统治阶级正视环境对市民健康的伤害，进而通过制度化为城市升级。许多我们今天习以为常的城市基础设施都是在改良运动的争取下才逐步获得，例如 17 世纪才出现的英国式绿地广场，18 世纪出现遍植行道树的景观大道，19 世纪出现了合流污水工程，乃至 20 世纪出现的现代集合住宅。本书记录的 20 世纪住宅实验，绝大部分都以健康为核心追求；21 世纪的城市和住宅仍将如此。

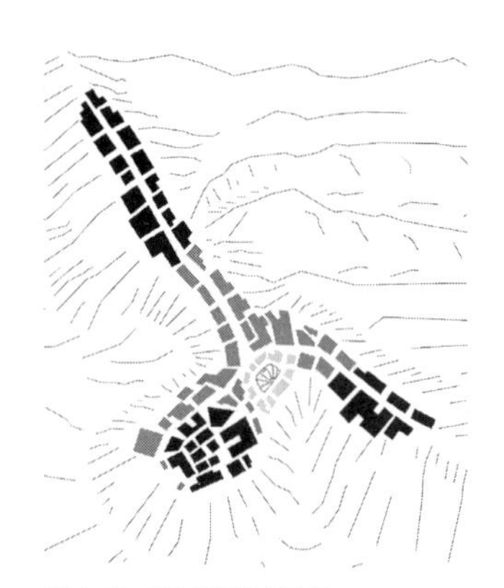

**图 1-5　锡耶纳城市演进**
不断发展的三座村庄在山谷交汇，围绕新建的坎波广场和幸福喷泉形成了一个完整的城市。

我们每个人都能够从健康住宅和健康城市中获益；同时大多数人也都希望能够兼有健康与个性特色。现代集合住宅与现代城市对阳光、通风和间距的理性追求，为数以亿计的市民提供了前所未有的健康居所；片面强调效率和标准化又容易陷入了千城一面的风貌困局。作为本书的核心主题之一，如何在住宅和城市设计中平衡特色与健康贯穿在本书的 10 个章节之中。

**讨论题：**
19 世纪健康城市和健康住宅的前提条件都已经不复存在，21 世纪的城市与住宅又有哪些新的挑战？

## 1.6 原则六：多样化是活力源泉

标准化与多样化的对立是住宅和城市设计中的核心矛盾，我们常常渴望有一种理念能像万灵妙药那样解决城市问题，以至于放松了对单一方法造成城市多样性丧失的警惕性。正如亚里士多德在《政治学》中指出的“城市是由各种不同的人所构成，相似的人无法让城市存在”。

伟大城市的魅力来自其多样性，并不能被一种或几种理论概括。本书中讨论的古今城市，从亚洲到欧洲再到美洲，伟大的城市无一不是洋溢着多样性的人类聚居地。例如贯穿本书的古罗马帝国首都，无论哪一种理论都难以解释高低起伏的丘陵沼泽地形与错综复杂的空间肌理何以让它的繁荣延续两千年。与之形成强烈对比的是第 6 章中介绍的柯萨故城遗址，倒是可以被简单概括为十字形平面古罗马殖民城市。空间肌理如是，城市功能更甚。工业城市往往被认为是单调的，但恩格斯笔下的世界第一座工业城市、第 3 章重点介绍的英国名城曼彻斯特，它的成功不仅仅是纺织工厂，还包括由纺织衍生的贸易和金融。[31] 同样的价值观也适用于住宅，整齐划一的标准化住宅常常被戏称为“火柴盒”或者“兵营式”，一旦经济性允许，人们向往的总是那些形式独特与生活内容丰富的居所。

**图 1-6《美国大城市的死与生》1972 版封面**

过分强调小汽车可能摧毁城市。

对流行理论的生搬硬套是一种常见的误区。持续迭代的理论是住宅和城市设计的进步特征：1900 年代的田园城市，1920 年代的住宅创新，1930 年代的功能分区，1950 年代的城市更新，1990 年代的新城市主义，2010 年代的公交优先，2020 年代的健康城市……理论更迭犹如时尚更替，“时尚代替了真正的思考。与其尝试找出最佳的交通系统或最佳的土地使用计划，规划者可以简单地应用最新的流行趋势。”[32]

最早强调城市设计必须关注多样性的是简 · 雅各布斯。第 9 章中记录了这位杰出女性学者对城市理论教条化危害的分析以及对城市多样性的贡献（图 1-6）。她批判了霍华德“田园城市”思想对历史城市的抛弃态度，批判了霍华德对功能分区和供应‘健康’住宅的过度重视，并指出“他一笔勾销了大都市复杂的、互相关联的、多方位的文化生活”。[33] 以美国洛杉矶为例，她解释了对“开放空间”概念的滥用。“大城市里，大量的空敞地不仅不会阻止空气污染，相反，会产生空气污染。这样的效应埃比纳泽 · 霍华德是很难预见的。”简 · 雅各布斯在《城市经济》中提出发展的本质是三条原则“分化源于共性；分化变为共性，从中产生更多分化；发展依赖共同发展”。[34] 她的传世名著《美国大城市的死与生》中提出了城市多样性不可缺少的四项条件：混合两种以上功能、密集路口的小地块街区、不同建筑的杂糅，以及足够高密度的人口。[35]

简 · 雅各布斯指出“城市是由无数个不同的部分组成，各个部分也表现出无穷的多样化”。显而易见，创造或者延续多样性的不仅仅是设计师，不是某种公共建筑，更重要的是参与其中形形色色的人以及他们对于城市的灵

**讨论题：**

简 · 雅各布斯的多样化理论是否绝对正确呢？

活运用。雅各布斯引用土地经济学家拉里·史密斯的观点，以国际象棋比喻城市。“城市的建筑与棋子有一个区别：棋子的数量是固定的，而在城市里，如果运用得当的话，这些‘棋子’的‘数量’是可以翻倍的”。[36] 所以，不要幻想用一种理论或者方法解决城市的问题，城市设计师更需要因地制宜，聆听不同群体的声音，兼顾他们的复杂需求。

## 1.7 原则七：设计作为一种博弈

当你了解到城市由不同利益的多元主体构成，有着层出不穷且时常相互矛盾的理论，那就是时候理解城市设计绝不仅仅是由概念、图纸、模型和虚拟仿真动画所组成的方案（图 1-7）。正如杰出的城市设计教育家亚历山大·加尔文所言，“只有博弈后，同时成就参与者和旁观者的才是优秀的城市设计”[37]。

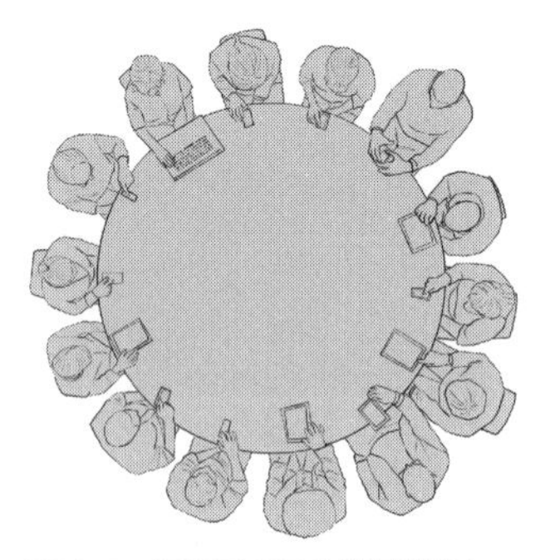

图 1-7 设计是多元主体间的博弈

本书中讨论了许多城市设计案例，以及它们背后不同身份参与博弈的人：其中包括脚踏实地的设计师、畅想愿景的梦想家、高屋建瓴的批评家、手握权柄的政治家，当然还少不了金融机构、开发商。当然在这些博弈中，无论作为参与者或旁观者，公众永不缺席。当不同的参与者各司其职，扮演好不同的角色，博弈就走向共赢；与之相反则导致城市设计走向失败。

本书中有很多杰出的设计师。有的创造了传世的杰作，例如古代长安和洛阳的设计师宇文恺，接力开发巴斯新月的约翰·伍德父子，在城市更新中巧妙创造摄政街的约翰·纳什，以及在波托马克河畔沼泽中打造了华盛顿特区的皮埃尔·朗方。当然也有很多没有留下作品却也被时刻记住的设计师，例如世界首位职业城市设计师托马斯·亚当斯；也有留下遗憾作品的设计师，例如普鲁伊特—艾格的建筑师。

本书中也有很多梦想家的故事。有些用“卓越的愿景激发我们的灵感……也有部分愿景者的观点显示出他们对城市运转的无知，他们的建言也改变不了任何事物”。[38] 本书中先后重点介绍了克里斯托弗·兰恩和 1666 年伦敦方案，埃比纳泽·霍华德和田园城市理论，勒·柯布西耶和他的光辉城市，克莱伦斯·佩里和邻里单位……他们的创想有些建成，有些部分实现，有些停留在纸面，但无一例外地深刻影响了城市和住宅的发展。

当然还有那些曾经主导城市设计的政治家。本书中讨论了 1585 年到 1590 年改造罗马的教宗西克斯图斯五世，1775 年创造庞巴莱风格的葡萄牙第一首相庞巴尔侯爵，1853 年到 1869 年大权独揽的塞纳省长欧仁·奥斯曼男爵。除了国际政治的风云人物，本书也记载了 1984 年到 1996 年间上海市委、市政府历届领导人锐意进取推动城市更新的故事和他们留下的杰出成绩。

尽管书中记录了几十座伟大城市和著名项目。囿于作者的知识局限与本书的入门定位，案例研究较少涉及融资、开发和公众参与，但诸如第 3 章奥斯曼改造巴黎，第 4 章上海城市更新，第 6 章的威尼斯，第 7 章的波士顿昆西市场和法尼尔厅……乃至最后一章的上海大学路城市更新，都尝试着管中窥豹为读者揭示城市设计背后的博弈与共赢。当然还有贯穿本书 10 个章节的反面案例——美国圣路易斯市的普鲁伊特—艾格，失败的绝不仅仅是设计师，而是包括政治家和参与到这个项目的大多数人；失败的不仅仅是建筑，而是财政，以及这座城市。

**讨论题：**
设计师、梦想家、政治家和金融企业对于城市设计的态度有什么差异？

城市设计和作为城市风貌本底的住宅设计并不存在一种完美的实现路径。面对多元的主体和利益时，我们需要掌握综合技术，需要学会换位思考，需要综合评价，需要高效的沟通与协商技巧。对于公共投资的项目，“最好的路线应是社会效益最大而社会损失最小的路线”。[39]

## 1.8　原则八：城市是整体艺术

如果说城市设计是一种艺术形式，那它一定是由审美客体[40]与审美主体所共同构成的整体艺术。城市建设艺术的一面是由城市建筑、公共管理和财政金融等构成的审美客体，另一面是由不同阶层、不同身份参与者所组成的审美主体，两者缺一不可。

有感于 19 世纪歌剧中音乐、舞蹈和诗歌彼此孤立，歌剧成为艺术家们各自炫技表演的弊端；音乐家理查德 · 瓦格纳于 1849 年发表的《未来的艺术作品》文中首次提出了由审美客体和审美主体双元组合的“整体艺术”[41]概念。“人通过不同的感官主导不同的艺术能力，如视觉对应舞蹈艺术、听觉对应声音艺术。……它们都是个别的、局限的，都是人类能力的某一个方面。只有当它们结合起来越过彼此的界限，使界限完全归于消失，那么才会形成‘共有的、不受限制的艺术本身’。”[42]第一个把整体艺术思想引入建筑学的是曾追随理查德 · 瓦格纳[43]的卡米诺 · 西特，在出版于 1899 年的《城市建设艺术：遵循艺术原则进行城市建设》中，西特提出了具有强烈整体艺术倾向的评判。[44]同在维也纳，奥托 · 瓦格纳领导的分离派运动在综合多种艺术类型的客体创作中也有着整体艺术的影子。瓦尔特 · 格罗皮乌斯在 1920 年代提出了整体建筑[45]的概念，而他的名言“建筑师有能力设计一切，小到茶匙大到城市”也成为整体建筑概念的最佳注解。[46]整体建筑是一种典型的“重物轻人”设计观，继承了整体艺术设计万物的雄心却放弃了对审美主体的人文关怀。整体建筑曾在二战后的世界城市化浪潮中大行其道，又在 1960 年代末后随着对自上而下精英规划的反思被人遗忘。

通过对街道连续、材料、高度乃至建筑细节的约束，城市设计将离散的环境与独立的市民融为一体，“整体大于个体”原则常与建筑设计个性化原则冲突。早在 1258 年，罗马法就规定，拉尔加路和其他新街道上所有房屋必须沿着街道整齐排列。[47] 锡耶纳在 1346 年通过城市议会规定了城市风貌的整体原则。“为了锡耶纳的市容和几乎全体城市民众的利益，任何沿公共街道建造的新建筑物……都必须与已有建筑取得一致，不得前后错落，它们必须整齐地布置，以实现城市之美。”[48] 街道由建筑物间的剩余形成了整体空间元素，连续统一的街道立面在 17 世纪成为巴洛克城市设计的重要一环[49]。19 世纪末的很多城市都开始实行高层建筑控制，例如伦敦限高 80 英尺（1 英尺≈ 0.3m），波士顿限高约 125 英尺，芝加哥限高 130 英尺。1916 年纽约在区划中将城市划分为五个高度分区，每个分区都需要在特定公式中代入街道宽度再得到高度和体型的具体限制。[50] 奥斯曼改造巴黎是“局部服从整体”的绝佳案例，它的管控规则一直延伸到立面壁柱的深度，阳台悬挑距离等。[51] 而奥斯曼对巴黎商业法院穹顶的强制要求更是局部服从整体的极致案例（见第 3 章）。

作为整体艺术的城市离不开公共艺术。伟大艺术家米开朗琪罗为佛罗伦萨凡奇欧官（Palazzo Vocchio）设计的大卫雕像可以说是公共艺术与建筑物结合的绝佳示范。米开朗琪罗亲自为雕像选择了入口一侧的位置，这个审慎选择的位置也为大卫像增添了巨大的环境力量。“所有在那里看到这一杰作的人们都为它所产生的非凡的表现力所折服。坐落在这一位置上的雕像与相对平淡的背景形成对比，并且有利于观赏者与真人尺度方便地进行比较，巨大的雕像显得似乎变得更加宏伟，让人感觉超出了它的实际尺寸。灰色调、雄浑有力的墙为雕像提供了一个背景，在它的衬托下，雕像的线条显得更为突出。”[52] 被搬迁到艺术馆独处的大卫像失去了与场所的关系，原先向左斜视凝望佣兵凉廊下雕像群的头像，变成了注视左前方的迷惘（图 1-8）。

城市风貌由自然风景、建筑风格和市民面貌所共同构成，所以作为整体

**图 1-8　作为整体艺术的大卫像**

米开朗琪罗的大卫真品被搬迁到学院美术馆内（左），留在领主广场的是复制品（右）。埃德蒙顿 · 培根指出米开朗琪罗的原作充分考虑了雕塑与共和宫建筑尺度和入口方向的关系，并根据观众视角调整了大卫像的身体比例。

艺术的城市设计离不开市民的参与，所以伟大的城市总是需要公共空间。公共空间不仅仅是市民活动的场所，也是让市民与城市融为一体的沉浸式舞台。市民是城市风貌的组成部分，也是城市节点尺度的决定者。杰出的建筑教育家克里斯托弗 · 亚历山大在《城市设计新理论》书中提出："每当建造一个建筑项目时，都要以它能创造优美的人行空间为原则。我们可以简单地将其表达为：'建筑物围绕空地'，而不是'空地围绕建筑。'"[53]

## 1.9 原则九：城市设计是继承者

联系过去与未来，城市设计正是这座传统之桥的科学和艺术。[54] 城市不能像用坏了的机器一样可以丢弃了事；[55] 城市不但是人类的生存空间，更是孕育文明持续创新的珍贵资源。设计的本质是继承和创新，这也是将人类区别于自然中无数其他生物的首要原则。无论是人、住宅或者城市的发展，是经济繁荣的结果，也是技术进步的产物，也都是继承的结果。人类以代代相传的方式不断继承和创新，城市设计也不例外。

古希腊和古罗马伟大的城市建筑孕育了一代代新的文明，包括中世纪欧洲的文艺复兴，包括卡米洛 · 西特在 19 世纪末期的城市建设艺术思考，也启发了埃德蒙顿 · 培根的城市设计继承者原则。第 6 章中分析了古希腊和古罗马城市建设殖民地城市的各自特征，每一座围绕希腊广场组织，或者在十字形路口下建立的方格网城市都是文明和征服的象征。第 6 章也记录了西特在观察欧洲历史城市中归纳的伟大城市设计视觉美范式；以及作者根据该范式所解释威尼斯圣马可广场的传世之美。培根在《城市设计》一书中通过佛罗伦萨安农齐阿广场的故事说明了城市设计的继承者原则（图 1-9）。安农齐阿广场是侍从路尽端，围绕 13 世纪建成的安农齐阿教堂的一片 60m 见方的广场空间，当建筑家布鲁乃列斯基于 1427 年在教堂东侧完成了育婴堂，也创造了这个广场的柱廊语言。后来的建筑师在创作中都坚持了继承者原则，无论是米开罗佐于 1454 年改造教堂主立面，还是桑迦洛和达尼奥洛设计育婴堂对面的新建筑时，他们克制自我表现，"而是几乎一成不变地追随当时已建成 89 年的布鲁乃列斯基的设计。正是这样的一个设计确立了最神圣的安农齐阿广场的形式，并在文艺复兴的思想序论中形成了由几幢设计上相互联系的建筑形成空间的概念。由这一点可以形成'继承者的原则'。正是后继者决定论先行者的创造是湮没还是流传下去。"培根写道"任何真正伟大作品的内涵，能以一种原作者未曾想到的方式影响着周围后继发展的创新力。"[56]

继承者原则有着超越美学的经济性意义。简 · 雅各布斯指出"老建筑对于城市是如此不可或缺，如果没有老建筑，街道和地区的发展就会失去活力。……如果城市的一个地区只有新建筑，那么在这个地方能够生存下去的企业肯定只是那些能够负担得起昂贵的新建筑成本的企业"。她特别指出老

图1-9　安农齐阿广场

建筑是包括普通的老建筑，因为高昂的新建筑成本会通过驱离中小企业引发多样化丧失的恶性循环。[57]

创办了世界首个专业城市设计企业的戴维·刘易斯[58]指出发现并继承文脉是城市设计师的责任。“城市来自世代相传。我们没有建造它们，我们继承了它们。而且我们继承的大多数城市，都奠基于汽车、电力以及我们拥有的所有东西之前。我们必须明白，城市是一个有机体，而我们正在向这个有机体添加。我们在做减法和加法。……这就是我们所做的，这就是城市设计师所做的。每个建筑都有一个文脉，就像每个人都有一个背景一样，而这些文脉通常比建筑本身更强大，强大得多。”[59]

## 1.10　原则十：从街道开始的设计

城市属于多元主体，设计不能喧宾夺主。在产权分散的人类集聚地中，作为公共空间的街道于是成为城市设计开始的环节。

不少城市最初是由城堡发展而来，但面积再大的城堡都不是城市。同理，北京故宫即使名为“紫禁城”也不是真正的城市。城堡和宫殿只有一家统治者，而城市属于万千市民。即使在土地公有制的国家，政府兴建的房屋也有不同的管理主体，城市中大部分建筑都是由企业出资建设，属于私人或者企业。基于此，杰出的城市设计师和理论家乔纳森·巴奈特指出城市设计专业应“设计城市而非设计建筑物”。[60]多元主体与变迁中的社会决定了即使城市设计方案得到实施，也不可能和原先的计划一模一样。当代社会通过制度化的《城市规划法》引导多元主体的建设活动，而城市设计划分用地、组织交通和促进交往，乃至传承城市肌理与记忆的工作都是从街道开始。

新城市的设计总是从街道开始。本书讲述的古代中国、古希腊、古罗马乃至工业革命后的城市，几乎没有例外。维特鲁威在《建筑十书》中指出“城墙一旦竖立起来，接着就要将城里的面积划分为小块土地”。[61] 通过街道网络，将城市用地划分为一个个街块，然后在街块中填充不同的功能。这种快速形成城市空间结构的方法，有利于快速出让土地并吸引多元主体一起投资建设。这种方法“并非某个特殊时代或特殊文化所专有”，从本书第 6 章详细记录的古都长安，到欧洲由亚历山大大帝到古罗马帝国再到中世纪诸国，又成为北美洲城镇的基础。[62]1785 年的《国家土地条例》决定了绝大多数美国城市采用方格路网，曼哈顿 1811 年划定的路网成为其中最疯狂的典范。整座城市都被道路切割为便于销售的方块，造成了公共空间和公共建筑用地严重匮乏的后遗症。[63]

在城市更新中，街道改造往往肩负着汇聚活力的使命。街道不仅划分用地，更是沿线多元主体和市民依赖并共享的主要交通基础设施之一。在产权主体多元化的既有城市，由公共投资建设和维护的街道是珍贵的公共资源。相比单体更新和集中成片改造，政府牵头的街道改造更有利于交通可达性与沿线地块间协同效应的发生。本书中重点讲述的 1590 年西克斯图斯五世重建罗马和 1851 年拿破仑三世改造巴黎，都是以街道系统改造城市的模板；而 1813 年约翰 · 纳什设计摄政街则是以一条街道推动 200 年片区繁荣的典范。值得警惕的是单纯为汽车服务的道路可能对城市造成的伤害，快速路建设与中心城衰败密不可分。本书第 7 章聚焦波士顿，中央干道高速路对城市活力与肌理的破坏，而从高架路到地下快速路与城市绿道的转变展现了街道改造从速度优先到以人为中心的转变。从 19 世纪末“城市美化运动”中的视觉因素，到 20 世纪初“现代主义运动”时期把街道当成“高效率运动的通道”，21 世纪越来越多的城市开始强调街道作为社交空间和城市连接元素的价值。[64] 重新缝合分裂的多元主体，街道将行人带回城市（图 1–10）。

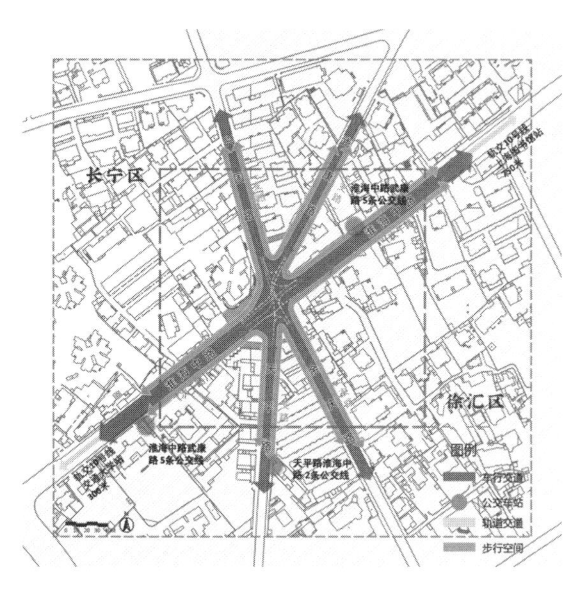

**图 1–10　武康路是从街道开始城市设计的典型**

延续河流走向形成的道路，结合道路肌理布置的住宅，由街道更新再生的街区。

# 复习思考

### · 本章摘要

改造自然与结合自然的平衡贯穿了历史，决策关键往往是经济性，突破其约束就需要技术进步。在城市设计中，设计师是参与者，健康是永恒主题，多样化是活力源泉，经过博弈实现共赢才是成功的城市设计。城市是整体艺术，设计是联系过去与未来的桥梁，而作为公共空间的街道往往是设计开始的地方。

### · 关键概念

设计结合自然、经济性、技术、参与者、健康、多样化、博弈、整体艺术、继承者、街道

### · 复习题

**1. 英语城市设计 Urban Design 的城市来源于拉丁语 Urbs，指由城墙包围的古罗马殖民城市，请选出对于古代城市的正确表述：**

a. 城市必须有城墙　　b. 城墙只是防卫需要

c. 城墙与经济无关　　d. 城墙具有经济和军事的功能

**2. 请选择大部分市民不能居住在湖畔森林小屋的原因：**

a. 没有合法建设用地　　b. 无法承担通勤成本

c. 难以解决排放环保　　d. 以上所有选项

**3. 古罗马在建设新殖民城市时会使用追影仪，请选出其具体用途：**

a. 占卜工具　　b. 测绘工具　　c. 艺术装置　　d. 智力测试

**4. 请选出设计师在城市设计中的合适身份：**

a. 主宰者　　b. 观察者　　c. 参与者　　d. 赞助商

**5. 大师们对健康环境的认识并不相同，请选择维特鲁威在《建筑十书》中对通风的表述：**

a. 无法通风处空气变得泥泞　　b. 街道拓宽后城市变热不利于健康

c. 关闭风口对治愈流行病有益　　d. 风来自四个方向

**6. 简 · 雅各布斯指出盲目应用一种理论可能损害城市多样性，请选择对她所说的“多样性”的错误理解：**

a. 形式多样性　　b. 经济多样性　　c. 文化多样性　　d. 功能多样性

**7. 请选出实现城市设计所需要的主体：**

a. 设计师　　b. 政治家　　c. 公众　　d. 以上都是

**8. 理查德 · 瓦格纳的“整体艺术”概念由审美客体和审美主体的双元组成；审美客体是包含诗歌、音乐和舞蹈等诸多艺术形式的歌剧，审美主体则是 ______。**

a. 观众　　b. 剧院建筑　　c. 舞台布景　　d. 城市

**9. 请选出与城市设计的继承者原则无关的表述：**

a. 保留老建筑　　b. 延续老建筑的风格

c. 传承场所文脉　　d. 根据时尚程度确定建筑设计

**10. 城市设计通过街道划分地块，可以实现的目标不包括：**

a. 方便土地出让　　b. 确定公私边界　　c. 明确交通方式　　d. 准备建筑设计

# 上篇
# 城市需要住宅

事实上任何城市无论其形式上如何的随意，都不可能称之为未经规划的城市。即使最扭曲的街巷和最不经意的公共空间背后都有某种形式的秩序。这些秩序是过去的使用状况、地形的特征、长期形成的社会契约中的结果。

——斯派洛·科斯托夫[1]

# 第 2 章

# 集合住宅和城市设计

1972 年 7 月 15 日下午 3：32，
现代主义建筑死于密苏里州圣路易斯市
或者其他某处。

——查尔斯 · 詹克斯[2]

## 2.1 住宅和城市荣辱与共

住宅和城市设计密不可分，荣辱与共。美国圣路易斯市的住宅项目——普鲁伊特—艾格（Pruitt-Igoe）从诞生到拆除的曲折命运，充分说明了住宅设计必须尊重城市设计原则。

以国会通过《1949 年住宅法》为标志，美国大城市开始了全面大拆大建的城市更新过程。政治家、社会改良运动和建筑师们鼓吹用整洁理性的现代设计取代“杂乱肮脏”的低收入聚居地，用高层住宅清除“贫民窟”。在这样的背景下，美国密苏里州首府圣路易斯市于 1951 年开始了名为“普鲁伊特—艾格（Pruitt-Igoe）”[3] 的大型公共住宅项目（图 2-1）。项目位于圣路易斯市中心区北侧的卡尔广场（Carr Square）区域，距离圣路易斯地标拱门约 3.6km。日裔美籍建筑师山崎实事务所获得了该项目的设计权；由 33 栋 11 层行列式板楼组成的现代主义高层建筑组成的设计方案，被认为是勒 · 柯布西耶“公园中的塔楼”理念的实践者，被《建筑论坛》杂志称赞为 1951 年的最佳建筑设计。[4] 时任圣路易斯市市长的约瑟夫·达斯特（Joseph M. Darst）宣称该项目“是向贫民窟和衰败宣战的持续进步证据，圣路易斯市民可以将他们的城市视为现代发展的模范城市”。[5] 然而这个头顶着光环的明星项目，在建成不到 20 年后就被拆毁。1977 年美国建筑理论家查尔斯·詹克斯（Charles Jencks，1939—2019）将这个事件命名为“现代主义建筑的死亡之日”，更是让这个项目独享了全世界最昭彰的集合住宅恶名。

**内容预告**
关于《1949 年住宅法》的详细内容见本书第 9 章。

为什么一个曾经背负社会厚望的全新住宅社区会在短短十几年后就沦为了新的贫民窟？是现代主义建筑，是建筑师，是建筑形式，还是其他什么原因，这是值得所有住宅和城市设计师深思的问题。

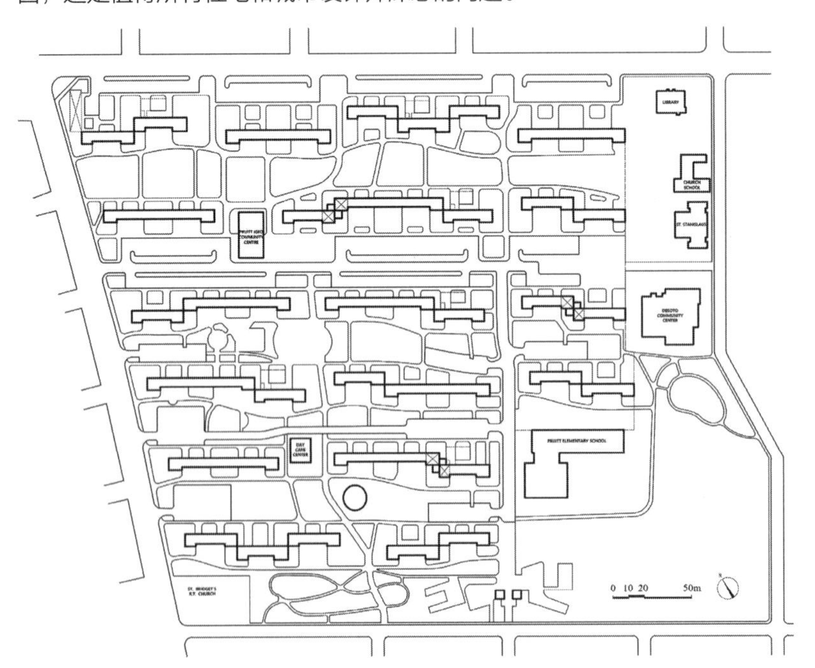


**图 2-1 普鲁伊特—艾格设计总平面**

尽管时至今日查尔斯·詹克斯哗众取宠的宣言仍余音袅袅，但“现代主义建筑死亡之日”不过是詹克斯一系列疏忽错误中的一部分：现代主义建筑没有死亡也并非普鲁伊特—艾格失败的罪魁祸首。相比对现代主义建筑生命力与城市问题复杂性的无视，混淆普鲁伊特—艾格的拆除时间也许只是一个可以容忍的小错误。

大规模工业化建造的集合住宅是现代主义建筑的代表，区别于前现代的结构、材料、设备、装饰和设计方法，为城市居住问题带来了一种解决之道。只要环顾中华大地就可以发现现代主义建筑并没有死亡，而是在不断地迭代更新中展示出远比仅剩下装饰风格含义的后现代主义建筑旺盛的生命力。越来越多的建筑师抛弃了建筑环境决定论，认识到无论现代主义还是什么主义都不是万灵良药，而是复杂城市系统中的一部分；任何一种形式、原则或者主义都不可能单独解决城市问题。然后詹克斯搞错了普鲁伊特—艾格被炸毁的时间，1972 年 7 月 15 日什么都没有发生。1972 年采用定向爆破拆除了三幢住宅楼。第一幢在 1972 年 3 月 17 日倒下；詹克斯使用了摄影师迈克尔·J·布拉德里奇（Michael J. Baldridge）于同年 4 月 21 日第二次定向爆破时拍摄的照片；第三次定向爆破发生在同年 6 月 9 日。整个普鲁伊特—艾格项目直到 1976 年才完全清空。

把普鲁伊特—艾格的失败归咎于建筑师或者某种建筑设计类型方法同样缺乏证据。建筑师和建筑设计确有问题，但并非核心问题。由同一个建筑师山崎实所设计，圣路易斯市的另一个公共住宅项目——科克伦花园（Cochran Gardens），1953 年建成后一直存续到了 21 世纪，并且被多次评为全美最佳公共住宅项目。因此也有人将普鲁伊特—艾格的失败归咎于高层板楼住宅，归咎于缺乏活力的行列式。那么是否把行列式板楼替换为在欧洲古城中常见的围合式街区就可以带来活力？答案自然是否定的。围合式或者行列式都不能担保活力，也并不排斥活力。例如上海在 21 世纪初开发了名为“安亭新镇”居住区项目，建成了由德国设计团队提出的围合式空间结构却没有得到承诺的活力与价值提升。造成安亭新镇不温不火结果的原因很多，很大程度上是因为它的区位、它的交通、它的配套设施。又例如上海市始建于 1951 年的曹杨新村是一个行列式的居住区，在全国都享有知名度，并在 2016 年被收录入《中国 20 世纪建筑遗产名录》。这些案例说明城市设计的成与败受到诸多的复杂因素影响的，建筑设计在其中只占了一小部分的影响力，住宅建筑的形式在其中的作用可能微不足道。

当设计与开发忽视了地理、经济和居民参与等住宅和城市设计的重要因素，圣路易斯市的普鲁伊特—艾格悲剧也许从一开始就难以避免。

对城市区位和社会地理条件差异的忽视是普鲁伊特—艾格与其他许多失败住宅项目共同的问题。圣路易斯市市中心北部的卡尔广场一直是移民的落脚地，而卡尔广场西北角的德索托贫民区（DeSoto-Carr Slums）则是这一大片区域中低收入者最密集的洼地，大部分被拆迁住宅都建成于 19 世纪且没有自来水和厕所。因此在 1937 年的规划中，整个卡尔广场区域都被列为亟待城市更新的枯萎区。然而在美国不断郊区化的城市地理变迁中，美国梦长久的目的地是郊区花园别墅而不是旧城外围的住宅。建成环境的残破并不意味着社会地理的空白，这一片城市更新区域有着面向低收入群体的俱乐部、餐厅、洗衣房、理发店。[6] 移民从欧洲、从美国南部迁移到大城市，选择生活成本较低而社会关系网络便利的区域住下，一旦收入提高就会寻求迁徙，去往市中心靠近工作地点的公寓或者市郊的花园别墅。衰败和低收入的落脚区域显然是一种不同于城市中心的地理因素，可惜决策者和设计者似乎都没有加以重视，对城市地理的漠视也许正是现代主义建筑思潮成长的代价。

**内容预告**
有关于普鲁伊特—艾格的住宅建筑和城市设计不足的讨论见本书第十章。

对工程经济性的轻视导致项目全程都充满挫折。政客计划用高标准的大项目实现政治目的——清拆 20 个建成于 19 世纪的低层街坊，合并为一个占地约 23hm$^2$ 的超级街坊；选择了造价远高于传统中低层建筑的高层形式，并且为整个项目安装暖气系统。建筑师也摩拳擦掌向勒 · 柯布西耶的马赛公寓致敬，提交了电梯每三层停靠一次的“新颖”高层建筑方案，每一个电梯停靠层都包含公共用房、洗衣房和垃圾通道等需要维护且权属不明的公用设施。种种原因使得方案预算超出公共住宅项目平均预算的 60%，超支导致诸多其他功能面临成本削减甚至取消，并由此产生了连锁反应。经济性问题还体现在对维护成本的严重估计不足，从投入使用开始项目就成为地方政府的沉重包袱；削减运营成本导致环境迅速衰败，从而走上恶性循环、被迫拆除的不归路。

放弃传统而盲目创新为项目带来了不确定性。除了超级街区消除原有城市肌理，圣路易斯市从 1930 年代以来的公共住宅经验也被全盘颠覆，普鲁伊特—艾格项目从一开始就是充满不确定性的技术实验。和全美大多数城市相仿，圣路易斯市公共住宅的规划、设计和建设开始于 1920 年代。当地社区睦邻运动组织邻里协会在 1927 年开始筹备建设面向大众的低租金公共住宅，并专门前往欧洲考察大规模住宅建设。带着从维也纳、柏林、汉堡、慕尼黑和法兰克福学到的先进经验，1935 年落成的“邻里花园”是圣路易斯市第一个公共住宅项目。三层高的建筑采用现浇混凝土楼板和带有钢梁的煤渣砖承重墙，提供了社区中心、洗衣房和内院游乐场等公共设施，是一幢典型的现代主义建筑并被使用至今。此后政府也成功规划建设了一系列公共住宅项目，但没有一个是如同普鲁伊特—艾格这么大规模且全部采用高层建筑形式（图 2-2）。1951 年的决策忽视了创新住宅是否能被足够多的市民接受，是否能够可持续使用；这些未知数最后的答案都是不能。

居住群体的错误定位造就了没有希望的高层贫民窟。位于美国中西部的圣路易斯市有着漫长的种族隔离传统，[7] 普鲁伊特—艾格的最初构想以中产核心家庭为目标对象，两个相邻但种族隔离的公共住宅项目。前者是以非洲裔二战英雄飞行员普鲁伊特命名的黑人住宅；后者是以地方政治家艾格命名的白人住宅。但当 1957 年美国司法部判定公共住宅不得实行种族隔离政策后不久，这个项目很快就成为完全由非洲裔居民构成的单一族群社区。不仅

**图 2-2　鸟瞰圣路易斯市和 3 处集合住宅**

近景是圣路易斯的拱门地标，三处标注分别是：1. 邻里花园；2. 科克伦花园；3. 普鲁伊特—艾格。

**小节讨论：**

请思考集合住宅与城市设计的关系，在住宅设计中需要考虑并回应哪些城市问题？

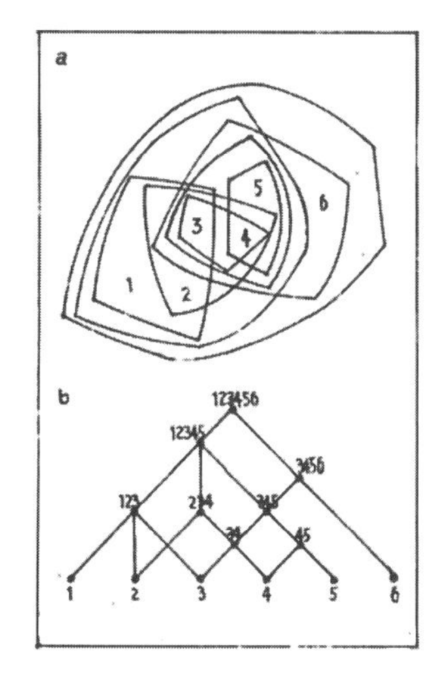


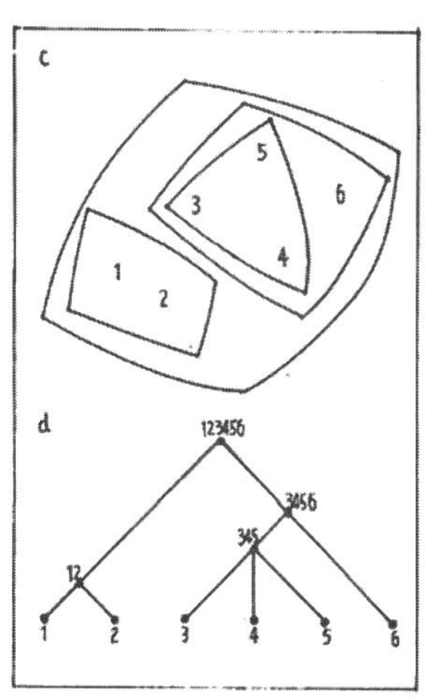


**图 2-3　城市并非树形**

种族隔离，项目构想的中产阶级核心家庭客户也完全落空了。1965 年的调查显示普鲁伊特—艾格当时的 2760 套公寓中有 26% 被闲置；并且大部分都是包含 1~2 间卧室的小户型。9962 位居民中超过三分之二是未成年人，平均家庭规模为 4.28 人，其中 57% 的家庭由单亲妈妈和未成年人所组成，6% 是女性家长的三代同堂家庭。仅有三分之一的家长出生在圣路易斯大都会区，62% 的居民都来自于南方或者其他边疆州。家庭收入略低于私人出租屋中的低收入家庭，庞大的家庭规模导致人均收入被进一步拉低。[8]1965 年调查中呈现出由低收入、南方移民、女性单亲家庭组成的居民人口结构，弱势群体的大规模聚集已经为 1970 年代普鲁伊特—艾格的覆亡埋下了一颗定时炸弹。

忽视复杂城市因素的住宅设计难以成功，这样的道理就是建筑家克里斯托弗·亚历山大（Christopher Alexander，1936—2022）在 1965 年所提出的重要思想——城市并非树形。[9] 现代主义建筑思想把城市描绘为容易被建筑师和市民所理解的树形结构，但这种过于简单的结构它抑制、排斥了交叉集合的可能性，也阻止了每一个市民相互之间协同共创美好生活的可能性。作为结论，亚历山大认为一个有活力的城市，应该是也必须是半网络结构。从 1960 年代的“城市并非树形”的理论（图 2-3），到 21 世纪越来越多的城市研究者相信城市是一个“复杂的自洽系统”，说明我们对于城市复杂性因素的认识不断加深，也说明每一座城市它良好的设计，离不开每一位市民的参与。

在结束本节之前，我们会继续来阐释这个观点——本书讨论的住宅是集合住宅而不是小住宅；集合住宅的出现是为了解决城市的居住问题而不是美学问题；尽管说现代集合住宅的出现和大规模建设彻底改变了城市，也创造了新的城市美学。

## 2.2 城市发展和居住危机

城市发展吸引人口，催生了高密度居住和高强度开发住宅，也带来了包括公共卫生危机为代表的系列居住问题。集合住宅的历史可以追溯到 2000 年前的古罗马时期。古罗马不仅留下了神庙、宫殿和角斗场，还有应对住房短缺现象的高强度开发住宅。

罗马城位于亚平宁半岛中西部，距离第勒尼安海约 24km 的台伯河谷（图 2-4）。在河谷冲积平原上，以帕拉丁山为中心，阿文丁山、卡比托利欧山、奎利那雷山、维米那勒山、埃斯奎利诺山和西里欧山等七座小山与它们间的平原丘陵共同组成了这座伟大城市[10]。河谷的肥沃土地和水资源，临海的交通便利，以及易守难攻的地理构成了这座城市的自然基础，但是也限制了城市的发展空间。从公元前 7 世纪开始建城，随着罗马帝国的强盛和首都的免费发放食物政策，罗马城吸引了庞大的人口，逐渐在一片仅有 13.86km$^2$ 的谷地里面集聚了超过 45 万人口。[11]

地少人多的典型城市居住问题催生了人类历史上最早的集合住宅。据史料记载，公元 315 年时古罗马城共有 44850 座因苏拉住宅（Insula）（图 2-5）。[12] 直至今天我们仍能在罗马城找到很多因苏拉的遗址。这种一层和二层由混凝土建造，三层以上采用砖木结构的高强度住宅，据说一幢楼里最多可以居住上百户居民。按照今天的观念，因苏拉是一种典型的商住混合住宅建筑。底层用于商业和经营活动，二楼以上则是类似于当代公寓的集合居住。古罗马诗人朱文诺尔在 2 世纪写作中惊叹道：

*看那些高耸的楼房屋宇啊，层层叠叠高达 10 层之多。*[13]

古罗马因苏拉住宅是人类发展史上是非常罕见的古代高层建筑，它的出现是自然、经济、技术的综合产物。古罗马的七座山顶都是宫殿和神庙，贵族们居住在独栋别墅（Villa）与合院住宅（Domus），河谷地带剩余有限的可建设用地迫使古罗马人在 2000 年前就开始了向空中要地的高强度开发模式。另一个重要的原因是古罗马人在 2000 年前就掌握了天然混凝土的建造技术。砂浆、碎石加上产自罗马城以南 200km 的火山灰，以及一代代建筑师和工匠们不断的技术革新，形成了性能堪比当代混凝土的天然混凝土，为罗马城留下了大量屹立千年不倒的建筑物，也成为这座“永恒之城”的实物象征。

自然、经济和技术决定了住宅和城市的形式。有限的可建设用地与就近获得火山灰的地理条件、足以支持建房成本的高收益、代代相传的混凝土工艺，缺少了上述任一个条件都无法产生因苏拉这样的高层住宅建筑。因为技术和材料的限制，以及充足的可建设用地，即便在东罗马帝国的首都君士坦丁堡也不会有因苏拉。同样的道理，尽管类似长安和北京这样的中国古代都城也有庞大的人口和蓬勃的经济，但没有超高的人口密度、便利的自然资源和迭代的技术发展，就不可能产生因苏拉那样的高强度开发的住宅形式。[14]

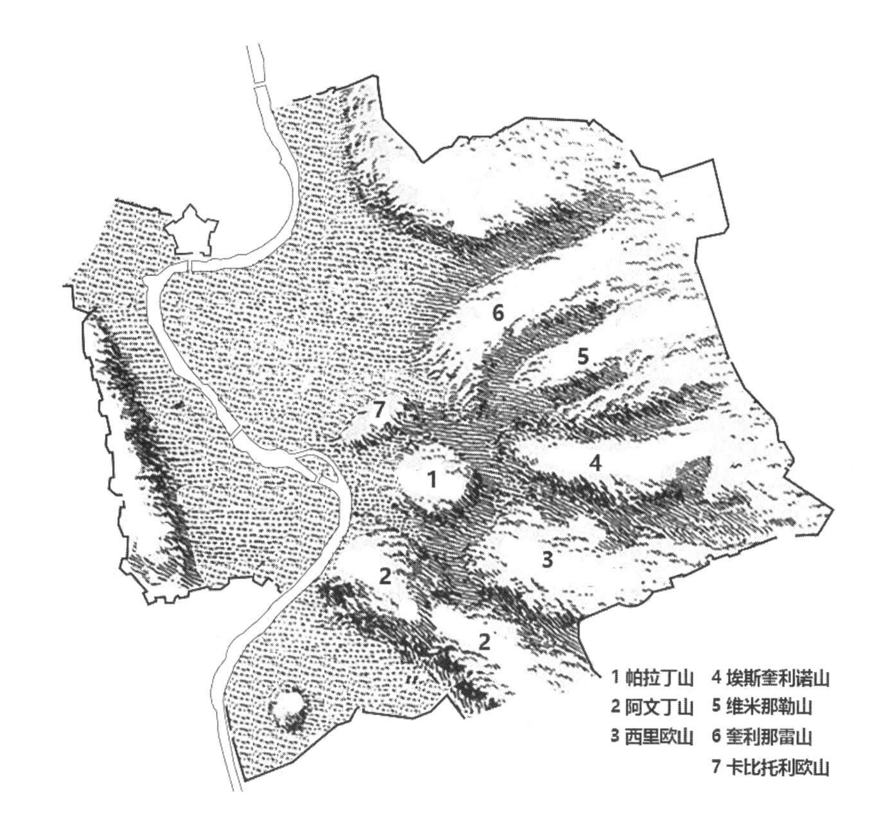


图 2-4　罗马——七山之城

图 2-5　因苏拉复原图

集合住宅的普遍出现，以及对于高强度开发的普遍追求是工业革命之后的产物。在人类的历史上，除了帝国的都城，其他的城市是很少有大规模的人口聚集、也难以去支持大规模人口聚集所需要的生活和市政系统。这种现象一直到工业革命之后被彻底改变。技术的进步使得农业生产不再需要那么多的劳动力；而新兴工业又创造了大量的劳动密集型工作岗位。大规模城市平民阶层的出现使得城市进入了人类发展的新阶段，资本替代王权再次催生出高强度开发的城市集合住宅。这次不再局限于罗马帝国的都城，而是遍及世界各地——纽约、伦敦、巴黎、柏林、上海……

纽约[15]位于美洲大陆东海岸哈德逊河入海口面积 59km$^2$ 的曼哈顿岛。1626 年荷兰殖民者开始在岛的最南端建设，1664 年来自英国的约克公爵击败荷兰并将这座城市正式命名为纽约（新约克），当时占据曼哈顿南端的小城市只有 9000 人口。到 1776 年独立战争赶走英国殖民者时，纽约已经是仅次于费城的美国第二大城市。1790 年开始这座城市就进入了人口增长的快车道，到 1860 年人口达到 81 万人，自此成为把其他所有城市都远远抛开的美国第一大都市。在这70年中，除了1810—1820年间战事不断的10年，其余每个 10 年的人口增长率都超过 50%。自然赋予了纽约全美洲首屈一指的港口条件，1820—1860 年间超过 50% 的欧洲移民自纽约登岸；而连通五大湖的伊利运河的开通进一步加强了地理优势。得天独厚的自然条件助推了纽约的经济快速发展，贸易、商业和制造业的增长又把移民中的大部分转化为了这座城市的劳动力。[16] 岛屿的狭窄地形提供了超长的海岸线，也造成高密度城市，从 1800—1910 年，纽约市区的人口密度从每公顷 200 人增加到 600 人，增长了两倍。靠近码头的曼哈顿岛南端成为低收入群体密集的城区，唐人街、下东城和东村等社区的人口密度更高达每公顷人口接近 1600 人，相当于 16 万人 /km$^2$。[17]

纽约版本的高强度集合住宅——出租屋（tenement）正是诞生在这样的历史背景下。从 19 世纪初开始，出租住房的高额收益驱使越来越多的房东将联排住宅翻建成高强度的集合住宅。位于东河边今天双桥区域的樱桃街（Cherry Street）就是其中典型。以早年荷兰人的樱桃果园为名，这条面向东河的街道在曼哈顿 1811 年规划前是城市边缘的富人区。乔治 · 华盛顿（George Washington，1732—1799）在成为总统后的第一个任期时就曾居住在樱桃街上。但随着城市拓展后富人迁往上城居住，曾经的联排住宅街坊逐渐变成了出租屋构成的贫民窟，包括全纽约最恶名昭彰的出租屋——哥谭庭院（Gotham Court）（图 2-6）。1850 年的改建在一片原先带有前后花园的狭长别墅用地上，除了在东西两侧各自预留的一条大约 2m 宽的小巷，五层高的出租屋几乎占满了整片场地。因为采用了背靠背的单元平面组织方式，小巷也就成为每套公寓唯一获得采光和通风的地方。原先的富户别墅变成了由 140 套公寓组成的硕大建筑，又成为 240 户人拥挤不堪的居所。这种高强度开发的集合住宅，虽然提供了一个居住的空间，却也带来了严峻的健康卫生问题，阳光、空气和通风都勉为其难。1862 年的一次卫生

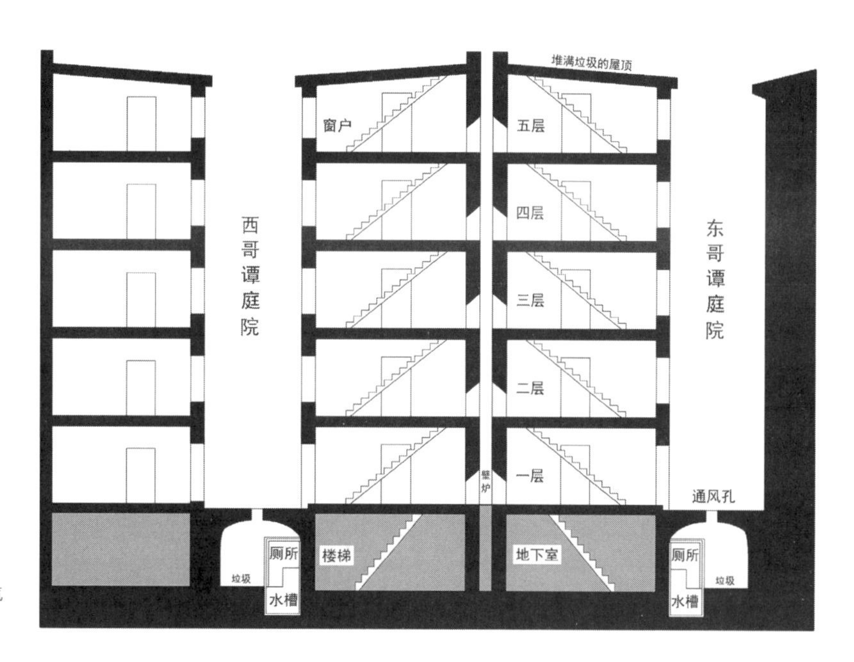


**图 2-6　哥谭庭院剖面（1897）**
极端的住房条件完全不能保障阳光、空气和卫生。

检查中在哥谭庭院共发现了 146 例传染病病人，几乎覆盖了当年已知的所有疾病。[18]

这样高强度开发和高密度居住的情况并不仅仅出现在哥谭庭院和樱桃街，而是遍布纽约。有感于这种现象，著名的新闻记者和社会改良家雅各布斯·里斯（Jacob Riis，1849—1914）把在纽约贫民窟中拍摄的照片汇集成册，出版了摄影集《另一半的生活》。这部影集和社会改良家的运动，促使政府和社会重视城市居住问题，并推动哥谭庭院的拆除和整个城市居住方式的转变。

里斯镜头下另一半人的生存状态并非纽约独有，而是在工业革命之后世界各地大城市非常普遍的生活状态。在这个时代的集合住宅里和今天的集合住宅最大的区别，就是住宅套内没有厕所，只有室外的公共厕所，超高的人口密度与有限的公共厕所，结果是随地便溺造成的污秽环境和挥之不去的公共卫生危机。

位于泰晤士河入海口的伦敦，是一座在工业革命之后被疫情反复光顾的城市。依托泰晤士河的自然便利，大英帝国的首都最初是由古罗马人建立的城市；在伊丽莎白女王时期（1558—1603 年）人口由 12 万增长到大约有 20 万人；到 19 世纪中叶的时候人口已经超过 250 万人，却仍旧使用着伊丽莎白时代的公共基础设施。英国的经济强势，工业革命的技术进步，这些因素共同推动着伦敦城市的发展，在 1801 年就已经成为百万人口的世界第一大都会。[19] 广阔腹地有充足的可建设用地，伦敦并没有出现像纽约那样极端高强度开发的情况，但百万人口的密集居住情况却引发了严重的公共卫生危机，并成为市民生命安全的头号威胁。

1854 年伦敦又一次发生了大规模的瘟疫——一次重塑了城市和科学关系的事件。这一年 8 月 31 日，伦敦苏活区爆发一系列零星的霍乱。在随后的三天内，127 名居住在宽街（Broad Street）或者宽街附近的居民死去。之后的一周中，这一地区四分之三的居民逃离。

当社会主流观点相信疫病是通过瘴气传播而无法预防时，内科医生约翰 · 斯诺（John Snow，1813—1858）提出疫病通过水源传播的假说。带着强烈的社会责任感和科学精神，斯诺医生在第一时间冒险进入疫区去做调查。斯诺医生的调查揭示了环境与霍乱疫情的密切关系。这一次疫情当中的大部分感染者都生活在宽街或者宽街附近，使用同一台水泵供应的地下水。“宽街和剑桥街的十字路口周围有 45 栋房子，只有四栋房子没有死亡。……不到 2 周的时间，居住距离宽街水泵 250 码（约 229m）以内的人中，就有近 700 人死亡。”[20] 在封锁了宽街的水供应之后，疫情就得到了迅速的控制。溯源调查发现，这个水泵的地下取水口被相邻的化粪池污染了。水井和化粪池最近处仅有 2 英尺 8 英寸（约 90cm），而两者之间发现了浸满人类大粪的湿润土壤。[21] 虽然囿于当时的技术条件并不能解释病原和成因，但约翰·斯诺所绘制的关于疫情和居住环境的地图，仍然从侧面证明了环境和生命健康存在联系（图 2-7）。这张疫病的死亡地图也帮助我们认识到公共卫生和居住环境、和住宅有着密切的关系，又进而影响着城市的生命安全。这个事件之后重塑了今天的科学，由它衍生出来了公共卫生学科和统计学，也催生了现代的城市规划和城市设计。

不仅仅是伦敦，现代前几乎每一座密集居住后的大城市都面临着水源污染的突出问题，但似乎古罗马并没有类似的问题。因为在古罗马不仅有高强

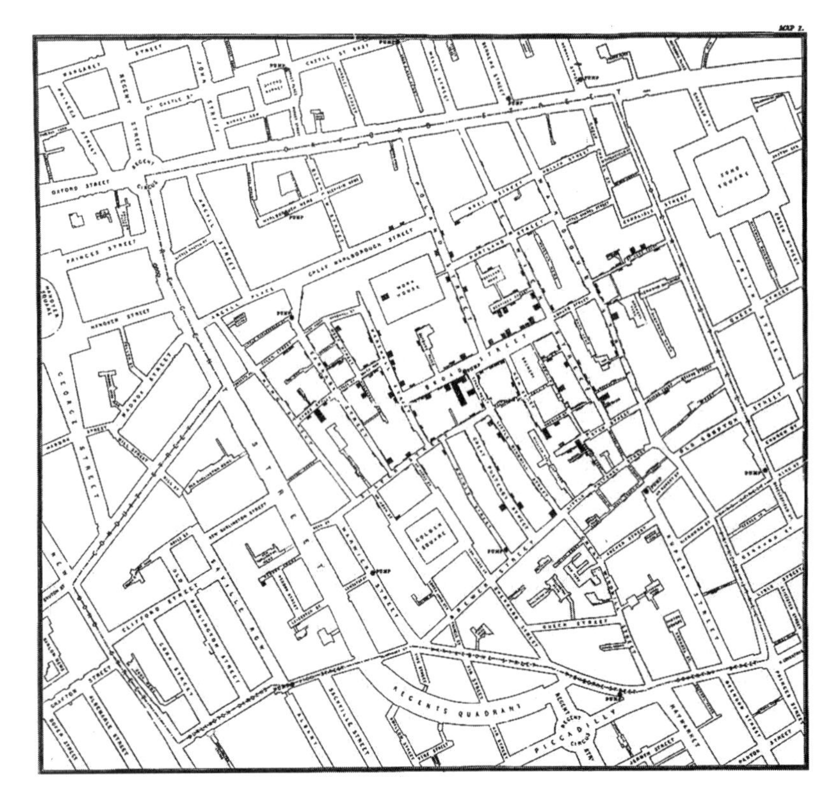


**图 2-7　伦敦死亡地图**
当年伦敦大粪成灾，这是举世公认的。1849 年的一场调查进入了 15000 户家庭，发现有将近 3000 户人家里因为排水问题而恶臭熏天，另外 1000 人家里的“厕所都惨不忍睹”。20 户人家里就有 1 户人家里的地窖里堆有粪便。
19 世纪 40 年代，一位土木工程师受雇前去查看两座修缮中的房屋。他眼中的景象在当时司空见惯：“我发现这两座房屋的地下室都是大粪，3 英尺厚的大粪；大粪从粪坑满溢出来，却任其长年累月地积累在地下室……在经过第一座房子的通道的时候，我发现院子里都盖着从厕所里漫出来的大粪，有 6 英寸厚。院子里垫着砖块，这样住户从院子里经过才能不湿脚。”
《死亡地图：伦敦瘟疫如何重塑今天的城市和世界》

度开发的因苏拉住宅，还有着强大的供水、排水和公共厕所系统。与因苏拉相仿，今天的罗马城里仍有许多罗马帝国时期建设的高架供水渠、下水道和公共厕所的遗址。古罗马可以建设这样的公共市政系统，一方面是帝国的强大经济和工程能力，同时也是得益于自然地理的优势，可以利用山丘间洼地冲沟地形修筑的市政排污系统，利用重力和雨水把污物冲入台伯河。这项伟大的市政工程从 2000 年前一直使用到今天，显然是平原城市所不具备的先天优势。排水和供水都无法摆脱经济原则，利用地形的下水道节约了排污成本，但台伯河水源污染导致古罗马必须投入巨资建设供水渠才能引来干净的饮用水。

**小节讨论**

请思考古罗马建设高强度集合住宅的原因?

古罗马所拥有的冲水便器，在 17 世纪就已经变成了富人的特权。早在 17 世纪，亨灵顿公爵就为伊丽莎白女王设计了人类最早的抽水马桶。这种设置在建筑物二层、把污水排往一层和化粪池中的抽水马桶，很快地成为上层社会所独有的特权。一直到 19 世纪的英国，克拉普先生改善了马桶的设计，结合了陶瓷、铸铁一系列的工艺的进步使得原先只能由上层社会所享有的抽水马桶变成了可以规模化生产的产品。抽水马桶进入千家万户深刻改变了住宅和城市，也催生了现代的集合住宅。

## 2.3 现代集合住宅的诞生

以解决公共卫生和社会公平等城市危机为目标，现代集合住宅的诞生背后是建筑设计、市政工程、公共设施和法律修订等多方面的共同成果。工业革命带来了城市经济的高速发展，也吸引了农村人口向城市的大规模迁徙，这是人类历史上前所未有的城市化现象。历史上只有帝王的都城才能提供稳定的城市建设资金和就业机会；工业革命之后，资本取代了封建权利推动了城市的发展。大规模的人口聚集为工业革命之后的城市提供了源源不断的劳动力，也带来了严峻的城市居住、公共卫生和社会公平的危机。

劳动者固然可以在大城市获得远比农村可观的收入和社会机遇，但也不得不承受极度拥挤和污秽不堪的居住条件。地下室和杂院简屋等原先不适合居住的空间都成了居所，而收入更低的赤贫人群只能向租金低廉或可以随意搭建房屋的地区聚集，于是在各个城市的外围都形成了贫民窟。随着城市扩张，这些原先城市边缘的贫民窟又逐渐成为被城市包围的“城中村”。以伦敦为例，在罗马人建立城墙外的低洼地区聚集了大量的低收入劳动者。东伦敦、南岸以及西侧与威斯敏斯特市之间的地带都出现了大面积的贫民窟。其中最恶名昭彰的可能是威斯敏斯特大教堂南侧的贫民窟。1850 年查尔斯·狄更斯在报道这片贫民窟时将其命名为“恶魔之地”（Devil's Acre）。同年，尼古拉斯 · 怀斯曼（Nicholas Wiseman，1802—1865）如此描述：

在威斯敏斯特大教堂的下面，隐蔽着迷宫般的小巷，便盆，小巷和贫民窟，无知，罪恶，堕落和犯罪的巢穴，以及肮脏和疾病的笼罩。大气是斑疹伤寒，通风是霍乱；其中有大量的人口，几乎无数的人口，至少名义上是天主教徒。那些污秽而黑暗的角落，既没有下水道也没有一盏可以点亮的街灯。[22]

与贫民窟现象相伴的是公共卫生和社会公平的危机（图 2-8）。根据 1839 年到 1842 年间对于 5 个英国城市的调查，改革家艾德温 · 查德维克（Edwin Chadwick，1800—1890）在 1842 年自费出版了名为《大不列颠劳工人口的卫生状况》的报告。查德维克认为环境不卫生与疾病、高死亡率和低预期寿命存在联系。调查显示在利物浦、曼彻斯特和博尔顿等新兴的工业城市，劳工的预期寿命甚至不能达到他们成年的时间。大量童工的早夭一方面是公共卫生的时代局限性，也揭示出资本主义早期的罪恶。因此这组数据也被恩格斯纳入了 1845 年出版的《英国工人阶级状况》中。

查德维克将公共卫生危机归咎于过度拥挤的居住环境，以及污秽的垃圾和下水道条件。报告指出在若干城市人口的增长都远高于新增住房的数量，因而拥挤现象愈演愈烈。在 1840 年，曼彻斯特有 1.5 万人居住在地下室；利物浦有 3.9 万人居住在 7800 个地下室，8.6 万人居住在杂院中。

查德维克的 1842 年报告也揭示了 19 世纪中期英国城市存在地域和社会阶层间的严重不公平现象。地理环境和职业类型对寿命有着突出影响，利物浦、曼彻斯特和博尔顿等几个工业化重镇的平均寿命远远低于英国中部以农业为主的城市鲁特兰德，说明工业发展带来的污染影响着城市人的健康。英国的行会传统使得来自乡村的劳工很难学习技能，更难加入行会，被固定在收入最低的社会底层。

**图 2-8　霍乱国王的法庭**

1852 年的《笨拙》杂志登载了由约翰 · 里奇（John Leech）绘制的漫画《霍乱国王的法庭》，在暴露城市恶劣的城市公共状况时将矛头指向过度拥挤的居住环境，而不是真正造成霍乱传播的水源污染。

查德威克的改革思想以经济为目的。他坚信如果改善穷人的健康状况，将会减少寻求救济的贫民人数。因此用于公共卫生改革的支出具有成本效益，因为从长远来看，这可以节省金钱。在以查德维克为首的社会改革家的推动下，英国议会在 1848 年通过了《公共卫生法》(Public Health Act)，成立中央卫生局 (Central Board of Health)，再由中央卫生局在全国各地成立卫生委员会。地方卫生委员会负责改善排雨系统和下水道；清除房屋、街道上的垃圾；提供清洁的饮用水等工作。但 1848 年《公共卫生法》仅仅只是框架性的建议而缺乏强制条款，也没有财政上的制度设计与具体支持，因而公共卫生的状况并没有得到实质性的改善。

面对城市劳工阶层的窘迫居住现象，改革家和建筑师们提出了具体的理想化住宅设计。维多利亚女王的丈夫阿尔伯特亲王，组建了名为"改善劳工阶层状况协会 (Society for Improving the Conditions of the Labouring Classes)"的组织并担任主席。在第一次世博会于海德公园召开时，这个组织建设的工人阶级的样板住宅就是其中的先行者。

**讨论题：**
为什么英国王室的教堂边会有贫民窟？

以创造得体的生活环境为目标，设计提出了成套住宅、居食寝分离、代际分卧和套内厕所等一系列超前的理念。由建筑师亨利·罗伯茨 (Henry Roberts，1803—1876) 设计的一梯两户建筑共 2 层，共有 4 套单元住宅。每单元都包含门厅、起居室、厨房和包含了抽水马桶的套内厕所、1 个父母卧室和 2 个小卧室，以便父母和孩子、不同性别的孩子都可以分房就寝 (图 2-9)。

如果工人阶级能住进这样的住宅，无疑将极大地改善生活状况；然而对诸多城市因素的视而不见使得它只能诞生在样板间。高标准住宅对劳工阶层完全是镜花水月，无法帮助和改善真正的工人阶级的生活。首先的困难是获得适宜建造工人住宅的土地，而不是住宅设计。土地价值决定了住宅的房租，收入微薄的劳工负担不起城市住宅的房租；也不能承受乡间住宅的通勤成本，只能继续选择蜗居在拥挤不堪的城市贫民窟中。另一方面类似抽水马桶这样的现代化设计需要市政系统的支持，没有城市污水管网的抽水马桶设计只会引发更严重的城市公共卫生危机。

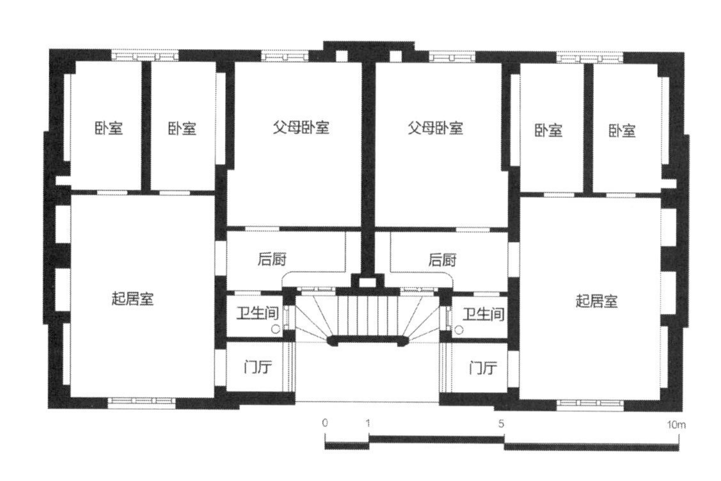


**图 2-9　工人阶级样板住宅 (1851 年)**

工业化生产的抽水马桶在19世纪中期开始进入英国家庭，在为个体家庭提供方便的同时迅速加剧了公共卫生的恶化。在伦敦城早期的历史中，饮用水都是直接取自泰晤士河，那些远离泰晤士河的居民则从浅井抽取地下水。为满足人口聚集的用水要求，17世纪时又开挖了人工河道“新河”，将城北30km处的泉水引入伦敦城；18世纪出现了私人自来水公司由泰晤士河抽水。无论是地表浅井还是泰晤士河的自来水，凡是在市中心的取水口都存在被污染的风险。1854年爆发的宽街霍乱就是因为浅井被邻近的化粪池污染，而接收了伦敦污水排放的泰晤士河更加污秽不堪。工业污水、人类粪便、污泥、马粪和垃圾混杂在一起，充斥着伦敦并最终经过排水沟流入泰晤士河。[23] 当大量的富有伦敦人开始安装和使用抽水马桶，环境污染就愈演愈烈。一方面冲马桶造成用水量大增，另一方面污水冲入化粪池的结果，是化粪池满溢到街道和泰晤士河被污染。

1858年夏季的高温让整个城市变得恶臭难当。6月间伦敦阴凉处的平均温度为34~36°C，在阳光下上升至48°C。[24] 高温让泰晤士河水位持续下降，河床上堆积的秽物在阳光暴晒下散发出令人窒息的气味，这一个事件被称为“伦敦大恶臭”。在此之前，工人阶级的恶劣生活状况、城市环境的恶化，并没有影响到居住在田园诗般郊外的社会上层。直到议会因大恶臭事件而无法召开，甚至议员们开始讨论迁都的事宜，最终促使上层社会去正视城市环境的恶化和工人阶级生活环境的窘迫。议会只用18天就通过了修建市政污水管道的计划和250万英镑的预算。都会工程局的总工程师约瑟夫·巴扎尔杰特爵士（Joseph Bazalgette，1819—1891）被任命为工程负责人，开始了为期十年的宏大工程。

1858年的伦敦市政管网工程包括污水管道系统、泵站，沿泰晤士河的污水与河岸工程（图2-10）。在伦敦街道下方建造1770km的排水沟，并汇入132km长的新建砖砌衬里下水道，并将污水带到六个“截留水道”。在切尔西、德普特福德、阿比米尔斯和克罗斯内斯建立了泵站，泵站收集低洼地区的污水并将其排放到排污口。后两座泵站建筑宏伟，让人联想起大教堂，象征着伦敦迈向健康城市的里程碑。泵站将污水注入泰晤士河两岸的合流污水总管，后者延伸到泰晤士河的下游将污水排入大西洋。以污水管道工程为契机，泰晤士河两岸修筑了全新的堤岸、地铁和地面道路。随着河岸工程完工，泰晤士河与整个城市都焕然一新。

系统化和现代化的污水管道工程的建成全面改善了伦敦的市政系统，极大地改善了市民阶层的生活环境。市政污水管网的建成也得益于工业革命的技术进步。在此之前，如同切尔西这样的低洼城区，是没有办法修建跨越市区的污水管道的。正是因为工业革命发明了水泵，才能够让人类居住克服了自然地理环境的限制。为更宽广和更卫生的人类居住环境提供了可能性。技术的进步也提升了土地的价值，包括“恶魔之地”在内的大量低洼用地在市政污水管网系统开通后迎来了改造，成为可以有利可图的建设用地。

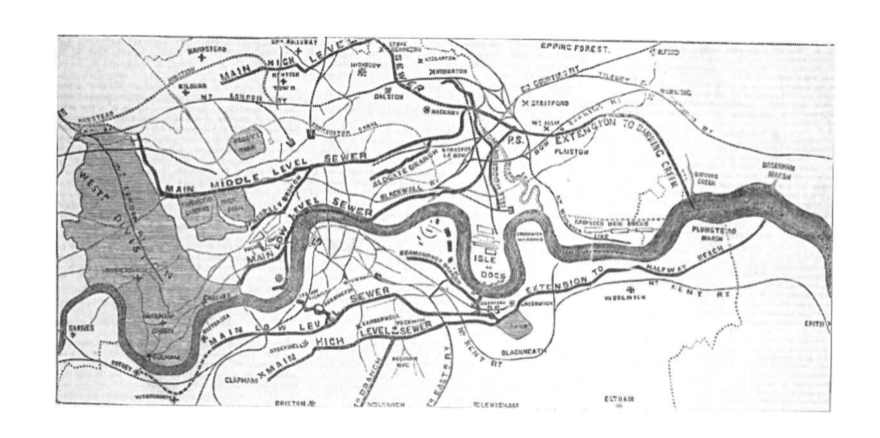


**图 2-10　伦敦市政管网规划图（1858 年）**

**内容预告**
关于法兰克福厨房的内容详见第 4 章。

**内容预告**
关于利豪斯基和法兰克福厨房见本书第 6 章。关于其背景的新法兰克福运动见本书第 8 章。

修筑现代化的市政污水系统是 19 世纪城市设计的核心工作之一。例如拿破仑三世和奥斯曼为巴黎所修建的宽广地下水道，甚至可以提供游船服务。直到 21 世纪的今天，参观下水道博物馆仍旧是巴黎旅游的一个知名项目。而这样宏伟的市政工程不仅改善了居住、环境卫生和区域间发展的不平衡，也被作为这座城市的形象工程。又例如，德国工程师莱恩哈德·鲍迈斯特（Reinhard Baumeister，1833—1917）在 1876 年出版了城市设计和规划的专著《城镇扩张：与技术、经济和建筑法规的联系》，[25] 随着 1880 年被亚琛工业大学指定为教科书，这部主要内容讲述市政工程设计的著作也就成为世界上最早的城市设计教科书。

当市政污水管道在不被注意的地下改善着城市卫生状况的同时，如火如荼开展的社区睦邻运动（Settlement movement）也为社会公平提供了新的可能性。有感于伦敦东区平民恶劣的生活状况，社会改良家们纷纷进入到伦敦东区去帮助低收入的劳动者。著名的经济史学者汤恩比（Arnold Toynbee，1852—1883）不仅自己到东伦敦的贫民窟白教堂区 [26] 办讲座、开图书馆，还鼓励他的学生们自己的社区为贫民上课。因劳累过度，汤恩比在 30 岁就献出了自己年轻的生命。受他的行为感召，塞缪尔·巴奈特发表文章号召大学师生应该来贫民窟帮助社会改良。在汤恩比的行动和巴奈特的号召下，全世界第一个大学睦邻协会（University Settlement Association）于 1884 年在牛津大学成立；同年建立了以汤恩比命名的世界第一座社区睦邻设施。汤恩比馆为东伦敦的贫民提供了丰富的教育课程——下午课程包括缝纫、烹饪、歌唱、写作、地理、簿记等几十种；晚间的课程包括数学、写作、制图、公民、化学、护理和音乐；晚间还有关于法律原则和社会问题的讨论。作为社会改良运动的象征，汤恩比馆标志着社区公共服务设施，尤其是教育设施是实现社会公平的重要手段。社区睦邻运动在不久后就传入美国，到 1891 年时美国有 6 家睦邻中心，到 1897 年时睦邻中心的数量已经增加到 74 家，1900 年时全美已经建立了上百座面向低收入劳动者的社区中心 [27]。

经过一代代改革者的不懈努力，纽约市立法通过《1901 年出租住宅法》（Tenement House Act of 1901）。这是第一部强制规定所有新建的住宅都必须配备套内卫生间的法律，这一年也因此被视为现代集合住宅诞生的分水岭。1902 年纽约市建成区实现了污水管网的全覆盖，为集合住宅实现私密和健康提供了充分和必需的支持。[28] 集合住宅在 20 世纪初又迎来了非常多的进步，例如亚历山大 · 克莱恩对于住宅私密性和公共性的分析，黑斯勒和陶特对于住宅功能区间如何优化的建议，又例如玛格丽塔 · 许特—利豪斯基在 1925 年所设计的法兰克福厨房。这种标准化的厨房在 1925 年到 1931 年之间一共生产并安装在法兰克福超过 1 万套新建的社会住宅里。它创造了一种标准化的工业生产模式，最大化、成规模地帮助了工人阶级，去改善他们的生活质量。

在市政设施、公共设施和法律制度的支持下，按照标准化、工业化生产方式的集合住宅终于指向了工业革命之后城市居住危机的解决，也为现代生活塑造了一种标准化的模板。

**小节讨论**

套内厕所是现代集合住宅的主要标志，请讨论实现该目标所需要的前提条件。

## 复习思考

### · 本章摘要

集合住宅不仅是城市风貌基底和最不可或缺的建筑类型，也深刻影响着城市的成败。工业革命后，人口向城市聚集和建造技术进步催生了的高强度集合住宅，也带来了公共卫生危机。法律和市政技术的发展推动了住房短缺和公共卫生问题的解决，促成了现代集合住宅与现代城市设计。

### · 关键概念

集合住宅、城市设计、高密度居住、高强度开发、公共卫生、市政基础设施

### · 复习题

**1.《后现代主义建筑的语言》一书将普鲁伊特—艾格（Pruitt–Igoe）拆除事件称为“现代建筑的死亡之日”。请选出该书中至今仍合理的观点：**

a. 现代主义建筑已经死亡　　b. 拆除时间是 1972 年 7 月 15 日

c. 简单化的设计想法不合理　　d. 建筑设计是项目失败的罪魁祸首

**2. 高层行列住宅区普鲁伊特—艾格（Pruitt–Igoe）被拆毁的原因：**

a. 设计品质低下　　b. 城市经济困难

c. 种族歧视问题　　d. 复杂城市问题的综合影响

**3. 建筑家克里斯托弗 · 亚历山大人认为有活力的城市应该是什么结构：**

a. 复杂性系统　　b. 分型结构

c. 树型结构　　d. 半网络结构

**4. 中国古代城市没有出现高强度城市集合住宅的可能原因不包括：**

a. 材料限制　　b. 技术限制　　c. 成本限制　　d. 法规限制

5. 古代和近代的高强度集合住宅与现代集合住宅的最大区别是什么?

a. 电梯　　b. 厨房　　c. 套内卫生间　　d. 卧室

6. 为什么现代集合住宅之前的城市平民住宅没有室内厕所?

a. 没有城市污水管网　　b. 开发商为富不仁

c. 市民不讲卫生　　d. 缺乏马桶生产能力

7. 18 世纪开始的城市公共卫生危机主要的原因:

a. 工业化带来的人口聚集　　b. 缺乏市政基础设施

c. 瘴气传播疾病　　d. 落后的卫生习惯

8. 以下哪一部法规第一次要求住宅必须包含套内厕所?

a. 1867 年纽约《出租住宅法》　　b. 1890 年英国《工人阶级住宅法》

c. 1901 年纽约《出租住宅法》　　d. 1853 年《柏林警察法》

9. 为什么伦敦威敏斯特大教堂旁会出现“恶魔之地”这样的贫民窟?

a. 教堂开展济贫工作　　b. 城市扩张将边缘地带纳入建成区

c. 英国国王特许　　d. 先有贫民窟再有教堂

10. 城市住宅公共服务设施最早起源于哪一个国家?

a. 苏联　　b. 德国　　c. 英国　　d. 美国

# 第 3 章

# 现代城市的传承创新

他走过的平原，
钢铁与煤炭取代了草坪与玉米地，
如地狱之门般昏暗，炉火熊熊。
他身处的明亮工厂，
窗户比意大利的宫殿更多，
喷薄的烟囱比埃及金字塔更高。
独处在机械化大都市里，
孤坐于煤气灯闪烁的咖啡室，
没有胃口，头晕目眩，也没有明天的计划，
他为什么在这里？

——本杰明 · 迪斯雷利 [1]

## 3.1 城市的衰落与更新

城市是人类文明的载体，也有着和所有生命体相似的新陈代谢规律。作为过程的城市更新由政治经济制度博弈的复杂机理驱动，基本目的是留住和吸引市民定居。

罗马城——作为跨越地中海的帝国的首都，自然条件、政治地位、发展机会以及提供给平民的免费食物都吸引人口的聚集，在它最辉煌的时期曾经有超过 45 万人生活在这一片面积不到 $14km^2$ 的河谷地带。但随着古罗马帝国的衰落，这座城市也就失去了政治经济的超然地位，以及由帝国体制所吸引和维持的庞大人口。人口流失导致城市萎缩，直到 20 世纪才逐渐恢复到古罗马帝国首都时期人口数量（Storey，1997）。从罗马帝国灭亡到公元 6 世纪短短的 200 年间，罗马城的人口就萎缩到仅仅 3 万人，随之进入缺乏财力维护建筑、道路和设施，而衰败的城市空间造成税基进一步缩小的恶性循环。

为了改变这样的局面，1585—1590 年任教宗的西克斯图斯五世（Pope Sixtus，1521—1590）和他的建筑师方塔纳（Domenico Fantana，1543—1607）对古罗马城进行了一次城市更新——一种典型的自上而下的城市更新（图 3-1）。连接主要教堂之间的道路方便朝圣者来往于不同的山顶神殿；用方尖碑和三叉戟广场装点的人民广场强化了罗马北城门的威严；雄伟的圣保罗大教堂则重塑教廷的权威。如果说道路、广场和教堂吸引着朝圣者来到罗马；那么修复古罗马的输水管道和排污系统就吸引了更多朝圣者的居留。市民生活条件的改善为古罗马城市的复兴创造了可能性，当然大拆

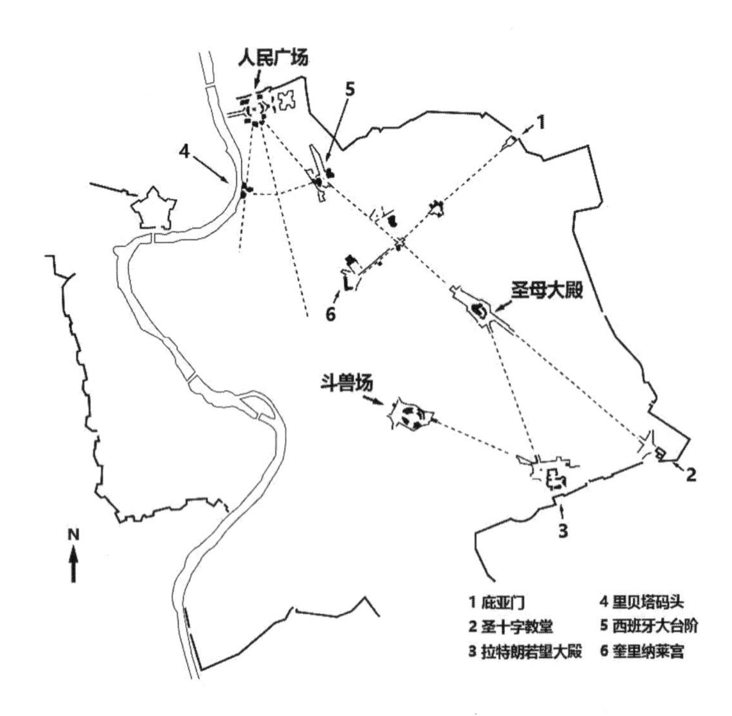


图 3-1 西克斯图斯五世改造古罗马

大建的工程也破坏了很多古罗马建筑。在人类的历史上大部分的城市更新都是这样的自上而下的城市更新。

而中国北宋里坊制的崩坏则是上下结合实现旧城改造的典型案例。自周代以来，中国城市的兴起并非由于集市贸易带来的经济增长，而是以政治与防卫为首要目的，其典型代表就是里坊制的城市结构。里坊制的城市由高墙塑造，无论是君主、官宦或者平民，都是居住在高墙所围合而成的城市单元里，而集市也是被高墙所围合。里坊之间自然限定而成的就是城市道路；除了为数不多的坊门之外，城市道路是由闭合的高墙所构成的。里坊制的道路有利防卫和管制，却抑制了商业和交易。从唐代中期开始，商业发展与坊墙的矛盾日益突出，“破墙开店”的现象越来越普遍。这样的情况在北宋愈演愈烈，从达官贵族到市井商铺都在坊墙开门，促使宋徽宗年间以“侵街房廊钱”的税收方式承认了街市的合法性。中国古代绘画史上杰出作品《清明上河图》描绘的正是坊墙被拆除后的汴梁街市热闹场景。“侵街房廊钱”的意义，不仅是从制度层面确立了在街道上破墙开店的合法性，也通过税收方式达成了政府和社会经济的共赢。“里坊制的崩溃，给人们的生活带来了极大方便。……从而掀开了中国城市发展史崭新的一页”。[2]

在城市更新中所有发生的这一切，不仅仅是设计方案，更多的是社会政治经济制度的体现。政治经济制度决定城市更新方式的现象在灾害之后的城市更新中特别突出。同样遭遇灾害，伦敦与里斯本灾后的城市更新恰好说明了这个问题。[3]

1666 年 9 月 2 日的伦敦发生了一场大火。布丁巷一家面包店意外失火，风助火势迅速蔓延到整个伦敦城，[4] 持续了 4 天到 9 月 6 日大火才被扑灭。火灾烧毁了由古罗马城墙围合的伦敦城，大约 13200 幢民房，包括圣保罗大教堂在内的 87 间教堂都被烧毁，大约 7 万市民流离失所（图 3-2）。英王查尔斯二世在火灾结束之后邀请全社会提出重建方案；不久后收到了一系列的灾后重建的城市设计提案。今日明确可考证的提案者包括理查德 · 牛考特兹、瓦伦汀 · 奈特、罗伯特 · 虎克、约翰 · 伊夫林和克里斯托弗 · 兰恩（Christopher Wren，1632—1723）。一年前刚从巴黎学习建筑归国的兰恩提交了一个具有典型文艺复兴风格的城市设计方案（图 3-3）。宽阔的街道取代了中世纪曲折蜿蜒的小巷，串联起一个个放射线形广场，以及广场中央宏伟的圣保罗大教堂和皇家交易所。兰恩的方案参考了巴黎和罗马的城市设计，其强烈的纪念性打动了国王，兰恩由此获得了伦敦城和圣保罗大教堂建筑的设计权。然而重建中实施的并不是这个精美的城市设计方案，而是在原地开始重建。兰恩的方案没有被实施的核心原因不是方案的美与丑，而是政治经济，尤其是经济性。一个意图改变现有城市空间结构的城市设计意味着巨大的成本，意味着只有全面收购土地再重新划分道路和用地后才有实施可能。这不仅意味着英王或者说城市的管理机构需要去筹集巨大的公共资金来收购不同的地权；即使有资本支持收购过程也必然会引发巨大的社会矛盾和时间成本。在重商和分权的英国社会，以上三者都是难以克服的

**图 3-2　伦敦 1666 年火灾地图**
**（温斯劳斯 · 霍勒绘制）**

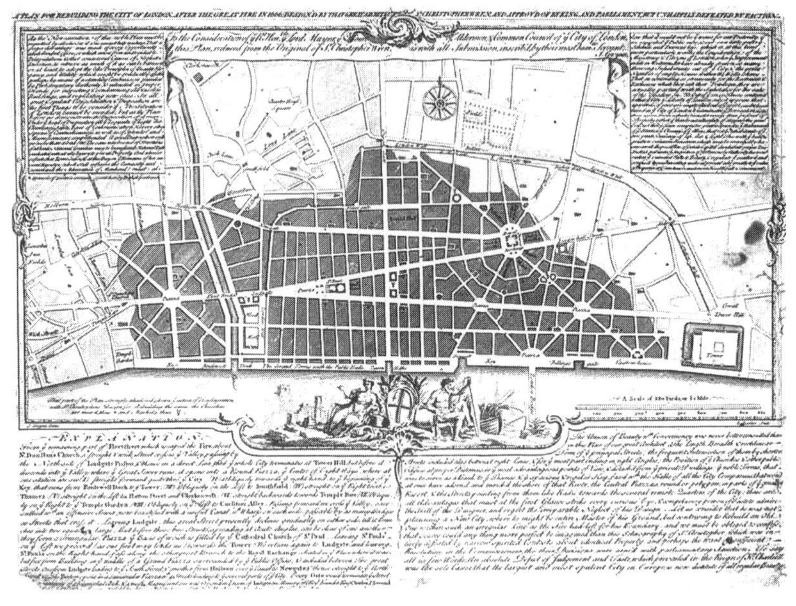

**图 3-3　伦敦 1666 年重建方案**
**（克里斯托弗 · 兰恩设计）**

困难。所以在大火扑灭之后不久，商人们就在原地迅速建起了延续传统的新伦敦城。

虽然兰恩的城市设计方案并没有实施，但 1666 年的伦敦灾后重建仍然为城市设计留下了重要的遗产。在 1667 年 2 月，英国议会通过了《1666 年重建伦敦法案》。这部法律不仅明确了道路拓宽和公共设施重建的基础规则，重建中不同主体间纠纷的处理机制，更首次以保护城市整体利益为目的对建筑单体提出了限制性的要求。具体的要求包括严格规定了新建筑必须使用石材和砖等防火建筑材料，对商业街建筑的外立面制定了风格要求，对私人住宅建筑给出了高度要求等。这个法律不仅重新塑造了伦敦的城市形象，也留下了以城市的整体利益规定和引导单体建筑设计的管理方法，从而实现公私共赢关系的城市设计制度基础。

在伦敦大火之后真正发展起来的是伦敦的郊外。兰恩参照罗马和巴黎设计的宏伟广场没有建成并非方案本身的美学原因，而是不适合当时的政治经济关系，尤其是不适合古罗马城墙内伦敦城错综复杂的地权关系。在伦敦大火之前，英国上层社会已经在城墙外开始了广场建设，一个个围绕着开放空间组织的新城区建设了起来。大约在 1660 年的时候南安普敦伯爵就在自己的属地布伦斯贝里建起了第一个英式广场（Square）——一种以花园绿地为中心的开放空间。这个位于伦敦城墙外西北方向的广场是一个由道路围合的方形大草地。北面是伯爵的府邸，东西两侧则建起了高级住宅。布伦斯贝里广场的出现引发了对全新城市空间类型的追捧，被誉为是综合了城市的便利和乡村的空气质量，适合贵族和绅士居住，有着光明前景的开发。[5]

厌倦了旧城拥挤污秽环境，伦敦的贵族富商们在 1666 年的火灾之后纷纷搬到城外居住，于是在伦敦古城西门外形成了第一个郊区化城区。当伦敦城内按照历史脉络修缮重建时，城墙外的郊区则复制着布伦斯贝里广场（Bloomsbury Square）模式，建造起一个又一个以绿地广场为中心的新城区。早期的广场多数更应该称之为花园，是以栅栏围合的大片草地和植物的花园。尽管这些花园广场早期都只是地主的私家花园，但宽敞街道和花园绿意仍为习惯了老城狭窄街巷的伦敦人展现了宽敞、健康和繁荣的新城市风光。而围绕广场建成的全新的住宅、教堂、餐馆和商场，也为贵族地主们带来了持续的丰厚收益。围绕广场绿地的开发模式被证明有利可图，而城市设计方案在城墙内外的不同命运则主要是因为不同的地权关系。城墙内的伦敦在几百年的发展和继承中形成了相对复杂的地权关系，整合不同业主的地块建设广场的难度和成本都很高，而城墙外的新开发用地则有着简单的产权和低廉的地价。例如整个布伦斯伯里广场和周边的用地都属于南安普敦伯爵；汉诺威广场（Hanover Square）则属于斯卡伯劳伯爵的产业。初始的简单地权和低廉地价也为地主们赢得了远比旧城更新开发更高的收益。因此在城市设计和城市更新中，必须理解此时此地的管理制度和土地产权，并把社会政治经济制度作为开始城市设计的重要前提。

葡萄牙首都里斯本的灾后重建是政治经济制度决定城市设计的另一个典型案例。1775 年 11 月 1 日是葡萄牙的万圣节，从上午 9：40 开始一连串的灾害袭击了葡萄牙南部沿海地区，尤其是首都里斯本。先是里氏 8 级的地震将整座里斯本城夷为平地，接踵而至的海啸吞没了港口开放区域的灾民，随后倒塌房屋中的火烛又引发了全城大火。18 世纪的里斯本是欧洲最繁华的城市之一，但一次自然灾害就夺走了这座城市的大部分财富。里斯本城内 85% 的建筑物被毁，2 万幢房屋在震后仅存 3000 幢，包括里斯本大教堂在内超过 20 座教堂坍塌。皇宫和震前刚刚完工的皇家歌剧院，以及皇家造币厂、兵工厂、海关等建筑物均被夷为平地。[6] 灾害在人口 20 万的里斯本夺走了 3 万 ~4 万条生命，而整个灾害在葡萄牙、西班牙和摩洛哥一共造成 4 万 ~ 5 万人的死亡。[7]

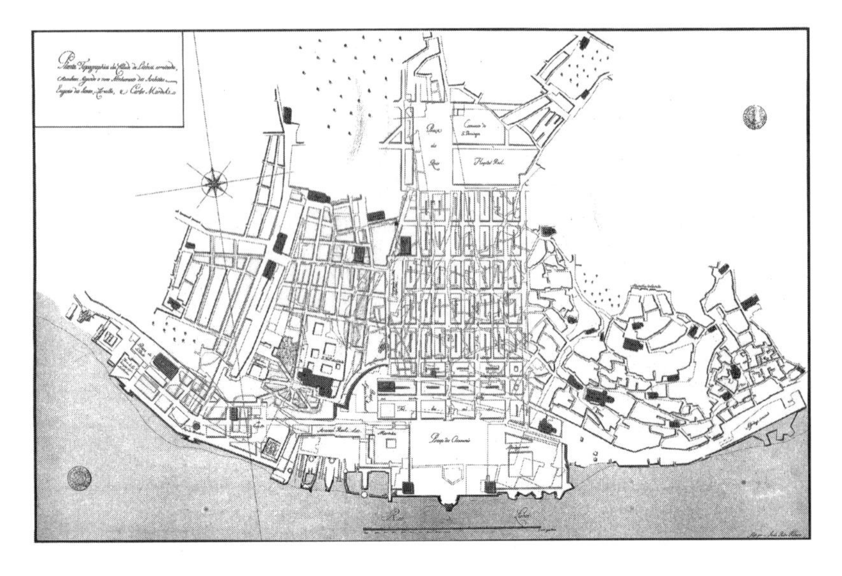

**图 3-4　里斯本 1776 年重建地图**
在拜厦区规整道路划分的新街块下方的虚线代表着被海啸摧毁的城市肌理。

葡萄牙国王约瑟夫一世恰好在郊外度假躲过一劫，首相庞巴尔侯爵塞巴斯蒂昂·何塞·德卡瓦略梅洛（Sebastião José de Carvalho e Melo，1699—1782）也在灾害中幸免于难。在灾害发生之后，里斯本迅速开始城市重建。里斯本的总工程师曼纽尔·德迈亚用不到一个月的时间就完成了四个不同的城市设计，从成本最低的用废墟建材原地重建，到用工整几何的街坊完全替代原有城市肌理的方案。国王和首相选择了成本最高的方案（图 3-4）。拜厦区的有机城市肌理被清除一空，取而代之以 12m 宽道路划分而成、四通八达的方格网街区。重建后的里斯本在全世界最先实施了抗震设计，包括木桩加固的地基，嵌入墙顶地的防震木结构，大型预制建筑构件。城市设计根据建筑物的重要性规定了外立面的形式，分层、细节和装饰尺度都取决于街道的重要性，形成了外观一致仅以颜色区分的庞巴莱建筑风格（Pombaline style）。全新的城市格网、下水管道、抗震建筑和装饰风格帮助里斯本迅速走出了地震的阴霾，形成了全新的城市风貌。重建后的拜厦区与周边城区的城市形态形成强烈对比，这样的城市更新只有在统治者控制土地权利的国家才可能发生。

**小节讨论**
不同制度对于城市更新方式和城市设计方案的影响？

## 3.2　住宅街道和公共空间

快速复制的住宅建设支撑了城市扩张，街道和公共空间成为创造活力的城市设计手段。欧洲历史上的大城市几乎都是帝王诸侯的驻地，依靠政治和宗教的传承维持人口聚集；一旦权力变更城市就难以为继。但是工业革命的出现改变了人类城市的发展轨迹，以企业为中心快速建设工人住宅，在很短的时间里建起一座座工业城市。

被恩格斯称为人类历史上第一座工业城市的曼彻斯特是其中的典型。

曼彻斯特最初由罗马人建立，这座城市在 18 世纪成为全世界第一座工业城市，并以棉纺业而闻名。[8] 曼彻斯特的水动力资源、周边的煤矿，以及与海港城市利物浦相连的运河，这些都成为纺织工业革命的基础。18 世纪 80 年代，曼彻斯特的第一家棉纺织厂在北角诞生。大量的资本涌入到这个新兴的城市，工业企业的巨大利润也吸引了成千上万的劳动者，人口由 1750 年的 1.8 万人迅速增加到 1850 年的 30 万人（图 3-5）。城市的人口在扩张，规模也在不断扩大。曼彻斯特到了 19 世纪中叶就已经发展成为世界纺织工业、纺织金融、纺织设备的中心。而曼彻斯特大都会区也成为英格兰第二大的都会区。

工业革命后城市的发展带来了前所未有的建筑短缺。高速发展的工业造成产业建筑的不足，大量业主发现将住宅转换为办公或者仓储获利更高，于是市中心北角区域的公寓区逐渐转化为工业区和仓储区。这种转变为业主带

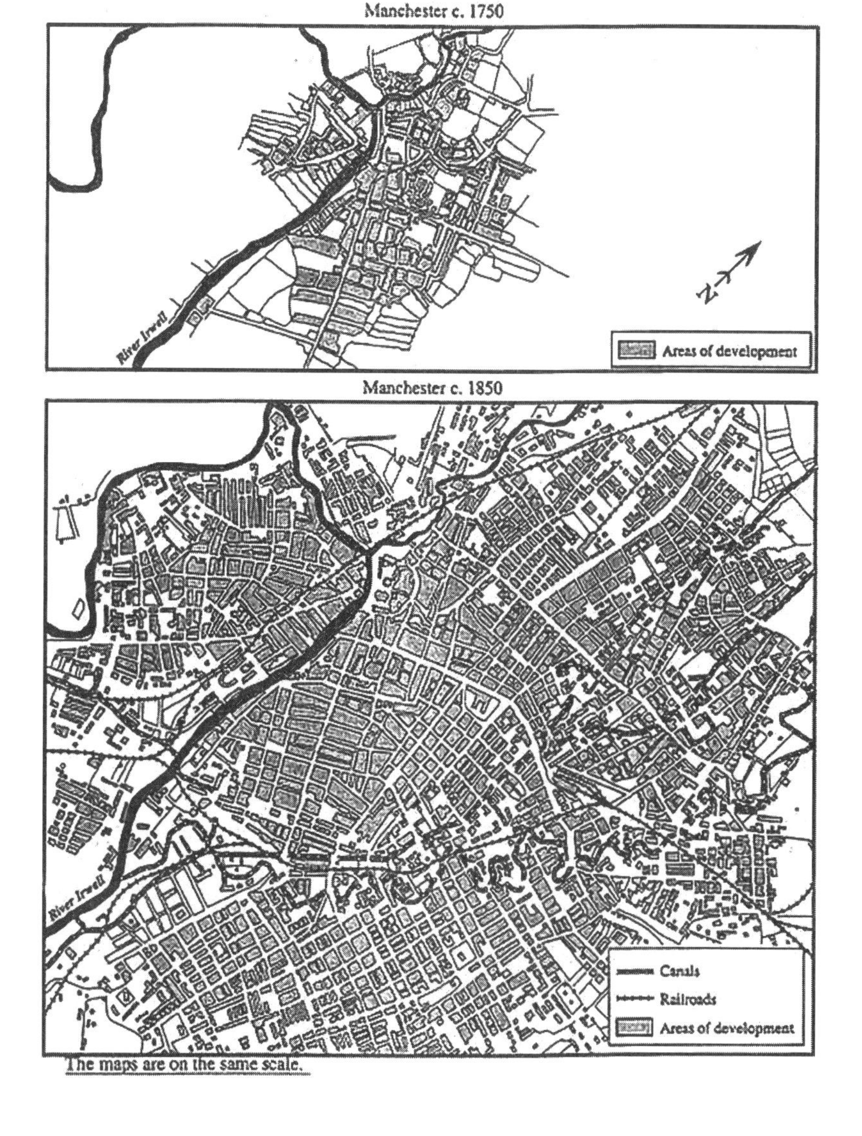


图 3-5　曼彻斯特建成区对比（1750—1850 年）

来了更高收益，又进一步加剧了住宅短缺现象。“当老城区内每个可用的缝隙都已被外来工人阶级的临时住宅塞满时，一些偷工减料的建筑商受到利益的驱使，迅速地在地价低廉的城市外围地区建造了一些低租金的居住区。”[9]

以控制工期和造价为目的，英国人创造了可以快速建造的联排住宅（图3-6）。这种鱼骨状的空间结构是极高效率的空间组织方式，有助于开发企业在很短的时间里用一套图纸建设出大规模的住宅区。为了能容纳更多租户，又出现了每套住宅单元都只有一个面可以采光通风的背靠背联排住宅。很多工厂都开始兴建联排住宅并形成了工厂市镇，这么做既保证了劳动力的稳定，同时出租屋还能为企业主带来房租收益。这些以工厂车间为中心的聚居地不仅居住极度拥挤，公共卫生更是匮乏。1842年的时候，在曼彻斯特所属的整个兰开夏郡，普雷斯顿是唯一有公园的城市，利物浦是唯一有公共澡堂的城市。[10]这种快速低成本城市扩张的结果正如弗雷德里希·恩格斯在1848年出版的《英国工人阶级之状况》中的记录：“联排的住宅和拥挤的街区四处可见，就像建立在裸露甚至寸草不生的泥土上的小村庄……道路既没有铺装也没有提供排水管道。”

城市扩张并非注定无序，英国巴斯就是一个正面典型。距离伦敦约200km外的英国西南部，巴斯是一座古罗马人在公元1世纪建立的温泉疗养地。城市在古罗马帝国覆亡后萎缩，到16世纪末仍只是由城墙包围的小城市。巴斯在工业革命之后也迅速发展了起来，除了传统的毛纺工厂，温泉资源也吸引着大量的高收入阶层。因为一批建筑师的杰出工作，城市扩张中的巴斯没有失去自身的特色，反而塑造了独特的空间美学，并在城市设计历史上留下了自己的独特地位。

在这些建筑师中，约翰·伍德父子对巴斯城市设计的贡献最大（图3-7）。如果说老约翰·伍德（John Wood elder，1704—1754）对建

**图3-6　由联排住宅构成的工厂市镇**
英国兰开夏郡普雷斯顿被联排住宅包围的格林班克磨坊

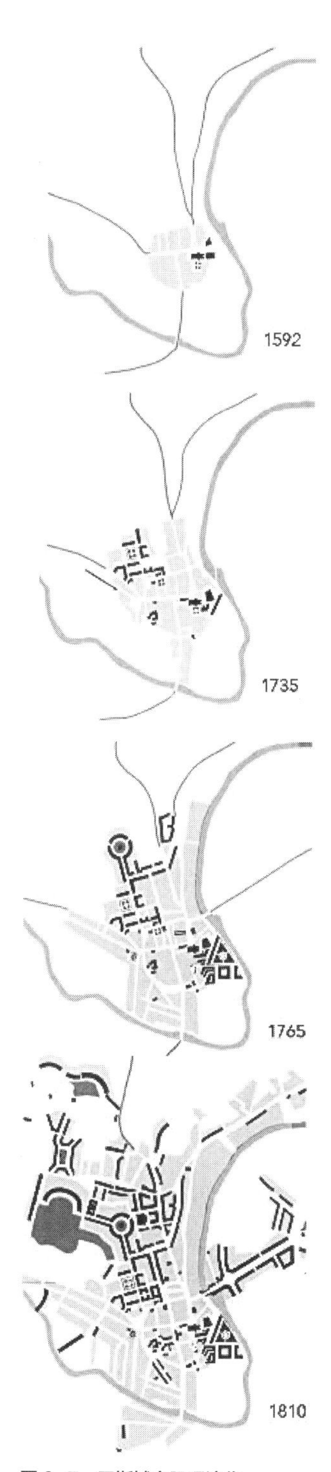

图 3-7 巴斯城市肌理演化

筑设计的贡献是第一个实践帕拉第奥建筑美学的英国建筑师，那么以圆形广场串联街道的设计手法则是他对英国城市设计的巨大贡献。而他的儿子小约翰·伍德（John Wood Younger，1728—1782）则贯彻并发展了父亲的城市设计思考并创作了被广泛复制的英国街道美学原型。约翰·伍德父子的街道传奇开始于女王广场。这个在1728—1736年建成的广场延续了布伦斯贝里广场的开发模式，中心的方形花园广场与四周帕拉第奥风格的住宅建筑广受好评，为巴斯城的北部扩张奠定了新的建筑形式和尺度感。老约翰·伍德随后设计并开发了沿盖伊街（Gay Street）向北的经典城市空间——圆场（The Circus）。受到室外剧场、史前巨石阵[11]和罗马斗兽场的影响，老约翰·伍德设计了一个由中心圆形绿地花园和外围圆环联排住宅组成的城市公共空间新模式。按照尼古拉斯·佩夫斯纳（Nikolaus Pevsner）的说法，约翰·伍德是“继倪戈·琼斯之后第一个将帕拉第奥的统一整体性运用于英国广场的人。”[12]组成圆场的联排住宅有着一致的立面柱式，仅有的道路开口也严谨遵守着由三段120度弧线构成完整圆环的几何关系。老约翰·伍德没有见到圆场的完工就离开了人世，而他的儿子则继承父亲的城市设计美学并将它发扬光大。

1764年完工的圆场大获成功，城市开发随后沿着圆场三叉戟道路之一的布鲁克街（Brook Street）向西北推进，小约翰·伍德随后设计了更具知名度的皇家新月项目。皇家新月是“一幢”面对南侧开放草坪的半圆形联排住宅，150m长的立面由114根艾奥尼克巨柱组成，帕拉第奥式样的立面统一了30幢联排住宅面向草坪的公共界面。小约翰·伍德设计并建造了面向草坪的柱式立面，而30位业主则各自雇佣建筑师设计并建造了自己的住宅。皇家新月项目展现了2项城市设计的原则——城市建设与自然的和谐；公共界面整体性与私人个性权利的平衡。半圆形建筑眺望着开敞的绿草坪，证明扩张的城市仍可以与自然共处。在高度统一的草坪立面的另一侧，每一个建筑物的业主有权利自主地决定建筑的形式，实现了整体与多元的平衡。

从正方形的女王广场出发，沿着盖伊街到圆场，再经过布鲁克街到半圆形的皇家新月，约翰·伍德父子创造了由公共空间和街道界面塑造城市风貌的经典原则。这种原则广泛地应用在巴斯城的设计和建设中，在城市扩张中形成了独有的风貌。在伍德父子的一系列作品中又以皇家新月最为知名。皇家新月创造了一种英国城市的经典原型，几乎成为英国城市文化的一种符号。全英国有几十处半圆形的新月广场，但只有巴斯这座被称为皇家新月；因为在1774年建成以后得到了英王次子约克公爵的访问。这种符合几何原则的公共界面的设计是英国城市的典型特征，也是帮助城市塑造有魅力公共空间的有效手段。通过这样的城市设计，以整体面向公共界面的住宅塑造了一座城市的形象。“一种城乡互相衬托的气氛，增强整体特征丰富性的气氛，而不是那种相互对立，毫无鉴赏力的敷衍”。[13]

街道和公共空间的建设作为主要的城市设计手段，不仅可以在城市扩张中塑造城市风貌，同样适合城市更新。约翰·纳什（John Nash，1752—

1835）为伦敦摄政街所做的城市设计就创造了延续 200 年的繁荣。接下来我们要介绍的就是这位建筑师、景观设计师和他伟大的城市设计。

伦敦在工业化之后得到了巨大的繁荣，从 16 世纪城墙围绕中的一个 6 万人小城市，到 19 世纪后的百万人口超级城市。工业革命之后，伦敦城墙内外、城西的威斯敏斯特，乃至泰晤士河南岸都迅速发展了起来。1666 年大火后的快速扩张超越了城市边缘，形成了郊区化新城市和贫民窟并存的无序发展局面。伦敦城市建设规划造成的种种问题逐渐暴露了出来，都亟待在城市更新中解决，而摄政街就成为伦敦第一条按照城市设计建成的街道。随着英王乔治三世在 1811 年罹患精神病，王储威尔士亲王被推举为摄政王。摄政王主政后宣布将威斯敏斯特北部的皇冠领地建设为摄政公园，再建设一条道路将摄政公园和位于圣詹姆斯公园的摄政王宫连为一体。

作为摄政王最信任的建筑师，约翰 · 纳什获得了摄政公园和摄政街的城市设计任务。城市设计的任务包括连接摄政公园、商业中心皮卡迪利和摄政王宫以彰显摄政王的威仪；并设法保证摄政王和他的开发商朋友们能够从公园、街道和周边地块的开发中获利。城市设计的主要挑战是摄政公园和王宫之间已经被扩张的城市所填充，其中还包括苏荷区这大面积的贫民窟。而几十年后发生霍乱疫情的宽街水泵恰恰就在两处皇家公园的直线联系之上。

纳什的创造性设计完美地联系了两处皇家公园。摄政街放弃了直线联系的花园大道方案，而是采用了两次转折的线型。从圣詹姆斯公园出发，在王室拥有的皇冠领地中拓宽出一条南北走向的直线大道直通皮卡迪利大街，在皮卡迪利和摄政街的路口设计了圆场后，沿着苏荷区的边界左转，在皇冠领地中画出一道流畅的弧线再向西北，大致沿着燕子街到达牛津街后设计了第二个圆形广场，街道继续向北后在福利场前经过一个四分之一圆弧连接上了摄政公园前的波特兰广场。纳什随后为这个四分之一圆弧设计了朗豪坊万圣教堂，一座由巴斯产石灰石柱砌筑的宏伟建筑。精心设计的道路线型不仅避开了苏荷区的贫民窟，还串联起了摄政王和他的开发商朋友们全面收购的沿线土地。南北两处圆场之间，由直线和曲线构成的摄政街不仅避免了直线道路可能的冗长感，更创造了令人印象深刻的独特街道景观（图 3-8）。

作为伦敦第一条经过城市设计的街道，摄政街的开发获得了巨大的成功，也为摄政王和开发商们获得了巨大的收益。约翰 · 纳什当年为摄政街所设计的街道界面和之前我们讲到的皇家新月相似，古典主义的柱廊被广泛应用在这条曲线型的街道上。然而高大的柱廊不仅遮蔽了商家的店标，也挡住了自然光线，因此遭到了商家们的普遍反对。所以今天大家来到这条摄政街——这条繁荣了 200 多年的伦敦主要商业街时，早已看不到深邃立体的柱廊。可是约翰 · 纳什所创造的街道界面和街道走向都在延续。而这种街道的界面有力地促成了沿街商业办公的协同合作，并共同创造了跨越 200 年的繁荣。一条成功街道的城市设计经得起时间考验，更要有包容沿线地块可持续更新的弹性，而约翰 · 纳什所设计的摄政街恰是其中的典型。

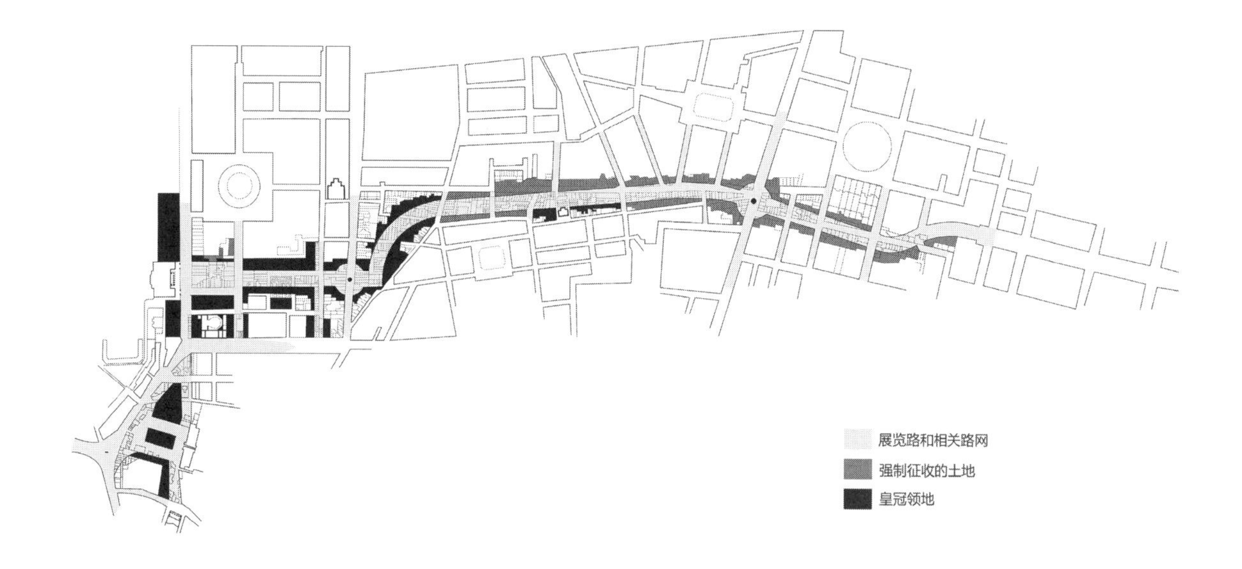


**图 3-8 摄政街方案（1813 年）**
摄政街南端是摄政王的宫殿，沿途深灰色部分为王室的领地，而浅灰色则是被强制征收的土地。

在约翰·纳什设计摄政街城市更新的同时，伦敦上流社会向郊区搬迁的进程仍在继续中。郊区化的进程极大地影响着城市，有钱人搬到了郊区的外围，吸引着城市的中产追随着他们的足迹向郊区搬迁。而城市中心区的生活质量随着高收入群体的搬迁进一步恶化。为了吸引中产阶级搬到了城市郊外，建筑师和开发商们（在那个时代很多建筑师也是开发商），创造了一些新的住区和一系列新的城市设计手法。为了凸显郊区环境与城市的差异，设计普遍避免了规整的城市地块形式，而是广泛采用了模仿自然的曲线型和千姿百态的独栋住宅，替代了城市中整个地块统一采用周边围合式建筑和一致式样的严谨做法。

郊外区域成为中产阶级理想的居住地，进而也催生了大规模的城市通勤和交通基础设施建设需求。与最早开始搬迁到郊区的贵族不同，中产阶层外迁但仍需要返回城市工作，每天往返就产生了巨大的通勤行为。古代伦敦街道随着不断增多的交通行为变得越来越拥堵。交通需求引发了城市基础设施的建设，大量联系郊区的铁路随之开始建设。铁路站点周边区域随之成为中产阶级首选的居住地。当道路和铁路都变得拥挤不堪，就出现了立体交通。1863 年伦敦开始了人类历史上的第一条地铁线路的建设。为了控制造价，这条地下铁路采用了成本低廉的明挖法，地下奔驰的也只是有着浓烈污染的燃煤铁路火车头。

郊区化的进程，铁路和地下铁路的发展，以及城市中心区不断恶化的生存环境，以上种种都在催生社会改良家对于城市发展道路的思考。这种变化积累起来到 1898 年，埃比尼泽·霍华德（Ebenezer Howard，1850—1928）提出了《明日的田园城市》的未来城市发展梦想。一种由铁路连接着中心城和卫星城的新城市结构，一种没有工厂污染也没有贫民窟的新城市途径。作为重点内容，在本书第 8 章中会有对田园城市更完整的详细陈述。

**小节讨论**
请比较工业革命后发展的城市与古代城市在空间结构上的差异。

## 3.3 改变巴黎的城市设计

工业革命带来了城市发展的全新模式，这种变化不仅仅发生在英国，也发生在欧洲大陆。以皇家新月和摄政街为代表，优秀的城市设计在城市局部的扩张与更新中创造了美好的公共空间与城市经济的繁荣。在这一节我们将通过 19 世纪中期的巴黎改造来解释中心城市大规模城市更新的发展模式。制度差异使得巴黎的大拆大建城市更新模式成为现代城市设计的模板。

**讨论题**
英国在第二次世界大战结束前难以实施大拆大建的城市更新，请分析现象背后的制度因素。

和很多的欧洲历史名城一样，巴黎最初也是古罗马人所建立的城市。在公元前 52 年击败了高卢民族原住民后，古罗马人在塞纳河中间的西岱岛上建立了名为卢泰西亚（Lutèce）的城市。以城市发源地为中心，巴黎人习惯用左岸和右岸来分别指代塞纳河的南岸与北岸；两岸共同见证了城市的历史兴衰。古罗马时期的发展集中在左岸，留存至今的遗址包括卢泰西亚竞技场（Arènes de Lutèce）和克吕尼浴场（Thermes de Cluny）。古罗马帝国覆亡后城市萎缩成为西岱岛上的军事堡垒。直到 11 世纪第一道城墙在右岸建成才开始城市发展的新阶段。城墙的保护和 1137 年中央市场（Les Halles）的建成为经济繁荣创造了条件，随着长达 5km 并覆盖塞纳河两岸 2.6km$^2$ 土地的全新城墙建成后，12 世纪的巴黎已经成为欧洲大陆人口最多的城市之一。伴随王权加强、文艺复兴和工业革命；巴黎的城市发展逐渐超越了城墙的范围。于是在 1676 年路易十四国王下令拆除早已被城市扩张包围的城墙，在原址修建了宽达 36m 的林荫大道。环城林荫道为巴黎创造了全新的公共空间和城市形象，但城墙的消失极大地影响了入城税的征收。国王路易十四不得不于 1784 年再次下令根据新的城市范围修建了以收税为目的的新城墙和税关（图 3-9）。

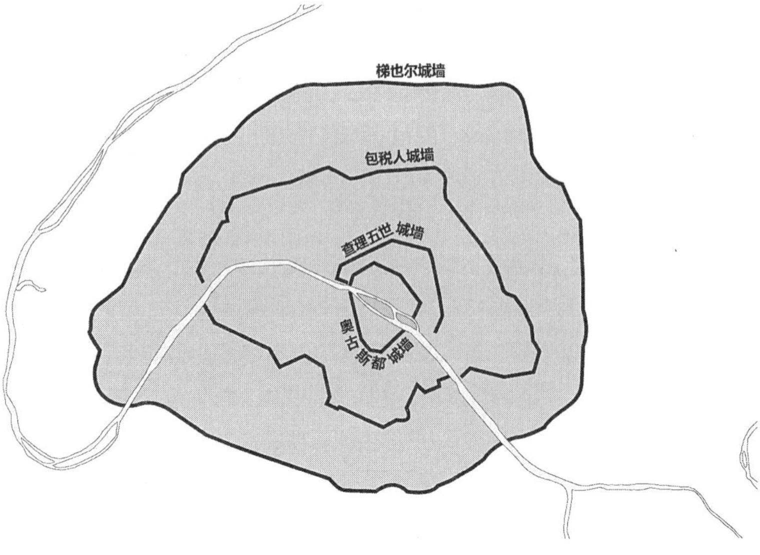

梯也尔城墙
包税人城墙
查理五世 城墙
奥古斯都 城墙

**图 3-9　不同时期的巴黎城墙范围**
图中分别标注了巴黎最早的城墙，由腓力二世·奥古斯都于 12 世纪末开始修建的城墙，14 世纪时神圣罗马帝国皇帝查理五世扩建的右岸城墙，18 世纪末建造的包税人城墙，以及 19 世纪中期建设的梯也尔城墙。1929 年梯也尔城墙拆除后建成的环城大道也被视为城市和郊区的分界线。

19世纪的“巴黎成为世界上最大的工业城市”，[14]经济发展与城市空间的矛盾变得愈发突出。1804年拿破仑（Napoléon Bonaparte，1769—1821）称帝后就开始了多项市政工程：包括塞纳河的防洪堤和5座桥梁，开工建设为巴黎提供饮用水的130km长的运河，在巴黎近郊修建大型屠宰场并规定1828年后牛不得进入市区等等。拿破仑在位期间拓宽和新建了60多条街道，其中最著名的就是连接卢浮宫和路易十五广场（今天的协和广场）间的里沃利街（Rue de Rivoli）。拿破仑之后的巴黎仍在快速发展，铁路、人行道、马拉公交车、煤气灯等新事物不断刷新现代生活方式，但道路狭窄且没有贯穿交通的老城与现代化生活的矛盾也越来越突出。郊区化不断发展，富有阶层纷纷从拥挤的老城迁往巴黎西部和西北部的新社区；税关外低廉的地价也吸引着各种污染严重的工厂纷纷落户。1841年修建了以防御为目的“梯也尔城墙（Enceinte de Thiers）”，城墙内包括首都巴黎12区和外围81个公社[15]，基本形成今日小巴黎的范围。百万巴黎人与过于狭窄的街道和严重匮乏的市政设施间的矛盾不断扩大。1846年巴黎人口超过100万，而其中有40%是工厂雇员；城外8个市镇的人口也已经超过20万人。[16]19世纪上半叶的城市更新虽然有益，但小规模的更新已经不能适应时代的变化，一次从法律制度、经济投资和空间建设等多个方面同步开展的大规模城市更新已经箭在弦上。

一个波澜壮阔的城市更新实验在拿破仑三世上台之后终于开始。大卫·哈维（David Harvey，1935—）认为“第二帝国是一场相当严肃的国际社会主义实验——它是同时拥有警察力量和民意基础的独裁国家。”[17]带着叔父拿破仑一世的光环，“拿破仑三世”路易—拿破仑·波拿巴（Napoléon-Louis Bonaparte，1808—1873）在1848年结束流亡回到法国，趁着七月王朝覆亡的混乱局势被选为法兰西第二共和国的总统（因而被戏称为“王子总统”）。区别于叔父拿破仑一世征服世界的野心，拿破仑三世的目标是把巴黎建设成为全世界瞩目的伟大城市。拿破仑三世宣称我们将“开辟新的道路，并且改善人口密集地区空气和光线缺乏的问题，我们要让阳光照射到全城每个角落，正如真理之光启迪我们的心智一般。……我们要大量开垦荒地、开辟道路、挖掘港口、疏浚可通航的河流、完成运河级铁路网的铺设。”[18]

拿破仑三世对城市设计的热情极高。在流亡英国期间，拿破仑三世亲眼见证了英国城市在工业经济、公共设施方面的成果，对摄政街改造的繁荣，城市广场和城市公园的作用都有了亲身体验。他阅读了英国建筑师亨利·罗伯茨（1851年世博会工人阶级住宅的设计师）的著作《工人阶级的住房》，还实地参观了后者设计的工人阶级住宅。[19]王子总统甚至亲自绘制了大比例的巴黎总图，并用四种颜色标注了不同类型的工程。就职总统后不久他就开始了重建巴黎市中心的庞大计划，这位王子总统不仅完成了对巴黎的医院、孤儿院、福利院等公共卫生和福利设施的立法管理；还参与了工人阶级住宅“拿破仑城”以及位于巴黎城西的超大城市公园布洛涅森林的规划工作。类似于教宗西克斯图斯五世改造罗马，拿破仑三世的早期计划中也有着重要公共建筑间联系通道的大型道路项目。在众多道路计划中最重要的是东西向的里沃利街和南北向的斯特拉斯堡大道（Boulevard de Strasbourg）。拓宽拿破仑一世修建的里沃利街，由卢浮宫向东延伸至市政厅并成为巴黎第一条贯通的主干道；以铁路巴黎东站为起点修建南北向的斯特拉斯堡大道并穿过整个城市。[20] 两条计划中的城市干道交会的西北角就是早已拥挤不堪的中央市场，后者在拿破仑三世紧锣密鼓的计划中于 1851 年开始了重建工程。

庞大的改造巴黎计划意味着巨大的成本，也必须有强有力的权力支持。“权力设计着城市，而最原始的权力就是对于土地的控制。如果政府是土地的主要拥有者，那么它选择的任何模式都可以被实现”。对于拿破仑三世而言，大规模改造巴黎计划的第一步就是跳过复杂的征地交易，以公共利益为名强制征收土地。在总统的强烈要求下，法国议会在 1850 年的健康法和 1852 年的后续法令赋予了政府一次性征收土地的权利和赔偿行为，“市政当局有权决定是否补偿受到影响的全部财产。”[21] 没有这一项权力，就无法牵涉到空间结构的大规模城市更新。尽管压缩了征地的时间，但 4 年总统任期仍远不足以完成王子总统的改造计划；而议会则出现了抵制他连任的运动。于是拿破仑三世在 1851 年总统任期结束前发动政变，接着放逐政敌并独揽大权，在政变后一年的 1852 年 12 月正式称帝，开始了法兰西第二帝国。皇帝的计划逐渐成形，但还需要一个强力的执行者来领导具体的城市建设工作；他的选择是乔治—欧仁 · 奥斯曼（Georges-Eugène Haussmann，1809—1891），后者在 1853 年 7 月 29 日被正式任命为塞纳省省长 [22]（图 3-10）。在奥斯曼的自传中写道，皇帝将亲自绘制的巴黎城市设计总平面交给他，总图上用四种颜色标注着不同类型的改造和新建项目 [23]。自此之后，奥斯曼全权负责巴黎的庞大城市改造直到 1869 年下台。

奥斯曼改造巴黎的工作是一项人类历史上前所未有的城市改造，他所创造的模式深刻地影响着之后的城市建设。这次持续 16 年的城市改造重新定义了城市边界，创造了城市更新与城市扩张同步发生并相互协同的关系。大改造之前的巴黎市区指由城墙围绕起来的巴黎 12 区。随着拿破仑三世在 1859 年 2 月 9 日签署议会决议 [24]，临近巴黎的 13 个城镇被纳入塞纳省。同年新税关内的土地被重新规划为 20 个区（图 3-11）。法国首都的城市面积于是由 33.7km$^2$ 被扩展为 85.5km$^2$，人口由 110 万变成了 150 万。城市扩张意味着税关的扩大，极大地增加了财政的收入，同时也纳入了更多的人口，提供了更多的土地供应；而以上这些都为城市更新提供了强有力的支持。

奥斯曼的巴黎改造与之前出现过的城市更新完全不同，不再是局部的城市街道或者纪念性建筑与周边的片区，而是对于城市空间结构的升级。这座跨越塞纳河两岸和西岱岛的城市，其 17 世纪形成的城市道路不仅狭窄更缺少贯穿城市的交通干道，在奥斯曼改造之后则形成了三座城墙围绕起来的同心圆结构（图 3-12）。大家一定很熟悉这样的空间结构：十字形的中心道路和内环、中环和外环的空间，在未来成为非常多城市模仿的空间结构

**图 3-10　拿破仑三世和奥斯曼**
画面中央身穿元帅服的拿破仑三世签署了扩张巴黎的法令，并转交给奥斯曼。艺术家阿道夫—伊冯受市议会委托记录这一事件，原作收藏于巴黎的卡纳瓦莱博物馆。

**图 3-11　奥斯曼改造巴黎——城市扩张**
（数字代表巴黎各个区）

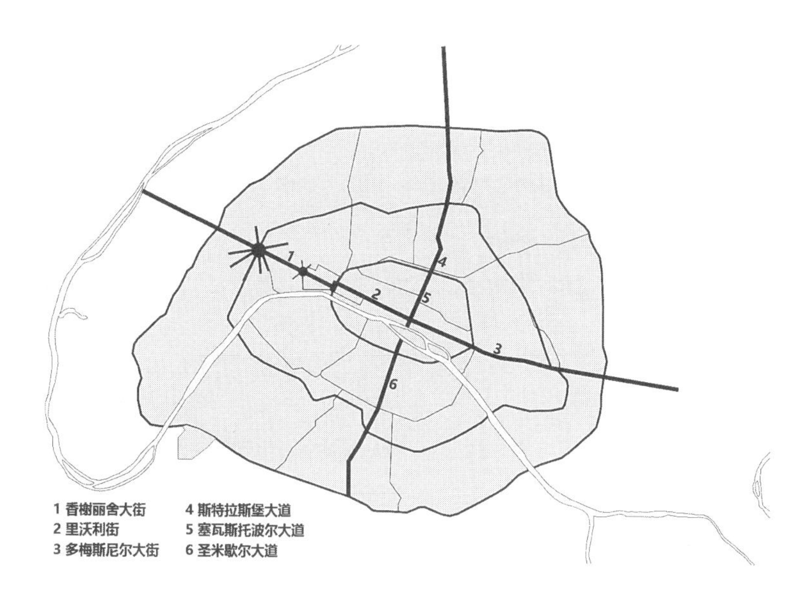


**图 3-12　奥斯曼改造巴黎——新空间结构**
由自北向南贯通的斯特拉斯堡大街 - 塞瓦斯托波尔大街 - 圣米歇尔大街构成了巴黎的南北轴线；以卢浮宫为中心向东的里沃利路与一路向西的香榭丽舍大街则构成了巴黎的东西轴线。

类型。进而在交通结构之上增加了路网的密度，尤其是联系主要的公共空间，我们所熟悉的凯旋门、卢浮宫都是在这个阶段形成了自己放射型的道路交通结构。这种交通结构塑造了令人震撼、印象深刻的巴洛克城市景观美学。在 1852—1870 年间，第二帝国一共修建了 137km 的全新街道、230km 长的人行道、1.5 万盏燃气路灯，行道树也由 5 万棵增加到 9.6 万棵。[25] 当然也因为要塑造这样的主干道路和公共空间系统，进行了大规模的城市拆迁，造成了很多人被迫离开自己的家园。1852—1870 年共有超过 11.7 万家庭因城市改造而被迫搬家。[26] 也是因为这些大拆大建的操作，奥斯曼改造巴黎一直被认为是一个对于历史遗产的争议项目。

除了这些明显的变化之外，还有重要的变化发生在我们看不见的角落里。奥斯曼对于巴黎的改造牵涉到大量的市政更新。在整个奥斯曼改造的期间，巴黎市修建了超过 2000km 长的地下市政污水系统，将城市中的污水通过主管排放到塞纳河的下游，整体性地改善了巴黎市的公共卫生环境。在城市中又创造了新的公园系统。在巴黎的新“城墙”外，东西两端两个巨型的城市公园为巴黎市民创造了接近自然环境的机会（图 3-13）。在巴黎市内上百个小型公园和城市广场让这座城市拥有了举世无双的公共空间和绿地系统，让巴黎市民为此心驰神往，也让巴黎这座城市成为名副其实的欧洲的中心。

以“文化一致性”的街区建筑为代表的整体城市风貌是奥斯曼巴黎城市改造的另一个重要特色。第二帝国的巴黎改造当然也包含有巴尔塔设计的中央市场和加涅设计的巴黎歌剧院等地标性公共建筑，但是无论公共建筑或地产开发，大部分建筑都被要求服从城市整体景观。最突出的例子是为了保证南北向干路塞瓦斯托波尔大道的整体视线，奥斯曼强迫建筑师将商业法院的圆顶转移到靠近大道的西侧（图 3-14）。“为了巴黎整体的对称而牺牲了建筑物的对称。”[27] 城市改造带来了房地产开发的热潮，1852—1870 年间巴黎修建了超过 10 万所房子，其中大部分都是用于房地产开发的出租公寓。[28] 建筑历史学家皮埃尔 · 皮诺（Pierre Pinon）描述的“文化一致性”成为建筑师

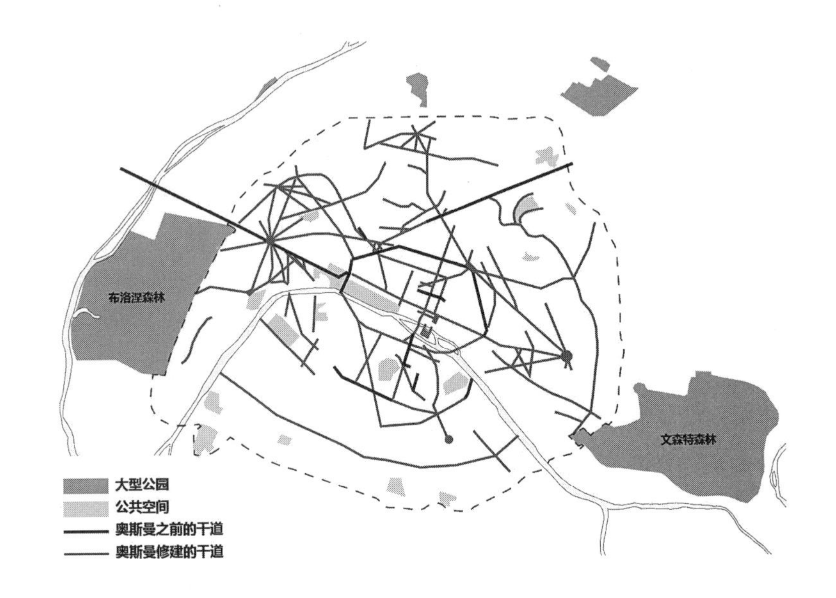


**图 3-13 奥斯曼改造巴黎——道路和公共空间**

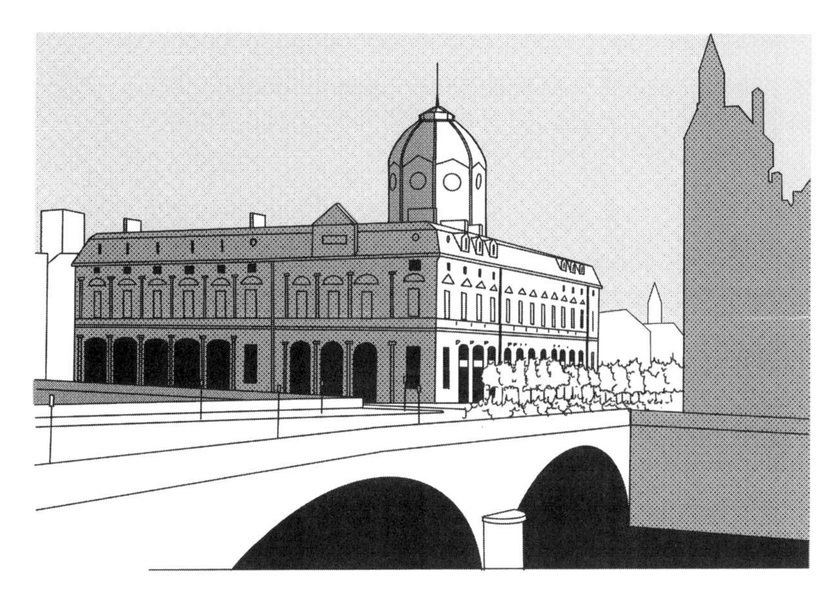

**图 3-14　奥斯曼改造巴黎——局部服从整体**

为了城市整体对称而牺牲建筑物的对称。在巴黎中轴线塞瓦斯托波尔大道的最南端，奥斯曼强迫建筑师将商业法院的圆顶由建筑中心转移到临街一侧，以便与对街监狱塔楼形成对称关系。

和开发商普遍遵循的设计原则。巴黎对街区开发提出了细致的城市设计要求并提供了设计案例指导，每个街区的建筑应该“每层高度相同，外立面线条相同”，而且“外立面应以石头修建，设置阳台，檐口和装饰嵌线”，令整个街区形成“一个建筑整体”。[29] 通过对街区形式的要求，城市设计塑造了巴黎的城市风貌基底，这种被称为“奥斯曼式”的建筑类型成为巴黎的核心形象。

中心城重建是奥斯曼领导的巴黎改造的重要成果，其中就包括西岱岛。西岱岛曾经是古罗马巴黎城的源头。到拿破仑三世开始巴黎重建工程的时候，西岱岛已经变成了一座贫民窟的岛屿。因为交通不便和腹地匮乏，除了有巴黎圣母院这座伟大的人类文化遗产外，这座岛剩下大部分空间都是低矮拥挤的棚户区。奥斯曼改造巴黎之后将这些棚户区全部清拆，岛上仅仅保留了巴黎圣母院。连接了多座桥梁使得这座岛屿变成城市中心交通的核心组成。城市更新后的岛屿修建了行政、立法、司法和大学等建筑，也重塑了塞纳河两岸的城市空间结构。

在西岱岛的北岸塞纳河的右岸区域是中央市场。这片于 12 世纪开始建设的区域有着悠久的历史，但市场、商业与居住混合的功能也越来越不适应高度发展的新城市规模。根据拿破仑三世的意见，奥斯曼领导的巴黎改造对这个片区开展了大刀阔斧的城市重建。全新的城市空间结构被赋予了这个区域，这也是第一个现代意义上的专门用于市场的片区。奥斯曼时期的城市设计和历史上形成的城市地权和道路关系可以说是交融，也可以认为是一种颠覆性的改造。中央市场的改造为城市中心提供了持续提升的产业功能。中央市场也是巴黎市中心经过最多轮次城市更新的现象级区域，直到今天仍在持续改造中。

巴黎改造的规模之大前所未有，其支出也自然远超预期。房地产金融创新一度帮助奥斯曼解决了投资的困难，但最终也导致了这位市政强人的下台。根据律师茹费理（Jules Ferry）的分析，巴黎改造的众多项目可以根据不同的投资类型分为三个网络。"'第一网络'即1848—1852年由第二共和国在城市中心开展的里沃利街和塞瓦斯托波尔大道等项目，确实满足了民众的切实需求，并未引发争议。而'第二网络'，即1.8亿法郎协议囊括的项目被帝国官方批准通过，这些项目本身不应受到批评，但是项目管理确实应当受到指责，因为预计最终成本将超过最初估计数额的两倍以上。'第三网络'，即'奥斯曼先生的个人网络'则理应遭到异议：这些项目从未被任何政府机构批准，估计其成本已达3亿法郎之多。"[30] 后两种网络的投资不仅浪费公帑，也存在私相授受的利益交换嫌疑，而房地产开发的金融创新不仅大幅推高了地价和房价，也带给第二帝国巨大的金融风险。巴黎改造的金融风险和违法操作被曝光后，奥斯曼被迫于1869年辞职，而第二帝国也在他辞职一年之后走向了灭亡。[31]

城市更新极大地改善了巴黎城的空间结构、公共卫生、公共交通；也在很大程度上破坏了巴黎市原有的历史遗产，对于这座城市的改造到底是好是坏需要留待时间来说明。但是奥斯曼的精神被传承下来，一座城市需要发展才能经历时间的考验，没有城市更新是不可能的。如何掌握适宜的城市更新尺度，是一个需要审慎对待的问题。奥斯曼的精神传承到了20世纪，一位诞生在瑞士的法国建筑师将其发扬光大。在勒·柯布西耶所提交的巴黎改造方案当中，西岱岛的北岸，塞纳河右岸地区的中央市场再次被拆平，取而代之的是勒·柯布西耶推崇的"公园中的塔楼"，中央市场被一幢又一幢拔地而起的摩天大楼所取代；历史的环境被服务于小汽车的新城市所替代。这样的城市更新幸亏没有发生，所以今天来到巴黎我们还能够去见证奥斯曼时代以及他之前的非常丰富的历史文化痕迹。

**小节讨论**

如何看待奥斯曼在巴黎改造中对建筑、道路等历史遗产的态度。

## 复习思考

### · 本章摘要

城市更新是城市发展延续的必然，并非当代的产物。工业革命的技术进步和资本聚集开启了城市全面扩张和郊区化发展的新阶段。在法律制度和市政技术的保障下，城市更新创造了全新的现代化城市。

### · 关键概念

自上而下、自下而上、城市更新、制度化、城市开发、街道改造、空间结构

### · 复习题

**1. 教宗西克斯图斯五世改造罗马的工作不包括以下哪一项工作：**

a. 串联教堂的道路　　b. 三叉戟形广场

c. 林荫大道　　d. 城市输水管道

2. 决定了伦敦 1666 年大火后城市重建方式的主要原因：

a. 优秀的城市设计方案　　b. 政治经济制度

c. 合理的造价　　d. 国王的意志

3. 请选出对 1775 年里斯本灾后重建城市更新的正确表述：

a. 拜厦区四通八达的方格网街区　　b. 预制装配式抗震建筑结构

c. 全新的下水道系统　　d. 以上所有内容

4. 伍德父子的城市设计创造了巴斯皇家新月的伟大遗产，其维护公共界面的手段不包括：

a. 广场立面保护　　b. 背立面形式管制

c. 建筑色彩控制　　d. 建筑高度限制

5. 请选出 18 世纪的城镇规划（town planning）成功塑造城市形象的主要手段：

a. 居住人口审查　　b. 控制公共界面

c. 提高造价标准　　d. 建设市政基础设施

6. 以下哪个因素对约翰·纳什的伦敦摄政街城市设计影响较小：

a. 市政基础设施　　b. 回避贫民窟

c. 控制街道景观　　d. 连接摄政王宫

7. 奥斯曼的巴黎改造奠定了巴黎现代城市风貌，其具体措施不包括：

a. 市政基础设施　　b. 绿地公园系统

c. 道路交通网络　　d. 地铁系统

8. 拿破仑三世授权扩大巴黎税关是巴黎改造的重要事件，其意义不包括：

a. 增加税收基础　　b. 建成环城大道

c. 优化城市交通　　d. 增加土地供应

9. 请选出对奥斯曼改造巴黎成效的不恰当的表述：

a. 增加了公寓供应　　b. 增加了公园绿地

c. 建设林荫大道　　d. 大型公共建筑

10. 请选择对奥斯曼改造巴黎的不公正评价：

a. 改善了城市公共卫生　　b. 改善了城市交通

c. 破坏了城市建成遗产　　d. 扩大了财政收入

# 第 4 章

# 生活演化和城市更新

我们在做减法和加法……
这就是我们所做的，
这就是城市设计师所做的。
每个建筑都有一个文脉，
就像每个人都有一个背景一样，
而这些文脉通常比建筑本身更强大，强大得多。

——戴维 · 刘易斯[1]

## 4.1 城市生活的细胞

在工业革命后人口不断向城市集聚的城市化进程中，庞大的市民阶层逐步替代极少数统治者成为城市的主人。如果说古代城市中最重要的是宫殿、教堂等公共型建筑，到了现代城市中集合住宅已经成为最不可或缺的建筑类型，甚至构成了城市的风貌基底。集合住宅的出现是为了解决城市的居住问题，而不是美学问题。然而现代集合住宅的大规模建设却彻底改变了城市，也重塑了城市的美学形象。

现代集合住宅的出现改变了城市的卫生状况。如果说城市是一个有机体，那么现代集合住宅就是城市生活中不断新陈代谢的细胞，而现代市政处理系统则是维持有机体健康的静脉。[2] 现代和古代集合住宅最大的区别，就是位于住宅套内的卫生间。后者满足了公共卫生和个人私密性的要求，提供了现代化的生活模式。城市能够大规模建设现代集合住宅，首先得益于工业化带来的科学技术进步。没有工业革命带来的技术进步，就不会有大规模生产的抽水马桶，就不会有大功率的真空水泵，更不可能出现现代化的市政污水管网系统。得益于工业化提供的技术，人类可以改造自然。城市中的洼地存在突出的内涝和排污问题，工业革命前往往是低收入者聚集的贫民窟。随着市政污水管网和泵站解除了自然的限制，过去位于市中心的低洼地带就有可能因为区位优势成为开发热土，而伦敦的切尔西区就是这方面的典型。市中心斑块化的贫民窟逐步被现代集合住宅所替代的过程改变了城市的面貌。值得警惕的是，贫民窟现象并不会随着“清除贫民窟（Slum Clearance）”的城市改造工作而消失，它们大部分时候只是被驱逐到了城市外围而已。

现代集合住宅的大规模建设也改变了城市的整体形象。如果说看不见的市政系统是静脉，那么由公共空间和街墙所组成的道路就是带来绵绵不断繁荣生活的动脉。现代城市学家福捷（Bruno Fortier，1947—）认为在街道中串联的公园就像城市的“肺泡”，行人呼吸入公园附近的空气就好像肺部给血液增添活力一样。[3] 自然形成的住宅建设往往杂乱而有机，城市设计对街道立面的规范则为城市塑造了整体的形象。早在 1666 年伦敦大火之后，伦敦城就规定了高街建筑物的外立面必须统一。1755 年里斯本的重建城市设计中，根据建筑物的重要性对整个拜厦区外立面都做了细致的规定，并形成了外观一致仅以颜色区分的庞巴莱建筑风格（Pombaline style）。18 世纪伦敦的广场住宅建设尤其强调整体。“面对广场的大房屋通常是 15 到 20 个街区一起盖，让外表能整齐一致。……朴素的建筑街区与花草扶疏的广场，构成了内外、公私的明显界限。”[4] 除了通过多立克柱式统一街墙，如巴斯的皇家星月和伦敦的摄政街，材料和色彩也是街墙设计中重要的控制手段。约翰 · 纳什在摄政公园的房地产开发中大量使用了灰泥，“每一幢建筑物都是如此，整个街区风格一致，精细的灰泥外表在街区与街区之间构成了一种韵律。”[5] 法兰西第二帝国时期（1852—1870 年）的巴黎住宅建设则严格执行

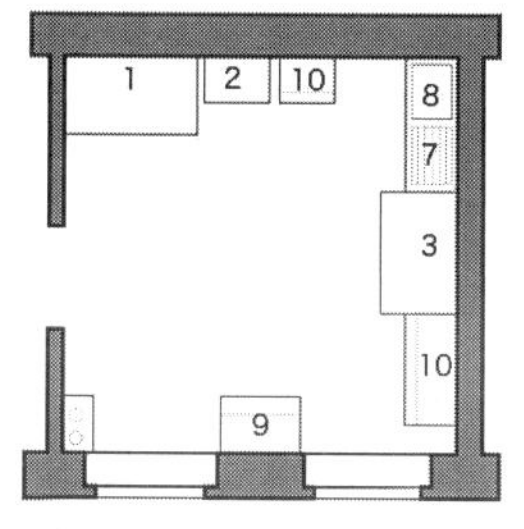


老式大厨房

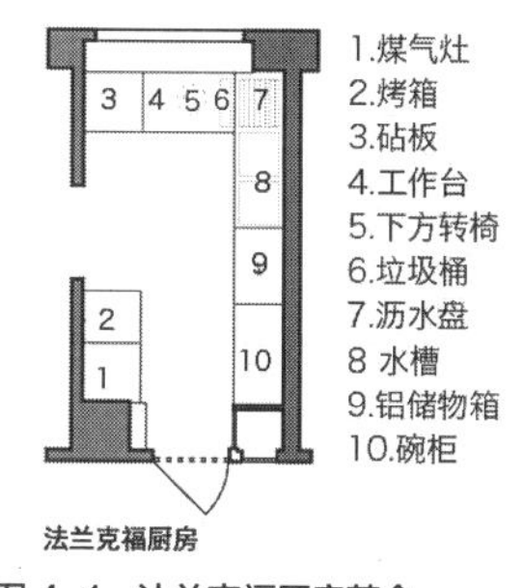


法兰克福厨房

**图 4-1　法兰克福厨房革命**
利豪斯基的设计目标是减少面积和流线的浪费。

着城市设计的“奥斯曼式”规定，底层商铺、二三层高级住宅，三楼以上到向内回收的顶层阁楼则是相对低租金的公寓，统一的格局令整个街区形成“一个建筑整体”。[6]

现代集合住宅的精细化设计创造了城市的高效生活方式，工业化对成本收益的控制对解决城市居住问题大有裨益。法兰克福厨房可以说是 20 世纪住宅工业化的典范（图 4-1）。作为人类第一位职业女建筑师，玛格丽特 · 许特—利豪斯基（Margarete Grete Schütte-Lihotzky，1897—2000）在 1926 年设计了一套以最低面积标准和科学管理思想为基础的标准化厨房。据利豪斯基介绍，在设计法兰克福厨房前她从来没有下过厨房。建筑师是完全站在效率论的基础上去设计，目标是充分利用厨房的空间并减少往复行为。经过反复实验和仔细计量时间，宽 1.9m、长 3.4m 的法兰克福厨房被细致划分为料理区、操作区、洗涤区、烹调区、储藏区。精细化设计充分体现了现代住宅的高效，科学布局通过优化流线节省了家务劳动的时间并改善了生活质量；标准化设计有利于工业化、规模化的生产降低成本；低成本和紧凑化使得相同的造价可以建造更多住宅改善城市居住危机。利豪斯基的厨房设计在法兰克福建造了超过 1 万套，在此之后形成了今天的现代工业化厨房的模式。亚历山大 · 克莱恩（Alexander Klein，1879—1960）对于住宅平面功能流线的优化则是住宅改善生活质量的另一个突出例子。克莱恩用虚线和实线来分别表达在住宅中公共和私密性的生活流线。一个好的住宅应该满足公共和私密相互不干扰的生活状态。那这样的分析对于住宅的革命、平面的功能分区和流线的组织优化都有着非常大的促进作用。这种科学化、模式化和标准化的设计方法都为通过大规模住宅建设解决城市居住问题创造了可能性。

现代集合住宅不断演化和革新背后的驱动力，是因人口大规模向城市聚集所催生的居住需求。这样的人口聚集超越了自然的承载力，背后是蓬勃发展的城市经济，却也带来了严峻的城市居住和环境问题。而这种人类的聚集又因为家庭规模的变化带来了更丰富多样的需求。当大家庭逐渐演化为小家庭，当多人户逐渐演化为三口、两口之家，甚至独户家庭，城市和住宅也都必须随之而变。接下来的章节中，将会以上海这座中国最大城市的近代历史演进为例，讨论人口聚集和家庭规模小型化带给城市集合住宅，带给城市风貌的急剧变化。

**小节讨论**
如何理解城市住房建设中的规模化效益和多样化需求，两者是否存在矛盾？

## 4.2　上海里弄住宅

上海这座中国人口最多的城市，它的发展是由不同的方方面面所共同组成的。结合中西方特色的里弄住宅不仅是具有上海特色的住宅形式，还曾构成了上海这座城市在全世界都独一无二的风貌基底（图 4-2）。

上海里弄住宅诞生的背景是 19 世纪中期上海租界的难民潮。早在 1843 年开埠之前，坐落在长江出海口的上海就已经是一座人口超过 50 万的东南都会。[7] 由周长约 4.5km 的城墙环绕，上海县城有着江南水乡城市的典型肌理格局。城厢内外河网纵横，除了环绕城墙的护城河，仅东西走向流入黄浦江的河浜就有：城北洋泾浜，城南肇嘉浜，穿越城墙的包括方浜、薛家浜、侯家浜、福佑浜。上海县城属于地势低洼的滩涂，砖石均不便获得，本地建筑多为木板房，属于典型的长江沿岸民居。随着 1853 年 2 月“太平天国运动”占据南京，大量江南富户都逃难到上海并带来了县城的“畸形”繁荣。然而同年 9 月“小刀会运动”占据上海县城，原先避难在县城的大量人口被迫继续向北迁移到了由外国人统治的租借地。因此可以说“太平天国运动”和“小刀会运动”的爆发带来了租界人口的急剧增长。随着“太平天国”于 1860 年占领杭州，整个长三角地区都陷入战场，涌入上海的难民更多，其中不乏地主、豪绅和官僚等。英租界在 1843 年开埠时仅有 25 名外国人，1851 年也仅有 265 名外国人，租界人口不到上海人口的千分之一。但是随着太平天国运动，租界人口到 1865 年已接近 15 万人，占全上海县城总人口的 21.5%。[8] 城市人口的增长，自然而然地带来了庞大的住房需求和房地产开发的巨大机遇。

响应太平天国难民潮，上海租界出现了一种中西合璧的创新住宅形式——里弄。1853 年 9 月到 1854 年 7 月，不到一年的时间里，仅在英租界广东路到福建路一带就建造了 800 多幢出租屋；[9] 至 1860 年各种里弄房屋已达到 8740 幢。里弄是一种中西合璧、因地制宜的住宅创新，建造组织和空间结构等多个方面的合作创造了独一无二的新住宅形式。里弄的特点是建造在租界但服务于中国人；外国人开发但建造者都是中国人；英国联排住宅的组织结构，单元平面则是合院式样江南民居。里弄住宅又是自然地理条件下符合经济性的一种必然选择。英国联排住宅平行复制单元的鱼骨状空间组织结构有利于快速开发建造节省时间成本；单元平面采用了江南合院民居

**图 4-2　上海鸟瞰（约 1930 年）**
以周边式鱼骨状的形态肌理和低层高密度的开发方式为特征，里弄住宅曾经构成了上海城市风貌的基底。

是因为熟悉的式样，方方面面都是因地制宜的选择。早期里弄是为逃难到上海的江南富户开发的产品，适应客户习惯是自然而然的选择。里弄联排住宅使用木结构则是经济性使然，位于长三角冲积平原的上海缺乏黄砂之外的各种建材，虽水运发达但砖石运输成本远比木材昂贵，砖石砌筑在基础和建筑周期也没有木结构的优势。

上海里弄住宅的百年发展见证着各种因素推动的城市演进。因为成本原因，最初的里弄住宅仍是长江流域常见的木板房；但随着 1860 年的南京路大火，租界出台法规禁止了简易木板房建设。[10] 取而代之以防火性能更佳的砖木立贴式结构，因为往往在南立面砌筑徽派建筑常见的条石门框，这种里弄住宅也被称为“石库门里弄”。位于北京东路与河南中路东南角，建成于 1872 年的兴仁里是早期石库门里弄的典型。兴仁里充分反映了当时的开发策略：两层三进五开间的大宅在前后各有一个天井的区域，其目标客户是从江南各地躲避兵乱逃亡上海、又从县城流亡到公共租界避难的富商阶层。一套大面积的住宅恰好符合这部分客户的支付能力与生活需要。这些购买力雄厚的家族可以支付巨额的购房费用，对面积的经济性并不敏感；其家庭组织又往往是一家人几十口的大家族，确实需要多开间大面积的居所。

石库门里弄住宅的发展充分反映了家庭规模小型化的影响（图 4-3）。无论中外，家庭规模小型化是现代城市的普遍现象。江南大家族在进入上海之后也不可避免地出现了由聚居到分离、由家族到家庭的变化。地产商敏感地发现了这种人口变化，建设了三开间的石库门旧里，以服务趋于小型化的

**图 4-3　旧式里弄的平面演化**

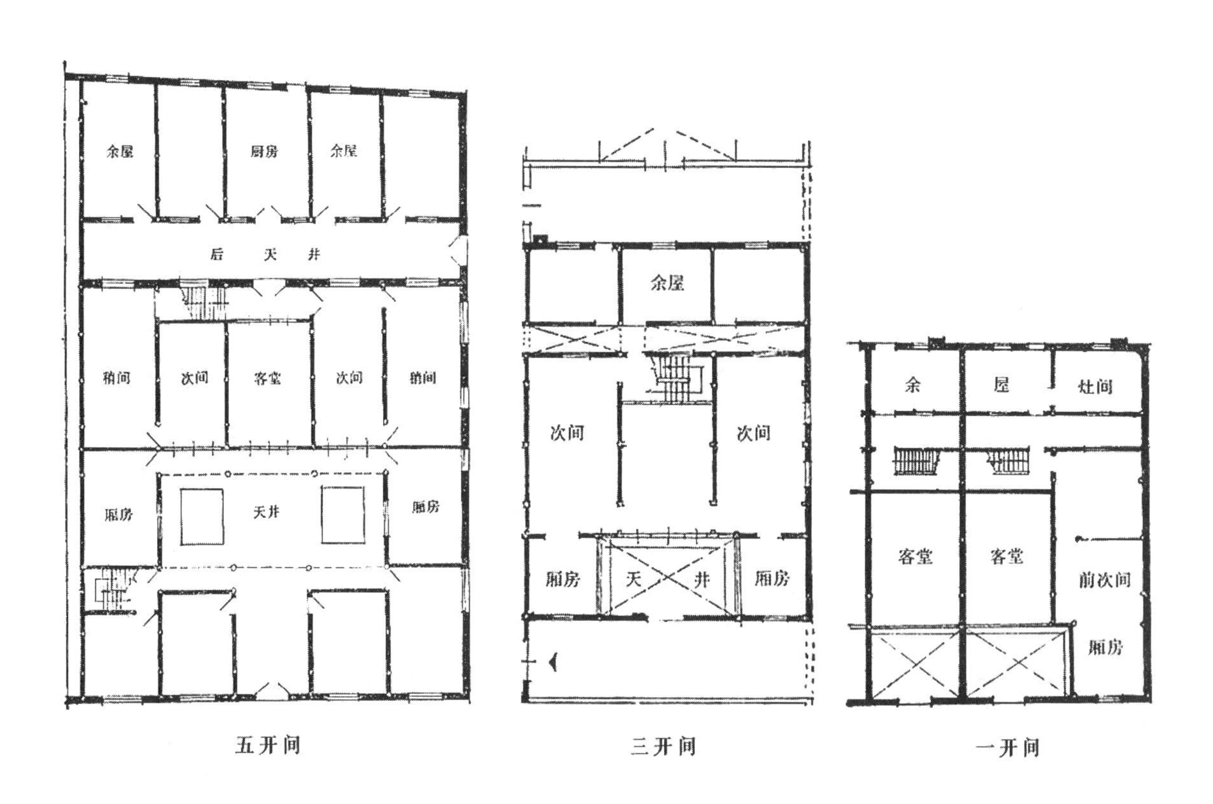

家庭。三开间石库门旧里仍然有前后两个天井，但是由三进到接近于两进的空间结构，以及五开间向三开间的面宽变化都是为了在同样的占地面积上建造更多户的住宅，以满足更多家庭的购买需要。三开间的石库门旧里在不久以后就演变成了最为普遍的晚期石库门旧里。晚期的石库门旧里大部分都是单开间；除了两侧的边套会有两个开间之外，其余都是由一个开间的里弄住宅单元所组成。典型的石库门住宅南北各有一个出入口，南入口通过装饰石库门的天井进入客堂间，北入口则连接着厨房；建筑中部位于客堂与厨房之间的是楼梯间，拾级而上则是南有前楼北有亭子间的格局。上海市曾经有上百万套这样的单开间石库门里弄。

以新式里弄为标志的上海住宅于 1920 年代进入了现代集合住宅的新阶段，而建筑材料产业与市政系统的发展则是背后的推动力。上海水泥股份公司与中国水泥股份有限公司在 1920 年和 1921 年先后投产，华商经营的上海建筑材料产业在与进口建材的市场竞争中获得胜利，逐步占领了市场并推动了建造方式的进步。抗日战争爆发前的 1936 年，上海水泥厂产量已经达到 9.78 万吨。[11]1923 年（民国 12 年）公共租界第一座污水处理厂建成投入运营；1924 年公共租界制定了污水系统规划；1926 年建成了 3 个粪便污水处理系统，污水输送管道总长 22km。法租界和上海市政府管辖的区域也都逐步建成了合流制管道系统，粪便污水则通过化粪池排入管道。[12] 产业和市政发展共同推动着石库门住宅由旧式里弄（旧里）到新式里弄（新里）的演化。

所谓的石库门新里和石库门旧里的差别可以被概括为 8 个字——钢窗蜡地、抽水马桶。尽管外观相似，但建造方式和市政服务条件截然不同，生活质量和卫生条件更是得到了巨大改善。旧里没有套内卫生间一方面是因为木结构无法实现楼板防水，另一方面是因为没有市政污水系统连接。混凝土和市政系统的普及为石库门新里设置卫生间创造了可能，于是在每一层都出现了配备抽水马桶的室内卫生间。旧里和新里由内而外的转变在剖面上显示得更为鲜明（图 4-4）。石库门旧里采用了传统江南民居的立帖式结构，无论是屋顶木结构的形式和马头山墙的建筑细部都呈现出非常典型的江南民居特征。在两层楼的结构里面提供了较为宽敞的空间，北侧院落中单独的厨房因采用单坡屋顶而被称为“灶批间”。相似用地面积上建设的石库门新里使用钢筋混凝土结构或混合结构，提高了开发强度，也在一定程度上牺牲了舒适性。相同高度内的建筑物由二层变成为三层；北侧的一层灶披间的屋顶上也建起了被称为“亭子间”的小房间。因为面积小、层高低且朝北，所以亭子间的租金低廉，满足了特定细分市场的需求。不仅墙体和楼板大量使用了现代建材，屋顶也以现代木桁架的屋架体系取代了传统立贴木结构。除了在个别的建筑细部中仍保留有石库门的江南特征之外，新式里弄已经更加接近于一个英国式的联排住宅了。随着家庭规模的进一步变化，住房短缺的现象也愈发严重。在晚期的石库门旧里和石库门新里中，不仅很难找到一个以上的开间，甚至一幢楼里也不再是一家人，这是公寓化的现象。当单开间的每一

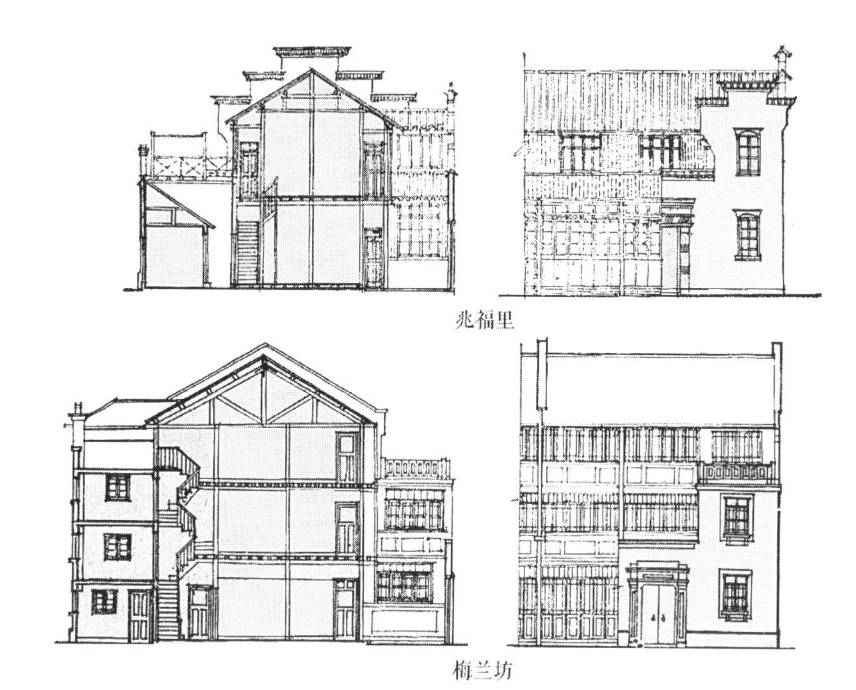


**图 4-4　旧式里弄与新式里弄对比**

层住进了不同的人、不同的家庭，就逐渐呈现了由联排住宅向集合住宅转变的过程。

因为因地制宜、用地经济，里弄住宅逐渐成为现代化生活的象征，乃至上海这座城市的象征。这种由外侧围合式街区与内向鱼骨状道路所组成的空间结构、以中西合璧并带有江南传统民居建筑细部特征的联排住宅，构成了曾经的上海城市意象。虽然在中国的其他城市，例如天津、杭州、南京、武汉都有里弄住宅，但是只有上海开展了足够大规模的建设并形成了一种标准化的城市空间——里弄构成了城市的风貌基底。遍布上海的低层高密度里弄住宅，提供了现代化的集合居住，围合出便利亲切的街道尺度；也形成了上海这座城市曾经在全世界都独一无二的空间象征。

在老上海的传统语汇里，里弄住宅并不仅仅是联排住宅，而是现代住宅的代名词。例如 1920 年代出现的高标准联排别墅就常被上海人称为花园里弄。最具知名度的花园里弄是 1925 年（民国 14 年）建成于长乐路和陕西南路交叉口东南角，原名凡尔登花园（Verdun Terrace）的长乐村公寓（图 4-5）。项目原址是占地 61 亩的德国侨民乡村俱乐部，第一次世界大战后由法租界公董局拍卖购得，并将其中大约 42.7 亩建设为法国总会（今花园饭店），剩余的约 19 亩土地由沙逊和安诺德的安利洋行开发，建成了这片当时上海首屈一指的高档住宅小区。[13] 以凡尔登为名则是为了纪念凡尔登战役对于法国赢得第一次世界大战的重要意义。中华人民共和国成立后于 1958 年更名为不包含殖民地色彩的长乐村。作为典型的花园里弄，按照联排规划长乐村共有 7 列 129 个单元，每个单元均为局部 3 层并统一采用折坡法国式屋顶（Mansard roof）的建筑形式。[14] 在这个花园里弄，已经很少有传统石库门里弄住宅的痕迹。每个单元前都用低矮院墙围合而成的小花园替

**小节讨论**

请从经济性和开发组织的角度讨论英国联排住宅对上海里弄的影响。

代了传统里弄的高耸院墙；每一层套内还有壁炉这样非常西方化的家庭设施存在。尽管如此，但是因为里弄在上海代表着现代化的住宅和生活，所以这样的建筑物仍然被称为是里弄，只不过以一个更新的名字叫作花园里弄。

1930 年代出现了更为纯粹的出租公寓。位于乌鲁木齐路永嘉路一侧，建成于 1947 年的永嘉新村就是这种现代化公寓住宅的典型（图 4-6）。永嘉新村以行列式布局，共有甲乙丙丁等四种标准层平面，其中甲型最有建筑特色。一梯四户、点群式三层高的甲型住宅有三部楼梯，为每套公寓都提供了一前一后两种进出方式。外露的楼梯不仅服务于多样需求，也赋予了建筑物丰富的光影关系。每套公寓都有卧室、起居室、厨房、卫生间和保姆房。永嘉新村已经是满足现代化生活并拥有非常好空间美感的集合住宅。但是在那个时代的上海词汇库里，代表着现代化生活的住宅就是里弄，所以这样的集合住宅就被称为公寓里弄。

上海的花园里弄和公寓里弄还有不少。例如位于建国西路的上海懿园、位于泰安路的卫乐园都是广有知名度的花园里弄；位于山西南路的陕南村、位于新康路的新康花园则是在老上海鼎鼎大名的公寓里弄。在上海的集合住宅发展史和城市发展史中，里弄注定是一个难以抹去的名词。但是随着城市人口、家庭数和住房需求的不断增长，低层高密度的里弄住宅几乎不可避免地、在城市的发展进化中逐渐被其他更高开发强度的住宅类型所替代。

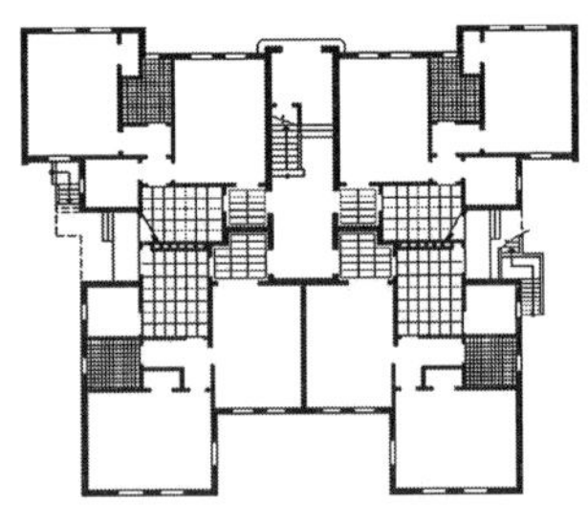

甲型住宅底层平面图

甲型住宅标准层平面图

**图 4-5　长乐村公寓单元平面图**

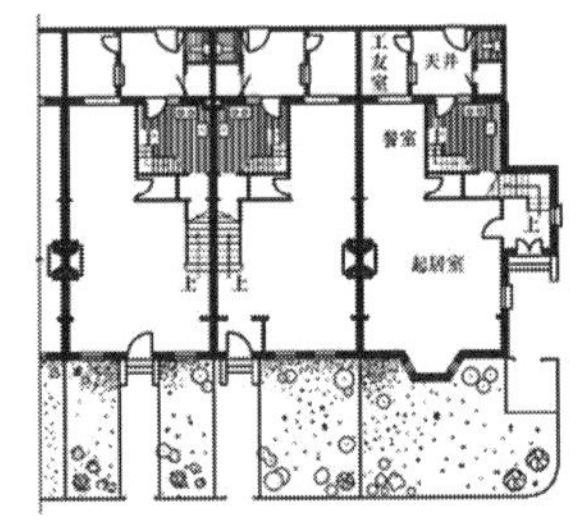

底层平面图

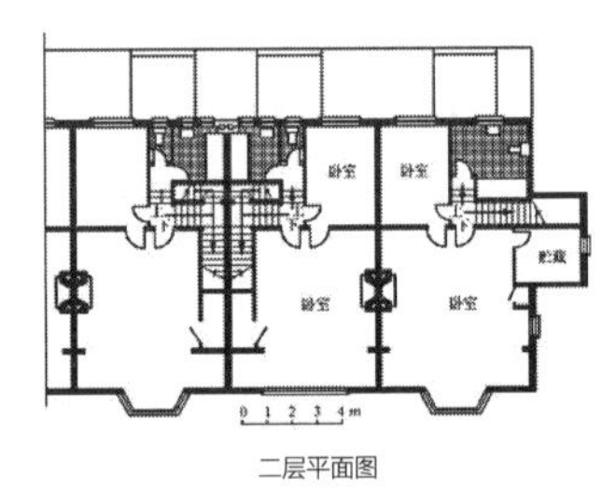

二层平面图

**图 4-6　永嘉新村甲型单元平面图**

## 4.3　旧城改造和工人新村

上海这座城市，由 1843 年前人口 50 万的东南都会到当代中国人口最多的城市之一，经历了全方位的发展。为了满足人口规模与家庭数量的不断增长，就需要多样类型的住宅建设，也离不开持续滚动的旧城改造去满足城市发展和市民生活的需要。针对公共服务、交通基础设施和城市功能的旧城改造早在 19 世纪末就已经开始。

每天“开门七件事”，市民的生活都离不开菜市场。菜市场的进化反映了一座城市在旧城改造中公共服务上的持续升级。公共租界最初为了控制食品卫生安全，在西荒路用板墙围起了马路菜市场。随着交易规模的扩大，于 1877 年将木板搭建的菜市场升级改造为石柱铅皮棚；1884 年再次改造为钢筋混凝土结构；再到 1930 年代迁址福州路翻建成了当时亚洲规模最大、最现代化的钢筋混凝土结构的菜市场。菜市场在上海话被称为“小菜场”，但是福州路菜市场哪里是小菜场，无论是建筑的体量还是服务的市民规模，这都是一个宏伟的大菜场。

除了公共服务之外，城市道路也一直在改造中。租界在开展现代化的城市建设，华界（中国人管理下的上海城区）也在积极推动市政的现代化。19 世纪后期的上海地方政府已经开始了包括测绘、规划、道路建设、市容管理和城市卫生等诸多方面的市政工作。1895 年华界第一条现代道路“外马路”建成，1905 年开始推动拆除上海城墙，1912 年满清帝国覆灭之后，沪军都督府终于启动了拆除上海城墙的工程。拆除隔断公共租界、法租界和上海老城之间的城墙，取而代之的是一条城市环路。1912 年动工并在 1914 年完成由民国路[15]和中华路形成的现代化环路，路网体系建设大幅改善了华界的交通出行。最初为抵御倭寇而兴建的城墙变身为现代城市道路，也保留了城市的记忆。今天来到上海的游客还是能够从城市肌理中阅读到上海老城厢的历史、尺度和风貌。

类似的道路建设在法租界和公共租界之间也同样在开展着。法租界和公共租界间原先是一条名为“洋泾浜”的东西走向河流，这条河流不但是两个租界的界河，也是重要的水上交通通道，以及租界中最早繁荣的地区之一。随着两边的城市建设发展，城市污水持续地排放到洋泾浜中，使这条河流逐渐被污染，河道淤塞、水浜发臭。交通价值的丧失和城市污染的日趋恶化，促使法租界和公共租界在协商后达成共识，决定共同出资将河道改造为城市道路。1914 年开工的道路改造先是在这条明沟中敷设市政污水管道，再填没河道后修建成一条城市道路。这条完工于1916年的道路旋即成为上海东西向最重要的通衢干道并一直延续至今的道路，就是延安东路。[16]今天延安东路曲折的道路线型就是自然河流走向的历史记忆。

城墙、河道变身为通衢大道，城市道路也需要在不断地改造中推动城市的繁荣。公共租界大马路（今名：南京东路）的例子颇为典型。大马路在 1908 年完成了一次道路升级，开通了全亚洲第一条有轨电车，电车轨道间的路面使用进口铁梨木铺设据说也是世界首创。道路升级大幅提升了周边地价和房价。1920 年大马路再次升级，将和平饭店到四川中路等四段道路拓宽到 24m。道路升级改造带动了周边商业建筑更新，到 20 世纪 30 年代，随着四大百货公司相继建成，南京东路已经成亚洲最负盛名的商业街之一。

在市政和公共服务建设的过程当中，上海的住宅也在发生着密集的变化。在上一小结中我们简单介绍了上海里弄住宅由五开间到三开间、由旧里到新里、由独户到 72 家房客的变化。原先设计给一家人居住的里弄住宅，搬进了几十户人，连亭子间、阁楼和前院都住进了一家一家的房客。因而在上海的传统文化里就出现了一种被称为“72 家房客”的居住状况。尽管居住得很拥挤，但是能够在里弄生活就代表着一种体面的生活状态、一种现代化的生活方式。因为在上海还有百万居民生活在“滚地龙”等棚户区。

旧社会的住宅建设绝大部分都是市场行为，而城市低收入劳动者的住房困难则几乎无人问津。民国 17 年（1928 年）10 月，上海特别市政府提议建设甲乙丙三种标准的平民住屋。着手建造时，筹委会决定先建简易平房。至民国 20 年（1931 年）12 月共落成三处平民住所合计房屋 614 个单元；[17]1935 年又在整顿市容的过程中建设了 4 个平民村，安置了 1500 余户工人家庭。[18] 一些经营状况良好的企业也为自己的职工修建了宿舍。与低收入市民高达百万的人口规模相比，旧社会的政治经济制度决定了所谓平民住宅或者工人宿舍都不可能解决低收入者的住房困难现象。

1949 年新中国成立时上海是一座经济发达，但城市建设缺乏统一布局的城市。偏重工业的发展思路造成居住和市政基础设施的一系列短板，直到 20 世纪 80 年代才逐步解决。“高楼大厦与棚户简屋并存，市区内较为集中的棚户区有 300 多处，还有几十万水上居民和无房户”。[19] 在城市更新中改善环境、设施和居住条件是当时城市建设最为迫切的任务。

1949 年上海解放时，有超过百万的市民居住在棚户区里（图 4-7）。包括有稳定收入的产业工人 42.2 万人，还有工厂外 55.8 万自食其力的劳动者，[20] 低收入群体和他们的家庭成员已超过百万。工人家庭或者租房居住，或者在工厂附近的荒地、河边搭建棚户，还有一些居住在水上船屋。上海棚户区地图揭示出在城市的边缘，杨浦、闸北、虹口、普陀、南市等区，密密麻麻都是棚户区。这些俗称“滚地龙”、“鸽子棚”的棚户住宅冬天漏风、夏天漏雨且不通风，没有市政系统到处都是露天臭水沟，环境恶劣。这种居住状况随着上海市人口的不断攀升越来越严重。当时上海市的人均居住面积仅为 3.9m$^2$，其中质量、设施都很差的低标准住宅占了住宅总量的 66.4%。棚户简屋占总量的 13.7%，因此在中华人民共和国成立之后，首要的任务就是改善百万低收入上海市民的居住条件，让他们能够住上安全、卫生的房屋。最先开展的是城市更新和棚户区改造。结合道路和下水道建设，设置公共给水站，开辟火巷，建立路灯，大幅度改善了棚户区的交通、给水、排水、防火和照明条件。“一五”期间，上海市新建、改建道路 604km，拆除棚户 100 万 m$^2$，填埋肇嘉浜在内的大量污染河浜。[21] 绝大部分的棚户区都完成了由“滚地龙”到一层土坯房的建设。1954 年开始的肇嘉浜改造是这个阶段城市更新的典型，污水充斥的明沟被改造成了 3km

图 4-7　解放前（1949 年前）上海棚户区分布图

长的现代化道路，原先居住在肇嘉浜两岸棚户中的 1704 户贫民也都搬进了政府兴建的一层平房。[22]

大规模的住宅建设很快也开展了起来，1951 年开始，上海市依托现有的城市基础设施在城市外围新建工人新村，包括开始为 1002 户工人阶级修建的曹杨新村住宅小区（图 4-8）。那个时代的工人阶级翻身做了社会、国家的主人，而工人新村就是为他们所建设的模范住宅。1952 年，毛泽东主席做出了“今后数年内，要解决大城市工人住宅问题”的指示。当年 5 月，上海市政府决定建造大批工人住宅，按“坚固、实用、经济、迅速”的建设原则，由“上海市工人住宅建筑委员会”统筹兴建两万户工人住宅。该工程分布于沪东、沪西和沪南工业区附近的九个基地，命名为长白、控江、甘泉、曹杨、天山、日晖新村等。总建筑面积 28.6 万 $m^2$，解决了 10 万户职工家庭的住房问题。这批住宅，统称为“两万户”。当然与上海市持续增长的工人阶级规模相比，工人新村的住宅建设仍然是远远不够的。“因此，这一阶段的工人新村建设更多地具有象征的意义，却而没能从根本上缓解工人住房的短缺现象，反而随工人数量增加出现了人均居住面积下降的趋势。”[23]

建成于 1953 年的曹杨新村，是全中国第一个为工人阶级建设的完整的居住小区。[24] 无论是受到了田园城市和邻里单位理论影响的选址、规划结构和景观设计，还是受经济性制约的住宅设计都对上海乃至全国的工人新村建设产生了深远的影响。

**内容预告**

有关埃本纳泽·霍华德提出的“田园城市”理论详见本书第 8 章。

曹杨新村在城市外建设的选址一定程度上受到了“田园城市”的影响；[25] 还曾被英国建筑杂志称为“花园城市”。[26] 选址位于上海市西北靠近真如镇的郊外农地，曹杨新村距离曹家渡工业区约有 12~13 分钟的公共汽车车程，一定程度上缓解了该工业区的居住困难。曹杨新村的选址具有代表性，受到田园城市理念和工程经济的影响，这一阶段的工人新村往往建设在郊外的农

**图 4-8　曹杨新村规划图（1956）**

田中，而没有采用造价更高的市区内开发或者对市区边缘的棚户区改造模式。郊外农田的选址不仅有利于避免用地和拆迁成本，也有着城市中缺乏的大规模供地可能，但同时也失去了城市基础设施和服务的支持。囿于经济条件，以及“先生产后生活”的政策理论，公共服务设施的建设大大滞后于住宅建设。因此对于 1952 年入住的第一批居民而言，曹杨新村的生活就是乡村风光，难言便利。直到 1957 年后，诸如菜市场、托儿所、小学、医院和邮局等公共设施建成后，曹杨新村的生活才逐渐完善起来。

**内容预告**

有关克莱伦斯·佩里提出的“邻里单位（Neighborhood Unit）”理论详见本书第 9 章。

曹杨新村的规划设计明确反映了“邻里单位”的理念，并充分体现在诸如尺度、道路和公共服务设施等诸多方面。曹杨新村总面积为 94.63hm$^2$，控制在半径约 600m 的步行范围内。中山北路、曹杨路和武宁路等城市交通干道都被布置在居住区外围，内部仅有兰溪路一条街道贯通，道路结构反映出通而不畅避免过境干扰的明确意图。居住区内部按照步行尺度规划了分级清晰、相对完善的公共服务设施。区域中心建设了派出所、房地局等机构的联合办公，银行、邮局、文化宫、卫生所等公共服务设施；区域边缘则设置菜市场和商店；幼儿园和小学则平均分布在新村内的独立街坊中。

作为上海市乃至全中国的第一个工人新村，进入曹杨新村是工人阶级在新中国当家作主的象征。当时只有工人模范家庭才能入住到曹杨新村，工人阶级在入住之后也真正体验到了翻天覆地的变化，场所的归属感和满足感。从棚户区搬迁到楼房，自来水、电灯和抽水马桶等居住条件的全面提升，还有全新的公共服务设施为工人阶级带来了健康，公园和绿地带来了茶余饭后的丰富生活。

曹杨新村尽管是模范工人新村，但是受经济性制约，它并不是一个现代化的集合住宅。“四种建筑类型都是根据当时的经济情况设计，没有考虑将来建筑合理使用时一家一户的布置。”[27] 从曹杨新村的平面可以发现，说它有室内的厕所和厨房，却不是套内的厕所和厨房，所以说曹杨新村只是模范工人的宿舍。按照当时的设计理念，工人模范都应该“三班倒”地工作。所以为了提高使用效率，厕所和厨房放在合用的部位才是更经济、更不打扰家人生活的模式。合用卫生间和厨房的不成套设计反映了当时的社会经济条件，以及强调集体主义生活的社会思潮。过低的设计标准也导致曹阳新村在未来不得不面临多次更新改造的窘境。

曹杨新村是一个因地制宜的居住区设计，与自然地理的结合创造了具有自然特色的现代居住区环境。建设在普陀区的一片小河纵横的田野中，规划保留了大量的河道，街坊和道路的布置也多与自然条件相结合。街坊尺度多在 2~3hm$^2$，花溪路、兰溪路和梅岭北路等三条主要道路不仅名称保留了自然特征，线型也因为与河道结合产生了富有变化的曲线。除了布局中对于田园风光的维护，当时修建的曹杨公园也积极地组织了自然河道形成独特的景观。因而尽管大部分住宅都是南向或者东南向的行列式布局，但曹杨新村并没有出现呆板的兵营式肌理，而是探索了一种与自然协调且富有地域特征的居住区形象。

1950 年代开始建设的曹杨新村更像是一片田园中的理想国，而不是我们今天一般想象中的城市住宅场景。21 世纪的曹杨新村已经被城市发展所包围。几十年的城市发展已经将普陀郊外的农田转变为紧贴城市交通干线内环线高架路的城市中心。曹杨新村已经成为城市的一部分，这个模范工人新村也成为周边城市扩张俯视下的洼地。然而尽管房屋亟待更新，人口深度老龄化，但是优秀的住区和城市设计却能够保证这片工人新村依然是充满活力的城市区域。

**小节讨论**

与上海市的普通老旧小区相比，曹杨新村什么特征保障了其经久活力？

## 4.4 多元投资和住宅建设

在上海自开埠以来的现代城市建设史中，除了大规模的城市扩张，旧城改造也承担着城市功能提升和人民生活改善的重要作用。在这个持续滚动的进程中，居住问题始终是一个核心主题。

新中国成立之后的旧城改造和工人新村建设一定程度上改善了上海市的居住环境。但为了集中财力发展工业，“充分利用、逐步改造、加强维修”成为该时期旧城改造的主要政策。[28] 上海市中心城区的住房问题不仅没有缓解，“大跃进”时期将部分花园洋房改造为里弄工厂造成了进一步的环境污染。

随着政治经济形势的转变，以住宅建设为主的旧城改造逐渐纳入政府工作中心。一方面中华人民共和国成立后的经济发展为地方政府增加了财力，另一方面中央政府限制大城市的发展，限制征收农地，所以从 1960 年代开始了以街坊为范围的旧房改造规划。例如 1960 年改造桃园新村，1962 年改造蕃瓜弄，1963 年改造迎园新村等。此期间的旧城改造有三个特征，即①成街坊通盘改造；②拆除重建保持居住功能；③注重配套设施和环境建设。[29]

1964 年旧城内棚户区第一个成套改造项目完成，由“滚地龙”改造成服务功能配置齐全的蕃瓜弄小区（图 4-9）。蕃瓜弄位于闸北区中部的火车站附近（今属于静安区）。街坊东临共和新路旱桥，南侧是天目西路，西侧以大统路为边界，北沿沪宁铁路。蕃瓜弄区域是在抗日战争炮火毁坏的废墟上形成的棚户区。在总用地面积约 5hm$^2$ 的街坊中拆除棚户、简屋共 2.69 万 m$^2$；新建 6.69 万 m$^2$ 的住宅和公共服务设施。原先地势低洼的棚户区在改造后转变为设施配套齐全、环境优美整洁的居住小区。商店、幼儿园和里弄工厂等公共设施为居民生活提供了方便。配备煤气、电力和上下水设施的 5 层住宅建设极大地改善了居住条件，人均居住面积由 3.06m$^2$ 提高到了 7.07m$^2$。[30]

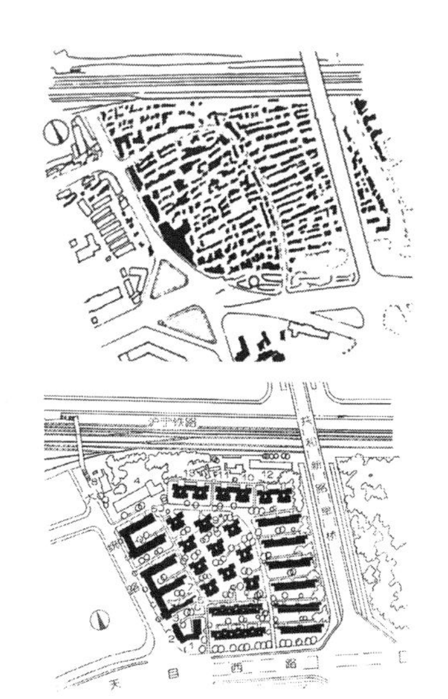


**图 4-9 蕃瓜弄总平面前后对比**

蕃瓜弄的住宅设计相比曹杨新村有了很大的进步，因为它已经实现了住宅成套化。1960 年代建设的蕃瓜弄居住小区共有三种形式的居住建筑。沿大统路布置了围合式住宅，沿共和新路采用了行列式住宅，中部和北部则采用了点群式住宅，北侧靠近着大统路的铁路还保留了蕃瓜弄棚户的现场博物馆。其中C型点群式住宅已经实现了套内的厨房和卫生间（图4-10）。尽管建筑师按照高标准的现代生活要求完成了设计，但是当时很多户的集合住宅都被安排进了不止一户家庭居住，造成了原先设计给一个家庭使用的住宅变成了两家人合用的状况。这种分配方式造成了长期困扰中国集合住宅的“合理设计与不合理使用”现象。按照成套化的原则设计满足私密和公共卫生要求的住宅是时代的进步，然而设计的初衷却超越了时代的经济条件。相比一部分家庭入住成套住宅而另外一部分家庭继续蜗居棚户，几户合用现代住宅无疑更符合社会公平。

| 大房间 | 12~16$m^2$ |
| --- | --- |
| 中房间 | 10~12$m^2$ |
| 小间或套间 | 7~9$m^2$ |

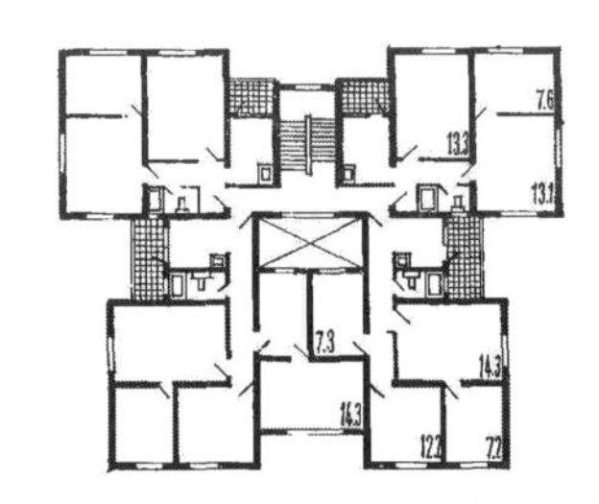

**图4-10　蕃瓜弄甲类C型住宅平面图（数字为面积 $m^2$）**

蕃瓜弄是上海旧城改造历史中非常重要的一页，也是经历了多轮次改造更新，不断提升现代生活水平的一个典型。1986年的二次供水改造，1999年的平改坡试点，都在不断地优化着生活的质量。2016年开始为了配合城市快速路北横通道的建设，蕃瓜弄东侧的8列住宅被征收拆迁，其余的住宅则在2019年纳入原地回迁的拆落地改造程序。

严重居住困难现象在1970年代末成为突出的城市问题。“文革”期间上海仍有一些见缝插针的旧城改造项目，包括于1972年在曲阜路完成了第一个高层住宅的建设尝试。[31]至“文革”结束后，上海市中心区的住房紧张、道路拥堵、环境污染等历史欠账已成为一触即发的社会问题。1977年整治“五马闹路”，[32]缓解了230条主干道路的交通和环境问题。[33]自1980年代开始了全面的基础设施升级。道路、桥梁、供电、供水、供气提升之后，环境问题逐渐得到重视。[34]为整治旧城严重的内涝和水质污染问题，1983年开始合流污水工程一期，[35]1984年开始向企业征收城市排污费。[36]这一系列的市政建设为后续的城市更新提供了可靠的基础。

人口是城市活力的来源，但过于密集的人口密度则是住房困难的直观显现。1983年的统计数据显示，上海中心城区除普陀区和闸北区外，所有区域的人口密度都超过了3万人/$km^2$，其中静安区、徐汇区和黄浦区更超过了6万人/$km^2$。[37]数以百万计的上海市民都生活在极度拥挤的状况下。上海市在1982年结合第三次全国人口普查开展了住房普查，又在1983年开展了五百分之一的抽样调查，在排除交叉重复后预测共有住房困难户59.03万户。上海市区总户数161.8万户，其中人均居住面积小于2$m^2$的家庭占总户数的2.77%，小于3$m^2$的占11.41%，小于4$m^2$的占28.49%，居住拥挤现象可见一斑。[38]

为了解决城市居民的住房困难，从1980年代开始在城市的边缘建设大型居住区，其中除浦东地区的潍坊、塘桥等新村是完全新建外，其他居住区或居住小区都是依托原有工业区住宅新村的建设。例如在杨浦区的工农新村附近建设开鲁新村、民星新村和过河新村；在虹口区的玉田新村附近辟建曲阳新村和运光新村等等。“1984年上海市委书记提出‘住宅建设是上海市天字第一号工程’”，多样化的住房供给和土地有偿使用的制度探索揭开了大面积旧城改造的序幕。[39]规划拆除旧住宅330万$m^2$、旧工厂、商店等58万$m^2$，动迁居民13万人；改造后住宅面积802万$m^2$、公共服务设施 54 万 $m^2$，可容纳 16.4 万居民。[40]

从 1980 年代开始，成套住宅成为工人新村的典型配置。区别于以前的工人新村，每一套住宅都拥有自己的厨房和卫生间。尽管卫生间非常狭小，在那个时代大部分都只有厕所而没有淋浴和洗衣洗涤的功能。但是它毕竟是一次巨大的转变。按照今天的标准来看，所谓新工房与当代住宅仍有一个显著差异，就是没有客厅（起居室）的存在。当时的房间都只有居室，而那个时代会客功能是密集在主卧室。所以仔细观察你会发现每一套在主卧室里都摆放了餐桌和沙发。这样的一种生活、居住和交往的重叠在后来逐渐被现代生活所淘汰。

社会经济的发展和对土地价值的重新认识，高层住宅也重新被介绍给了上海市民。高层建筑可以通过高强度开发获取土地收益，因此早在 1930 年代上海就已经有高层公寓建设。截至 1949 年，上海八层以上高层公寓共有 42 幢，建筑面积 41.3 万 $m^2$，占全市住宅总面积的 1.75%。[41] 因建设用地匮乏，上海在 1970 年代开始尝试高层住宅建设，1972 年于曲阜路完成了中华人民共和国成立后第一个高层住宅的建设尝试。[42] 上海第一个成规模的高层住宅小区是建成于 1975 年的漕溪北路高层项目，高层小区的落成在当年成为上海市轰动的新闻。采用了外廊式格局的高层建筑，是建设给上海市文艺阶层的模范住宅。它位于上海电影制片厂的一路之隔，当时能够入住到高层住宅被认为是社会身份的象征，也解决了爬楼梯的困扰。高层住宅的出现是对土地价值反思的必然结果，但中华人民共和国成立后土地所有制的改变和对民用建筑投资的约束，使得高层住宅在之后很长的历史阶段仍被认为是一种不经济的建设。

建设用地的困乏使得里弄改造也在 1980 年代被提上议事日程。拥挤的居住条件和不理想的卫生状况说明旧里需要更新改造，以提高居住质量，方便居民生活。上海市对旧式里弄的改造探索可以追溯到 1958 年，将单开间的石库门里弄改造为多开间的公寓式住宅并增加了厨房和卫生间。1983 年在南市区（今黄浦区）完成了蓬莱路 303 弄的旧里改造。始建于 1923 年，该项目是单开间砖木立贴结构的旧式里弄。工程将 13 号到 18 号的一排二层高石库门旧里改造成三层半的新结构，建筑面积由 540$m^2$ 扩大到 810$m^2$。旧里改扩建增加了使用面积，也满足了住宅的成套化。更加安全、卫生，阳光、采光、通风，室内卫生间的改造极大地方便了旧里的居民，让他们有了现代化的生活质量。该项目“土建投资为 72.5 元 /$m^2$，相当于新建住宅投资的一半……提高了土地利用率，节约土地开发和公建、市政公用设施的投资。”[43] 但投资主体的匮乏、错综复杂的产权关系和动迁安置的难题使得旧里改造困难重重，直到 21 世纪上海仍有大量旧里（旧式里弄）等待城市更新。

为了解决投资困难，多元化的解决方法被引入到了住房建设市场。1984 年斜三地块作为上海市第一块土地批租的项目引入了房地产开发的模式，启动旧城改造。更大规模的市政更新也随之展开。1992 年中共上海市委提出了“力争 90 年代完成全市 365 万 $m^2$ 棚户、简屋、危房的改造任务。”[44] 同期上海开始探索有偿出让国有土地使用权并在危棚简屋和市政基础设施的旧城改造中引入社会资本。至 2000 年底前共拆除各类房屋 2900 万 $m^2$，动迁安置 66 万户，涉及 250 万人；新建住宅 1.2 亿 $m^2$，人均居住面积由 1991 年的 6.6$m^2$ 提升至 11.8$m^2$，住宅成套率由 34% 提升到 75%。1998 年停止福利分房开始住宅全面商品化，第二年上海市就启动了针对中华人民共和国成立后住宅的改造更新。上海于 1999 年在主要景观道路两侧开展平改坡试点并逐步推广；自 2003 年开始启动旧住房综合整治工作。截至 2007 年全市共完成 12.1 万 $m^2$ 老工房成套改造，住房成套率提高到 95%；共完成旧住房综合整治 5684 万 $m^2$，受益居民 140.6 万户。[45]

在住房改善的同时，20 世纪 90 年代的上海经历了交通、市政、绿化、生态、教育、社区服务等全方位提升，国际化大都市逐渐成形。1994 年成都路高架（今称为南北高架路）的建设掀开了旧城改造、市政基础设施的建设序幕，10 万居民大动迁带来了城市结构的巨大转变。随着南浦大桥、杨浦大桥、南北高架路、延安路高架路、内环线高架路、中环线高架路等一系列市政道路基础设施的建成，上海市形成了“十字同心圆”的空间结构。上海的居住困难在城市大开发和大开放的过程中逐步被缓解了，一处又一处的里弄和棚户区被拔地而起的摩天高楼所替代。高层住宅解决了居住的困难，但是忽视城市肌理与社会关系的传承，也一定程度上抹去了上海曾经鲜明的城市风貌基底。

**小节讨论**

如何理解多元化住宅建设，是不是住宅开发强度和建筑形式的变化？

## 复习思考

### · 本章摘要

住宅是城市生活的基本细胞，也是现代城市生活的重要组成。本章以上海住宅发展史为线索，阐述了不同发展阶段的城市居住问题演变，以及不同住宅建筑类型对城市空间的影响。人口集聚造成住房短缺，房地产开发催生城市扩张；多元主体建设促进了住房短缺问题的解决，但高层住宅普及也造成了城市特色风貌的丧失。

### · 关键概念

风貌基底、精细化设计、家庭规模小型化、里弄住宅、工人新村、多元主体

### · 复习题

**1. 为什么住宅设计会改变城市风貌：**

a. 建筑设计创新可以鼓舞人心　　b. 作为风貌基底改变城市的整体形象

c. 住宅建设解决城市居住问题　　d. 标准化设计降低建筑成本

2. 请选择利豪斯基设计法兰克福厨房的目的：

a. 证明女性也可以做好建筑师　　b. 探索厨房面积和效率的优化

c. 创作室内设计美学　　d. 激励烹饪美食的空间

3. 里弄住宅由五开间向三开间转变的原因：

a. 地价太高　　b. 生活习惯转变　　c. 家庭小型化　　d. 政策推动

4. 请选出近代上海里弄住宅的旧式里弄与新式里弄的主要差别：

a. 室内抽水马桶　　b. 自来水供应　　c. 石库门外观　　d. 房间小型化

5. 以下哪一个选项代表着 1949 年前上海城市风貌基底：

a. 外滩建筑群　　b. 上海里弄住宅　　c. 跑马场和南京路　　d. 前外国租界

6. 上海市在中华人民共和国成立后开展了大规模的工人新村建设，其主要背景是：

a. 缓解住房短缺　　b. 城市美化运动　　c. 里弄住宅升级　　d. 工厂企业配套

7. 曹杨新村的住区规划设计受到了什么理念的影响：

a. 田园城市　　b. 光辉城市　　c. 广亩城市　　d. 带型城市

8. 请从以下选择中找出对蕃瓜弄 1960 年代改造的正确描述：

a. 中华人民共和国成立后上海市的第一个棚户区改造项目

b. 中华人民共和国成立后上海市第一个棚户区成套改造项目

c. 典型的行列式居住小区

d. 设计了合用的厨房和厕所

9. 蕃瓜弄经历由棚户区到集合住宅改造中没有增加的住宅功能：

a. 厨房　　b. 卫生间　　c. 起居室　　d. 卧室

10.1980 年代末期上海的新工房建设与 1960 年代工人新村的核心差异：

a. 钢窗蜡地　　b. 电梯配套　　c. 高层普及　　d. 厨卫成套

# 第 5 章

# 住宅设计响应城市环境

小住宅和高层公寓楼的建造必须同时进行，
每个都应达到其实际需求的程度。
在可能的情况下，
在低密度区域的郊区，房屋应采用一层或两层结构的形式，
而高层公寓楼的经济高度应为十到十二层，并提供集中式服务，
并且应在证明其有效性的地方建造，尤其是在高密度区域。

——瓦尔特 · 格罗皮乌斯 [1]

## 5.1 城市建设的隐患

城市发展是一个不间断遭遇挑战并解决问题的过程。工业化和标准化的住宅与城市建设，曾经作为解决工业革命后城市公共卫生与住房短缺问题的重要手段，又成为社会演化后的城市建设隐患。正如以普鲁伊特—艾格为代表的城市衰退、种族隔离和社会分异问题。改革开放以来的中国，几乎用 40 年时间跨越了西方发达国家大约 200 年来的发展；高速发展之后，物质、社会和生态的隐患也正在逐渐呈现。

首先面临的是大规模住宅建设带来的物质隐患。无视原有自然地理历史，快速复制的住宅和城市空间，正造成千城一面的现象（图 5-1）。无论是一线城市还是偏远县城，到处都是摩天接踵的高层住宅。在住宅开发的同时，建成了大规模的广场和公共建筑。摩天大楼和空旷广场在无人机鸟瞰的“上帝视角”，在效果图和显示器里都显得大气磅礴，但往往侵占了自然与历史遗产的空间，忽视了市民生活与活动所需要的尺度。一座城市的建设不能单纯强调住房改善、壮阔风貌、效率至上与资本收益，还需要关注与自然、地理、历史、社会以及市民生活的联系。尤其是那些快速建成的城市片区，必须警惕被市民抛弃而成为“鬼城”的物质隐患，因为这样的失败案例在过去 40 年间可谓屡见不鲜。

中国城市也正在或即将遭遇潜在的社会隐患（图 5-2）。城市的发展需要不同社会阶层的共同努力，可是单一均质的人口一旦形成，后期城市发展就难以打破社会隔离的空间壁垒和不同社会阶层隔离居住的社会分异现象。城市生活离不开大量的劳动者，生产流水线、建筑工地、城市街道、花园绿地、医院、养老院……乃至快递、专车、外卖；过去 40 年中国城市发展的几乎每一个环节都得益于我国的廉价劳动力。但是改革开放以来建设的壮丽城市空间，却缺少为劳动阶层创造的空间环境。为他们所建设的

**图 5-1 千城一面的标准化城市**
80-100m 高的住宅楼和配备火锅店和银行的底商，这已经成为遍布中国的新城标准化风貌。

**图 5-2 城市建设需要劳动者**
中国城市不缺高楼大厦，缺少为基层劳动者建设的住宅和设施。

大型的公租房项目、政策性住房项目往往集中于城市的边缘区域。我们要高度警惕，西方国家曾经出现过的大型政策性住房演变为大型贫民窟的社会悲剧，避免今天修建的大型居住区演变为像普鲁伊特—艾格那样的城市建设教训。

除了物质隐患和社会隐患，还需要警惕生态隐患。大规模的土方平整已经构成了对水土环境和自然生态的严重威胁。城市扩张侵占了大量的农业生产用地，耕地流失威胁着粮食生产、农业进步，乃至国家的长治久安。城市建设造成可渗透地面的大面积减少，自然汇水面积的减少，进一步造成下游水量和水质的变化。连绵不断的地下开发，造成城市建成区完全依赖机械泵站排水，加剧了本地洪涝灾害的可能性。中国城市越来越严重的城市内涝现象，与大规模住宅开发和城市建设密切相关，不可能单靠加大水泵站排水量解决。

住宅与城市设计的关系密不可分。在城市化早期解决住房短缺的同时，大规模、标准化建设的高层住宅、封闭小区和满堂地库却也常常成为千城一面、社会分异和生态危机的重要推手。设计师一方面需要学习城市设计知识，掌握辨识、认识和理解环境要素并加以整合的能力；另一方面也需要掌握多样化的住宅形式设计手法并响应城市要素。如何在解决城市居住问题的同时，去关注城市的物质环境、社会环境和生态环境的可持续，需要我们在从事建筑设计、住宅设计和城市设计时有更高瞻远瞩的目光，需要去掌握更为丰富多样的住宅设计手法。标准化、规模化的住宅设计为解决城市居住问题发挥了积极作用，但也可能是一系列问题的诱因。我们要在住宅建设中警惕千城一面的现象，警惕人口均质造成的社会分异现象，也更加要警惕轻视自然所带来的生态灾害。如果住宅设计不考虑与城市和自然环境的关系、忽略城市设计的一系列原则，那么上述的隐患就有可能成为我们城市发展的定时炸弹。

**小节讨论**
请举例说明与城市建设相关的自然灾害事故。

## 5.2 住宅革命与模块化生活

1920 年代是住宅设计革命的年代。一系列住宅设计的创新和城市设计的畅想，都诞生在这个时代，也为我们今天的现代城市塑造了与以往截然不同的面貌。在这一场设计革命的背后是一群建筑师，首当其冲的是出生在瑞士的法国建筑艺术家和城市设计师勒 · 柯布西耶（Le Corbusier，1886—1965）。[2]

20 世纪之前的城市是一种时间性的艺术。如同 18 世纪的里斯本那样快速完成灾后重建的例子非常罕见，城市中的建筑是在改造自然而成的地块上，由不同的工匠单独设计、建造而成。受到自然地理、政治经济、技术发展和居民参与等诸多要素的制约，古代城镇往往有着丰富有机的城市形态却缺少解决住房短缺问题的有效手段。受到汽车和飞机工业规模化生产的启发，[3] 勒 · 柯布西耶在 1921 年出版了《新建筑》，号召建筑设计向工业化学习。随后，在《光辉城市》中勒 · 柯布西耶从建筑师的视角提出了对未来城市的畅想（图 5-3）。原有的城市结构被高层住宅和办公楼所替代，一幢一幢摩天楼矗立起来，连接其间的是方便小汽车使用的高速公路。拔地而起的高层办公楼、高层住宅与高架高速公路之间留下了大片的绿地；勒 · 柯布西耶希望这些绿地能够成为未来城市居民接触自然和参与体育运动的空间。基于这个愿望，勒 · 柯布西耶将这种城市形象称之为“公园中的塔楼（Towers in The Parks）”。欧洲城市的老城几乎没有绿地，“公园”于是成为勒 · 柯布西耶城市新生活类型的主要关键词。为了创造这样新的健康生活，勒 · 柯布西耶设计了称之为别墅公寓的新住宅类型。别墅公寓是一种以外廊形式串联的高层集合住宅，每套公寓都是 2 层别墅。每个空中别墅套型都由一个开间的住宅和一个开间的花园所组成，住宅的起居空间和花园都有 2 层通高的空间。

为了证明别墅公寓的可行性，勒 · 柯布西耶在 1925 年修建了 1：1 的别墅公寓样板模型（图 5-4）。别墅公寓的样板间由一半的空中花园和一半的住宅所组成，每一套住宅都拥有跃层的客厅空间去接纳更多的阳光和空气，又能够在每一套住宅中通过两层高的阳台接触到更多的自然环境。勒 · 柯布西耶希望通过样板间吸引投资者和开发商，实现和推广他的高层住宅建筑梦想。然而，如同亨利 · 罗伯茨在 1851 年首次世博会设计的工人阶级样板间，空中公寓楼存在突出的供需错配问题，其无人问津是可以预见的。1920 年代住宅革命的核心主题是利用工业化住宅的时间和成本优势解决困扰现代城市的住宅短缺问题。住宅工业化有可能帮助到缺乏支付能力的劳动者，但是后者首先需要的是可以建房的土地和足够的居住面积，并不是对普通劳动者而言属于奢侈品的花园或者空中花园。有能力购买花园别墅的是富裕的消费者，通常他们需要的是可以扎根大地的真正花园而不是一个两层通高的阳台；确实有富人热衷于建筑设计，但他们需要的往往是独一无二的住宅产品而不是标准化的设计。

**讨论题**

为什么工业化住宅并不一定有成本优势。

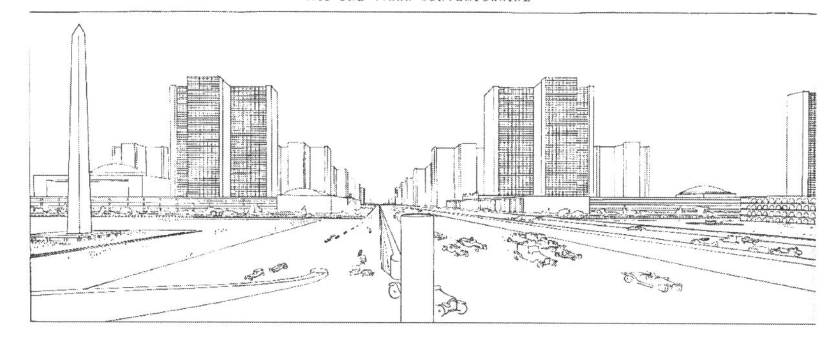


**图 5-3 勒·柯布西耶的光辉城市畅想**

**图 5-4 勒·柯布西耶的别墅公寓样板间**

为了推广“公园中的塔楼”的城市设计畅想，勒·柯布西耶自作主张地为巴黎和巴塞罗那等大都会完成了城市设计方案。[4]其中最广为人知的就是巴黎重建方案（图 5-5）。在巴黎的市中心塞纳河的北岸，位于西岱岛北方的中央市场被夷为平地。取而代之的是高层办公楼和别墅公寓。所幸巴黎和巴塞罗那并没有采用勒·柯布西耶的方案，所以市民和游客仍可以享受在城市中漫游的体验，而不是在高架路和快速路中穿行于标准化的高塔城市。缺乏对社会政治经济制度的理解以及对历史的尊重，勒·柯布西耶的城市设计方案更多只是建筑家的畅想，或者说为了哗众取宠所做的城市设计宣言。值得注意的是这种宣言书类型的设计方案有着突出的传播效果，描绘激动人心的未来世界场景直到今天仍然是很多建筑师打响知名度的一种有效方式。

为了解决城市居住困难、创造面向未来的新生活方式，众多 20 世纪初的建筑师们都在努力探索住宅设计的创新。其中直到今天仍被建筑界称颂的是 1927 年在德国的斯图加特所建设的威森豪夫住宅展（Weissenhofsiedlung）。着眼于用设计创新解决德国在第一次世界大战之后的住房短缺现象，德意志制造联盟（Deutsche Werkbund）在 1925 年

图 5-5　柯布西耶的巴黎重建模型

委托密斯，由他策展并组织了一批欧洲知名建筑师于德国斯图加特的西郊开展一次住宅的设计建造实验。包括策展人密斯在内，1927 年正式进行的实验共有 17 名建筑师参与，[5] 其中包括彼得·贝伦斯、瓦尔特·格罗皮乌斯、汉斯·夏隆、布鲁诺·陶特等 11 位德国建筑师；两位瑞士建筑师约瑟夫·弗兰克和皮埃尔·让纳雷；[6] 两位荷兰建筑师雅各布斯·约翰尼斯·彼得·欧德和马特·斯坦；比利时建筑师维克多·布尔乔亚；以及大名鼎鼎的法国建筑师勒·柯布西耶。17 位建筑师在斯图加特留下了很多值得被铭记的创新，他们共同创造了集群设计的新工作模式，用 5 个月的时间完成了 21 幢采用新方法和新材料的居住建筑。

威森豪夫住宅展在建筑史上有着突出的地位。这次住宅展以及同期举办的一系列展览[7] 被建筑理论家认为是现代主义（或者说国际式）建筑设计的一次集中展示。尽管并不都是集合住宅，但所有建筑统一采用了平屋顶、预制装配和零装饰、方盒子的体量和纯白的色彩，[8] 因此这次住宅展被认为是现代主义建筑或者说国际式建筑风格的一次集体亮相。

威森豪夫住宅展也是密斯·凡·德·罗设计思想的一次积极实践。密斯设计的住宅不久后成为一种集合住宅的典型样式。密斯将巴塞罗那馆中提出的流动空间思想延伸到了集合住宅中，采用有限支撑体系实现适应性。在控制成本的同时，通过墙体分隔的转变赋予居住生活的多种可能性。密斯的设计无疑是一种历史进步，无论是 1950 年代的湖滨公寓（Lake Shore Drive Apartment）还是 21 世纪遍布中国大地的短肢剪力墙高层住宅，都可以认为是当年威森豪夫住宅展上密斯作品的延续和发展。

威森豪夫住宅展创造性地采用了集群设计合作模式，即一组建筑师中一人负责设计一幢建筑。这种工作模式对后期建筑设计提供了参照，比如在改革开放后的中国，有很多的建筑设计项目采用了类似的模式。

但是现代主义建筑风格的住宅类型在那个时代，有些曲高和寡，并不是广大市民所向往的住宅形式。尽管建筑师们宣称这21幢建筑中的63套公寓是为现代城市居住而设计，目标居住群体包括蓝领工人到中上层阶级。但是其吸引力更多集中在建筑专业领域之内，对于更大的社会阶层而言这个居住小区也许只是具有阿拉伯特色的住宅群而已。[9] 在1927年威森豪夫住宅展举办的同时，斯图加特的市民更多地被吸引到了另一个传统德国式样的小住宅展。[10] 可以说，直到今天，更多市民所倾向的仍然是传统的住宅形式，或者说历史上形成的住宅式样，这种情况从1927年到2020年都没有太大的转变。真正改变城市居民生活方式的，是需要把这样的住宅类型直接转化为城市的类型。而行列式的居住区恰恰是这种巨大改变的开始。

与威森豪夫住宅展同一时期，在德国的另一个城市法兰克福，还有一批建筑师也在开展着住宅建筑的实验。无论是在当时还是今天，参与法兰克福实验的建筑师群体的知名度都远远及不上斯图加特威森豪夫住宅展的参与者，但是仅就实验效果而言，法兰克福住宅工业化的影响则超出了建筑美学的范畴，深入影响着世界，并延续到二战之后甚至到当代。

**内容预告**

“新法兰克福运动”的详细内容请见第8章。

1925—1931年，在厄斯特·梅（Ernst May，1886—1970）带领下的另一组德国建筑师，于法兰克福开始了大规模的城市建设的实验。这个被后世称为“新法兰克福运动”的住宅和城市设计实验，真正尝试用工业化的方法设计和建造住宅、建设城市。这位建筑家和他的团队集中探索了以标准化的方式来设计住宅，其中最著名的例子就是利豪斯基设计的法兰克福厨房。他们还开展了以行列式居住区来建设新城市的实验类型。在6年时间里，他们规划了超过2万套住宅，建成了近1.8万套住宅。新法兰克福运动创造了一种运用工业化快速新建大型居住社区的新模式，证明标准化的设计创新有可能在短时间内解决城市住宅短缺的问题。

1920年代的住宅革命并不仅仅存在于法国和德国，在荷兰、瑞士还有其他的欧洲国家都有建筑师尝试着用新方法解决城市问题，尤其是住房短缺问题。这一个时代的努力为人类留下了诸如威森豪夫住宅展和新法兰克福运动的杰出遗产，前者传递类学价值，后者用标准化和行列式改变世界的未来形态。他们的故事，尤其是行列式居住区的故事，将在本书的第9章中继续出现，进行详细叙述。

1920年代有一系列的建筑师提出了对未来城市和未来居住方式的畅想。除了法国人勒·柯布西耶，还有另一位德国建筑师——瓦尔特·格罗皮乌斯（Walter Gropius，1883—1969）的影响力延续至今。[11] 尽管不会画图，[12] 格罗皮乌斯卓绝的思考、领导与合作能力帮助他成为建筑设计师、一位融合理论与实践的建筑大家。格罗皮乌斯在1931年于国际建协会议中发表了他对于未来城市住宅的建议。在这篇名为《合理的建筑方法：低层、多层还是高层？》[13] 中旗帜鲜明地提出高层住宅是大城市用低成本解决住房短缺的理性选择。

在这篇演讲中，格罗皮乌斯从居住健康、社会意义和土地经济等三个方面剖析了行列式高层住宅的优缺点，进而明确反对城市沿用传统乡村的独户小住宅形式。“小住宅不是万灵药，其逻辑后果是城市解体”。[14] 格罗皮乌斯指出“除了充足的食物和温暖，健康生活的基本要素还包括光线、空气和足够的生活空间，而集合住宅可以和小住宅一样满足上述健康生活的要求。”针对批评家将城市公寓居民出生率下降和疾病传播归咎于拥挤住房条件的论调，格罗皮乌斯指出德国西部工业区的出生率高于平均水平，而柏林和科隆的医学报告显示传染病蔓延与居住环境的拥挤和住房狭小无关，却与采光通风不达标的住宅相关，与低收入群体的营养不良相关。相比于小住宅和其郊区化城市发展模式，集合住宅有着节约通勤时间的巨大优势，后者无论是对于中等收入的市民还是城市规划都有着经济性的价值。他批评了将小住宅作为公共福利的住房政策，并指出满足大部分人的小住宅政策就经济性而言是不可行的。作为结论，格罗皮乌斯认为大城市应该同时发展小住宅和高层住宅，前者用于低密度地区，后者则是高密度区域的必然选择。[15]

格罗皮乌斯通过分析图直观说明了高密度住宅相比多层和低层住宅的优势（图 5-6）。在相同开发强度的前提下，行列式高层住宅可以提供远远超出低层和多层住宅的宅间距离。高层住宅不仅能够带来更多的阳光和空气，还能够提供宽广的宅间绿地，后者可以成为儿童游戏的空间并避免噪声对住宅生活的干扰，也可以更加便利地与城市交通结合。

与格罗皮乌斯理性的分析不同，勒·柯布西耶更习惯用艺术家的畅想来宣传自己的理念。勒·柯布西耶于 1930 年再次自发地完成了一个全新的城市设计方案，这次宣言式设计的目标城市是阿尔及利亚首都阿尔及尔市（图 5-7）。他宣称将为阿尔及尔市提供任何城市必不可少的两个解决方案——快速路和大规模住宅。在圣欧仁河区与侯赛因—戴伊区之间建设一条混凝土结构、高达 100m 的快速路；高速路下方则是 18 万人的住宅。高速公路桥下方的住宅毫无意外地采用了勒·柯布西耶设计的别墅公寓形式。面对着地中海 10km 绵延的海景，18 万个标准化的别墅公寓形成了令人咋舌的巨构建筑。从勒·柯布西耶开始，很多建筑师都提出了将高密度居住与交通基础设施结合的畅想，但是高架下方是否适合居住，又有多少人愿意居住在高架下方呢？

1920 年代出现了试图以工业化建设住宅的规模效益解决城市住房短缺

**图 5-6　格罗皮乌斯对住宅高度和密度的分析**

对方形基地上行列式住宅开发的分析揭示，按照同样开发强度，高层住宅可以比其他层数行列式住宅提供更多的绿地。

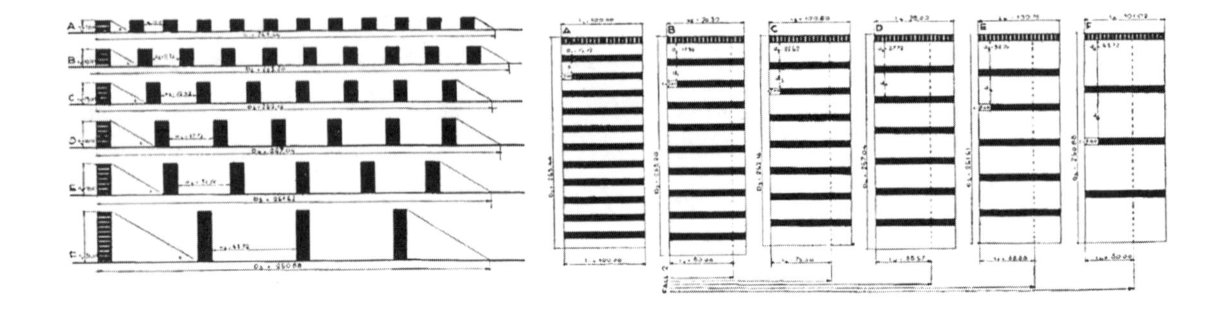

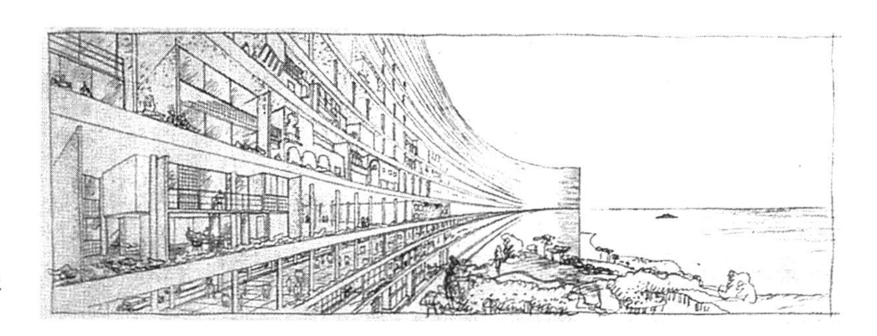

图 5-7 勒·柯布西耶的新阿尔及尔城市设计方案透视图

**小节讨论**

标准化的住宅建设与城市生活的多样化之间是否存在矛盾，该如何化解？

的探索。复制标准化单元有助于在短期内快速缓解城市居住问题，也可能创造激动人心的视觉奇观；可是我们也必须警惕简单复制的单调场景是否能够匹配丰富多样的生活方式。而平衡建筑经济性并避免单调的密码，则需要建筑师和城市设计师掌握多样化的设计手法。

## 5.3 马赛公寓的经验

城市化、住房短缺和工业化相互激荡，在 1920 年代的欧洲推动了住宅建筑的设计革命。包括勒·柯布西耶、格罗皮乌斯和路德维克·希尔博赛摩尔等知名建筑师都在大声疾呼，希望用大规模建设高层住宅解决住房短缺问题。他们的理论、分析和畅想在二战后变为现实。从西方国家开始，苏联和东欧国家先后加入高层住宅建设。曾长期被认为经济性不佳的高层住宅从 1990 年代末期开始普及；到 21 世纪高层住宅几乎已成为我国新开工住宅的代名词。

当高层住宅成为城市建设的主体，千城一面已经成为必须面对的风貌挑战。无视城市设计的住宅建筑，以相似甚至一模一样方式复制的高楼大厦群，正不断遮蔽城市肌理和自然风景、冲击并蚕食街道空间和文化传承。住宅与城市设计的关系密不可分，一方面需要学习辨识、认识和理解丰富的环境要素关系；另一方面必须掌握住宅形式设计的多样化手法以做出响应。勒·柯布西耶设计的马赛公寓[16]就是集中展示多种住宅形态设计手法的一个典型案例。

当勒·柯布西耶在 1946 年得到了在马赛设计高层住宅的委托，距离他在 1922 年的“一座 300 万人的现代城市”展览中第一次提出别墅公寓高层住宅已经过去了整整 24 年。在这期间勒·柯布西耶不断优化设计，不断积极推销，寻找实践自己梦想的机会。为了将概念付诸现实，他甚至不惜在二战中投靠沦为纳粹傀儡的法国维希伪政权。[17] 所以当最终获得马赛公寓委托时，他自然而然地寄希望能够用建筑物体现自己一系列的住宅革命思想。在马赛公寓 1952 年建成之后，勒·柯布西耶又用类似马赛公寓的方案建成了另外四座建筑，分别位于法国的南特（1955 年）、布里（1963 年）、菲尔米尼（1965 年）和德国的柏林（1957 年）。

马赛公寓是勒·柯布西耶建筑思想和高超设计手法的集中展示。在这座位于马赛城南郊外绿地中的高层建筑中，柯布西耶展示了诸如垂直城市、套型组织、廓形设计、虚实关系，以及阳台、楼梯、光影、色彩和组合等一系列手法。

马赛公寓体现了勒·柯布西耶的垂直城市理念。将以往分布于地面上的种种城市功能垂直叠加在一幢建筑物之中，改变了建筑和城市的形态。垂直城市延续了勒·柯布西耶的早期想法，即通过降低建筑覆盖率建设高层来提供更多地面绿地，并为居民创造接触自然和体育锻炼的机会。建筑物底层除入口、电梯厅和管理员房间外全部架空，由 15 根形如鸡腿的巨柱承托起 18 层公寓大楼。[18] 大楼中部和屋顶各有一个公共设施和公共休憩的服务带。7 层和 8 层北侧的室内商业街包括有销售鱼、肉、牛奶、水果和蔬菜的商店，以及面包房、酒铺、药店、洗衣房、理发店和邮局，一间小规模酒店和餐厅；18 层包含一间幼儿园、一个托儿所，以及配置有小型儿童游泳池和跑道的屋顶花园。因为有标准层的存在，高层住宅很难避免水平重复的单调，在建筑物的中部增加不同于标准化单元特征的城市服务设施带无疑极大地缓解了单调，但也要警惕水平设施带不可避免的服务效率低下现象。例如马赛公寓上下两条设施带总共服务对象仅 337 户，且失去了大厦底商的行人偶然消费概率。或许因为这个原因，同样由勒·柯布西耶所设计的南特公寓就放弃了中部的设施带。[19]

名为互锁（Interlock）的套型组织方式几乎是马赛公寓最出名的特点，也是解决垂直叠加标准层造成单调的一大创新。作为勒·柯布西耶的第一个大型住宅项目，建筑师在马赛公寓实践了自己多年来倡导的别墅公寓套型——两层通高客厅和阳台。为解决原别墅公寓套型面积过大的问题，他选择了东西向的住宅朝向，创造了单开间套型与名为互锁的一种创新套型组织方式。这幢 165m 长、24m 宽和 56m 高的住宅建筑位于一大片草地之上；[20] 东南西三个方向的 23 种户型组成 337 套公寓，北部则完全封闭以抵抗冬季的寒风。互锁形式确保了相邻楼层（两层与一层交替）的立面差异，改变了住宅建筑中常见的水平叠加造成的单调感，也为立面创造了独特的韵律。

互锁的套型组织方式减少了走廊的面积，也一定程度上改善了套型的日照和通风（图 5-8）。由两层高的别墅公寓套型垂直叠加而成了一幢 15 层住宅建筑；[21] 原先需要 8 条走廊，通过每三层一次互锁，走廊被减少到了 5 条。[22] 走廊面积的减少一方面可以将更多的面积提供给套内的住宅，另一方面也可能会增加邻里之间相遇的机会。这 5 条位于建筑物长轴线的中央走道被勒·柯布西耶称为“室内街道”，走廊的左右两侧都是公寓，每 2 套形成一组互锁的公寓。每一套公寓都拥有 4.8m 通高的客厅和阳台；区别在于走廊一侧的公寓进门之后向下走，而另一侧的公寓需要向上走。这样的一种互锁结构与东西两侧的主要朝向也保障每套公寓都拥有了两个方向的采光和通风。很多建筑师认为互锁的套型组织方式可以更经济地提供住宅的面积，[23] 双向采光通风也可以为居民提供更健康的生活。受到柯布的启发，全

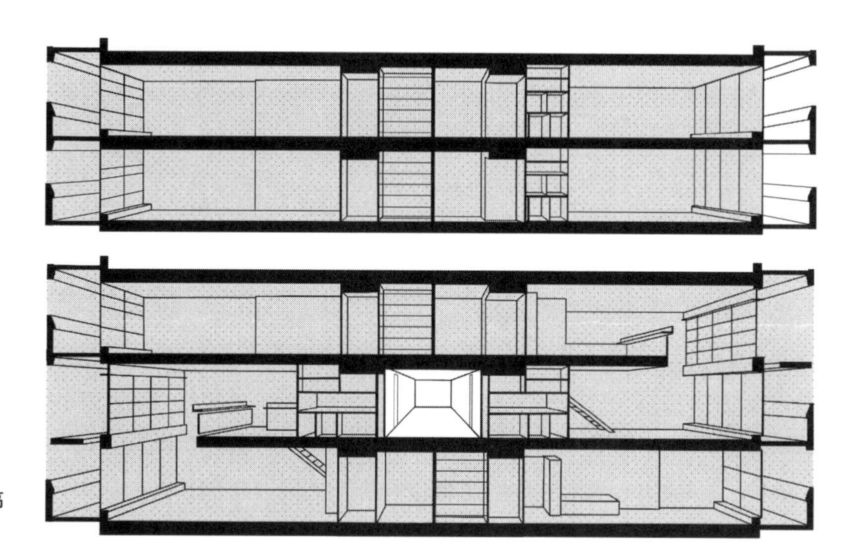

**图 5-8　马赛公寓与普通外廊式高层的剖面对比**

世界各地都有采用互锁形式的高层住宅建成。其中由全国工程勘测设计大师蔡镇钰担任设计负责人，建成于 1989 年的 2 幢 18 层跃层住宅可能是我国最早建成的互锁形式高层住宅。[24]

以保持标准化和经济性为前提，廓形是突破住宅呆板形式特征最常见的手法。廓形（Silhouette）在城市设计中指向由建筑物和自然的轮廓剪影所塑造的丰富形象。尽管使用了互锁的套型组织方式，马赛公寓仍旧是一个形似火柴盒的六面体，这也是国际主义式样建筑物的通用形象（今天中国高层的普遍廓形则是高耸板楼顶部中央升起电梯机房的机器人形象）。通过 18 层高低起伏的公共设施带——通风井、小剧场和游泳池，勒·柯布西耶赋予了马赛公寓非常独特的建筑廓形。通过在屋顶层增加电梯机房之外的形式塑造廓形的做法也影响了很多现代主义的建筑师和他们的作品。例如本书第 9 章中介绍的黄金巷小区中的阿瑟公馆，建筑师就明确表示屋顶廓形的设计是向勒·柯布西耶致敬。

勒·柯布西耶在 1923 年出版的《新精神》（法语：L'Esprit Nouveau）杂志中首次提出现代建筑五点，即底层架空、自由平面、自由立面、水平长窗和屋顶花园。

通过平面组织形成虚实对比关系，这也是马赛公寓区别于普通高层住宅的重要特征。高层住宅的立面形式很大程度上受限于套型的平面组织方式，整个立面都是统一的虚实关系（图 5-9）。马赛公寓的做法是在东西向为主立面的前提下，在端部增加了南向套型，如此在东西立面形成了大面积的虚实对比关系。从北立面出发逆时针观察可以发现，转过北侧约 24m 长完全不开窗的实墙；西北角开始是 106m 连续大面积开窗的虚体，接着又是东南角大约 12m 的实墙；转到南立面之后接踵而至的又是 24m 面宽大面积开窗的虚体；东立面则呈现出 3：9：3：17 的虚实关系。平面组织创造了平仄对仗、虚实相生的韵律，为马赛公寓带来了生动的立面对比。

楼梯梯段的倾斜与水平垂直的建筑结构有着天然的对比关系，因此位于外立面的楼梯（和坡道）一直是建筑设计的主要造型手段，勒·柯布西耶自然也深谙此道。从北立面七楼服务设施带伸出室外的疏散楼梯，以 9 个折跑梯段绕着扁柱到达地面，清水混凝土的楼梯、扁柱与 56m 高、24m 进深的实墙背景共同构成了生动而富有韵律的形式对比。除了北立面一路而下的室外楼梯，室内疏散梯在架空层落地的形态也有着同样的对比效果。

勒·柯布西耶在马赛公寓设计中使用到的阳台、遮阳板、色彩以及它们的组合，都已成为当代住宅设计中普遍的造型手法。马赛公寓的阳台形式颇为简陋，所有阳台都只有一个开间和两种高度（2.4m 和 4.8m）。混凝土的阳台栏板只有一种形式，由上下 2 块水平向预制板和中部预制穿孔板共同组成 1.2m 高的实体。2 层高的阳台还有一片距离阳台地面 2.4m 的遮阳板。与外立面的清水混凝土不同，阳台侧墙和遮阳板底面都有粉刷，使用了白色、黄色、红色和蓝色等四种色彩。无需额外的装饰，简单的元素经过组合就足以构成丰富的立面。二层和一层的交替、遮阳板丰富的光影、四种色彩的组合，加上居民自发使用的遮阳帘和阳台种植，共同证明住宅完全可以突破单调呆板的外形设计。

马赛公寓本身也是一系列理念的实验品。例如底层架空和屋顶层都反映了勒·柯布西耶鼓吹的现代建筑五点；居住单元的 3.66m 开间和 2.4m 层高则遵循了模度（Modular）理念等。[25] 不应该以科学的标准来衡量建筑创作的理论和建筑艺术家的创作，勒·柯布西耶的理念并不束缚他的创作，也并非必要充分条件。例如马赛公寓没有“新建筑五点”中的自由立面和水平长窗，但是不妨碍它作为一个现代建筑杰作。2016 年马赛公寓和其他部分勒·柯布西耶的建筑作品一起被联合国教科文组织列入世界文化遗产名录，就是全世界对勒·柯布西耶和他的建筑设计创作的最大肯定。

**小节讨论**

本节讨论了精彩形式；请以单元套型为主题，讨论马赛公寓与国内常见商品住宅的差异。

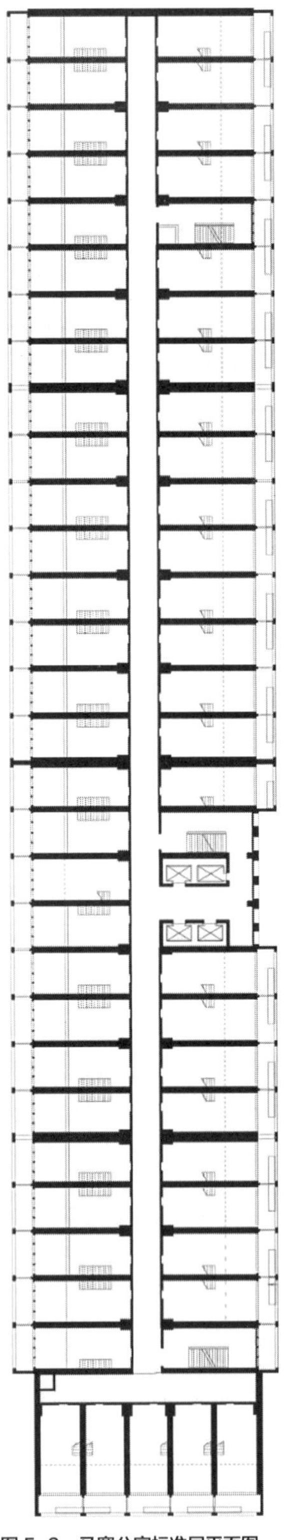

图 5-9　马赛公寓标准层平面图

## 5.4　住宅设计的多样化手法

建筑师和城市设计师需要掌握多样化的住宅设计手法，才有可能为不同的自然地理和城市环境匹配适宜的住宅建筑外形，塑造丰富多元的城市风貌。

1920 年代的住宅革命创造了由住宅标准层垂直叠加所形成的国际式建筑。这种新住宅形式有可能节约设计与建造成本，但是也容易形成单调呆板的火柴盒形象。上一小节马赛公寓证明了多样化设计手法可以改变火柴盒形象，这一节将会通过更多案例来说明，多样化手法是每个设计师都可以掌握的能力。

**1）廓形**

廓形是改变住宅单调形态最便利的设计方法。在保持基本住宅套型和组织方式不变的前提下，通过局部的增减就可能创造独特的风貌。

如果说马赛公寓在屋顶上建设花园为突破火柴盒建筑的单调外观提供了一种普遍可行的思路，那么荷兰建筑事务所 MVRDV [26] 则采用了更为极端的廓形方法。1997 年建成于荷兰首都阿姆斯特丹西北郊的沃佐考老年公寓

**图 5-10　沃佐考老年公寓**

（Wozoco Apartment for Elderly People），是这家世界著名的荷兰事务所的成名之作（图 5-10）。据建筑师介绍，根据规划要求的 100 套住宅似乎不能在规定的占地和高度内实现。[27] 通过仔细研判，建筑师发现在建筑物北侧悬挑的建筑实体可以不计入覆盖率；因此他们就把 13 套公寓悬挂到了建筑物的北边。屋顶的电梯机房和北侧高矮长宽不等的 5 个盒状单元共同塑造了令人印象极其深刻的廓形特征。MVRDV 的这个设计突破了火柴盒的形式，可以说是令人耳目一新。

MVRDV 的廓形设计为自己争得一个在世界建筑领域响亮的名誉。仔细研读沃佐考老年公寓的立面图就会发现，规划指标完全可以实现。只不过 MVRDV 从火柴盒的西侧挖去了一层作为门厅，挖去了 7、8、9 三层形成了退台；然后用柔性悬挑的方式把这些体量都甩到了建筑物的北侧。MVRDV 的设计再次证明了廓形在创造住宅多样化形体外观中的作用。这样的设计决策有得有失，北侧 13 套公寓在失去日照的同时收获了深远的视野；柔性悬挑的造价没有优势，但是项目因建筑设计获得享誉全世界建筑界的无形资产。

**名词解释**

格式塔学派（德语：Gestalttheorie）是心理学重要流派之一，由马科斯 · 韦特墨（1880—1943）、沃尔夫冈·苛勒（1887—1967）和科特·考夫卡（1886—1941）三位心理学家在研究似动现象的基础上创立。

**2）虚实**

第二种方法就是虚实关系，也就是吸收和反射光线的建筑形体对比。廓形和虚实的作用都符合格式塔学派的整体性原理，人的视觉首先关注整体而非细部，整体大于细部的总和。当我们观察建筑物时，首先会关注它的轮廓，继而是大块面的对比关系，然后才会注意到细节特征。

隈研吾为东云运河庭院公寓住宅所做的立面分析图简直可以说是虚实改变视知觉的标准示例（图 5-11）。在东京都填海区原三菱制钢厂的都市再生中，隈研吾负责了“东云运河庭院公寓 3 街区”[28] 的建筑设计。[29] 项目由一幢 14 层东西向临街板楼和一幢面向内院的 14 层退台 C 形高层组成。以沿街的 16 号建筑为例，这幢面宽约 103m，进深约 13m 的高层，是日本常见的外廊式住宅。为了克服大面积开窗造成的呆板效果，建筑师将大部分的

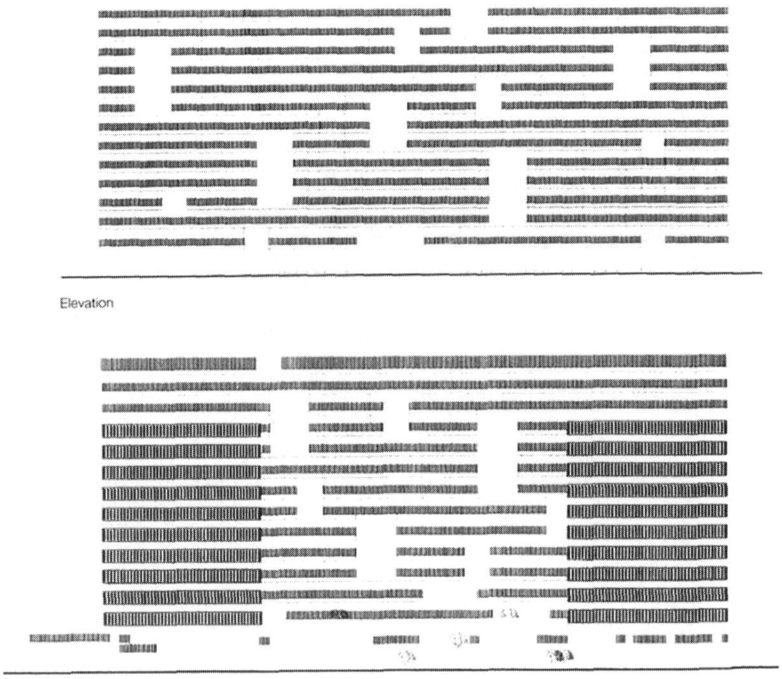

Elevation

图 5-11 东云运河庭院公寓第三街区立面分析图

阳台连为一体。水平的混凝土梁和细密垂直的金属栏杆于是形成了水平延展的“实”；打断连续阳台的内凹或落地玻璃窗于是形成了一系列强调垂直的“虚”。

隈研吾的虚实对比设计方法仍可以说是几乎适合所有的高层住宅。建筑的水平延展界面、虚实对比关系不仅突破了集合住宅的呆板特征，也和街道的整体性以及不远处运河水平舒展氛围相得益彰。

**3）阳台**

在诸多的住宅建筑元素中，阳台毫无疑问是最常见的建筑设计手法。无论是突出建筑主体以外的挑阳台还是包含在主体之内的凹阳台，都会在光影照射下为建筑立面带来生动的变化。

阳台投影的生动效果来自于太阳光的投射，而位于西班牙加泰罗尼亚的特拉萨市，由埃德瓦多 · 布鲁托设计于 1994 年的这幢集合住宅的立面可以说是最微妙却又最生动的展现（图 5-12）。一个每层平面都一样的一梯两户住宅为什么会在立面上呈现出如此生动的光影场景呢？它的秘密就都隐藏在阳台设计上。区别于传统的阳台的设计，建筑师采用了内外镜像的设计手法，以建筑主体边缘为轴线，外凸和内凹的建筑形体互为镜像，构成了钻石型的阳台平面。简单的阳台设计为住宅带来了充满趣味的波折阴影和生动氛围。

布鲁托的设计说明阳台造型也是呼应环境的重要手段。把阳台光影投射在了建筑的立面上是适用于绝大部分住宅的设计方法。做阳台造型不用去改变住宅套型的平面，却可以为相同的套型平面创造出丰富而不同的场景。本项目更通过阳台造型和材质呼应了环境。建筑物的主立面正对着三角形的街

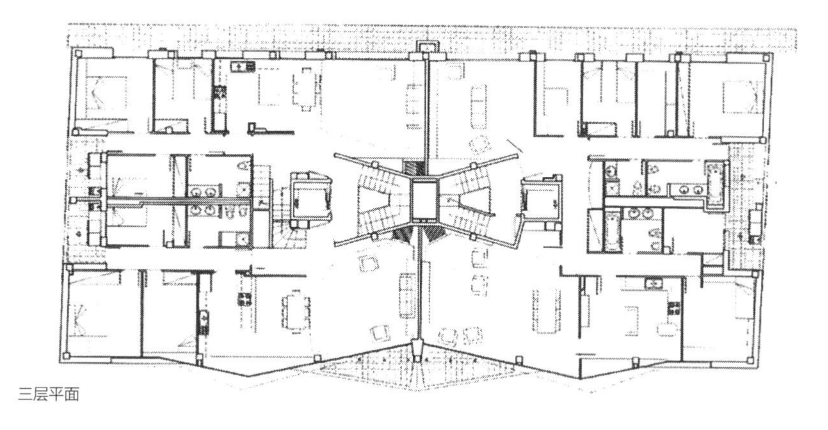

三层平面

主立面图

**图 5-12　特拉萨市某住宅平立面**

头绿地阿尔杜拉杜罗广场（Place del Turo de L'argila），三角形阳台呼应了广场的形态，而红色面砖的材质也与周边的大部分建筑保持了协调一致。

**4）楼梯**

楼梯间的设计是大量建筑设计都可以去利用的设计手法。这里我们用日本建筑师山本理显设计的熊本保田洼第一住宅区来说明（图 5-13）。这位出生于中国北京的日本建筑师所设计的多个住宅都被奉为经典，包括上面提到的东云运河庭院公寓和北京的建外 SOHO。

这个建成于 1991 年的项目位于日本九州岛熊本县，周边都是低层高密度的小住宅“一户建”。建筑师将连续的 5 层高体量拆分为与一户建相仿的尺度，再辅以直通每套公寓的室外楼梯，形成了非常独特却也与环境协调的形态。受到聚落思想的启发，建筑师将“阈”的概念引入住宅小区。[30]由 110 套公寓组成的小区围合出一大片仅向住户开放的中心绿地，而由街道进入中心绿地的路径则必须经过沿街楼梯穿过公寓再由朝向中心绿地的楼梯下楼。

轴测图可以帮助读者理解，为什么楼梯可以改变集合住宅的垂直堆叠住宅形象。因为楼梯间带给大家对于生活的想象，也投射下丰富的空间阴影关系。当住宅本身需要通过标准化复制提高经济性时，楼梯是以成为创造独特形象的建筑造型语言。带着这样的目的，我相信每一座城市都有机会建设令人印象深刻而又与环境对话的住宅形式。

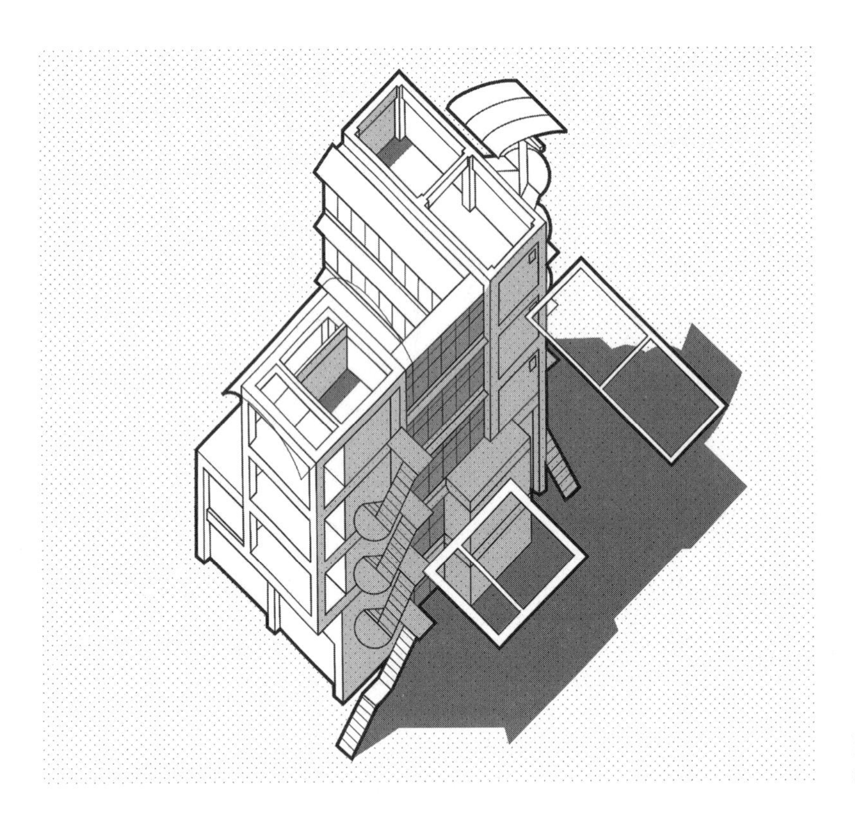

图 5-13 熊本保田洼第一住宅区单元轴测图

5）开窗

开窗的变化是住宅建筑创作的另一种常用方法。这幢位于德国汉堡赫尔伯特·魏希曼大街的建筑可以说是开窗创造立面变化的极端示范。它每一层都有同样的平面，却拥有一个每层都不一样的立面开窗（图 5-14）。尽管每一层住宅开窗的面积是相同的，但是通过不同大小的开窗、不同形式的窗扇、不同类型的开启扇，就把这样本该平平无奇的住宅变成了生动无比的立面展现。

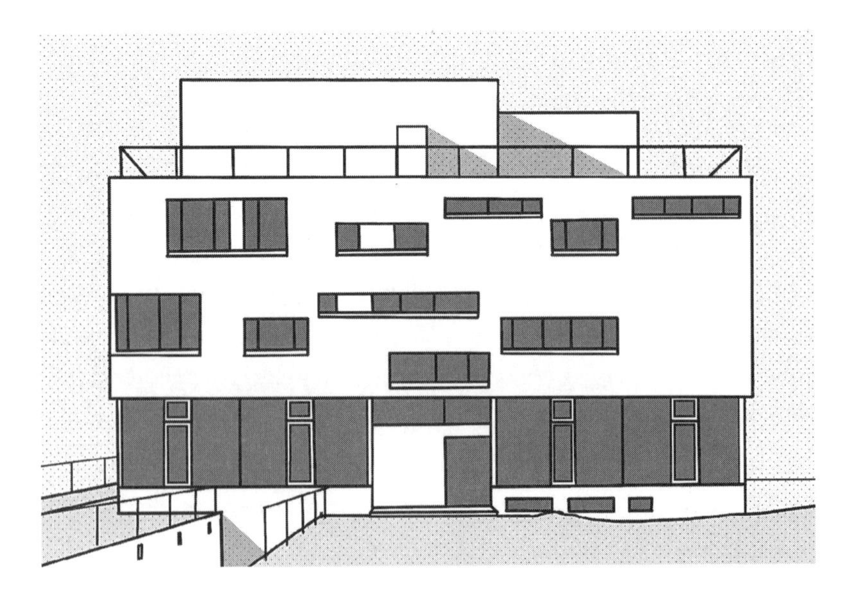

图 5-14 汉堡某住宅

开窗的设计对生活的影响并不是那么大。甚至可以说户型标准化与多样化的开窗形式并不矛盾，很多时候只要更换窗户的形式就有可能让建筑变得生动，就能够让我们在视觉上获得完全不同的感受。希望我们的城市可以在住宅设计时，为沿街立面如何开窗上多动一些脑筋，共同去创造更加丰富的建筑形象和街道风貌。

**6）朝向**

旧金山的广场公寓是一幢通过适应朝向创造活泼形式的住宅建筑（图 5-15）。这幢建筑的南立面和西立面几乎是一样的立面设计，同样的清水混凝土、染色三夹板和铝合金框玻璃窗，但是为什么却有如此大的差别呢?

这是因为建筑师在设计不同朝向的建筑立面时充分结合了朝向的关系。这幢公寓楼每一套住宅平面都是一样的，只是在南向和西向采用了不同的外凸构件就可以去创造丰富多样的光影变化。在南立面设计了凸窗去争取更多的阳光照进室内；在西立面则把外凸的部分变成了遮阳板去遮挡西晒可能对房间带来的温度影响。再结合上色彩和光影的变化，就能够把简单的住宅设计手法变成了生动的建筑空间的造型工具。这是利用大自然赐予的阳光所创造的变化，也是能够在一天、在一年四季中带来不同设计感受的手法。

建筑立面也充分响应了基地。为了避免 25.5m 高的体量可能对历史街区环境带来压迫感，建筑师首先将 9 层高的建筑体量垂直分割成一大一小两个体块，其中较小体块作为新旧之间的过渡存在。建筑物立面的水平划分严格遵照相邻建筑的立面尺度，建立了一种与基地高度融合的立面氛围。[31]

**7）噪声**

噪声有时候也能成为我们创造丰富建筑设计的依据，把制约因素变成创造性的因素。位于美国加利福尼亚州圣何塞的一幢保障性住房是这方面的典型案例（图 5-16）。

**图 5-15　旧金山广场公寓**

图 5-16　圣何塞济旭公寓

这是一幢位于轻轨车站西北角的社会住宅，项目的建筑设计遵循着与环境高度协调的策略。为了消解建筑物过大的体量，建筑师在 4 层高的形体中插入 6 片斜面，使之与周边住宅建筑取得良好联系的同时区别于周边大体量的公共性建筑。而斜面中穿插的透光性吸声板不仅隔绝了西侧轻轨线带来的噪声污染，也保证了西侧住户的充分采光。除了透光板与玻璃窗，建筑物的外立面大量采用了加州地方常见的青灰色的水平向外墙装饰板。与透光板以及其后隐藏的阳台组成的外立面光影丰富、清新活泼又不失地方特色。[32]

**8）交替**

住宅形体设计的多样化手法并不是教条，更不是互相排斥的规则，真实的建筑往往是诸多方法交替出现的结果。本节最后一个案例就是典型的交替示范（图 5-17）。

**小节讨论**

学习住宅形体设计的多样化手法的意义？

在瑞士日内瓦东部郊外的格兰戴尔卫星城，有一个建成于 1967 年的卫星城居住小区。小区由 36 个 7~8 层的住宅组成 4 条折线，围绕着社区中

图 5-17　日内瓦格兰戴尔卫星城

心的 17 层塔楼。这个三角形高层建筑的标准层平面几乎一致，都在角部挑出阳台；区别仅是奇数与偶数楼层的阳台出挑方向是交替出现的。几乎完全相同的标准层却在立面上呈现出一种相互交叠的垂直韵律感。这样生动的特征不会影响到住宅平面的设计，却能够带给人印象极其深刻的外观造型的变化。

标准化的住宅单元和工业化、规模化的建造意义重大，有助于解决以住房短缺和环境健康危机为代表的城市居住问题。但是标准化的设计并不一定导向简单重复、单调呆板的建筑形态与城市风貌。在这节中跟大家讲授的这些立面设计的手法，都是简单可用的手法，不会对平面的套型产生过大的影响。掌握多样化的设计手法去响应历史、响应环境，任何地方都有可能创造独特的风貌。

## 5.5 以人为本的街区住宅

**图 5-18　距离与视觉感知**
以北京市北海公园小西天为例，从相当于高度 4 倍距离开始不断走近的过程中，视觉感知由环境逐渐过渡到建筑细部。

城市风貌由自然风景、建筑风格和市民面貌所共同组成，多样化设计手法的目的是通过丰富的住宅外观响应城市与市民需求，共创以人为本的街区建筑。

尽管城市设计包罗万象，但它首先是一种视觉艺术。德国建筑师赫尔曼·马腾斯（Hermann Maertens，1823—1998）在 1877 年首次提出了视觉比例理论，指出建筑物的高度与观看距离决定了观察者的环境感知。1：3 时观察者能感知到环境与建筑共同组成的视觉整体；1：2 时可以感知建筑单体；1：1 时则关注于建筑细部。[33] 参照马腾斯的理论我们可以从远景、中景和近景评价一个街区建筑。远景反映了设计是否与环境融合；中景能够理解建筑物是否自成一体；而近景则可以鉴定建筑物是否有充足的细部设计（图 5-18）。

日本建筑师藤村龙至的设计作品 Building K 正是一幢可以从远、中、近景分析的街区建筑（图 5-19）。[34] 建筑位于日本东京都杉并区，遍布日式长屋的高园寺商业街上。沿着街大部分开间都是商店，背后和楼上则大部分都是住宅。这幢底商公寓楼自 2008 年竣工就成为藤村龙至的代表作。

Building K 的廓形设计适配环境，为传统商业街区更新提供了示范。走出 JR 高园寺车站北广场，步入仅 5m 宽的商业街，经过上岛咖啡店后约 120m 就是藤村龙至的建筑作品。商业街长约 400m，两侧大多是 2~3 层高的底商长屋。传统街道的城市更新往往面临着增加开发面积的需求，如何避免新开发对传统尺度的冲击是一个普遍的问题。藤村龙至在廓形设计中把建筑分拆。Building K 在远景中仿佛垂直向长屋，与历史街道相得益彰。分解新建筑的体量是常见的做法，而从长屋中汲取尺度则是藤村龙至的创新。

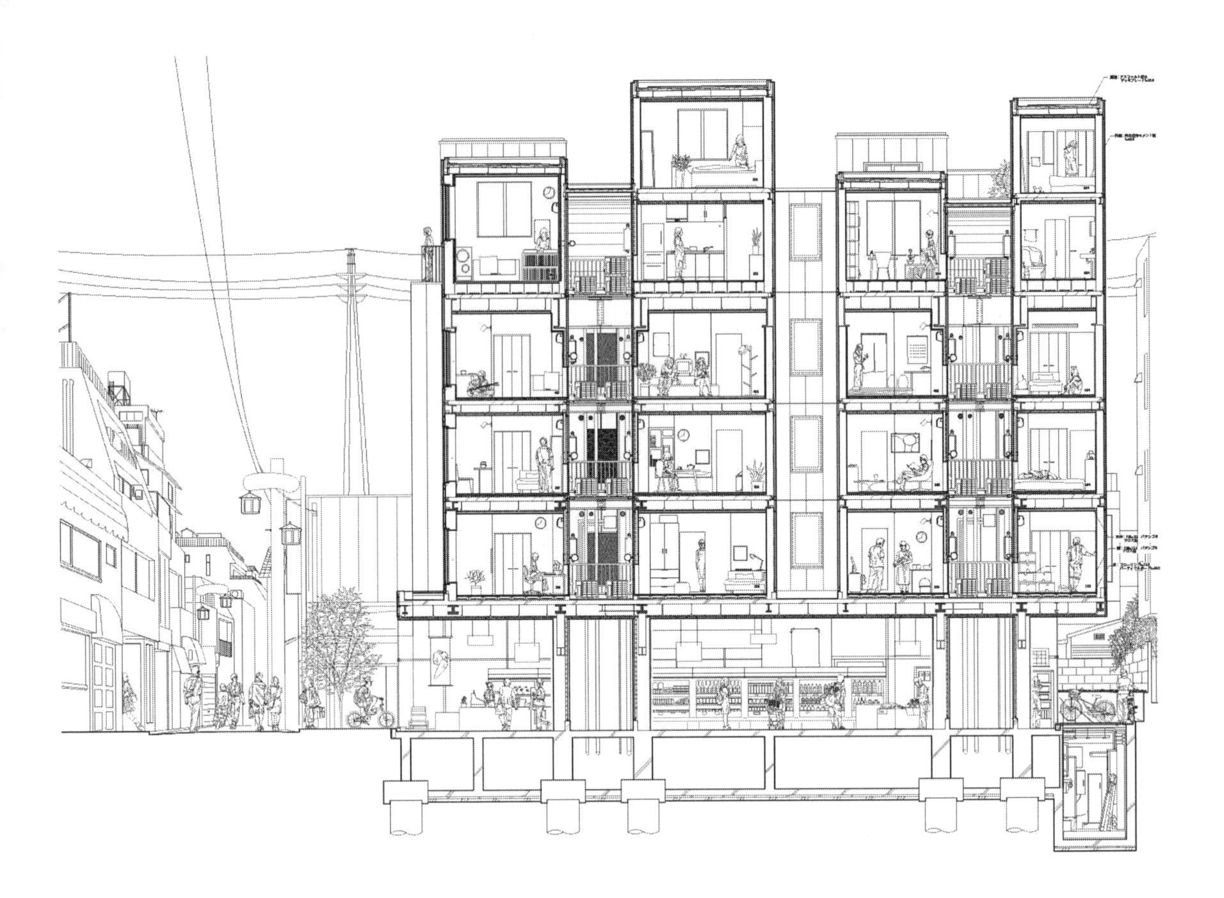

图 5-19　藤村龙至的 Building K 剖面图

位于约 80m 面宽地块的中部，Building K 有着特立独行的外形。一层店铺的水平屋檐之下五个连续开间的落地玻璃窗组成了开敞、自由的平面，让整个街道获得了可以让人喘息的空间。垂直和水平的转换，为来往的行人提供了轻松停留，欣赏街道全景的广场空间。建筑的退界开辟了商业街稀缺的广场空间，也确保了欣赏完整建筑形象所需要的中景距离。大野博史结构师事务所为 Building K 设计了独特的巨柱钢结构。4 根巨柱支撑起五楼平台，通过悬索挂落 2 层、3 层和 4 层楼板。5 层之上又采用轻钢结构修建了形似小住宅的公寓套房。钢结构巨柱悬挂结构创造了 1 层开敞无柱的自由平面，改变了住宅水平叠加的单调形象。

走近这幢底商公寓，现代垂直长屋的感觉更为鲜明。2 层以上的建筑被细分为高低错落、进退分明的四组向上的单开间，墙板的竖线条划分进一步强化了垂直生长的意向。细致的“服务空间”设计又彰显了新建筑现代属性。4 根巨柱同时作为设备管井，容纳了排水、热水、空调，厨房排烟和厕所排风。上下联通、顶部设计成四分之一圆弧的管井，通过烟囱效应优化了街道空气环境。[35]

公寓 5 层拥有一片映射传统街巷肌理的空中街道。新建筑和城市环境协同；建筑师和结构师、设备工程师协同；共同创造了一幢独特的街区建筑。新和旧融合在一起，不同的人融合在一起，住宅设计带给街区新的活力。

**名词解释**

服务空间（Service Space）和被服务空间（Served Space）是美国建筑大师路易斯·康（Louis Kahn，1901—1974）提出的重要理论，即通过精心设计结构、设备和后勤等服务空间，确保被服务空间呈现美学效果。

让传统的历史街道因为新住宅的植入而传承、进步，这是我们期望中未来住宅的一种理想形式它是高密度的，但它不是单调的；它是符合规模经济的，但它也是满足多样化的生活需要的。

如果把城市当作有机体，那么住宅就是细胞，街道就是血脉，而市民是分子。以人为本的城市应该能满足市民多元化发展的可能，不应该只有为小汽车设计的快速路或者专门为某一阶层人士设计的豪宅大屋；也应该有可以低速漫步与延续历史环境的街区。能够包容不同年龄、身份和速度的建筑、街区和城市，才是“以人为本”住宅设计和城市设计的目标。

**小节讨论**

你所在的城市是否有能够从远景、中景或近景体现城市丰富性的住宅项目?

## 复习思考

### · 本章摘要

住宅的标准化设计为大规模快速建造创造了条件，有利缓解住房短缺现象，但也有可能造成千城一面的特色丧失。在理解和利用住宅标准化设计优点的同时，设计师有必要掌握多样化的住宅设计手法，共同营造可以容纳多样化生活的街区和场所。

### · 关键概念

住宅标准化、千城一面、多样化手法、以人为本、视觉艺术

### · 复习题

**1. 大规模新城建设可能带来的隐患不包括：**

a. 现代化隐患　　b. 社会隐患　　c. 生态隐患　　d. 物质隐患

**2. 请选择“标准化住宅设计造成千城一面”的主要原因：**

a. 尊重自然环境的影响　　b. 尊重历史遗产的保护

c. 片面强调规模和效率　　d. 尊重地域文化传承

**3. 请选择对勒·柯布西耶在 1922 年提出的“别墅公寓（Lmmeuble Villas）”构想的正确表述：**

a. 最早的高层住宅设计　　b. 最早的垂直花园设计

c. 现代建筑五点的示范　　d. “光辉城市”方案的重要组成

**4. 请选择 1925—1931 年的新法兰克福住宅建设大量使用工业化住宅技术的原因：**

a. 德国工业化的需要　　b. 与传统决裂的设计美学需要

c. 恩斯特·梅团队的设计哲学　　d. 快速建造缓解住房短缺

**5. 在二战后得到蓬勃发展的住宅工业化有什么缺点：**

a. 规模效益　　b. 质量标准化　　c. 快速建造　　d. 单调重复

**6. 勒·柯布西耶的马赛公寓有很多设计创新，其中不包括：**

a. 减少走道面积　　b. 套内楼梯浪费空间

c. 良好的采光和通风　　d. 东西向争取阳光均好性

7. 集合住宅外观多样化设计的核心目的是什么：

a. 住宅产品多样化
b. 住宅产品升值
c. 响应城市风貌
d. 实现建筑师的梦想

8. 荷兰建筑设计事务所在阿姆斯特丹某老年公寓项目中设计“柔性悬挑”独特廓形的原因：

a. 建筑设计师的奇思妙想
b. 规划条件限制
c. 任务书的漏洞
d. 开发商的要求

9. 集合住宅朝向对于建筑外观设计的影响不包括：

a. 西晒问题
b. 日照问题
c. 晾晒问题
d. 层高问题

10. 住宅建筑 Building K 使用钢结构巨柱悬索结构的原因：

a. 控制建造成本
b. 创造底层的开敞空间
c. 设备管井集成优化
d. 建筑设计概念需要

# 下篇
# 住宅塑造城市

这一概念在大师手里可以产生出色的工作。但是，对建筑行业的影响却是一场灾难。设计师不再受土地设计的约束。……因此结果是将注意力集中在不受环境影响的建筑设计上，漫不经心地随意布置不考虑整体设计原则。勒·柯布西耶的（设计）大解放，如大型外科截肢手术般将建筑剥离大地，使我们有了新的设计自由，却也在此过程中，付出了整体环境受损的巨大代价。[1]

——埃德蒙顿·培根

# 第6章

## 城市设计概论

最美丽的城市必然是那些更和谐、更统一，
以及更具精神延续性的城市，
置身城市之中，
感受的不只是一座座孤立的纪念碑，
而是在一个和谐而充满活力的环境中欣赏杰出建筑物所产生的愉悦。[2]

——约瑟夫·路易斯·赛特

# 6.1 古代的新城设计

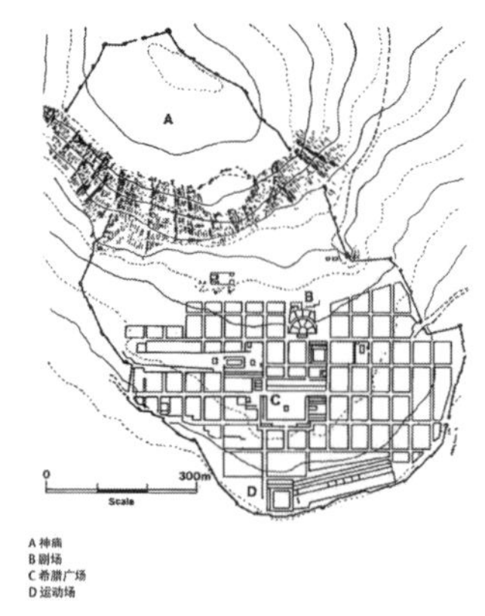


图 6-1　普里埃内城市复原图

由城市设计方案开始，再通过一代一代人的合作建立完善城市，这样的学科历史大致可以追溯到 2500 年前。一般意义上大家所说的城市设计方案，最早的起源或许可以追溯到古希腊的时期。古希腊的城市规划家——米利都的希波丹姆（英语：Hippodamus of Miletus，公元前 498—前 408）[3] 提出了一系列殖民地城市的设计规则。在建设殖民地城市时先确定神庙、市场、剧场和运动场的选址；当这些公共空间和宗教建筑占据了主要城市空间位置之后，再用方格网划分剩余的城市用地以利于后期的交通和开发。

在一些古希腊遗址中至今仍可以看到这样的空间结构；今日土耳其境内的古希腊城市普里埃内（英语：Priene）就是其中的典型（图 6-1）。爱琴海东岸小亚细亚半岛上的卡利亚地区，12 座古希腊城邦组成的伊奥尼亚联盟（Ionian League）曾经孕育出辉煌的古希腊文明。这些城邦中就包括米利都、普里埃内以及荷马史诗的故乡希俄斯（Chios）。位于梅恩德河的入海口一侧陡峭的山坡上，这座山地城市仍保有古希腊城市设计的鲜明痕迹。[4] 城墙包围着落差近 100m 的城市，城市最高处是台地上俯瞰着芸芸众生和爱琴海的城市神庙。在城市之巅具有强烈神圣特征的庙宇之下，缓坡城市的中心则布置了市场（Agora）、剧院。整个城市最南端地势较低的地方，则是包含 191m 长跑道的运动场空间。在公共建筑之间的坡地上，由方格网划分出来一块块街坊空间。方格网结合了自然地理，呈现出由台地和阶梯组成的城市空间。这种城市空间结构与古希腊城邦的社会结构有密切的关系，明确了神权中心、市场交易和公共交往在城市生活中的核心地位。

这种城市结构也是自然地理和经济性的博弈结果。从普里埃内的复原图上可以看到，城市设计在方案和建设的过程中尊重了自然地形。选址在高地而不是海边，既是为了防止河流洪泛也是为了军事防御；顺从自然地形布置道路和地块的城市设计也保证了城市建设中成本的控制，以及城市市政和排水的功能需求。

古希腊消亡之后，下一个控制地中海的强大国家是古罗马帝国。作为强大的军事帝国，古罗马在欧洲各地开疆拓土的同时设计建设了大量的殖民地城市。今天欧洲许多历史文化名城，例如巴黎、伦敦、巴塞罗那等最初都是古罗马的殖民地城市。古罗马殖民地城市有着与古希腊相似的方格网城市肌理，也同样有神殿、有市场，但空间结构却明显区别于古希腊。最核心的区别是军营取代了神庙，成为建设城市的空间中心。古罗马殖民地城市建设时贯彻了一种简单的四象限法则，即以指挥官的军营作为城市中心，继而延伸出两条相互垂直的道路，并在外围建立接近于矩形的城墙作为城市边界。这种空间结构与古罗马军事立国的政治结构有着密切的关系，不仅确立了军队的支配地位，也有利于各种军事活动的开展。

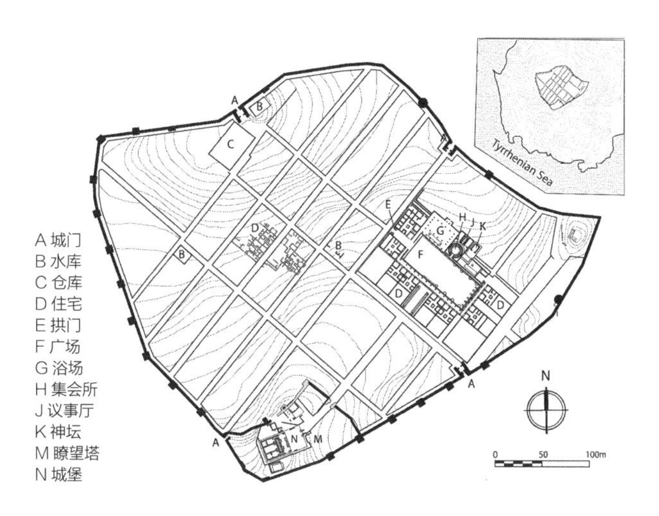


**图 6-2 柯萨城市复原图**

距离罗马城西北方向约 140km 的海岸边，古罗马城市遗址柯萨（Cosa）有着这种古罗马殖民地城市的典型肌理特征（图 6-2）。这座小城位于距离港口约 500m 的山坡之上，长约 1.2km 的城墙包围中是划分为方格网的城市。四座城门之间的连线交会处，也是方格网中心交通最便利、发达的地方，是公元前 3 世纪城市建设的起点。城市中心往 4 个方向都可以直接到达城门，确保了军事行动的响应速度。

作为华夏文明重要载体，古代中国有大量反映自然、政治经济和传承的城市设计案例。曾作为十三朝古都[5]的西安，是读者理解城市设计与自然关系的绝佳案例。自周代以来西安城市的历史迁徙就是一套解释城市发展规律的城市设计教科书（图 6-3）。

西安坐落于由陕北高原、陇中高原、秦岭山地和黄河包围而成的关中盆地中央，自古以来就是水土丰沃的粮食产地和人类文明集聚地。盆地南北的地表水汇聚形成了自西向东贯穿关中盆地的渭河（渭水），而历代西安城在渭河两岸连续迁徙的故事说明了城市设计和自然的关系。

西安的城市建设史一般认为始于商代。周文王攻灭崇国后，在渭河上游水系纵横的沣河西岸建立了周国的新都城“丰”。当时没有城墙，为了防御就在沣河与灵沼河之间挖建一条人工河道后，形成丰城四面环水的天然保护屏障。之后周文王又命令他的儿子姬发（即周武王）在沣河东岸建立城市“镐”。周武王灭商后建立周朝，丰京与镐京随即成为周代的双子都城，直到周公西迁洛阳开始东周历史。

东周末年秦国在渭水北岸建立了新城市——咸阳。国力日盛的秦国数次向东迁都，终于在公元前 350 年迁都到关中盆地的中心。此时丰镐两地仍是周王领地，于是秦孝公就在渭河北岸建筑了名为“咸阳”的新城。便利的交通条件与渭河平原肥沃的农田大幅度提升了秦国的国力，奠定了统一天下的基础。公元前 221 年，秦始皇在咸阳称帝，西安于是也成为中国统一后的首个国都。[6] 秦王在咸阳北坂仿建六国宫殿，又一次性地把各地领主和商贾迁徙至咸阳，造成咸阳城市建筑拥挤、人口密集。因为咸阳城北的平原不易

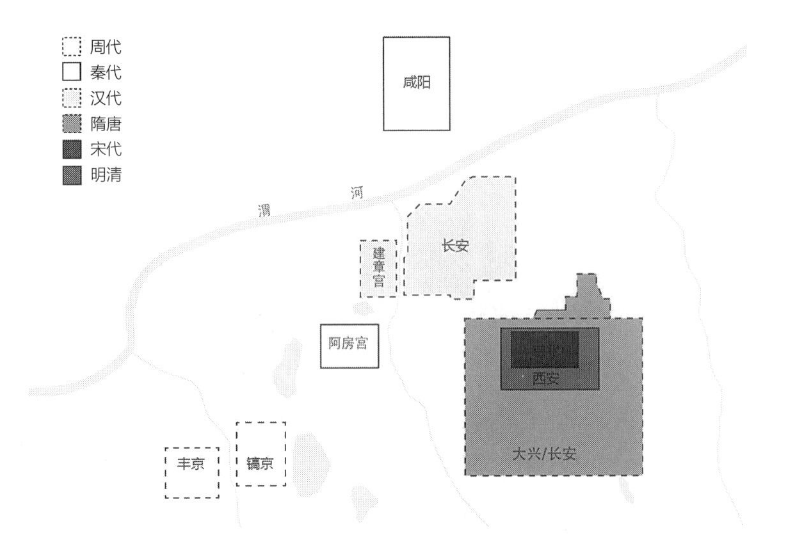


**图 6-3　历代西安城市变迁**

取水，于是在公元前 212 年又跨越渭河在南岸兴建了大型宫殿群“阿房宫”，形成了横跨渭水两岸的城市。这种快速繁荣期延续未久，公元前 206 年西楚霸王项羽破秦后一把大火把渭河北岸烧成了焦土。[7]

汉代西安再次跨越渭河。由于北岸的咸阳城已被焚毁，于是刘邦在公元前 200 年决定在渭河南岸建造新都城——汉长安。选址综合考虑了防洪与取水的因素。城市建设在渭河南岸高出河床约 20m 的二级台地上，远离洪水泛滥威胁；周边灞河、浐河、潏河、洨河、沣河、涝河，交通便利，[8] 丰富的地下水资源也为人口聚集提供了充足的保障。[9] 河谷平原地形南高北低，因此汉长安的三大宫殿都选址在地势较高的南部。[10] 长安的繁荣存续了超过 200 年，直到公元 25 年汉光武帝改都洛阳开启东汉历史。西汉末年的王莽新朝，东汉末年 [11]，之后的西晋、前赵、前秦、后秦、西魏和北周也都以汉代长安为都城。

地下水污染迫使隋代继续向南迁徙，建立了辉煌的大兴城（唐长安）。公元 581 年隋文帝重新统一了中原，但经历近 800 年城市建设的汉长安城已经不再适合人类聚居。[12] 城市人口的用水短缺和排水困难是人类城市发展史上难以逾越的问题，长安并非孤例。“汉代长安城内宫殿、官署、邸第、里居等生活用水多为井水，因不能满足 50 万左右人口需要，开凿了昆明池，开辟水源，以保证城市用水。”[13]50 万人每天产生的垃圾、生活污水和人畜排泄物除了就近顺着明渠排放至自然河川外，[14] 大部分情况下只能就地掩埋或者建设渗井，造成地下水全面污染。隋文帝建都后旋即决定选址建立新都城。[15]

杰出的城市设计家宇文恺（555—612）就此受命负责新都城的设计和建设。[16] 新城市选址在汉长安城西南向的地势更高且自然植被茂密的龙首六阪，“龙首山川原秀丽，卉物滋阜，卜食相土，宜建都邑。”[17] 新都城仍是南低北高的地形，但地势最低处约 400m 的高程也比汉长安高，因此便于利用高差解决城市防洪与排污难题。新建的城市采用了中轴对称的理想化城

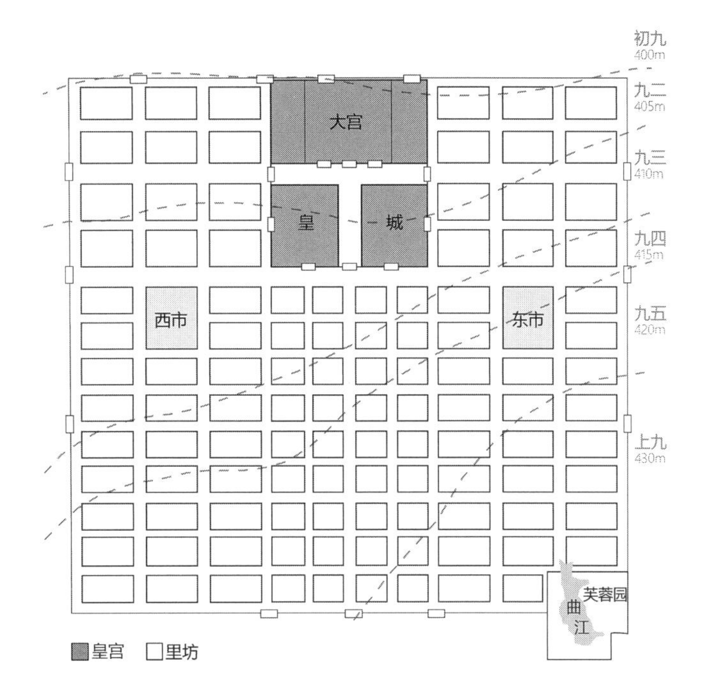


**图 6-4　隋大兴（唐长安）城市复原图**

市平面，由外郭、宫城和皇城三部分组成。外郭形状接近正方形，四边长度均为约 9km，城墙周长约 35.5km。城内北端中央为宫城，宫城南部是皇城。宫城外地势较高的高地初期为皇家禁苑，唐代中期加建为大明宫。为了解决城市的用水和排污需要，大兴城中还设计了永安渠、清明渠、龙首渠、和曲江池等几条水渠，流贯外郭城、皇城、宫城和大兴苑。隋文帝命名这座新首都为大兴，李唐取代隋朝后继承了隋的政治遗产和建成遗产，将大兴改名为长安，开始了这座中国古代城市设计杰作的 300 年繁华都城历史（图 6-4）。

唐长安是一座按照中轴对称与君权至上思想设计的理想化城市。[18] 城市内由 11 条南北向街道和 14 条东西向街道构成方格网的城市肌理，以皇城朱雀门外朱雀大街为中轴线形成对称格局。皇帝坐北朝南居住在城市的中轴子午线上，皇城按照左祖右社的格局建造，宫城外三面均为臣民所环绕。唐长安反映了理想化的城市设计与自然地理的冲突对立。城市总平面中轴对称，但是自然地理是东南高西北低，因此假设应在城市中轴高高在上的宫城实际比东南角低矮近 50m。结果造成里坊俯瞰皇城的实际效果。

尽管地形有利于引水与排污，但密集居住的污染问题仍逐渐呈现。超过百万人口拥挤进长安城，造成生态环境的恶化，汉长安地下水被污染的情况再次重现。密集的渗井排污造成唐代中后期长安城严重的地下水污染（苦水问题）。唐代以后西安这座城市再也没有恢复到之前的辉煌。无论是宋代的“京兆”还是明清两代的“西安”，城市规模都蜷缩在唐长安宫城的范围内。[19] 西安地下水的污染延续到了当代，地下水硝态氮污染最严重的恰是唐长安所在地，且至今仍未消除。[20] 直到现代市政工程发明了自来水净化技术，西安城才重新获得了大规模聚居的可能性。

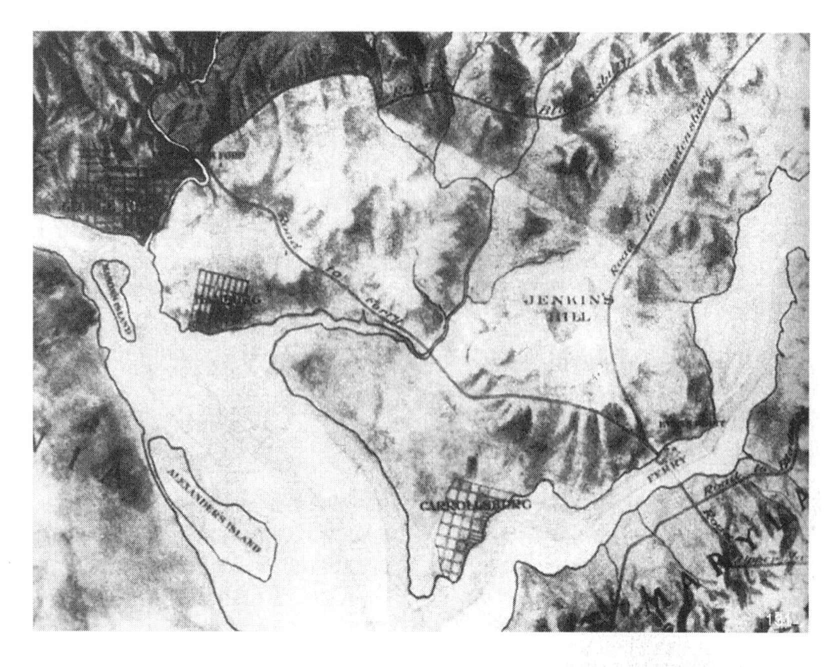


图 6-5　城市设计前的华盛顿

古都西安的城址变迁说明了自然、经济和技术是城市设计的首要限制。尊重自然是古今中外城市设计的关键原则。即便有现代工程技术的支持，合理选址仍是决定一个城市是否能够长期可持续发展的前提之一。

自然地理和政治经济贯穿于古代的城市设计，美国首都华盛顿[21]是另一个典型案例（图 6-5）。[22]美国 1784 年赢得独立后并没有确定首都。在各派政治势力的博弈下，最终在 1790 年 7 月通过了决议在南北方之间的波托马克河河谷地带建设全新的城市。[23]

新首都的选址是一种政治的平衡，也凸显了经济的影响。新首都位于南北方之间平衡了南北各州的利益，并且收购农田与河滩的成本也远远低于在建成区收购用地。在波托马克河畔建立新城市也有可能是费城政治家“曲线救国”的政治操作。以方便建设新首都为理由，联邦政府和国会在 1790 年 8 月就迁往费城，后者在之后的十年里一直作为美国的临时首都。

确定建立新首都后，华盛顿总统任命法国出生的建筑师皮埃尔·朗方（Pierre Charles L'Enfant，1754—1825）负责城市设计。这个任命以及朗方所完成的巴洛克风格城市设计方案也有着政治因素。独立战争是美国人民摆脱殖民宗主国的奋斗，也是英法两个欧洲大国在美洲大陆相争的结果；独立战争获胜的背后有着法国的军事和财政援助。这样的政治背景也为选择法国出生的建筑师和法国的城市空间设计手法提供了充分的注解。

法国巴洛克城市设计原则与波托马克河河谷自然地理的结合为华盛顿带来了举世无双的独特风貌。按照地质条件可以将华盛顿区分为皮德蒙高地和海岸平原两种地质区域，朗方将城市用地主要集中在了海岸平原的平整地带，波托马克河与阿纳卡斯蒂亚河之间的滩地上。滩地由一高一低的两块具有明确界限的台地组合而成，朗方选择了较高台地边缘两处隆起小丘分别作

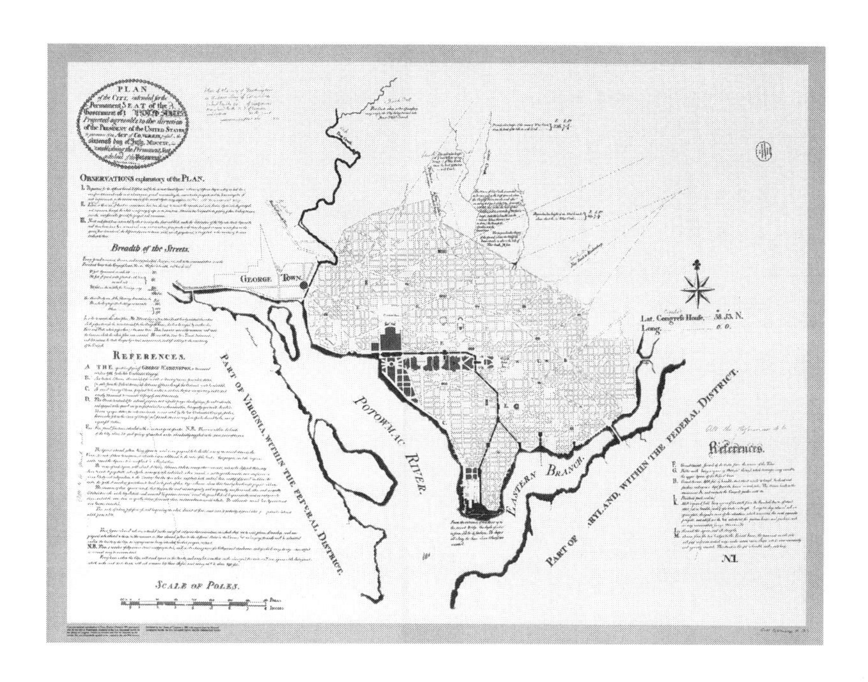


**图 6-6　华盛顿城市设计方案（1791）**

为美国国会大厦与白宫的基地，再利用较低的台地设计了联系两座纪念性建筑和波托马克河的国家广场（National Mall），并由此形成了华盛顿城市肌理的十字轴线。[24] 山丘叠加台地的高差，十字轴线的秩序感，为两座建筑倍增了纪念性。白宫与美国国会大厦之间的视觉通廊（宾夕法尼亚大道）也成为方格网肌理中斜轴的主要出发点，进而形成了以国会大厦为中心的三叉戟道路和以白宫为中心的放射线道路。"通过国家广场将国会大厦和波托马克河连为一体，创造了十字轴连接白宫，进而将主要的景观、放射型的对角线大街都纳入了由群山与山峰组成的背景中。"（图 6-6）[25]

本节讲述了四个几乎从头开始设计新城市的故事，涉及城市设计背后的自然地理、政治经济、文化传承以及其他诸多因素。因此尽管新城市的设计不需要处理复杂的地权关系，但城市设计从来都不是在白纸上凭空设计。

**小节讨论**
比较古希腊和古罗马的城市遗址，讨论其功能与空间结构的差异？

## 6.2　城市更新的制度化

人类文明史中的城市设计绝大部分都是城市更新设计。城市有扩张就必然有衰落，若长期没有维护和更新，城市就会衰退。城市更新设计于是成为必然，而制度化的选择是城市可持续发展的必要条件。

城市空间是政治制度的映射，这是人类历史上长期存在的社会规则。前工业化时期的欧洲城市几乎都是政治主导的古代城市，主宰城市空间的是占据统治地位的王权或者宗教势力。以权力为中心发散布置的城市，在外围以防御目的建设起来的城墙，共同形成了非常清晰易懂的城市空间结构。

工业化之后新建的城市有着形式不同但结构明晰易懂的城市肌理。由资本和生产力所支配的城市中，高耸入云的不再是教堂的尖塔，而是一座又一座拔地而起的工厂烟囱。在生产力发达的新城市，企业和资本都在带动着城市的发展。这样完全不同于古代的城市发展结构，毫无疑问来自于生产方式与制度的变化。

城市设计是经济制度和土地制度的映射。本书介绍过教宗西克斯图斯五世在罗马推动自上而下的城市更新与其设计手法：连接地标建筑的道路、对角线和三叉戟道路连接的中心广场、耸立的方尖碑等；以及改善市民生活的市政供水管道的铺设。但我们没有介绍教宗为罗马城市更新所做的横征暴敛的铁腕故事。城市更新需要好设计更离不开制度上的改进。

北宋汴京城市更新是上下结合实现制度化共赢的典范。如果说达官贵人与市井商贾们的“破墙开店”行为是经济驱动下自发的城市更新，那么城市更新的成果得到确认就必须归功于宋徽宗的“侵街房廊钱”法令。热闹的商业街为市民创造了财富的同时也增加了城市管理的压力，无论是维护公共街道还是处理私有领域间的矛盾都需要行政成本。这条法律肯定了城市更新的成果，确保了可持续的城市管理。

城市更新牵动着土地所有者的权利，尊重土地产权是城市设计方案的实施前提。兰恩爵士完成于 1666 年伦敦大火后的城市设计方案固然精美，但商人们却选择按照古罗马的城市肌理立即重建城市。方案落空的原因无关美学，而是由于对土地制度和政治制度的误判。在拥挤的城市肌理上建立巴洛克放射线街道与广场的前提条件是全面征收与重新划分伦敦城的土地。在土地所有者拥有议政权利的英国，这套方案不仅意味着高额投入，还需要协调不同土地所有者的损失与收益以及潜在的可能无休无止的法律官司。因此，当时的英国国王查尔斯二世可以委任兰恩设计圣詹姆斯大教堂，却不能强迫土地所有者拥护兰恩的方案，更不能强制征收伦敦城的土地。尽管需要全面征收和重新分割地权的城市设计方案没有实施，但 1666 年伦敦大火也留下了制度化的城市设计成果，无论是对建筑材料防火的规定还是高街立面的统一都为城市更新留下了宝贵的遗产。

与伦敦灾后重建形成强烈对比的是1775年葡萄牙拜萨区的灾后重建。很难评价兰恩爵士的伦敦城市设计方案与德迈亚的里斯本拜厦区城市设计方案哪一个更加精彩；但是我们确信不同的政治制度、不同的法律制度都需要得到尊重。也许查尔斯二世会羡慕葡萄牙国王有能力全面征收土地，强有力地实施自己中意的城市设计方案，但造就君王权利的恰恰是不同的制度。如果忽略法律制度、忽略政治制度、忽略土地制度、忽略地理条件，那城市设计就变成了毫无意义的纸上谈兵、空中楼阁。更加需要注意的是在拜厦区重建中带来城市更新的绝不仅仅是一个方案，而是制度化的实施机制。法律制度保障了全新的城市下水管道、抗震结构和装饰风格、整体重建以及里斯本持续的繁荣。这些制度化都是城市更新中必不可少的内容。

城市更新设计需要制度化地调和政治权利和土地利益，调和公共利益与土地所有权之间的矛盾，在发展中权衡保留与新建。即便是像巴黎这样的欧洲中心城市，即便是在拿破仑三世这样大权在握的皇帝统治下，进行激动人心的大规模城市更新前仍需要制度化的建设。如果拿破仑三世不立法将巴黎税关由 12 区扩展到 20 区；如果议会不授权因公共利益采取强拆的城市更新方式，那么今天大家所看到的巴洛克城市巴黎是不可能实现的。没有这样的制度保障，今日巴黎可能仍然停留在中世纪的拥挤、狭窄、无序的城市空间和不卫生、不健康的城市环境。城市更新的效果依赖时间评价，因为城市是一个非常复杂的社会系统，也必然存在多元化的评价标准。但是如果脱离了法律的授权和制度化的建设，城市更新注定不可能实施。

1858 年的伦敦是通过制度化的城市更新实现公共利益与私人权利平衡的另一个绝佳案例。保障公共利益的城市更新，可能会为土地所有者带来短期的损失和长期收益。本书第 2 章介绍过名为“伦敦大恶臭”的历史事件，垃圾和污水涌入泰晤士河造成生态危机的根源是公共资源的滥用。尽管约瑟夫 · 巴扎尔杰特爵士早就开始研究并完成了市政污水管网的城市设计方案，但利益集团直到危机爆发前都不愿意为治理公共空间投入资源。早已移居郊外的社会上层把持着议会，他们不关心中心城的生态环境恶化，却担忧治理生态环境的资金可能使用他们的纳税，顾忌工程施工也可能影响他们在城市中的产业。直到生态危机的爆发，议会才同意成立都会工程局并批准巨额预算，约瑟夫 · 巴扎尔杰特爵士才有机会实施他早已绘就的蓝图。伦敦污水管网的建成不仅改善了泰晤士河两岸的生态质量、市民的生存环境，也为土地拥有者带来城市开发的新收益。大量原先难以开发的低洼区域具备了建设条件，而新开发又带动了周边土地价值的全面提升。使用公帑投资公共产品，有助于公共利益也能反哺土地所有者的权益。

法规引导城市更新是本书反复强调的观点。制度化建设与优秀的设计方案都很重要；优秀的方案能够启迪人，而法规的进步往往更能引导建筑设计和城市设计的全面进步。作为城市中最大规模的建筑类型，住宅构成了城市的风貌基底；因此法规推动的住宅进步，自然而然地就推动了城市更新。纽约法规推动的住宅进步可以说是其中最为经典的案例（图 6-7）。

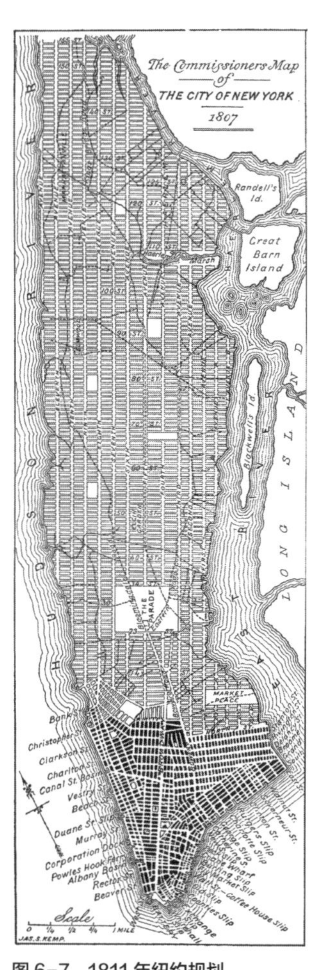


**图 6-7 1811 年纽约规划**

完成于 1807 年并于 1811 年通过立法，该规划确定了哈德逊街以北至 155 街都采用了格网划分土地的空间格局，为城市土地快速开发提供了准备，也奠定了曼哈顿岛独特的城市肌理。

**讨论题**

不良法规是否会导致住宅和城市更新的退步？

纽约出租屋在 19 世纪的进化就是一部土地拥有者与立法博弈的历史、一部追求利润最大化与保护公共利益的斗争史（图 6-8）。为了建造尽可能多的住宅，曼哈顿的狭长街坊常常被进一步划分为用于建造独栋小住宅分地块。受到木结构跨度限制，[26] 分地块通常会被划分为约 7.5m × 30.5m（25 英尺 × 100 英尺）的面积，相互紧贴占满整个街坊。

分地块上最初建造的通常是覆盖场地 50% 面积的传统联排住宅。住宅由一大一小两个开间构成，小开间面向内院一侧是楼梯，外侧是小房间；大开间南北对称各有一个大房间。虽然两侧都紧贴相邻建筑，但是每一个卧室仍然都有自然采光与通风。随着大量移民涌入带来的出租需求，出租住宅很快替代小住宅。早期的出租屋仍然保持了小住宅一大一小的开间和 50% 的

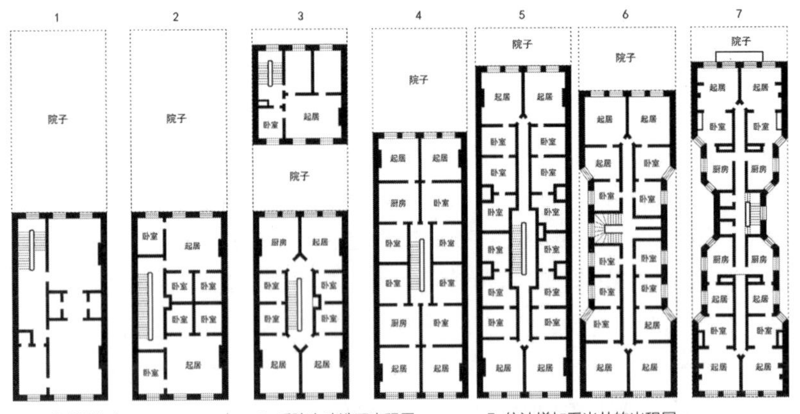


1. 旧式联排住宅；
2. 建筑改造为出租屋；
3. 后院也建造了出租屋；
4. 利欲熏心的盒状住宅；
5. 依法增加采光井的出租屋；
6. 满足采光通风条件的哑铃住宅；
7. 卫生间和双向疏散进入出租屋。

**图 6-8　纽约出租屋的进化**

覆盖率，但是交通空间被塞到建筑物中部变成了没有自然采光和通风的楼梯间，而每个楼层的南北都被划分成各自独立的出租公寓。由一个起居室和三个卧室组成的公寓只有 2 个房间有自然采光和通风（那个时代的住宅当然也没有套内卫生间）。

随着租房需求的增加，出现了由一大一小两幢出租屋占据同一基地的做法。原先的后院里加建起了约 7.5m×8.2m 的出租屋小楼。小楼与相邻的地块只有约 1.2m 间距，两幢出租屋之间也只剩下不到 5.8m 的空隙。原先联排住宅的位置则翻建成为围绕中部暗楼梯的 4 套公寓。

为了能赚取更高的租金，地主建造了能在每一层塞进更多出租公寓的单体出租屋。被称为“包装盒”式样的出租屋在超过 20m 进深的 6 层建筑的每一层都分隔出 12 个房间。除了外墙边的 4 个房间，楼梯和大部分房间都没有自然采光和通风。不久后又出现了进深超过 27m、每层多达 16 个房间、覆盖率超过 90% 的出租屋。为了解决大部分房间不能通风的问题，中部外侧增加了四个 1m 见方的通风竖井，算是对租房者生活的微小改善。开发强度的提高和房间标准的降低，意味着居住环境的持续恶化与开发商不断增长的利润。从 1840 年代开始，每年的城市卫生年报都在抨击出租屋，不仅缺乏采光通风和基本的卫生设备，也普遍存在过度拥挤和缺乏消防疏散通道等威胁生命安全的严峻问题。1866 年的报告如是说：

“街道不干净，上千吨的粪便堆积在码头和空地。下水道堵塞，房屋拥挤，采光通风均不佳。公共厕所没有连接下水道，四处满溢。马厩和院子到处是积水，很多阴暗潮湿的地窖有人居住。”[27]

法律引导城市更新，纽约市在 1867 年通过了第一部住宅改革的法规——《1867 年纽约出租屋法》。这部法规第一次定义了出租屋，并明确提出了一系列改善要求，包括每套出租公寓都应有消防疏散梯，每个房间都应该至少有一扇窗户，每 20 人应该有一个公共厕所。[28] 这项法律极大地改善了疏散安全，但是对公共卫生的帮助有限，仍有大量的房间没有自然采光和通风，仅有通向昏暗楼梯间的“窗”。真正的改变是等到了 1879 年，当年通过的《1879 年纽约出租屋法》明确规定出租屋内每个房间都要直接面对自然采光和通风。这部法律在纽约也被称为住宅旧法，此后建成的住宅通常被称为旧法住宅。应对这样的法律需求就出现了被称为杠铃式住宅或者哑铃式住宅的出租屋。在覆盖率超过 80% 的高强度开发出租屋的中部，增加了狭窄的采光井，形成了类似于哑铃把的格局。包括楼梯间在内所有的房间都可以接触到自然通风和自然采光。更大的进步是等到 22 年后，《1901 年纽约出租住宅法》进一步规定了新建住宅中的每一套出租住宅都必须有自己的套内卫生间。此后建设的住宅于是被称为新法住宅。

法律制度的迭代塑造了全新的城市面貌，也达成了城市更新中公私利益平衡。法律在保证城市积极健康方向发展时也潜移默化地改变了街区形态；在解决公共卫生和生命安全问题的同时也美化了市民面貌。法规是多方利益不断博弈的过程，渐进式的迭代也避免了浪费公帑和伤害土地所有者的利益的运动式行动。更新城市环境和改善市民生活没有万灵妙药，提升城市环境牵涉到复杂的利益问题。例如为出租屋增加上下水和卫生间可以改善租客的生活质量，但对于业主而言，将部分出租面积改造成卫生间很可能是减少租金又增加成本的亏损行为，以及潜在的维修责任和支出。如果仅仅以公共利益为名要求土地或房屋所有者独自承担出租屋改造的支出，却没有从财务、公共管理和技术上给予补偿与修正的制度性安排，那么这样的政策遇到阻力就几乎不可避免了。

法规建设推动了住宅和城市设计向健康的方向去发展。城市的扩张发展需要制度化的设计，城市更新也需要制度化的设计。在社会改良家的努力下，英国在 1890 年颁布了《1890 年工人阶级住宅法》。这部法律授权地方政府去筹集资金改善贫民窟的建筑，清拆贫民窟，取而代之以能够提供采光、通风和公共活动场地的工人住宅。在德国有着类似的情况。柏林在 1853 年通过《柏林警察法》明确了在城市开发中如何去确定公共和私有的边界；到了 1875 年之后又通过《普鲁士的建设用地法》明确了在待征用地上土地的所有者需要承担市政道路建设开发所需付出的成本。今天中国的控制性详细规划制度，很大程度上正是建立在 1853 年开始的德国区划制度和美国纽约的区划制度的基础上。没有这些法规对公私边界、政策边界的划分和对多元主体利益的协调，城市设计难以落实到复杂的社会环境关系中间，更遑论经历时间的考验。

**小节讨论**

请尝试论证制度化对城市设计方案落实实施的重要性。

## 6.3 城市设计专业诞生

基于对城市发展方式与相关学科各自为政的反思，作为独立学科专业的城市设计于 1956 年[29]诞生在美国波士顿，发起人是当时担任国际现代建筑大会（CIAM）[30]主席和哈佛大学设计学院院长的何塞 · 路易 · 赛特。在这一年哈佛大学设计学院举办了第一届城市设计会议，邀请了来自世界各地的专家，提出了对于城市设计学科发展指引性的讨论。通过批判当时的城市发展，包括自己曾经鼓吹的“公园中的塔楼”式样的现代化城市概念、大拆大建的美国城市更新，以及建立在车轮上的郊区化发展等潮流，赛特和他的伙伴们将重新建立有魅力城市的希望寄托在了新专业上。[31]

**人物档案**

建筑师和教育家何塞·路易·赛特（Josep Lluís Sert，1902—1983）出生于西班牙，后移居美国。赛特曾与勒·柯布西耶合作完成了巴塞罗那版的光辉城市方案，1947年到1956年间曾担任国际现代建筑大会主席长达9年。1953年开始担任哈佛大学设计学院院长，并于3年后创办了城市设计专业。

对于现代规划原则与城市发展方式的反思是城市设计专业诞生的主要背景之一。“现代城市规划起源于19世纪后期兴起的城市改革社会运动，作为对工业城市无序的反应。”[32] 基于城市发展不断恶化的中心城空间环境、城市的富有阶层迁居到郊外、新建郊区通过铁路和城市连接的现象，以及一系列社会改良运动的构想，埃比尼泽·霍华德在1898年提出了“田园城市”的理念。这种在原有城市以外建设新城市的想法为城市设计专业的诞生提供了坚实的理论和社会组织的基础。在他之后到了20世纪的初期，法国人勒·柯布西耶和他的很多同龄人又提出了针对原有城市的更新设计方法。在城市设计的理论框架中，对于城市扩张所需要的承接人口疏解的新城，对于城市更新所需要如何去解决城市衰退的旧城，城市设计的工作领域于是逐渐被厘清。

勒·柯布西耶与志同道合的朋友们在1920年代成立了国际现代建筑大会，并提出了雅典宪章这一备受争议的用地政策。雅典宪章创造性地提出了在现代城市中针对居住、工作、游憩和交通的功能分区模式。功能分区为城市大发展，尤其是工业规模化提供发展空间的同时，也存在颠覆传统城市混合功能格局的局限性。这种威胁在第二次世界大战之后的城市建设中逐渐显现。作为新一门学科的城市设计不仅要解决新建的问题、更新的问题，也要去解决在这背后空间如何为人使用的问题。

里昂·克里尔（Leon Krier）指出有活力的城市如同人的肌体，必须有躯干、有四肢、有手掌、有眼睛、有嘴巴，只有合而为一才能组成有生命力、有思想和完整的人，才能在历史中传承下去。而功能主义提出的功能分区思想，将这些原先集合在一起的城市细胞、城市躯干，分解成了一个一个碎片，这样的城市功能区只有通过铁路和小汽车才能连接。但一个个功能单一的区域都不是完整的城市空间。离开了功能之间的混合和协同，城市就会逐渐变成小汽车和区域交通工具的附庸。

里昂·克里尔的漫画接着描绘了历史上所形成的伟大城市，在资本面前越来越难以维持自己的风貌特征与历史传承。我们看到的历史城市是由地标、公共空间、住宅、交通设施和大自然共同形成的风貌基底构成的。他们的空间结构鲜明，非常容易被辨识，也容易形成自己独有的空间形象。但是随着资本的进入，越来越多的高楼大厦拔地而起。尽管每一幢高楼大厦可能都经过了建筑师的精心设计，可是当它们堆叠在一起之后，这样被资本绑架的城市就变成了难以辨识的垂直森林。高楼大厦常常被认为是都市开发的成功象征。到底这样的开发好不好，如何去平衡历史保护和新开发之间的关系，创造有活力的城市和可以辨识、可以传承的城市，是所有城市设计师需要去审视的责任，也是每一代城市设计师需要去承担的义务。

赛特构想的城市设计专业就是一种对抗功能分区和郊区化发展，重塑城市整体性的新学科。在教学和实践中，赛特逐渐由倡导现代建筑和规划思想，转向寄希望城市设计重塑传统城市的活力。赛特认为“住在城市的真正优势是与不同的人相遇、与之交换观点并开展自由讨论。与之相对的是居住在郊区化的环境中，就只能接受电视和广播蓄意传播的内容。”[33] 因此，在赛特看来放弃城市的郊区化发展是危险的。“城市设计师首先必须相信城市……必要的过程不是去中心化，而是再次中心化。我相信未来几年趋势会发生逆转，城市本身的问题会越来越有趣。”[34]

建立城市设计学科的另一个目的是解决学科分异所带给城市的问题。赛特指出“随着建筑、景观建筑、道路工程和城市规划的新方法，公认的公式已经被抛弃。所有这些领域的变化都是独立发展的，每个群体都试图建立一套新的原则和一种新的形式语言，这是合乎逻辑的。现在似乎同样合乎逻辑的是，将不同专业的进步更紧密地结合在一起，以便在城市设计方面实现综合。就像管弦乐队中的乐器一样，城市设计的元素们将在整个演出中都发挥作用，那将实现个体专业所无法达到的和谐效果。”[35] 知名的城市设计师埃德蒙顿·培根（Edmund Bacon，1910—2005）[36] 针对大规模城市更新中出现的学科分异问题指出——“我们有三个主体：规划、建筑及管理。而我们所缺失的正是将它们作为一个整体进行运作的能力。建筑师在设计建筑单体时已几乎穷尽才思……规划师通常将建筑实体结构的设计作为一个细节考虑，管理者则更多地考虑特定的项目和流程，而不是潜在的相互关系。我们所需要的是‘建筑师—规划师—管理者’三者的结合，如果我们能做到了这一点，我们才可能拥有真正的城市设计师。”[37]

因为城市建设的需要，现代的职业建筑师制度大约诞生在 19 世纪初；现代交通工程师、市政工程师、城市规划师也在之后逐渐出现。在此之前，古代和文艺复兴时期，我们耳熟能详的那些伟大建筑师，几乎每一个都是自学成才的全能型通识巨匠。他们不仅需要懂得建筑设计，也要懂得艺术、绘画和音乐。他们更需要懂得工程，了解如何去组织建造；需要懂得材料，明晰如何去选择和应用；他们还要懂得精算，去控制成本和施工的进度。

自学成才的全能巨匠中最典型的例子莫过于佛罗伦萨圣母百花教堂穹顶的建筑师——菲利波·布鲁乃列斯基（Filippo Brunelleschi，1377—1446）。作为金工出道的布鲁乃列斯基，不仅谙熟铸造技术，还发明了线性透视法将几何知识引入绘画和建筑创作。这位奇才更是通过考察托斯卡纳与罗马地区的古罗马建筑遗址自学成才，成为一名建筑设计师。而他为圣母百花教堂设计的不仅是穹顶与采光亭的造型，还有为巨大穹顶设计的独特悬链拱结构形式，更有专门为该项目开发的专利起重机械。

中世纪的杰出建筑师不仅全能，而且也往往是一人一城的建筑艺术家，“承包”了一座城市的所有重要建筑物。例如《建筑四书》的作者安德烈亚·帕拉第奥（Andrea Palladio，1508—1580）就曾长期担任维琴察的首席建筑师。这位石匠出身的建筑师最初在工地学徒，30 岁后跟随人文学者特里希诺赴各地考察古罗马建筑遗产，在向历史学习的过程中自学成才。帕拉第奥在维琴察留下了多达 25 处杰出的建筑遗产。其中不仅有以帕拉第奥命名的维琴察市政厅，还有他最著名的建筑艺术作品圆厅别墅，[38] 后者影响了包括英格兰银行和美国白宫在内无数建筑的创作。

中世纪后期城镇人口激增，“16 世纪住房需求的增加使得建筑业成为众多产业中的亮点。包括市政厅、医院和军事建筑在内的公共工程的需求量逐渐增加。……各种建筑在启蒙运动城市中发展起来。1700 年后，为了改善公民的生活，政府修建了包括公共建筑、桥梁、道路以及流行的精英公寓和为中产阶级和工匠们修建的住房（18 世纪的伦敦新建了约 8 万幢房屋），为小型建筑商、工匠和建筑工人提供了大量就业机会，也包括建筑师和测量师等全新职业。”[39]

城市的发展催生了建筑师的需求，传统的学徒制和自学成才都难以满足城市建筑的设计需求。最早的建筑专业教育就是诞生在此背景下。法国国王路易十四于 1671 年创办了皇家建筑学院（l ‘Académie royale d’ architecture），[40] 其“首要职责是通过对建筑艺术原则的探讨揭示正确的建筑设计原理”并负责建筑设计最高奖项“罗马大奖”的出题、组织和评选。[41] 这个坐落于卢浮宫内的组织在 1793 年随着法国大革命推翻君权而覆灭；又在波旁王朝复辟后于 1816 年与皇家绘画和雕塑学院以及皇家音乐学院合并，一起重组为现代建筑教育的鼻祖——巴黎美术学院（École des Beaux-Arts）[42]。巴黎美术学院创造了在画家中挑选学生、在图房中培养建筑师的专业教育模式。这种被称为“布扎”的培养方式之后也成为全世界建筑院校最主要的教育模板，一直延续到第二次世界大战前后。建筑师不再需要生活在工地，主要的工作对象由现实环境转变为图板上的图纸，并通过图纸与工程师们进行沟通。专注在图板前的工作方式极大地释放了建筑师的生产力，也为不久之后到来的工业化储备了技术力量。

工业革命后城市进入快速发展期，大规模快速建造意味着对专业建筑师需求的激增。在工地上培养建筑师的传统已经跟不上时代的发展速度，建筑师、工程师和工匠职业正是在这个历史阶段分道扬镳的。随着新建工程的变化，专业分工不断细化，逐渐诞生出建筑学、城乡规划、市政工程和景观学等一系列的新专业。专业分工为城市的快速发展提供了有力的基础，但是同时也埋下了隐患。脱离基地的专业工作者们往往只考虑自己的工作，那城市作为一个有机的整体该由谁来负责呢？

伟大的城市设计往往是多元主体协商、合作与博弈的结果，而作为基地的城市就是各个专业所代表的多元利益最重要的沟通平台。远离基地帮助建筑师提高了生产效率，但也往往失去了服从城市整体性的自觉。以巴黎美院教育为例，布扎建筑的突出特点是秩序、对称、正式的设计、宏伟和精致的装饰。但城市设计需要建筑物首先服从城市的整体性，对称的立面并不适合所有的城市环境。位于西岱岛北岸兑换桥东南侧的巴黎商业法院是说明城市整体大于建筑单体的完美案例。这座建筑物沿着塞纳河立面没有采用对称设计，而是沿着巴黎南北向干路塞瓦斯托波尔大道的轴线布置了穹顶。偏移的穹顶违背了布扎的对称原则，却为城市轴线创造了精彩的对景关系。如果没有城市设计的整体性协调，就绝不可能创造这样的建筑与城市景观。

类似的情形出现在世界各地的城市建设中，但是有效的协调却往往缺位。“缺乏城市知识和建筑学上的深度，城市设计师两头落空：规划师声称他们的处方不切实际，建筑师认为他们的设计没有天赋。”[43] 这种专业分异造成的矛盾在工业化之后就已经出现萌芽。城市设计理论家卡米诺 · 西特（Camillo Sitte，1843—1903）在 1889 年就通过专著《城市建设艺术》严厉抨击了城市建设在取得交通、开发和公共卫生进步的同时付出了丧失城市艺术性的代价。[44] 西特思想的追随者，自芬兰移民到美国的建筑师伊利尔·沙里宁（Eliel Saarinen，1873—1950）强烈批评美学理论家把建筑说成是仅限于建筑物的“空间艺术”。“在上个世纪，人们对建筑设计的看法发生了变化。这样就导致人们不重视建筑外部空间的物质与精神条件；而人们却反过来十分重视建筑物外形的风格和内部的空间了。换句话说，建筑物借以成形的外部空间，被人忽视了，而建筑物自身——它不过是模仿某种风格的外壳——所包含的内部空间，却被强调成为唯一需要重视的空间。当美学理论家把建筑说成是“空间的艺术”，而且认为它只限于建筑物的内部空间时，上述论点被强调到了极点。建筑师们在这种浅薄理论——这是一种危险的理论——的鼓舞下，从那时起就把房屋当作独立的单体来设计了。……那些独立的房屋，所以包含的内部空间很多。可惜的是，房屋外部的许多空间，却无人注意，而形成了很不协调的局面。”[45]

本着对城市与建筑的同等重视，一些建筑院校开始设立城市规划和城市设计的教学单元。1909 年利物浦大学建立了全英国第一个城市规划课程。[46] 1922 年同济大学开设了“城市工程学”课程，“确定为 3~5 年级硕士阶段的专业必修课，是我国最早开设的城市规划设计课程”[47]。1924 年，建筑教育家柳士英（1893—1973）就在中国最早的建筑专业高等教育“江苏省立苏州工业专门学校”建筑科中设立了都市计划的课程。[48] 沙里宁于 1932 年在美国底特律市的匡溪艺术学院创办了建筑与城市设计系，这也许是全世界最早的以城市设计为名的建筑院校。沙里宁不仅亲自制定教学大纲，还担任系主任直到 1950 年逝世。[49] 建筑教育家、两院院士吴良镛（1922— ）于 1948 年赴美，在梁思成教授推荐下到匡溪艺术学院建筑与城市设计系获得硕士学位。专业分工带给城市发展的弊病在第二次世界大战之后的城市更新中变得越来越鲜明。在 1956 年，哈佛大学提出了城市设计应该成立一个单独的专业，并在 1960 年设立全世界第一个城市设计专业学位。[50]2020 年 2 月教育部批准同济大学成立了中国大陆高等院校第一个城市设计本科专业，标志着城市设计在中国进入了新时代。

城市设计并没有标准的定义。根据《英国大不列颠百科全书》，“城市设计是对城市环境形态所做的各种合理安排和艺术处理"。根据《中国大百科全书》,"城市设计是对城市体型环境所进行的设计"。在普遍意义上,大家都会认为城市设计是作为体形研究的一种设计咨询工作,它既不同于需要去完整设计建筑的建筑设计专业,也不同于需要考虑城市方方面面的城乡规划专业。但是它是这两个专业以及景观专业和市政工程专业的交叉与延伸。

根据《城乡规划法》和《建筑法》的赋能,城市规划和建筑设计的正式成果是具有法律效力的文件。而城市设计就是两者之间作为非法定规划的咨询,作为一种咨询的工具,城市设计为规划的落地提供了可行性的咨询;城市设计为不同地块的建筑设计协同,以及共创的人性尺度公共空间提供了博弈基础。城市设计的非法定咨询身份,很大程度上赋予了这个学科协商者的机会。不同于确定的法定文件,城市设计为城市发展中不同利益主体描绘了未来的发展空间,也提供了具备弹性的协商讨论平台。这或许也是赛特创办城市设计专业的初衷所在。

"城市设计师更应该是一个协调者,一个对他人行动的促进者。这个观点一直贯穿在赛特的城市设计概念中。城市设计将会是其他专业工作议程的促进者,而不是做出非凡方案的人。"[51] 我们认为城市设计是建筑、规划、景观和市政工程之间交叉的部分,并承担着协商者的责任。这个观点并不代表建筑师、规划师、景观设计师和市政工程师都可以兼任城市设计的工作;与之相反,在这个学科边缘有大量延伸的专业工作。它需要城市设计师既懂建筑,也懂规划,还懂景观,也了解市政,却又更知道如何将不同的学科专业叠加在一起。城市设计师需要去协调不同的专业,并实现协同之后达到美丽、高质量、有温度的城市发展。

**小节讨论**

请尝试讨论城市设计、建筑学和城乡规划等3个专业的差异。

## 6.4 向历史学习

作为一个有着千年历史的新学科,城市设计的故事是通过一座一座伟大城市所展现出来的。在这一小节里我们将通过威尼斯的历史来说明城市设计是时间的艺术,而时间才是检验城市设计成功与否的唯一标准。

威尼斯的发展仰赖于独特的地理位置。在地中海中北部的亚得里亚海北端的威尼斯湾,有一片面积约 550km$^2$ 的潟湖。潟湖约 80% 的面积都是滩涂,11% 的面积是永久水面,而剩余约 8% 的陆地由一系列岛屿组成。这些岛屿共同组成了威尼斯这座举世闻名的城市。就是这片地中海面积最大的湿地塑造了威尼斯独特的历史、文化和政治经济。今天的威尼斯是意大利东北部威尼托大区的首府,也是世界知名的旅游胜地,每年接待着超过 2000 万来自世界各地的游客。但威尼斯又不仅仅是一座城市,它也曾经是威尼斯海洋帝国的首都。[52] 潟湖中没有可耕种的土地,意味着威尼斯人必须依赖贸易

今天的威尼斯市由上百个岛屿组成,除了被大运河横穿的威尼斯主岛,还包括朱代卡岛、利多岛、玻璃岛等几个较大的岛屿。

来获取口粮。对贸易的重视为这个城市塑造了贸易立国的经济结构，也一步步推动她成为地中海的贸易霸权。在威尼斯共和国最辉煌的时代，他们自称为“八分之三个罗马帝国的领主”，[53] 领土覆盖了今天土耳其、希腊和克罗地亚等很多国家的沿海。

威尼斯的城市建设史可以追溯到公元 5 世纪。西罗马帝国覆亡后，意大利北部城市阿奎莱亚（Aquileia）被北方蛮族入侵，当地居民在南逃中意外发现潟湖可以成为抵御进攻的天然屏障，于是开始在此定居。西侧的湿地水岸可以阻止陆地追击者；潟湖与岛屿的有限出口与复杂的航道使得海船也难以入侵潟湖。潟湖于是成为全世界独一无二的海上城墙守卫着这座城市。到公元 452 年威尼斯第一次成为一座城市，并以部落祖先威尼第（Veneti）命名城市为“威尼斯”。[54] 在公元 697 年威尼斯形成了自己独特的共和国政体，[55] 即由贵族组成的参议院选出执政官的共和制，这个名为“总督（Doge）”的执政官不能世袭，也不会额外授予贵族头衔。这个体制在整个欧洲都非常独特。

得到潟湖保障的先民开始在沼泽地上建设家园，他们开拓用地与水井的故事堪称人类城市建设史上的奇迹。从几十个露出水面的小岛开始，威尼斯的先民们开始在松软地基上建造城市。威尼斯人世代的探索形成了一套独特的建造技术。从内陆山区买来的天然防水木材，被加工成直径 10~30cm，长度 4~8m，且一端呈尖椎状的木桩；再被以大约每平方米 6~12 根桩的密度打入水面下几米深的坚硬沉积黏土层中。沉积黏土层有足够的支撑力，而在黏土中隔绝氧气的木桩也能够避免腐烂。在木桩之间填入碎石和石屑防止水土流失，上方再搭建水平的木质平台，再以石灰石砌筑第一层基础；石灰石平台以上再用砖石砌筑高出水面的建筑基础与河流堤坝。通过使用这样的技术逐渐由一座一座的小岛屿围垦出了成片的土地。据说威尼斯的城市下方至少有 1100 万根木桩。[56] 今天威尼斯人生存的绝大部分土地都是这样，一寸一寸通过围垦而来的。

解决了生存的土地后还需要解决饮用水的难题。潟湖与亚得里亚海相连，不仅没有可供饮用的淡水，还时常遭受洪水的灾害。聪明的威尼斯先人们于是发明了利用广场收集和过滤雨水的蓄水池体系。在空旷的场地中央挖掘出大约 5~6m 深的土坑，在底部和四周铺设不透水的黏土。在土坑中心位置放置石盘底座，在上方以特殊的透水砖砌筑水井壁。之后再往土坑和井道之间回填一层层用作过滤的河砂，顶部再铺装地面和集水口。在此之后，威尼斯人就可以通过水井取用经集水口和砂滤池获得的干净饮用水了。威尼斯城内几乎所有开阔空间都建设有收集雨水的水井。据 1858 年统计，威尼斯共有近 7000 口水井（包括 6046 口私人水井和 180 口公共水井）。[57]

威尼斯城市建设是伟大的时间艺术，而其中最大的成就，也是作者个人认为最伟大的城市设计作品就是圣马可广场（意大利语：Piazza San Marco）。圣马可广场位于主岛东西地理中心位置，南向面对圣马可运河、朱代卡运河和大运河交汇的开阔水面。圣马可广场并非一日建成，而是经历千年的时间艺术。她的精彩来自于伟大的建筑，来自于独一无二的公共空间，来自于高度和谐的整体，更来自于历经千年的传承精神。

圣马可广场实际上是由围绕着圣马可大教堂的圣马可广场、圣马可小广场（意大利语：Piazzetta San Marco）和幼狮小广场（意大利语：Piazzetta dei Leoncini）组合而成，大中小三个广场的组合为这片公共空间贡献了举世无双的有机形态。面积最大的圣马可广场是东西长约 170m 的梯形，朝向大教堂入口东边宽约 85m，面向拿破仑行宫的西边长约 55m，南北两边分别是老政府和新政府。位于圣马可大教堂西南角的圣马可小广场也是接近梯形的不规则形态，东边是总督府，西侧是图书馆，南北两边都是开放空间。北侧在大教堂和钟楼间连接着大广场；面向运河的南侧耸立着两根记功柱，柱顶装饰着威尼斯的守护神圣狄奥多（San Teodoro）和象征威尼斯的金狮，宽约 45m。大教堂北边的袖珍公共空间——幼师小广场也不是规则形状，小广场的东边长度约 25m，西边宽度仅约 15m，在长约 35m 的小广场中间则是用斑岩雕刻的一对狮子雕像。[58]

圣马可广场最主要的三幢建筑：拜占庭风格的圣马可大教堂（Patriarchal Cathedral Basilica of Saint Mark）、哥特风格的总督府（Doge's Palace）和圣马可钟楼（St Mark's Campanile）在 10 世纪均已经初步建成（图 6-9）。面临着来自海洋的战争威胁，总督府于公元 821 年由亚得里亚海和潟湖之间的利多岛迁至主岛。因此最初建成于 10 世纪的总督府是一个有着很强防御功能的四方形水上堡垒。堡垒里有政府、法院、监狱、总督公寓，以及其他的功能；堡垒外建起了俯瞰着潟湖宽阔水面的瞭望塔（也是钟楼的雏形）。而总督府北侧的圣马可主教堂最初建成于公元 828 年，当时只是总督府的小教堂。

到 11 世纪的时候，瞭望塔先是被加高到约 40m，继而又改建到了今天钟塔所在楼层的高度。[59] 随着 1084 年圣马可教堂的建成，教堂前的空地也被命名为圣马可广场。但当时的广场远小于今天，而一条小河相隔则是圣杰米尼亚诺教堂。当时的总督府仍然是四面环水的城堡，因此圣马可小广场还是停泊船只的港湾。

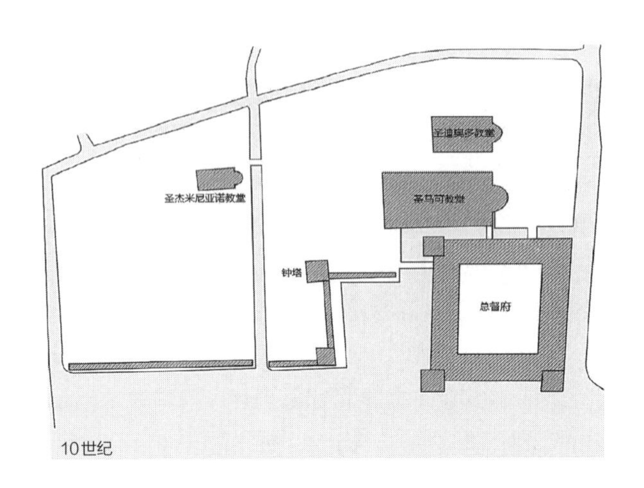


**图 6-9　10 世纪的圣马可广场**

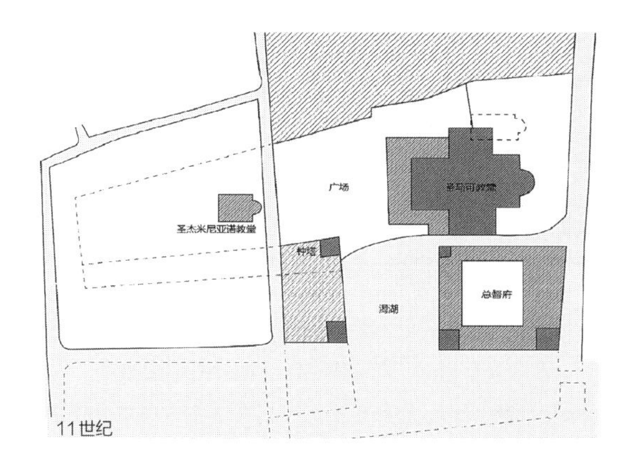


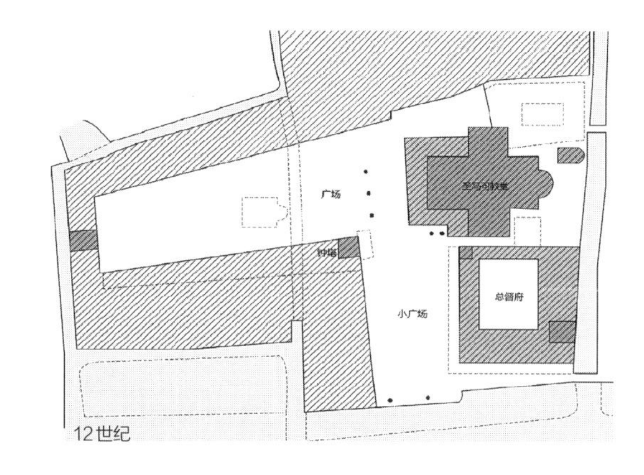


**图 6-10　11 世纪和 12 世纪的圣马可广场**

圣马可广场于 12 世纪完成了今天的形态（图 6-10）。随着威尼斯共和国国力的强盛，城堡的防御功能就逐渐变得不那么重要了。在第 39 任总督塞巴斯蒂亚诺 · 齐亚尼（Sebastian Ziani，1172—1178）执政期间，总督府的建筑被改建变成了一个陆上的建筑，四周的水域逐渐被填没，形成了圣马可小广场、水岸码头与两根雄伟的记功柱。随着圣杰米尼亚诺教堂向西迁移，横亘在圣马可大教堂南面与西侧的两条小运河也被填没，今天的靴子形广场终于形成。[60]

圣马可广场形成的背后是总督促成教宗与皇帝和解的大历史。在今天称为意大利的这个国家的亚平宁半岛上，历史上并没有意大利这个国家。教皇国、神圣罗马帝国以及一系列的诸侯之间的战争，在 12 世纪愈演愈烈。最后在威尼斯大公的斡旋之下，神圣罗马帝国的皇帝弗雷德里希一世（德语：Friedrich I；1122—1190）和教宗亚历山大三世达成了和解。1177 年 7 月 24 日，威尼斯总督齐亚尼护送皇帝进入威尼斯，并和教宗在圣马可大教堂前和解。同年 8 月 1 日批准的《威尼斯条约》暂时解决了皇帝、罗马教宗和意大利北部伦巴第联盟之间的分歧，皇帝正式承认亚历山大三世为教宗。为了表彰威尼斯总督为和平做出的贡献，教宗赐予他象征“胜利”的七件礼物，象征着威尼斯的权利和地位。[61] 在欧洲大陆取得重要地位之后，威尼斯在 13 世纪初随着第四次十字军东征获得了作为海洋帝国的重大胜利。[62]

地中海殖民地和国际贸易为威尼斯积累了巨大财富，威尼斯圣马可广场成为这个海洋帝国的伟业展厅。圣马可主教堂装点着从君士坦丁堡劫掠而来的珍宝；总督府在 15 世纪终于建成；围合圣马可广场的图书馆、钟楼、新旧政府大楼也都先后落成。共和国的繁荣延续到 1805 年，直到拿破仑攻陷威尼斯，将亚平宁半岛上分裂的城邦国家整合成意大利王国并自任国王。为了标榜自己的功绩，法兰西皇帝在征用了新旧市政厅之后，拆除了圣杰米尼亚诺教堂，修建与圣马可大教堂相向而坐的行宫（Ala Napoleonica）。至此，圣马可广场的形态与建筑终于形成（图 6-11）。[63]

圣马可广场是威尼斯这座城市最重要的公共空间，一千年来都是城市的政治中心、经济中心和文化活动中心。这座广场在威尼斯享有独一无二的地

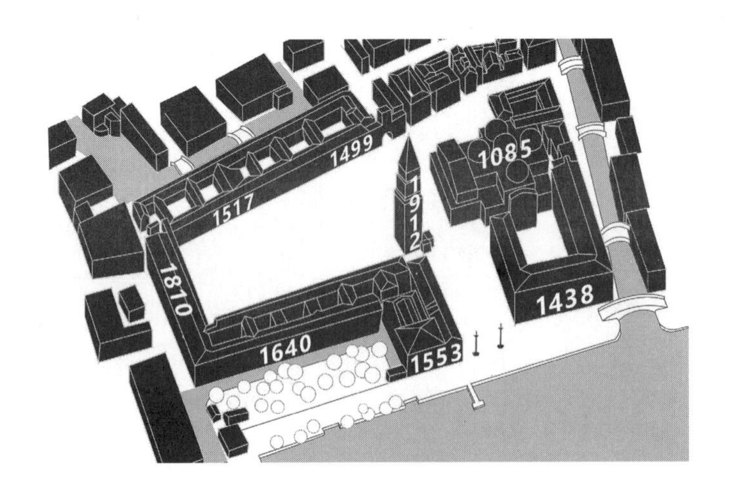


**图 6-11　伟大的时间性艺术**
从公元 10 世纪初开始整个广场的建设超过了 1000 年。

位，是全城中唯一使用意大利语“广场”命名的公共空间，而这座城市其他的广场空间都只能使用“正方形（意大利语：Piazzale）”或者“空地（意大利语：Campo）”的名称。名字上的差别充分显现了圣马可广场不可替代的神圣地位。

从图底关系图来分析威尼斯的城市公共空间，就会发现圣马可广场对于这座城市重要的地位（图 6-12）。位于主岛的地理中心，[64] 面对着大运河和朱代卡运河交汇的港口区域，圣马可广场正是拥抱海洋的威尼斯城市性格的最佳载体。但是仅仅使用图底关系把建筑物涂黑，并不能够完全展现这样海洋城市的独特魅力。简单涂黑的图底分析存在大量误读，仅仅评价建筑物的围合关系无法区分河流与道路、广场与水池这些没有建筑的空间，更无法区分建筑内外的公共空间。以威尼斯为例，简单涂黑建筑物后围合感最强的是主岛东端的造船厂，被建筑物四面围合的水池大约 200m 宽、300m 长，面积约为圣马可广场 5 倍。但是这其实是一片完全无法涉足的水面。

要克服上面说到的误读，就需要介绍进阶的城市设计分析方法，由意大利人吉安巴蒂斯图 · 诺利（Giambattista Nolli，1701—1756）创造的地图绘制方法。受当时教宗委托，诺利从 1736 年开始绘制罗马地图。这张被后世称为“诺利地图”的地图完成于 1748 年，其中创造了更细致的图底关系分析方法。在这张地图当中，诺利把室内和室外的公共空间同样都留白了，将那些普通人不能进入的建筑物涂黑；并创造了河流的独特表达方法。这样的一种图底关系的分析方法帮助我们从城市的公共性、从城市向人开放的可达性入手，对于城市空间的理解是更有效也更有意义的。得益于互联网，我们可以通过卫星地图清晰地观察一幢幢建筑物的顶视图，却无法一目了然地判断哪幢建筑物是向市民、游客开放的公共空间。可是如果你使用的是诺利地图，那么你就会很清晰地发现哪些空间是向市民开放的；而哪些空间是私有的空间、私有的领域。

使用诺利地图的图底分析方法帮助我们理解城市空间的公共性，接下来还需要学习其他的分析方法来帮助我们认识和学习城市建设的艺术。这里向大家推荐一本重要的读物——《城市建设艺术》。1889 年出版的《城市建设

**图 6-12　圣马可广场图底关系**

艺术》是卡米诺·西特在游历了欧洲诸多的中世纪城市之后，归纳总结出来的城市空间的伟大艺术。他指出，现代城市设计除了关注卫生和健康之外，城市空间的美学也是城市设计重要的议题。而这些城市空间的美学，我们有很多伟大的先例可循。感谢仲德崑教授在 1980 年将《城市建设艺术》英文版翻译成中文引进到了国内，为我们打开了传承城市设计艺术的一扇窗口。所以如果你在选择这门课程，那么我向你强烈推荐赶紧入手一本《城市建设艺术》。保证你一定会从这本书的阅读中获得非常非常多的收获。卡米诺·西特的城市建设艺术研究有很多发现，其中最重要的发现可能就是风车形的平面。

所谓风车形平面指的是——在道路交通围合成的广场中，你行进中的道路和前面的道路有成角关系，于是在城市交通的一侧形成了具有围合感的空间场所。[65] 此时，广场公共空间中的活动就不会被来往交通所打扰，同时公共空间就拥有了具围合感的稳定背景而不是一望无际的虚无灭点。这样的设计手法在一系列欧洲城市的历史街区中都得以呈现并传承至今。在本章和之后的章节当中，我们会介绍一系列符合风车形平面规则的城市案例，希望能够说明作为一种城市公共空间和城市广场空间的设计手法，风车形平面直到今天仍然行之有效。

本章所描述的伟大城市空间——圣马可广场就是风车形平面的典型。用诺利地图的绘制方法，我们得到了圣马可广场的图底关系分析图。在这个广场中圣马可大教堂是向公众开放的公共空间，所以宏伟的建筑平面中大部分都应该留白。而在圣马可广场另外一个重要的公共空间总督府按照同样的规则，也应该被留白。于是我们会发现传统意义上被认为是靴子形的圣马可广场，其实有更丰富的形态。圣马可广场的室外空间是由圣马可大广场、圣马可小广场和幼狮广场所组成的。除此之外还存在着大教堂和总督府。以广场制高点——圣马可钟楼为中心，这些室内外的公共空间形成了一个风车形平面。而串联这些公共空间的回路都不是单纯的进出广场关系，而是由进入的道路、面前的道路、公共空间、实体背景，以及市民游客所共同组成的丰富场景。

1.总督府 2. 圣马可大教堂 3. 钟塔 4. 小钟塔 5.旧政府 6. 图书馆 7.新政府 8.拿破仑行宫

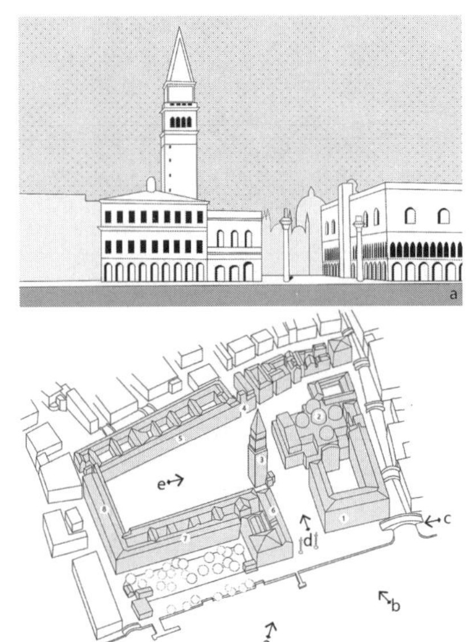

图 6-13 圣马可广场组景

作者绘制的圣马可广场组景很清晰地交代了风车形平面的空间体验。当坐着渡船从运河上经过的时候，圣马可小广场首先映入眼帘。此时北眺视野的视觉焦点是高耸的钟塔；码头前的道路与视线垂直，圣马可大教堂的拜占庭风格穹顶构成了小广场生动的背景（图 6-13）。

当船只继续向东航行到圣马可小广场主轴线上，视觉的中心转变为钟塔和总督府平衡的场景。视线垂直方向出现了码头前的道路与圣马可广场南侧道路这两条大致平行的道路，两根圣马可记功柱形成了很清晰的门户界定，而视野的尽头衬托圣马可广场的实体背景转变为小钟楼。

从 F 号码头下了游船来到圣马可广场的东南角，登上稻草桥（Ponte della Paglia）向西眺望圣马可小广场，小广场的长轴与视线垂直。图书馆的东南立面没有和总督府对齐，而是跟随广场向南伸出大约 15m 并与记功柱对齐。此处轻微转折的道路和建筑很好地阐述了风车形平面的原则，即道路服从于公共空间的美学需求。除了服从风车形平面关系，图书馆的立面也很好地遵循了继承者原则。建成于 1553 年的新建筑在立面的形式和材质上延续了建成于 1438 年的老建筑；得到延续的比例和色彩关系，在强化整体感的同时又增添了空间的层次感。

经过稻草桥进入圣马可小广场后向右转，倚靠着记功柱向北眺望，新老政府前围合圣马可广场的道路再次与视线垂直。此刻视觉呈现出强烈的对仗关系——两层高的柱廊同时出现在左右两侧，但西侧柱廊之上是高耸的钟塔，而东侧则是总督府三层水平延展的大议事厅。视线两侧的小钟楼和大教堂之间也出现了微妙的连续韵律。随着角度的转变，不同的建筑物交替担任广场中的视觉焦点，产生了我们常说的步移景异的丰富场景。而每一个场景又有着充分的围合感，让视线所及处处皆成景致。

继续向前走进圣马可广场的正中心。背靠拿破仑行宫，以圣马可大教堂作为构图的中心，视线与小广场的长轴垂直你就会发现在整个广场中最为饱满的围合感。大教堂提供了中心对称的正立面，而两侧的建筑物新市政厅和老市政厅之间也有着非常协调的立面构成关系和节奏韵律。这些建筑物在不同时期建成，但是所有的建筑设计都遵循着继承者原则，共同构成风车形广场平面。所以尽管整个圣马可广场是通过 1000 年的建设才形成的，但是建筑物们却如此协调，彼此之间交相辉映。无论是 1085 年建成的圣马可大教堂，还是在 400 年间不断翻建直到 1438 年才最终完工的总督府，以及在此之后的图书馆、新旧的市政厅以及小钟楼，还有拿破仑的行宫，还有这座在 1902 年倒塌、又在 1912 年原样重建的钟楼都默默遵守着传承的设计规则。在这 1000 年的历史上，不同时间矗立起新的建筑，当大家遵循着一种城市设计的原则，就有可能创造出一种经历时间考验最最成功的城市设计。

圣马可广场是一座由世代协力完成的伟大城市设计作品。成功的城市设计是时间性艺术，根植于不同时代不断完善的风貌基底，不可能被一次性复制。有趣的是，尽管圣马可钟楼其实在世界各地有无数的翻版，但没有一处可以与本尊比拟。如果我们把这个城市的本体拆散，用现代城市道路和地块取代风车形平面，即便这些建筑物它还是存在，一旦离开了历史上形成的丰富的城市空间特征，它们的魅力也将大大衰减。又例如，只是把最重要的大教堂、总督府和钟楼这些遗产建筑留下，用现代化的高层住宅替代周边的城市住宅；我们就会发现历史上最成功的城市设计就退化成了一个个呆板的模型。再如果我们把大运河也填满，建起能够被标准化生产的现代高楼大厦；那么被包围的圣马可广场将不再有魅力，威尼斯也将沦为被标准化吞没的城市。

虽然这只是我们的想象，但是在世界各地，在祖国大地上，很多历史上形成的精彩城市空间正在被标准化的住宅和城市设计、标准化开发所逐渐吞没。保护建成遗产和自然遗产，让它世世代代传承下去已经成为当代城市设计的历史责任。

**小节讨论**

请尝试讨论城市设计的规则是否会扼杀建筑单体的创作空间？

## 复习思考

### · 本章摘要

自古以来，城市设计都受到自然地理、政治经济和技术发展的影响，伴随历史发展的城市更新需要通过法律形式的制度化建设才能落实。为了响应了大规模城市建设的需求，城市设计专业诞生衔接了建筑、规划、景观和市政等学科在专业分工后的交叉发展需求。传承城市建设史的经验和技术是城市设计专业重要的学科基础。

### · 关键概念

设计结合自然、城市更新、制度化、学科交叉、继承者原则、风车形平面

## · 复习题

1. 被誉为城市规划之父的古希腊规划师希波姆丹提出的城市分区不包括：

a. 宗教建筑　　b. 公共建筑　　c. 军营　　d. 居住建筑

2. 请选择唐代之后长安城市萎缩的主要原因：

a. 运河断流　　b. 关中地区政治衰落　　c. 少数民族入侵　　d. 地下水被污染

3. 工业革命后兴起的新城市，什么建筑类型取代了宗教设施在城市空间中支配地位？

a. 工厂　　b. 美术馆　　c. 博物馆　　d. 市场

4. 请选出城市设计能否被实施的最关键因素：

a. 设计方案的质量　　b. 政治经济制度　　c. 自然地理　　d. 社会发展阶段

5. 作为法律引导城市更新的重要案例，第一部授权政府清除贫民窟的法律是？

a. 1867 年纽约《出租住宅法》　　b. 1890 年英国《工人阶级住宅法》

c. 1901 年纽约《出租住宅法》　　d. 1853 年《柏林警察法》

6. 请选出对《雅典宪章》四大城市功能的错误理解：

a. 对工业发展有进步意义　　b. 分解了城市混合功能的协同

c. 经历时间考验的城市规律　　d. 促进了城市的发展

7. 城市设计和城市规划的核心区别：

a. 土地划分　　b. 自下而上　　c. 公共空间　　d. 法律化

8. 中国第一个开设城市设计本科课程的大学是？

a. 中央大学　　b. 圣约翰大学　　c. 同济大学　　d. 清华大学

9. 如何看待威尼斯大部分陆地都是围垦形成的岛屿？

a. 潟湖的地理特征提供了天然的军事屏障　　b. 地基条件比区位更重要

c. 围垦造陆成本低廉　　d. 威尼斯潟湖是淡水湖

10. 检验城市设计成功与否的核心标准是什么？

a. 设计方案质量　　b. 经历时间考验　　c. 地产销售成功　　d. 明星大师主持

# 第 7 章

## 山巅之城的设计示范

因为必须考虑到，
我们将成为山巅之城，
所有人的眼睛都在我们身上；
……所以让我们选择，
我们和后代的生活；
通过服从他（上帝）的声音并坚守他的原则，
因为他就是我们的生命与繁荣。

——约翰 · 温斯洛普[1]

## 7.1 认识城市

作为人类文明的重要载体之一，城市建设艺术构成了城市设计学科传承与创新的基础。城市设计的专业学习目标之一，就是理解历史上城市建设的经验和教训，这也是城市设计方案中传承和创新的起点。从这个意义上讲，城市设计专业学习应该从认识城市开始。认识一座城市的空间结构、地标建筑、公共空间、风貌基底、基础设施……乃至不同规模城市的历史演进。

在很多时候我们是通过地图，通过其中的地标建筑物来辨识城市的特征。因为对于大部分普通人而言，相比丰富的城市肌理和复杂的空间结构，地标建筑就是最容易辨识的城市特征。只要读者能从地图中找到一系列重要的地标建筑，就能够辨认出一座座伟大城市。例如在伊斯坦布尔的古地图中，尽管每幢滨水建筑都被绘制成垂直 U 形岸线的混乱重力观，并不会妨碍我们辨识出这座城市的特征。只要通过四座高塔和拜占庭风格的巨大穹顶，就可以认出圣索菲亚大教堂。这座建成于 1500 年前的建筑代表着伊斯坦布尔，也代表着君士坦丁堡东西文明交融的历史。曾经是全世界最大的东正教教堂，也曾经是伊斯兰教的清真寺，又变成一座博物馆，地标建筑是城市记忆，让一代又一代人留下了对于这座城市的深刻印象。

通过公共空间认识城市，是另一种常见的方法。世界上有很多的城市都是通过公共空间来界定自己的城市形象。例如说在上一章中讨论的圣马可广场；又例如说另一座意大利城市锡耶纳的坎波广场（Piazza del Campo）。随着法国和意大利间的贸易繁荣，丘陵山顶的三座小镇逐渐在山谷交汇并融为一个城市。13 世纪末期，名为 9 人理事会的政府领导决定在三座小镇交汇处的陡坡上新建广场和市政厅。坎波广场的地形、场地和建筑都各具特色。沿等高线布置的曲线建筑围合出广场地势较高的东北、西北和东南三边，俯瞰着广场东南角地势较低的市政厅（Palazzo Pubblico）。沿着周边建筑的道路周长约 370m，共同围合出一个贝壳形的倾斜广场。以市政厅门前的中央排水口为中心，8 条排水渠将红砖广场分为 9 个扇面，代表着这座城市独特的政治体制。位于广场地势最低的一侧，哥特风格的市政厅高塔也是俯瞰全城的制高点。因地制宜的地形、场地与建筑塑造了举世无双的公共空间特征，而包括赛马节在内的独特城市文化活动更为坎波广场增添了无穷的魅力。

城市风貌基底是另一种辨识城市空间的重要方法。尽管传统欧洲城市的风貌特征主要来自于地标建筑和公共空间的塑造；但它们背后由大量的住宅和自然山川所构成的风貌基底也同样重要。有一些城市的风貌基底让人过目不忘，其中最典型的案例就是西班牙城市巴塞罗那。1855 年西班牙中央政府批准了伊尔德方斯·塞尔达（西班牙语：Ildefons Cerdà，1815—1876）为巴塞罗那扩展区所做的规划，奠定了这座城市独特的城市街块体系。塞尔达的方案保留了老城和已建成的对角线大街，然后将约 9km$^2$ 的城区划分为 500 多个边长 113.3m 的正方形街块。四周经过 45° 倒角，每个街块都呈现八角形，确保了路口的视觉和交通。尽管最终建成的城市与塞尔达的方案有些许差异，但这个区域仍然被公认为巴塞罗那城市风貌的象征。所以今天只要看到这样的城市空间，你就能辨识出这是伟大的城市巴塞罗那。

在中国曾经也有一个拥有独特风貌基底的绝好案例——上海。水岸松软地基、江南文化遗存、城市住房短缺和英国联排住宅开发这些因素在这座城市交汇，成为里弄住宅茁壮生长的土壤。延绵的里弄与黄浦江水系逐渐成为这座城市的风貌基底。不同于巴塞罗那，由里弄组成的上海并没有整体的规划，因而也就有更丰富的自然遗产与历史遗存。南北向浩浩荡荡的黄浦江和东西向蜿蜒的洋泾浜、圆弧形的上海城墙以及纵横交错的里弄住宅，共同构成了上海这座城市举世无双的城市风貌基底。

通过基础设施是认识城市的另一途径。通过基础设施来认识城市，是因为它和每个人的日常生活体验密切相关，因为它是社会生活的容器。在日本艺术家土持晋二敏感而充满想象力的笔端，诸如有乐町桥洞下的烧烤店，飞越神田川的轻轨铁路，还有日本桥，这些日常生活的基础设施也都化身为可以代表城市形象的场景。“我创作的时候，不仅仅是把街景照抄下来而已，而是加上季节、天气与角色的触感，我尤其喜欢孩童时期看到夕阳或是霓虹灯时的回忆，无论悲伤或快乐。我创造的是由回忆片段拼凑成的场景。”[2]

现代主义以来的城市设计师们尝试用树形结构说明城市，但如此丰富的城市空间，又如何可能由简单的树形结构来说明。基于对城市丰富性的尊重，克里斯托弗 · 亚历山大指出“一座有活力的城市应该是也必须是半网络结构”。作为城市设计师，必须认识到城市并非树形，不能用简单的逻辑关系去理解。我们要创造的是一个城市空间，一个建筑与建筑、人与人都能够相互协同，一起创造城市活力的过程。

作为时间艺术的城市，有它自身的发展规律特征。保罗 · 诺克斯和斯蒂文 · 平齐在《城市社会地理学》一书中归纳了西方传统工业城市的三个阶段（图 7-1）。[3]

首先是 1850 年到 1945 年间的传统工业城市。工业化之后的城市在市中心形成了集聚的中央商务区（Central Business District，通常简称 CBD），在它的外围会形成工业区。因为中央商务区和工业区的发展，造成了城市空间环境的恶质化。因此，当工人阶级聚集在工业区外围之后，中产阶级就开始了郊区化的进程。在这个过程中，铁路建设为中产阶级的郊区化提供了助力。城市发展的这种转变几乎是必然的规律。

1945 年到 1975 年是福特主义盛行的时期，生产方式转变让小汽车变成了每个家庭都可能拥有的一个设备。城市被高速环路所围绕，省际高速穿越城市中心，形成了高速公路组织的新城市结构。在城市的城郊快速环路外会形成新的城市空间。这些城市外围地区能够提供更低的地价去建设新的工

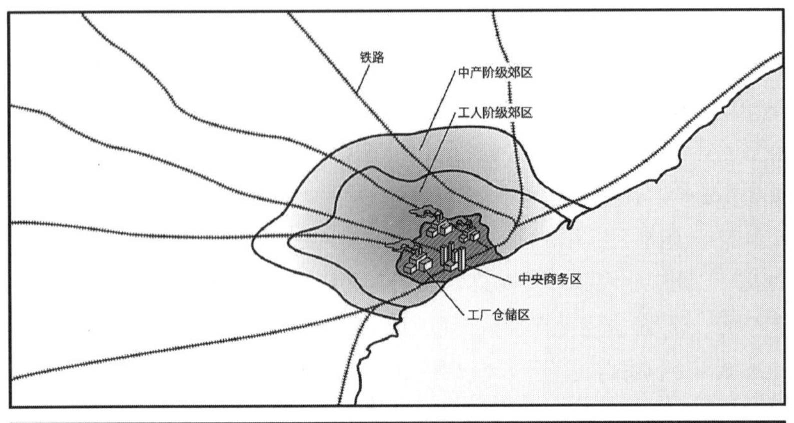


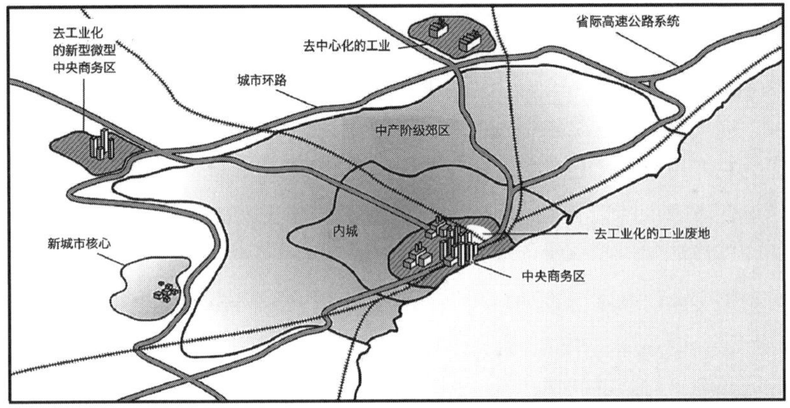


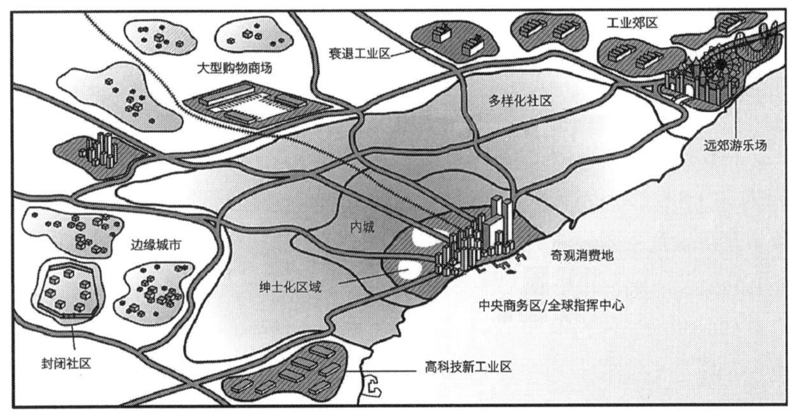


**图 7-1　工业城市的空间演化**

业区，能够提供更便宜、更方便的交通去形成新的次级商务区。随着郊区化继续向外发展，在远郊出现了面向中高收入阶层的封闭小区。而这些郊区化发展伴随着一种必然——中心城的衰退。福特主义城市的内城中心，尽管中央商务区会有更高更密的建设，但是逐渐出现了斑块化的衰退空间和废弃用地。

1975 年之后是新福特主义的城市，由高速公路网串联的多中心都会区。城市继续维持郊区化蔓生，在城市中心区尽管出现了一定程度上的内城复兴，可斑块化的特征也变得更明显了。而原先工人阶级居住的内城区域逐渐地变成了一个衰退的区域。他们下一次复兴的机会是向具有争议性的绅士化飞地的转变。在城市的外围出现了一系列的新功能：包括了工业园区、主题乐园和大型购物广场（Shopping Mall）的建设，以及由新建低密度城区组成的“边缘城市（Edge City）”。大都会区的发展和扩张是伴随着城市中心的衰退和城市中心的再生的一种规律。

科诺克斯和平齐的插图是对这种规律发展的高度归纳。它不是任何城市，却可以用来解释很多城市发展的规律性特征。在这些城市中，与这套简图最相似的就是本章将要讨论的山巅之城——波士顿（Boston）。

**小节讨论**

举例说明自己故乡最有特色的城市空间，并试着归纳其类型特征。

## 7.2　新世界

波士顿城市建设的早期历史，是一部由自然、历史和技术发展所书写的传奇。

波士顿是美国东北部马萨诸塞州的首府，也是由东北部几个州组成的新英格兰地区[4]的经济和文化中心城市。整个新英格兰地区都曾经被古冰川覆盖，当大约 2.5 万年前冰川逐渐融合，融合后碎裂的冰川流入大西洋的路径逐渐形成了今天的波士顿湾，以及一个狭长的半岛。这个名叫肖穆特半岛（Shawmut Penisula）的地方，就是波士顿城市的开始（图 7-2）。

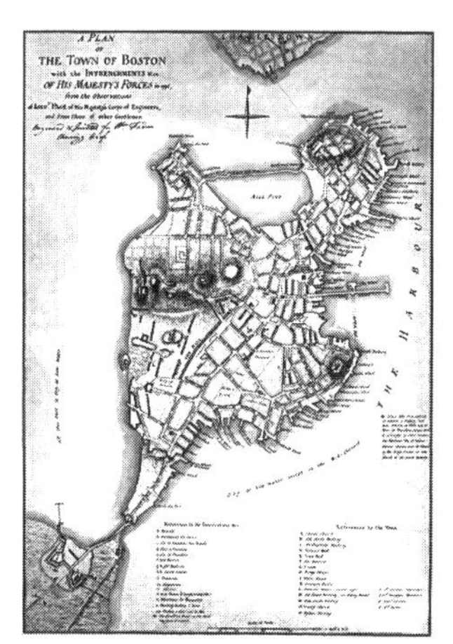


**图 7-2　波士顿地图示意（1775）**

波士顿城市的历史开始于英国 17 世纪的清教徒运动。在英王詹姆斯[5]统治下的英国收紧了宗教管控，使一部分清教徒萌发了去新大陆建设理想城市的愿望。他们的愿望以及为建设理想城市所付出的努力，铸就了波士顿的城市设计实验。

清教徒运动在 1629 年获得了在美洲大陆建设马萨诸塞湾殖民地的特许状。1630 年 3 月 21 日，在第一批清教徒从南安普敦出发前，他们的领导人约翰·温斯洛普发表了一个名为《山巅之城》的演讲。他指出清教徒们未来建设的城市将是一座建立在山顶上的城市，并汇聚全世界所有的目光，他们的经验将成为全世界的经验，而教训将成为全世界瞩目的教训。

带着建设理想城市的愿望，千余名清教徒航海来到北美大陆东海岸的新英格兰地区。移民们首先在鳕鱼角登陆，随后发现这个半岛并不适合居住。尽管这里有淡水资源也非常容易去捕食鱼类，但是缺少平原地区进行种植。这样的地形意味着无法保障稳定的粮食供应。

因此清教徒们不得不第二次上船出发，驶向北方约 180km 外的波士顿湾。他们接下来在神秘河与查尔斯河交汇的查尔斯顿上岸，选择这里是因为此地有着宽阔的平原适合进行农业种植。但仅仅稍息之后又被迫再次离开，因为他们发现虽然河口平原方便耕种，但是因为海水倒灌的原因在查尔斯顿很难找到足够的淡水资源。这时温斯洛普收到了另一位殖民者布莱克斯顿的邀请，后者几年前就来到河对岸的肖穆特半岛（Shawmut Penisula）并开辟了自己的农场，证实半岛适合定居。

于是清教徒们第三次上船，跨越查尔斯河来到了肖穆特半岛。这里有淡水资源，有可供种植和放牧的空间，也方便出海，满足了建设一个新城市的条件。于是温斯洛普 1630 年宣布在肖穆特半岛建立新城；并根据许多移民领袖的故乡将这座新城市命名为波士顿。[6] 新移民三次迁徙为城市选址的过程充分说明了自然地理条件对于城市建设的重要性，自然和政治经济都是无法绕过的重要议题，而一座城市的名字也是一种传承。

建设初期的波士顿确实是一座山上的城市，因为面积约 $3km^2$ 的肖穆特半岛就是由若干个小山丘组成的丘陵。在诸多丘陵中有座占地较大，分别是北侧的考博山（Copp's Hill）、东侧的佛特山（Fort Hill），以及位于半岛西侧的三峰山（Trimountain Hill），后者得名于的灯塔山（Beacon Hill）、佛农山（Vernon Hill）和彭伯顿山（Pemberton Hill）。三峰山南麓与佛特山西侧间有大片相对平缓的平原，再往南则是滩涂地中最窄处仅 37m 的一道陆桥，将半岛与大陆联系在一起。

本章讨论的波士顿包含了行政意义上的波士顿市和统计意义上的波士顿都会区两个概念。因为中美两国的制度差异，波士顿大都会区更接近我们中国城市的行政区域，波士顿市相当于城市的一部分中心城区。

最初的城市就是在考博山、佛特山和三峰山之间的一块小平原地区开始的。因为无论是砍伐树木、平整土地、铺设道路还是修筑房屋，都需要巨大的资金投入，因此靠近海岸且无需平整的土地就成为经济且理性的选择。尊重地形造就了北美洲罕见的有机城市肌理，让波士顿变得与众不同。布莱克顿在三峰山南面开垦的牧场成为清教徒的公共牧场。每个波士顿的市民只要一年交 4 先令，就可以这片公共场地上放牧。早期的波士顿就是在这样的一个基础上建设了起来。

随着居民点建立和商贸活动兴起，波士顿在 18 世纪逐渐成为整个美东北地区最重要的商贸集散港。为响应市场需求，波士顿于 1742 年在半岛西南的老码头前建成了名为法尼尔厅（Faneuil Hall）的第一座永久性市场建筑。和很多欧洲传统的城市一样，这个建筑是交易市场也是市政厅。在重商主义的政治利益中，商业和政治密切相关；商人们在一层进行货物的交易，而二层三层就是他们讨论的议事厅。这个法尼尔厅将贯穿整个波士顿的故事。

繁荣的经济催生出对空间和权利的巨大需求。城市发展需要可建设用地，结果到 1775 年时除了几处保留的山头之外，大部分的丘陵都已经被推平，清除的土方则填入海湾围垦出新的可建设用地（图 7-2）。权利的需求则是独立自主：城市经济发展之后，波士顿市民对于城市管理权利的诉求也越来越强烈；与横征暴敛的英国殖民者之间的矛盾也就不断地爆发。从 1764 年开始，以塞缪尔·亚当斯（Semeul Adams）为代表的一群爱国者不懈努力，并逐渐汇集成名为“自由之子（Sons of Liberty）”的政治力量并开始追求脱离英国独立。而法尼尔厅也成为爱国者们讨论命运和自由的场所。

波士顿人和殖民地宗主国之间的矛盾，随着英王在 1773 年允许东印度公司向北美倾销茶叶，到达了临界点。12 月 16 日，亚当斯带领一群爱国者从法尼尔厅出发来到码头，在长码头将东印度公司运到波士顿的茶叶倒入了海中。“波士顿倾茶”事件标志着英美矛盾公开化，拉开了美国独立运动的序幕。

打响独立战争第一枪的波士顿也成为美国追求自由的圣地。亚当斯领导的爱国者们在波士顿郊外的列克星敦成立了“影子政府”，开始训练军队准备和英国殖民者开战。而英国军队也策划在1775年4月19日，突袭列克星敦捉拿亚当斯等主要独立运动领导人。一个名叫保罗·里沃利（Paul Revere）的爱国者得知英军即将在次日行动的消息后，连夜划船跨越查尔斯河，前往列克星敦通知独立武装部队。第二天在波士顿到列克星敦的路上，预先埋伏的77名民兵打退了700人的英军，用一场以一敌十的战役宣告了独立战争的开始。6月英国殖民者用三次冲锋占领了刚成立的大陆军在查尔斯顿南部的邦克山阵地，但是也付出了沉重的伤亡。7月份大陆军就把英军南北合围在波士顿的半岛上，最终迫使英军在1776年3月放弃波士顿城。揭穿了英军不可战胜的谎言，波士顿围城之战宣告了独立战争迎来转折点。

经济发展代替了海拔高度，波士顿成为没有山的山巅之城。取代山峰的州政府，灯塔山的高端街区，乃至波士顿核心公共空间，奠定了人工的城市空间结构。1784年美国独立之后，波士顿经历了长期的经济衰退；直到18、19世纪交接前后，这座城市才逐渐恢复了经济活力。随着经济的发展，城市需要更多的建设用地；随着经济的发展，曾经被视为成本高昂的削山填海工作也变得可以负担。先是佛农山在1784年被改造成了今日的北角街区，接着作为波士顿象征的灯塔山在1787年为新建马萨诸塞州州议会大厦被挖掉16m的山峰，转变为没有山峰的灯塔山街区。灯塔山南坡曾经作为公共放牧地已经变成了波士顿大公园（Boston Common），公园的南边界被命名为纪念此地曾经自然地理特征的特来蒙街（Tremont Street）。[7] 削平山体得到的土石方全部被填入了波士顿湾，用于围垦出新的可开发用地。失去了山，但是建设山巅之城的探索精神仍在。

波士顿的商贸中心城市地位在19世纪得到了加强，法尼尔厅已经无法容纳众多的商户和交易。为了容纳不断扩大的交易规模，1820年代在法尼尔厅的东边新围垦的港口上修起了三排全新的市场建筑——昆西市场（Quincy Market）（图7-3）。法尼尔厅和昆西市场作为波士顿城市发展的重要象征，不仅仅是为商贸发展，也为波士顿的市民提供了市场的公共设施和交往的公共空间，在不同的时代扮演着不同的功能，一直延续至今。

**图7-3　昆西市场和法尼尔厅**（1826）

在商贸发展的同时，波士顿也成为工业革命的受益者。冰川地形意味着水系落差和潜在的水动力资源，后者恰是第一次工业革命时重要的动力资源之一。名叫弗朗西斯·卡博特·洛厄尔（Francis

Cabot Lowell，1775—1817）的马萨诸塞州商人，在1810年旅居英国，住在曼彻斯特所在的兰开夏郡。在三年旅行后返回波士顿，他神奇地发明了应用水动力进行纺织工业生产的技术。洛厄尔和他的合作人在波士顿的郊区沃尔瑟姆（Waltham）建设起来应用水动力能源的新工厂。利用查尔斯河落差产生的巨大能量推动着纺织机械，洛厄尔的工厂获得了巨大成功。为了扩大生产，洛厄尔和他的追随者就继续往波士顿的上游去寻找新的水源。1821年他们在梅里马克河上找到了落差9.75m的波塔基特瀑布，在这里建立了以洛厄尔名字命名的工业市镇。这是一座完全新设计的工业市镇，直到今天仍是美国工业遗产的重要据点。

洛厄尔发明水动力机械的典故存在争议，被很多人认为是美国侵犯知识产权的原罪。

工业革命为波士顿带来了全方位的转变，让这座城市拥有了发展的强大动力。不仅仅是利用水动力的纺织厂，在那之后其他类型的以煤炭为原料的工厂、煤炭动力的火车头工厂也都建立了起来。除了一系列美国工业革命的标志性发展，还有城市文明的巨大进步。美国的第一所大学哈佛大学，第一所综合医院马萨诸塞州总医院，第一条铁路都是在波士顿建立起来的。为了纪念独立战争，波士顿北郊的查尔斯顿从1825年开始建设邦克山纪念碑，花岗石则是开采自波士顿南郊的昆西。以运送石材为目的，波士顿修建了全美国的第一条铁路——花岗岩铁路。6英尺（约1.83m）宽的铁路由矿山铺设到内彭赛特河（Neponset River）道，再由水路转运至查尔斯顿的工地。水陆联运的设计充分显示了经济性在城市设计中的重要性。河道与港湾的水体是天然的运输通道，运费远比人工建设的道路或铁路便宜。如何妥善利用自然的资源，是城市设计的永恒议题。

**小节讨论**

讨论波士顿建城前三处不同选址各自的优缺点。

## 7.3 城市扩张

波士顿在19世纪中期已经成为美国非常重要的工业化城市，开始承受工业化的一系列后遗症。诸如人口大量聚集、公共卫生恶化和交通拥堵等，无一缺席地来到了这座山巅之城。

首先来看一下人口的聚集（表7-1）。波士顿在1640年的时候只有1200人；城市在18世纪晚期随着工业革命出现了明显的人口增长。1800年的城市人口接近2.5万人；到1900年时城市人口已激增到56万人。人口急剧增长直接导致了生活环境的恶化。而首当其冲的就是城市的供水问题。

可靠的水源曾是波士顿的重要资源，但也无法回避因人口聚集和工业化产生的水质污染规律。布莱克斯顿在波士顿开辟的农场里有一眼泉水，正是这眼泉水说服温斯洛普选择波士顿作为定居点。泉眼和地表水偏硬，但仍是可靠的水源。随着波士顿城市人口增加，市民们在修建了大量的水井和蓄水池的同时也挖掘了越来越多的化粪池。水井和化粪池相邻产生的污染几乎无从避免。水井遭遇化粪池污染，但至少饮用蓄水井收集的雨水

| 时间 | 人口 | 变化（%） |
|---|---|---|
| 1640 | 1,200 | - |
| 1650 | 2,000 | +67 |
| 1660 | 3,000 | +50 |
| 1670 | ? | ~+25 |
| 1680 | 4,500 | ~+25 |
| 1690 | 7,000 | +56 |
| 1700 | 6,700 | -4 |
| 1710 | 9,000 | +34 |
| 1720 | 12,000 | +33 |
| 1730 | 13,000 | +8 |
| 1742 | 16,382 | +26 |
| 1750 | ? | ~-2.5 |
| 1760 | 15,631 | ~-2.5 |
| 1780 | 16,000 | +2 |
| 1790 | 18,320 | +15 |
| 1800 | 24,937 | +36 |
| 1810 | 33,787 | +36 |
| 1820 | 43,289 | +28 |
| 1830 | 61.392 | +42 |
| 1840 | 93,383 | +52 |
| 1850 | 136,881 | +47 |
| 1860 | 177,840 | +30 |
| 1870 | 250,526 | +41 |
| 1880 | 362,839 | +45 |
| 1890 | 448,477 | +24 |

**表7-1 波士顿的人口（1640—1890）**

的卫生仍旧可靠。然而随着工业化后对燃煤的广泛使用，随着雨水而来的煤烟粉尘迅速造成了蓄水池污染。波士顿在 19 世纪初已经没有干净的水源供应，富人可以购买水车从城外运来的软水，穷人能依赖的只有那已经被污染的水井。[8]

水污染治理是健康问题、安全问题、社会问题，但归根到底是财政问题。水污染直接影响了波士顿的公共卫生。早在 1824 年，哈佛大学医学院的沃伦教授就曾批评波士顿的水质，并质疑很多波士顿地区传播的疾病可能与水污染有关。波士顿市政府在 1834 年开展了对全市水井的调查访谈，结果显示全市仅有 7 口水井的水质足够柔软或没有矿物质。饮用水不足，公共安全用水也没有保证。1825 年波士顿发生大火，但是因为没有消防用水导致 53 幢住宅和商铺被烧毁。[9] 山巅之城还有一个重要的议题也与供水密切相关，那就是禁酒运动（Temperance Movement）。为了对抗美国人愈演愈烈的酗酒现象，波士顿在 1813 年成立了全美最早的禁酒运动组织之一。[10] 很多禁酒运动成员呼吁说水源污染是酗酒的原因之一，而干净的供水会是解决酗酒现象的一种途径。[11] 尽管理由充分，然而新建一套供水系统牵涉到巨额投资，时任波士顿市长甚至总结说"直到等到对（干净供）水的渴望超越对城市债务增加的恐慌的那一天，这样的方案才可能实施。"[12]

从 1820 年代开始，不同目的的改革者们汇聚成波士顿的公共自来水运动。社会改良家在波士顿的西郊找到了一片面积约 2.6km$^2$ 的天然水库，这个名为考齐图阿特湖（Lake Cochituate）的水库储量不仅足以满足当时和未来波士顿市民的用水需求，且远高于波士顿的地势保证了可以依靠重力低成本输送。在本地社会改良家们近 30 年不懈努力，以及费城、纽约先后建成公共自来水厂的外部压力下，波士顿市终于在 1845 年批准了项目预算。5 英尺（约 1.5m）直径的供水管道，由考齐图阿特湖蜿蜒向东 24km，为波士顿送来了源源不断的洁净水源。

1848 年 10 月 25 日，波士顿在大公园实现了公共自来水供应。自来水喷泉开放这天，数十万新英格兰地区居民涌入了波士顿大公园，一起见证干净免费的公共自来水，及其象征的璀璨城市未来。公共自来水放置在公共空间，是双重公共属性的达成。一方面喷泉进一步夯实了波士顿大公园的城市公共空间地位；同时得益于公共空间里建设的简便。未来进入千家万户的自来水，尽管是造福于民的好事，可是改造必须获得业主租户的同意，也无法避免产生成本。产权、成本和责任，以及经济性问题、市政工程的技术问题，这些都是城市设计绕不开的议题。

供水解决了，但波士顿仍受困于用地不足。肖穆特半岛原有的海岸线早已被尽数围垦。因此填没，围垦新建设用地从 19 世纪中叶开始就成为热门议题。从 1851 年开始，波士顿人用了半个世纪的时间将路肩以北湿地滩涂围垦出面积约 1.38km$^2$ 的城市空间（图 7-4）。后湾（Back Bay）是波士顿第一片经过规划的片区。不同于顺应地形呈现有机肌理的城市中心；后湾是以标准化城市开发为目的设计的棋盘式街区。后湾项目的主要倡议人，著名建筑师亚瑟·德莱万·吉尔曼（Arthur Delevan Gilman，1821—1882）在 1851 年获得了城市设计的委托。他的设计以波士顿大公园和公共花园向西延伸的联邦大街（Commmonwealth Avenue）为轴线，两侧的 70 多个街区都是大面宽小进深的格局。据说他的方案曾受到奥斯曼改造巴黎的影响，后湾并没有巴洛克特征的广场和对角线道路；但城市设计对林荫大道和统一街墙的建筑立面要求确实有巴黎的宏伟气质。城市设计、宽阔道路和全新的建筑设计，使后湾迅速成为吸引波士顿图书馆以及麻省理工学院的发展热土。

当 1878 年建成的纽约中央公园吸引了全世界的目光，骄傲的波士顿人也想建设自己的中央公园。他们请来了中央公园的设计师弗雷德里克·劳·奥姆斯特德（Frederick Law Olmsted，1822—1903），这位伟大的风景园林设计师为用地不足的波士顿提出了因地制宜的“绿宝石链（Emerald Necklace）”。根据奥姆斯特德倡议，波士顿建立了一条 10km 长的连绵绿带，由波士顿大公园出发，经公共花园由后滩中心的联邦大道绿化带一路向西，包括后湾沼泽等一系列公园绿地，最后结束于富兰克林公园。这条总面积 4.5km$^2$ 的绿带创造了城市建设的新模式，在城市中心为每位市民提供了接触自然、体验自然的公共空间。绿宝石链或许没有纽约中央公园知名，但因地制宜的设计却值得更多城市学习。

**图 7-4　后湾的照片对比（1858—1908）**

城市公共安全是另一个推动城市更新的原因。波士顿曾经历火灾、海啸和其他自然灾害的影响，并在重建中不断完善城市建设。后湾之前的波士顿城市发展贯彻了尊重自然的经济性原则，鳞次栉比的建筑物沿着地形延展排列，城市肌理有机丰富。但这种模式也意味着建筑物之间过近的距离，不理想的通风和采光，以及不充分的消防安全距离。尽管在 1848 年已经初步解决了公共自来水的输送，但是波士顿并没有消防用水。所以当波士顿在 1872 年大火灾时，不得不通过拆除整排街区的建筑物来阻挡大火向更大区域的蔓延。火灾废墟督促波士顿人反思，城市发展需要全方位的公共服务设施和相应制度。

波士顿和北美洲其他的大城市在 19 世纪下半叶遭遇了严重的交通拥堵现象，而这种现象恰恰是和郊区化同步出现的。与功能混合的欧洲城市不同，大多数美国城市都出现了居住和商业分离的现象并形成了下城商务区[13]的空间格局。“旧建筑都会被新建筑取代，低矮建筑都会被高大建筑取代。居住不但必须为商务让路，还必须迁出城市中心区。”[14]居住功能外迁的优点是商业集中和居住环境美好，缺点则包括税收流失，政治格局转变和大量的通勤交通。

下城这么小的地方囊括了如此多的商务和人口，因而非常拥挤。不只是路面轨道交通，所有的交通方式（有的运人，有的装货）都在路上挤成一团。……人行道也像机动车道一样拥挤。就像《美国建筑师和建筑业新闻》在 19 世纪 80 年代早期报道的一样，波士顿下城的人行道“被行人挤得密不透风”，甚至有不少人“一胳膊把别人从人行道挤到路边的沟里。”据《波士顿先驱报》(Boston Herald) 记载，中央火车站的人行道是如此拥挤，以至于那些女店主们“不得不把装货的纸箱子顶在头上，以免被行人踩踏到。”[15]

交通拥堵产生的原因错综复杂。有人口聚集的原因，有郊区化发展的原因，也有交通方式的原因。混杂着行人、马车、机动车和公交车的城市街道，交通变得如此的拥堵，但拥堵也是商业行为追逐的结果。州议员亨利 · 马奇在 19 世纪 80 年代一次马萨诸塞州议会的发言特别有代表性“商业交易倾向于集中化，因为买卖双方都在寻找一个共同的市场。”[16]为了解决交通拥堵，波士顿开始酝酿创造性的解决之道。在伦敦 1863 年开通世界第一条地铁后，地铁就成为解决波士顿交通拥堵的一种可能性纳入考量。经过多年的财务和立法筹备，波士顿地铁在 1895 年开工并于 1897 年建成。以隧道方式穿越了波士顿城最拥挤的市中心，并设有公园街、波伊尔斯顿街与公共花园三个站点，这条长约 2km 的地铁线路是北美洲第一条地铁。[17]此后经过两端延伸的这条铁路被重新命名为地铁绿线，成为波士顿市民的骄傲和重要的出行选择，已经服务了波士顿市民超过 120 年。地铁建成对城市交通的作用难以评估，1903 年听证会上的证词说地铁建成后道路上的车辆减少，但街上的行人却似乎更多了。[18]因人口聚集带来交通拥堵似乎并不可能因为某种交通工具而消失。

尽管人口增速逐渐放缓，但19世纪末的波士顿仍然位列全美第五大都会。作为美国的文化、教育和科技中心，重要的商贸和工业城市，波士顿吸引着无数的移民。尽管高楼大厦已经替代了波士顿湾上原有的丘陵，但山巅之城追求探索的城市精神仍然继续。从州议会大厦、法尼尔厅和昆西市场以及邦克山纪念碑这些地标建筑物；从波士顿大公园和公共花园这些重要的节点公共空间；由后湾填没建成的联邦大道绿带开始延绵不断的绿宝石链这样造福市民的城市绿地系统；还有波士顿大公园经过法尼尔厅再到邦克山纪念碑的自由之路[19]所代表的历史文化，城市空间和市民共同构成了这座城市独一无二的风貌。

**小节讨论**

请思考城市发展和交通拥堵的关系，尝试论证是否有避免拥堵的发展模式。

## 7.4 郊区蔓生

工业革命后交通方式的变革带来了不断加深的郊区化，贯穿在诺克斯和平齐所总结的工业城市发展轨迹的三个阶段。每一阶段的郊区化发展都意味着从中心城吸走了更多的人口和消费能力，代价则是中心城出现更多斑块化的衰退城市空间。

按照人口规模的美国城市排名：1790年时，1.8万人口的波士顿曾经是仅次于纽约、费城的美国第三大城市；1900年时人口超过56万的波士顿排列在纽约、芝加哥、费城、圣路易斯之后，其中前三大城市都已经超过百万人。

尽管诺克斯和平齐所描绘的是一个抽象化的城市，但这座城市发展的轨迹却几乎和波士顿一模一样。由最初横跨查尔斯河的肖穆特半岛与查尔斯顿，再到相邻的萨默维尔和坎布里奇，波士顿的城市化逐渐扩张到了外围更多的市镇。19世纪后的波士顿走上了人口集聚和用地扩张的发展道路。由最初的肖穆特半岛向大陆延伸，不断吞并它周边的市郡：1804年兼并了南波士顿；1836兼并了东波士顿；1855年、1867年、1869年、1873年，在围垦造地的同时一次次将相邻的市镇纳入波士顿市的行政区。直到1912年兼并海德公园后，终于形成了波士顿市今日的行政边界。作为行政区划的波士顿相当于中国城市的中心区，因为实际上连绵的城市化区域要远远大于这座城市。这些并不属于波士顿市政府管辖范围的市镇都是郊区化的结果。

郊区化和自然是一种矛盾的关系，蔓生城市反映了人对自然生活的追求，这种追求又不断地威胁和蚕食自然。提及美国文化对自然的爱慕就必须介绍杰出的自然主义者、哲学家和文学家亨利·戴维·梭罗（Henry David Thoreau，1817—1862）。出生在打响独立战争第一枪的波士顿郊区康科德，哈佛大学毕业后的梭罗在远郊瓦尔登湖畔自己动手建造了小木屋，离群索居的2年多时间里写下启发无数自然主义者思路的伟大杰作。在这部名为《瓦尔登湖》的杰作中，作者抨击了工业化对人性和自然的破坏，宣扬了一种在自然中生活的模式。因为梭罗，这片面积不到0.25km$^2$的小湖泊如今成为人文地理的圣地。可惜梭罗的梦想很快就被击碎了，因为铁路的发展让波士顿近郊迅速地变成了城市化、郊区化扩展的热土。

交通基础设施和通勤方式的改变重写了城市空间结构。与波士顿市中心相连的通勤铁路，以及火车站外围出现的独户住宅房地产开发，吞噬了梭罗的梦想。1833 年第一条通勤铁路建设将波士顿与城西约 11km 外的小镇牛顿连为一体。房地产商人在牛顿镇外西牛顿山上建起的豪华别墅获得巨大成功，大量商人从波士顿城迁居西郊，开始了铁路加私人马车郊区化精英生活。牛顿开发的成功促使铁路公司迅速延长线路，将更西侧的韦尔斯利、阿什兰、韦斯特伯勒和伍斯特等城镇都纳入了通勤范围。金钱和速度压缩了空间距离，也塑造了郊区化的新城市。铁路站点周边的郊区开发，为富有阶级提供了远离拥挤污染的城市中心和自然紧密相邻的郊区化生活。但这样的房地产开发将梭罗的梦想物质化，摧毁了真正的自然。郊区化生活并没有带来对自然的尊重，而是把城市生活延伸到自然中，用人工自然侵占大自然。这一种生活方式，影响着波士顿，也深刻影响全美国乃至全世界。

出于对高密度城市化的反感，伟大的设计师奥姆斯特德离开了他生活了很久的纽约。相比于高楼大厦林立的纽约曼哈顿，奥姆斯特德更青睐波士顿郊区的布鲁克莱恩（Brookline）。他为波士顿因地制宜地规划了绿宝石链公园系统，以及他自己居住的家园。奥姆斯特德在马萨诸塞州度过了人生最后 10 年，并提出了一个重要的观点——每一座伟大城市都不能脱离它的郊区而存在，每一座伟大城市都应该有自然化的郊区，让它的市民可以接触到自然的环境而不是无限制扩张。奥姆斯特德的梦想有争议性。因为要去向往自然所以扩张城市；城市扩张又在侵占和破坏自然。我们向往自然但是又要保护自然，设计结合自然是城市设计永恒的难题。

自然在城市扩张面前脆弱不堪。在城市发展的过程中，美好的自然环境吸引着迁入者，只要有人想要迁入就会意味着土地价值的上升；而土地价值的上升就意味着要有人会去追逐资本，去把原先低密度用地发展成更高密度、预期收益更高的发展模式。以奥姆斯特德度过人生最后 10 年的布鲁克莱恩为例，1840 年仅有 1300 多居民的田园乡村在 1890 年已经变身拥有 12000 人口的市镇。房地产开发逐渐蚕食了梭罗和奥姆斯特德中意的自然环境，布鲁克莱恩已成为又一片城市化区域。

波士顿的郊区化随着新交通方式的出现愈演愈烈。先是通勤铁路，之后是马拉公交车，再之后是小汽车；一方面越来越方便到达自然，另一方面郊区蔓生也吞噬了更多自然。郊区化意味着大量市民以低密度方式居住在传统的城市郊区，因而就产生了通勤需求。或者说首先要满足通勤才有可能郊区化。

最早推动郊区城市化的通勤铁路有强大运力，但受到造价的限制能够覆盖的区域非常有限；而单独的马车不仅成本高昂且运力有限。因此就出现了介乎于通勤铁路与马车之间的马拉有轨公交车（Horsecar）。[20] 波士顿地区最早运营由马匹牵引并在轨道上行驶的马拉公交车的是坎布里奇铁路公司，1856 年他们就开始运营来往于坎布里奇市（Cambridge）和波士顿市中心之间的马拉有轨公交车。坎布里奇还有另一个更广为人知的中文名字叫作剑桥，这也就是哈佛大学和麻省理工学院所在的地方。虽然坎布里奇和波士顿市在行政上是互不隶属的城市，[21] 但其实只是查尔斯河两岸相互眺望的城市化区域。

马拉有轨公交车兼具铁路的运力和马车的机动性，车资比马车便宜，投资比铁路经济。新交通方式迅速成为广大中产阶级追求郊区化生活的推手。马拉公交车相对的低成本确保了轨道网可以建设得更加细密，以前通勤铁路不能到达的那些区域也都成为中产阶级趋之若鹜的居住场地。马拉有轨公交大幅拓展了城市边界，从西边的坎布里奇、萨默维尔到南边的布鲁克莱恩、罗克斯伯里等郊区都成为中产阶级市民可以负担的居住郊区。19 世纪末开始的电气化升级进一步提升了运行速度，有轨电车郊区就将这一个一个的郊区变成了城市扩张的新城范围。围绕着车站逐渐形成了新的市镇，在公交车站和铁路车站的外围，以及不久后高速公路枢纽的外围形成了以独栋住宅为核心特征的郊区化生活。看似独栋住宅每家每户都拥有自然环境，其实是用复制的城市环境代替了真正的自然环境。

20 世纪之后汽车工业的发展进一步拓展了人可以到达的郊区范围。只要拥有小汽车，就不再需要通勤铁路或者各式公交车线路；你就可以到达任何有简易公路的地区。尤其是当福特 T 形车实现规模化生产，将小汽车变成家庭消费品。通过规模化和工业化生产降低成本的不仅是小汽车，还有小住宅，再叠加郊区低廉的土地成本，拥有小汽车和独户住宅就变成了美国中产阶级不难实现的梦想——一种由汽车工业创造的梦想。

如果说勒·柯布西耶的光辉城市模型是让万千建筑师激动的专业方案，那么美国设计师诺曼·贝尔格迪斯（Norman Bel Geddes，1893—1958）用模型、转椅和电影创造的就是让亿万美国人着迷的大众梦想（图 7-5）。这位杰出的剧院布景和工业设计师，美国剧院名人堂的成员，也是一位杰出的“城市设计师”。从布景设计起步，贝尔吉迪斯在 1927 年成立的工业设计事务所；作为最早将流线型设计应用在汽车和飞机造型的设计公司，贝尔吉迪斯取得了巨大的成功。从 1936 年开始，贝尔吉迪斯开始把兴趣转向未来没有交通拥堵的城市。他先是在为壳牌石油定制系列广告“明日之城（City of Tomorrow）”中，用一组模型展示了由高架路串联高楼大厦的城市。贝尔吉迪斯在广告词中写道“穿越明日之城无需一次停车；但是今天（总共）5 英里的路中有 4 英里是走走停停”。这个广告项目的成功激发了贝尔吉迪斯的热情，并构思了一个规模更大的明日之城，并在 1938 年得到了通用汽车公司 600 万美元的预算支持。[22]

1939 年纽约世博会上设计的通用汽车展馆“未来全景（Futurama）”创造了 500 万人次的世博会参观纪录。观众们平均排队 2.5 小时，然后乘坐在模拟飞机的移动座椅上体验了从空中不同场景俯瞰 1960 年的未来世界。[23] 在占地超过 3200m$^2$ 的未来城市模型中，市中心摩天大楼和郊区化独户住宅的模型就有 50 万幢，中间是由 100 万棵各色各样模型树模拟的自然环境和超过 5 万辆汽车模型，其中包括 1 万辆移动汽车飞驰在四通八达的高速公路上。贝尔吉迪斯宣称 1960 年代将使用雷达自动驾驶达到高速与安全的

为壳牌定制的“明日之城”（1937）

为通用汽车设计的世博会展馆“未来全景”（1939）

**图 7-5　贝尔吉迪斯的城市设计**

驾驶。[24] 诞生于 1939 年的未来全景，即使在今天也仍然是激动人心的场景，更何况贝尔吉迪斯 80 多年前的愿景在今天大部分都已经变成现实。但正是这激动人心的画面永久性改变了人的思维，而转向车轮的生活方式也就改变了美国乃至全世界城市的风貌。

设计师的创想与石油、轮胎和汽车厂商的合作改变了人的生活[25]。去郊区居住成为一种美国生活的理想，因为住在郊区的家拥有花园，拥有阳光。但是人们往往没有思考这种郊区化生活的代价——是必须要忍受在高速路上长时间的通勤和拥堵；是无止无尽的交通基础设施和居住区侵占了真正的自然；是汽车和小住宅带来的远高于传统城市的能源消耗；是城市人口的下降和中心城衰退的发展轨迹。

> 从 1950 年开始，波士顿市人口下降了 13%。好工作也都消失了，制造业减少了 4.8 万个工作岗位，下城减少了 1.4 万个工作岗位，导致波士顿市就业率下降了 8 个百分点。与此同时郊区的工作岗位增加了 22%。工作岗位的减少使波士顿成为全美七大都会区中家庭收入中位数最低的城市。……城市濒临破产……难怪穆迪将波士顿市的债券评级由 A 下调至接近垃圾的 Baa，在全美 50 万以上人口的大城市中唯一承受如此耻辱和债务负担。
>
> ——《拯救美国城市》[26]

二战后的波士顿迎来了大规模的郊区发展和中心城衰退。它的周边市镇的人口不断增长，波士顿中心城的人口在 1950 年到达 80 万的最高峰之后，一路下滑，到 1990 年代只剩下 57 万人。当然中心城人口萎缩并不等于波士顿大都会区的人口流失；事实上波士顿大都会区一直到 2020 年前都维持在一个缓慢的人口增长中。只不过越来越多有支付能力的家庭都迁徙到了波士顿外围的市镇。随着 1960 年代大型购物商场（Shopping Mall）在州际高速公路边开设；中心城原有的商业消费优势也逐渐失去。在配备大型停车场的购物商场里，消费者无需担心进出城市遭遇交通拥堵，又可以采购到几乎所有中心城能供应的商品，所以市民似乎不再需要进入城市。人口流失和商业凋零意味着中心城持续的衰退，曾经繁华无比的波士顿市下城商业凋敝，经济萧条就变得不可避免了。这不是波士顿一座城市的命运，而是发生在几乎每一座美国城市发展的趋势。这就是选择驾驶汽车侵入自然的郊区化发展，一种中心城市逐渐陷入衰落的必然趋势。它是否也发生在中国，发生在读者朋友们生活的城市呢？

**小节讨论**
观察自己故乡城市中心区的商业发展趋势，讨论旧城与新城商业的差异。

## 7.5 旧城改造

为了应对二战以后的内城衰退现象；美国城市开始了大拆大建的“城市更新（Urban Renewal）”运动。这是一次典型的自上而下的城市更新，精英建筑师和城市设计师负责描绘愿景，各级政府和政治家们以法规、政策和项目推动，不同身份的市民也都参与其中。战后波士顿的城市更新，从高架路、高层住宅和政府中心开始，逐渐在反思中找到建成遗产和公共空间的价值。

早在 1920 年代，波士顿就出现了明显的郊区化和内城衰退现象。二战爆发缓解了萧条，但战争结束后城市再次陷入颓势。1951 年开通的 128 号公路[27]是波士顿第一条环城快速路，提供了不经过市中心的交通选择。建成的 128 公路旋即成为地产开发热土，因为孵化了大量来自麻省理工学院的实验室和创业团队，这条路被誉为“美国的科技高速”。学者开发商威廉 · J. 普尔武指出，“城市外围已经比市中心更适合市场（开发）。”[28]

面对中心城衰退，哈佛大学教授马丁 · 瓦格纳（Martin Wagner，1885—1957）抛出了大拆大建的城市设计方案（图 7-6）。马丁 · 瓦格纳因担任柏林规划官员时设计的马蹄形居住区而蜚声世界，移民美国后追随格罗皮乌斯加盟哈佛大学担任教授。在 1942 年他和格罗皮乌斯联名的设计课程中第一次布置了以拆除波士顿市中心为前提的城市设计任务——新波士顿中心（New Boston Center）。《大众科学》（*Popular Science*）杂志在 1944 年发表了他们的成果。瓦格纳抨击说“波士顿大都会区已成为丑陋、低效和变形的巨大（怪兽）”，[29]“如果我们做一次全新开始而不是在衰退（的城市）上修修补补，那么在我们的有生之年完全可能实现这样的城市”。[30]这个设计课题在此后一直延续，并成为瓦格纳和格罗皮乌斯参与 1944 年波士顿城市设计竞赛的方案。[31]

布鲁诺 · 陶特和马丁 · 瓦格纳合作设计了马蹄形居住区（德语：Hufeisensiedlung），关于这个项目的详细介绍见本书第 8 章。

联邦政府推出的一系列法规为大拆大建的城市更新提供了制度支持，解决了法理和财务困难。1949 年《住宅法》授权地方政府用清拆贫民窟获取

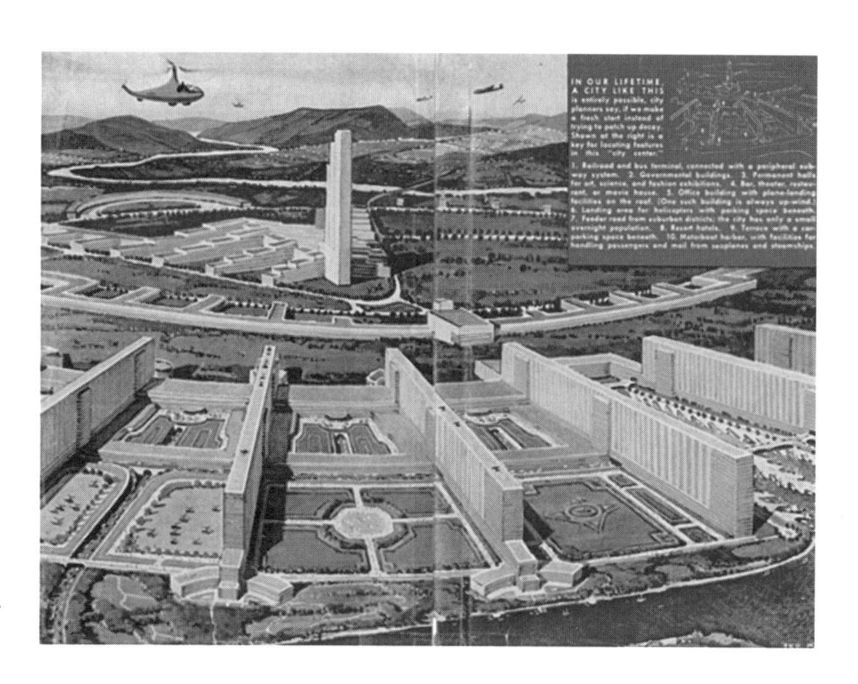


**图 7-6　马丁·瓦格纳的重建波士顿方案效果图（1944）**

土地并建设新公寓大楼。为响应这一法令，波士顿在 1950 年推出了总规（General Plan for Boston）[32] 中旗帜鲜明地提出了城市更新的目标：计划清拆包括西端（West End）和北端（North End）等带有显著有机城市肌理的“贫民窟”，取而代之以高层行列式的板式公寓（图 7-7）。

1955 年《高速公路法》确定由联邦政府出资，将美国的每一座大城市都通过州际公路联系了起来。州际公路不仅改变了城市之间的空间距离，也改变了城市自身的空间结构。联邦资金为穿越城市的高速公路提供高达九成的资助，且授权建设高速可以拆除沿线贫民窟。拆除旧城衰退的贫民窟，代之以新建高品质住宅和高速公路，吸引迁移到郊外去的中产阶级回流市中心。

接受联邦政府资助，波士顿在 1955 年通过了由中央干道高速和 695 号州际公路组成的内环线高架路规划。1959 年建成的中央干道成为美国第一条穿城州际高速公路。建设过程中拆除了市中心大量的既有街区，在城市肌理中留下了永远无法弥合的伤疤。为解决交通拥堵而建设的项目，却证明了高架路不能解决交通拥堵问题。被寄予厚望的中央干道，从建成开通的第一天就成为全美最拥堵的高速公路。它的拥堵时间从开始的 4 小时，变成 5 小时、6 小时，到 1990 年时平均每天的拥堵时间高达 10 小时。高速公路的建设并不能够解决交通拥堵问题。1992 年的研究数据预测，到 2010 年中央干道每天的拥堵时间将会达到 16 小时。[33]

穿城高速路不仅耗资巨大，更因为大量拆除既有住宅造成约 4000 位波士顿市民被迫流离失所。中央干道的拥堵和反对拆迁的民意汇聚成反对高速路建设的社会运动，造成原先规划的另一半内环线高架路计划落空。拥堵和未建成的内环线高速路再次说明，城市设计是工程经济和社会政治的复杂系统，每一个城市设计方案都有代价。内环线高架路一旦建成将有可能缓解中

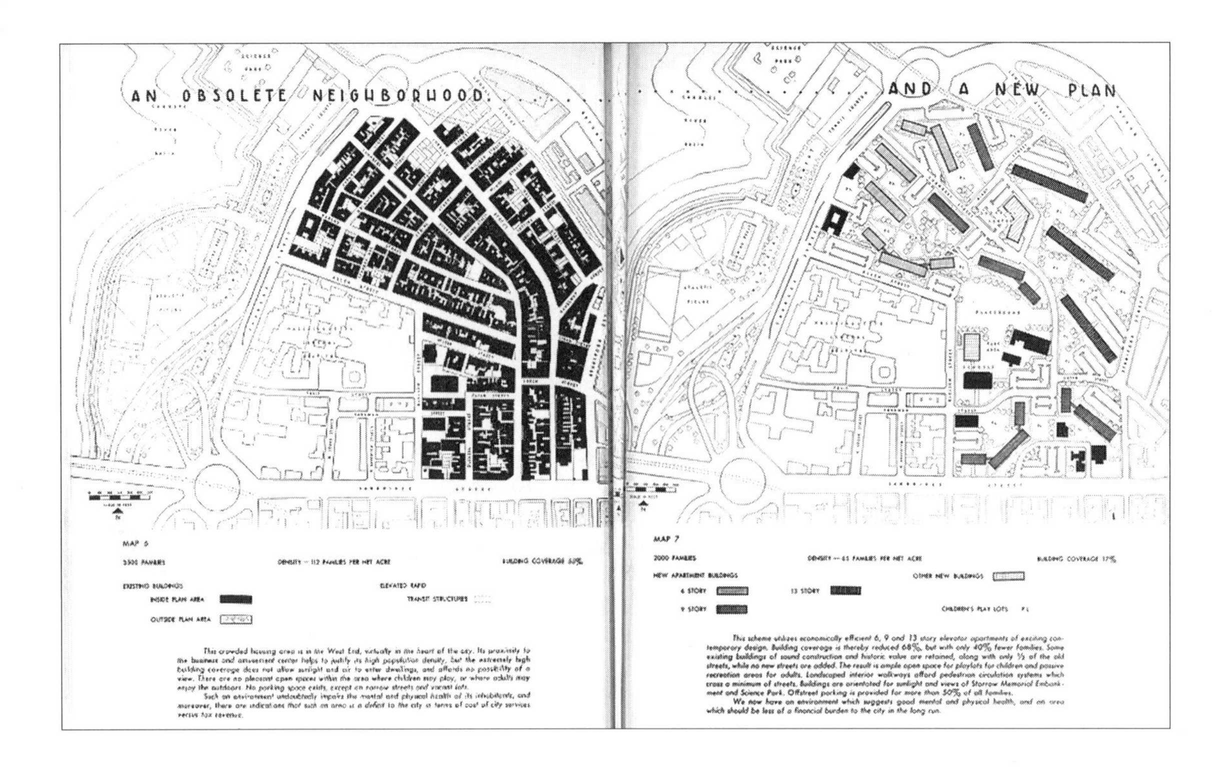


**图 7-7　波士顿总规中的西端对比**

（左图是“一个废弃的社区”改造前肌理，右图是“和一个新方案”的城市设计总平面）

央干道的拥堵；但建设内环线高架路肯定会激发更强烈的民意反对，会拆除更多的历史建筑。穿越坎布里奇和南波士顿的未建成高速路保护了沿路城市空间；代价是波士顿大都会区的市民不得不忍受交通拥堵。确实没有完美的答案（图 7-8）。

高层住宅楼未能实现城市复兴的目标。为了整合城市更新行动，马萨诸塞州普通法院和波士顿市议会在 1957 年成立了波士顿再开发署（Boston Redevlopment Authority，BRA）。再开发署的第一个项目就是西端。在中央干道建成的同年，西端大片的历史街区被当作贫民窟清除。西端的建筑并非棚户区，很多都有永久性结构；西端的居民也并非贫民，只是收入略低于波士顿平均收入。与大部分在战后被清拆的城市相似，西端的主要居民是犹太裔、意大利裔和非洲裔市民组成的少数族群。因此贫民窟清除运动也被很多的学者和政治家称为是少数族裔的清除运动。[34] 在这片 16.5hm$^2$ [35] 的用地上，以清除 1.2 万户居民为代价，建造了 477 套面向中高收入阶层的高层板式公寓。尽管政府宣称优先欢迎原住民回迁，但是绝大部分居民并没有能力购买新建的豪华公寓。只有 31% 的原住民仍住在波士顿，大部分都搬去了波士顿郊外。[36] 减小了建筑密度，降低了人口密度。西端的城市更新充满争议，动迁加剧了市民的郊区化迁移，降低了街道活力；新开发公寓确实能吸引高收入阶层，但规模太小造成税基未必高于原先；而清除的不仅仅是西端的环境与市民，还有此地独特的文化都一去不复返。

紧随高速路和高层公寓项目后，波士顿市又开始了更大尺度、更大规模的城市更新计划。受困于每况愈下的经济和充满争议的城市更新，[37]

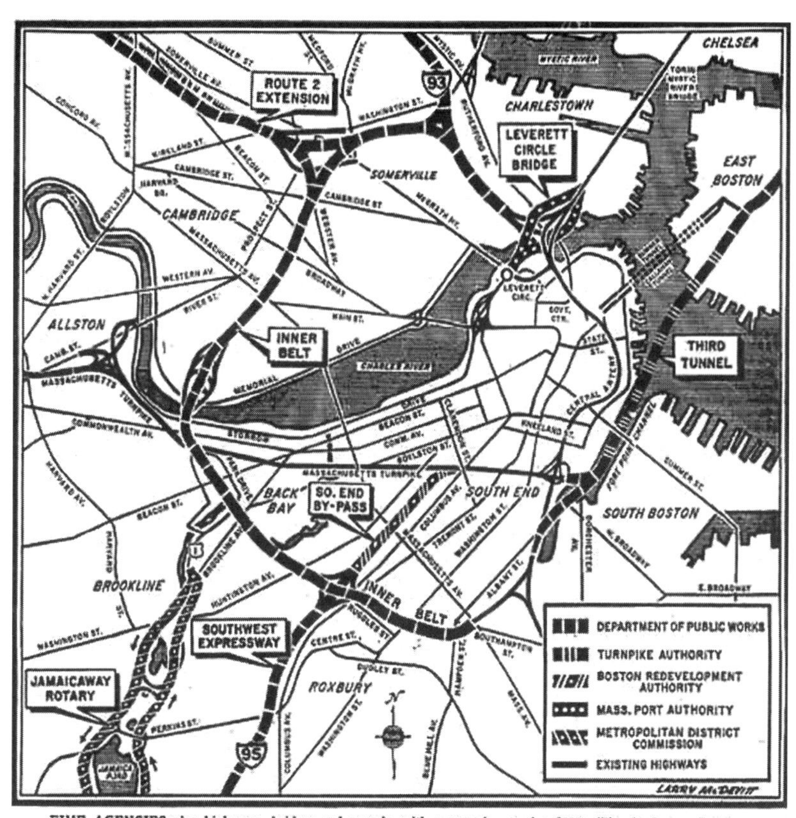


图 7-8　内环线高架路规划（未实现）

民望大跌的前市长在 1959 年的换届中落选。年仅 40 岁的新当选市长约翰 · 柯林斯（John Collins，1919—1995）从康涅迭戈州“挖来”了爱德华 · 罗格（Edward Logue，1921—2000）担任再开发署负责人。[38] 因吸引联邦资金改造纽黑文而知名的罗格，把开创政绩的旗帜插向了波士顿真正的市中心。从在这座城市最初建立的地方，斯考利广场（Scolley Square）和中央干道间约 24.2hm$^2$ 上的建筑物将被全部清除，用以建设新的政府中心。这个区域是真正的城市中心，用地西接城市更新中的西端，西南角是灯塔山上的城市地标和公共空间——州议会大厦和波士顿大公园，南方是旧州议会、商业区和下城商务区，东侧连接着法尼尔厅—昆西市场。年轻的当选市长和城市更新负责人，请来了年龄相仿的华裔建筑师贝聿铭（1917—2019），由他负责政府中心的城市设计。贝聿铭已经在一系列城市更新开发设计中崭露头角，他的设计也帮助政府中心项目申请到了联邦的资金支持。[39]

贝聿铭的方案将基地重新梳理为由 5 个地块组成的简单关系。城市设计有着清晰的思路，通过政府中心—法尼尔厅—昆西市场—滨水区的步行廊道，政府中心—旧州议会大厦的对位关系，以及与海关钟塔、旧西区教堂等历史建筑的视觉廊道确定了空间框架，再通过中央干道和马萨诸塞大街—坎布里奇大街形成东西两侧曲线型的围合边界。政府中心城市更新项目被分拆成为若干个子项，为诸多建筑师提供了创作良机。格罗皮乌斯设计了由 26

层塔楼和四层裙房组成的联邦大楼；保罗·鲁道夫（Paul Rudolf，1918—1997）设计了波士顿政府服务中心；其他建筑包括延续斯考利广场形态的弧形建筑中心广场大厦、长方形的政府停车楼等。而最受瞩目也毁誉参半的则注定是波士顿市政厅。

波士顿市政厅的国际设计竞赛一共收到了255件作品，从中脱颖而出的一个贯彻粗野主义（Brutalism）手法的作品。青年建筑师迈克尔·麦金内尔（Michael McKinnell，1935—2020）和他在哥伦比亚大学时的教授格哈德·卡尔曼（Gerhard Kallmann，1915—2012）的组合赢得了最后的委托权。麦金内尔和卡尔曼中标后成立公司，波士顿市政厅成为公司的第一个项目。从建筑学的视角，粗野主义风格的凿毛混凝土外立面和强梁弱柱空间组合；架空地面预留了大量公共空间的设计策略；麦金内尔出道即巅峰的建筑设计故事，每一件都是专业内的传说。

作为城市更新标杆的波士顿市政厅已经落成超过半个世纪，然而波士顿市民对于该项目的接受度却一直有限。可能是因为粗野主义的风格在1960年代后已经不再流行；可能是民风保守的波士顿市民更青睐新古典主义的建筑风格。也可能是因为物理环境不佳，红砖铺就的近3万$m^2$场地不仅四面漏风、无遮无挡，而且除了台阶几乎没有座位；因此被市民戏称为“红砖荒漠”。还有一个不可忽视的重要原因是城市更新伤害了城市活力。在政府中心拆迁和建设的过程中，超过2万名居民被拆迁，近十年的工期，使得更多的波士顿市民和大都会区居民长期远离这一片大工地。当市民远离城市中心，城市已经低迷的人气只会进一步衰落。

在政府中心开始实施后，波士顿城市更新的下一个目标就是滨水区和法尼尔厅片区的更新计划。在北端（North End）和金融区（Financial District）之间，这个应海洋贸易而生的区域从法尼尔厅以东几乎都是围垦而成。虽然国际贸易和造船业大都转去了纽约，波士顿滨水区直到1930年代仍然是一片荣景。从19世纪形成的法尼尔厅和昆西市场，到20世纪建起的151m高海关塔楼，再到滨水岸线上大量的游船、商船和林立的仓储设施，都体现着波士顿的蓬勃经济。然而随着大萧条、郊区化和中心城衰退；乃至中央干道高速路对城市空间的切割效应，滨水区在1960年代已经变得衰败不堪。为了避免高额的物业税，很多业主将建筑物拆除改造成为露天停车场。[40] 萧条停车行为占据了珍贵的城市滨水资源，这是对城市活力的极大伤害。

与中央干道、西端和政府中心相比，滨水区是一个广受好评的城市更新典范。受政府委托，大波士顿商会[41]组织了滨水区和法尼尔厅的城市设计；包括凯文·林奇（Kevin Lynch，1918—1984）[42]在内的专家组在1962年提交了方案（图7-9）。方案提出了四个目标：①开放滨海城市空间；②支持相邻社区；③保护历史建筑和传统；④创造滨水居住区。城市更新工程在1960年代末期动工，为滨水区注入了新的住宅、办公楼、娱乐设施和公共空间。再开发让市民回到海岸边，由仓库改造的住

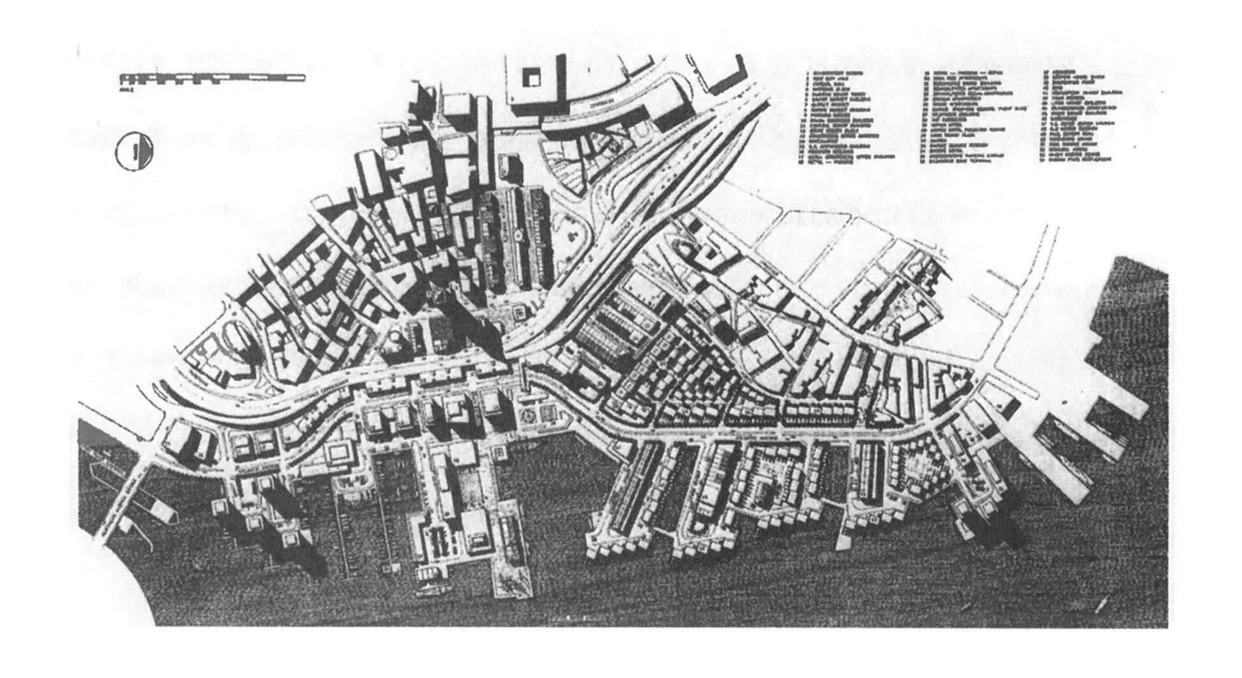

图 7-9　滨水区和法尼尔厅城市设计总平面

宅和新建高层住宅；以世界贸易中心为代表的全新办公楼宇；新英格兰水族馆和滨水公园等公共娱乐设施，一个一个新的项目为滨水区注入了持续活力。滨水区在城市更新中重新焕发，证明自然遗产是跨越时间的城市资源。滨水岸线作为交通资源，在商贸时代和工业化时代发挥了巨大价值；它的景观资源和历史遗产在后工业时代仍然可以为城市带来持续发展的动力。

法尼尔厅和昆西市场的城市更新则要更为曲折。随着郊区化发展，这里曾经的热闹交易已经不复存在；但作为建成遗产的历史价值犹存。这里见证着波士顿的城市历史，更见证了美国追求独立自由的国家精神。在 1964 年市政府回购了昆西市场产权后，[43] 哈佛大学建筑系主任本雅明·汤普森（Benjamin Thompson，1918—2002）[44] 开始了昆西市场更新的设计课程，1965 年又和妻子简 · 汤普森（Jane Thompson，1925—2016）完成了面向实施的城市设计方案。方案提出将昆西市场改造为包含小型商户、工匠、水果供应商和餐饮商户的新市场。以善于使用联邦资金开展城市更新而知名的爱德华 · 罗格很喜欢这个方案，“但他并不了解怎样才能为它注入资金”。[45] 因为城市更新的成败不仅仅取决于方案质量，更取决于落实。昆西市场的成功需要政府的政策支持，还需要的是懂得规划的开发商。一直到 1968 年从再开发署离任，罗格都没有找到适合的开发方式。新当选的市长凯文 · 怀特（Kevin White，1929—2012）继续推动城市更新，再开发署申请到联邦资助开启了昆西市场更新项目，但项目却仍旧因为融资困难而搁浅。直到汤普森教授 1972 年找到开发商詹姆斯 · 劳斯（James Rouse，1914—1996），项目的转机终于出现（图 7-10）。

图 7-10　劳斯登上《时代》周刊封面

从 1940 年代末期参与巴尔的摩的贫民窟改造开始，劳斯主导了大量创新型的城市开发和更新项目，包括美国最早的大型室内购物商场，和第一个完全由开发商建设的新城、熟悉城市规划和项目融资。[46] 劳斯从昆西市场看到了城市更新的潜力，但仍要面对融资、谈判和设计的一系列难题。首先就是法尼尔厅和昆西市场的历史建筑与大型商场的矛盾。昆西市场是由三幢 163m 长的历史建筑和其间 2 条南北向的街道所组成。[47] 历史建筑的进深不符合大型连锁性经营所需要的大空间要求。一旦百货商场无法入驻，也就很难去争取大型的连锁资本的支持，也不能够去贷款获得足够的改造资金。因此昆西市场和法尼尔厅的城市设计方案绝不仅仅是外观设计与活跃的效果图，还需要涉及业态和融资。劳斯的解决方案是与政府分享开发的收益；分拆项目使得银行都能够参与到最初的抵押中；吸引不需要大型设备和空间的租户。[48]

劳斯说服波士顿市政府，签署了每年 1 美元的 99 年租约，每年保底收入 300 万美元并上缴政府 20% 收益；同时向独立 200 周年庆典捐款 50 万美元。为了获得政府支持，劳斯同时保证每周向市长汇报项目进展。为了降低风险，整个项目被分拆为三期，即每一幢楼的年收益返还 20 万美元。为了降低因缺乏先例带来的巨大风险，劳斯说服了曼哈顿大通银行与由 10 家波士顿金融机构结成联盟为整个项目放贷。[49] 鉴于历史建筑难以满足大型购物商场和连锁企业的面积要求，詹姆斯 · 劳斯和汤普森就在租户和空间设计上一起创新。他们走遍新英格兰招募租户，寻找那些对经营面积要求不高、有特点却没有资本的地方企业。除了在主楼两侧搭建玻璃屋扩大营业面积；劳斯又发明了手推车和购物亭商铺的商业创新。根据手推车占用的面积收取与商场同样的租金，把难以负担商铺租金的个体租户也都纳入到了城市复兴的过程中。通过这些方式，政府、金融机构、小企业甚至小商小贩都一起加入到城市再生的过程里。

1976 年昆西市场的重新开业创造了全美标志性的商业成功。第一天就涌入了 10 万人，其中一半来自波士顿，四分之一来自郊区，剩下的是全美各地的游客。第一年的销售额达到每平方英尺 300 美元，几乎是全美购物商场平均值的三倍。[50] 销售额也打破了劳斯经营购物商场的业绩纪录，且销售额随二、三期落成开放保持增长。[51] 昆西市场再生的繁荣改变了社会对于历史建筑的态度，越来越多的人认识到建成遗产是城市复兴的重要资源。劳斯将这种在城市历史街区建设新商业的开发模式命名为节日市场模式（Festival Marketplace），他和汤普森建筑师事务所合作，又把昆西市场更新的成功复制到了更多城市。中国上海新天地也是一个受到节日市场模式影响的项目。新天地的主创设计师本 · 伍德（Ben Wood）从麻省理工学院毕业后的第一份工作就是在汤普森事务所，[52] 而他意图复制昆西市场再生的城市设计方案也确实打动了新天地的开发商。[53]

拥有自我纠错机制的城市更新，可以从挫折走向繁荣。波士顿战后城市更新中首当其冲的对象自然是中央干道。更新中央干道的讨论始于 1960 年代，其中毕业于麻省理工学院交通专业的弗雷德里克 · 萨尔武奇（Frederick

Salvucci，1940—）扮演了至关重要的角色。他先是担任怀特市长的交通顾问，继而又出任马萨诸塞州交通官长达 12 年。他在政府任职期间提出了昵称“大挖掘（Big Dig）”的中央干道 / 隧道工程，并先后说服各级政府，又从联邦申请到经费完成了这项意义重大的城市更新工程。萨尔武奇重新缝合城市的计划由两部分组成。首先是修筑一条罗根机场到海港区的新高速路，使得从马萨诸塞州的南北交通可以不经过波士顿市中心，从而分解了中央干道的交通压力。第二步是将中央干道穿越波士顿市中心的部分由高架路改造为下穿隧道，这样一来就能够将交通拥堵从地面上移走，同时将市政设施改造为公共空间。

计划从提出到建成经历了 1/4 个世纪的时间。从萨尔武奇于 1982 年正式提出构想到获得美国国会和总统批准，历时 9 年；从 1991 年开工到 2007 年整个项目完工，又经历了整整 16 年。漫长的周期，不仅因为这是美国历史上最昂贵的高速公路建设，[54] 不仅仅是因为公路从一座历史城市下方穿越的技术挑战，也因为计划的落实都意味着周边的居民、商场、业主将要忍受的漫长工期以及工程带来的种种影响。一个城市设计方案的落实，绝不仅仅是图纸、效果图和模型，还需要获得所有沿线居民业主的支持、资金的保证，需要有缜密的计划和步骤，更离不开技术支持和政治操作。这个被称为美国历史上最大市政工程的项目，在解决交通问题的同时也为市民带来了珍贵的公共空间。在亚历克斯 · 克里格（Alex Krieger，1951—）[55] 等学者的呼吁下，拆除高架路得到的 10hm$^2$ 空地被改造为罗斯 · 肯尼迪绿道。这条欣欣向荣的城市绿道是绿宝石链的延伸，是缝合着城市中心区和滨水区的重要城市公共空间，引导着经历了城市更新、从衰退中重新站立起来的新波士顿。

从波士顿再开发署公布的城市更新地图中可以看到所有彩色的部分都是经历了城市更新的区域。在第二次世界大战之后的城市更新中，波士顿走过了很多的弯路，也创造了很多重要的经验。从 1950 年代开始的波士顿城市更新，覆盖了众多曾经衰退的城区。从备受争议的西端和政府中心，到滨水区、法尼尔厅和昆西市场的再开发，大拆大建的模式逐步让位于尊重历史建筑的综合开发，政府主导逐渐过渡到多元参与。从以高速公路、高层大楼和政府中心吸引人口回流，到重新认识历史遗产和公共空间的价值，用绿道传承城市和市民的历史与未来。

这座山巅之城的示范，正在帮助着世界各地的城市设计。例如上海新天地的城市更新就遵循了昆西市场再生的成功经验；例如向“大挖掘”学习的外滩隧道将上海外滩和南京路重新又连接在了一起。波士顿有众多的城市经验，波士顿的城市建设历史更充分说明了城市设计（规划）本质是一种博弈。著名的城市规划学者亚历山大 · 加尔文（Alexander Garvin，1941—2021）认为在这场博弈中成功可能需要的四条原则。[56]

第一条是获得利益相关者的支持。没有他们的支持，再精美的图纸也不能够实现。第二条是要采取积极行动减少消极看法。没有完美的设计，用积极行动去改变消极态度是实现成功的城市设计必不可少的一个环节。第三条规则就是要积极影响所有人。通常需要媒体和街道上的正面声势，获得普遍的认同。第四条是寻求制度化的结果，立法行为或公民投票虽然不是必须，但是可以很好地预防实施后出现的问题。城市设计是人的设计，是服务于人的设计，如果不理解博弈的规则，那么再精美的城市设计，可能都只能停留在图纸和模型中。

**小节讨论**
联系自身经历，尝试论证旧城中心区相比新城的有利条件。

## 复习思考

### · 本章摘要

通过学习波士顿的城市建设史，了解自然地理、政治经济、技术革命对城市发展的影响，理解不同历史阶段城市发展的规律性特征，以及城市发展中的不同主体的博弈关系。认识伴随发展所需要面对的一系列城市问题；认识城市更新在可持续城市发展中的必然。

### · 关键概念

城市风貌、城市扩张、中心城衰退、旧城改造、规划博弈、城市再生

### · 复习题

**1. 请选出与塑造城市特色风貌相关性最低的选项：**

a. 地标建筑物　　b. 城市公共空间　　c. 日常生活空间　　d. 房地产开发

**2. 请选出自然地理因素中对城市选址影响最小的要素：**

a. 淡水资源　　b. 食物资源　　c. 地形地貌　　d. 地基条件

**3. 沃尔瑟姆—洛厄尔体系反映了第一次工业革命时期城市选址的主要因素：**

a. 交通便利　　b. 腹地广阔　　c. 水力资源　　d. 劳动力资源

**4. 应对 1850 年之后人口增长，波士顿主要采用以下哪一项策略解决用地短缺：**

a. 填海造地　　b. 城市更新　　c. 清除贫民窟　　d. 社会住宅

**5. 针对 19 世纪出现的一系列城市病，波士顿的对策不包括：**

a. 公共自来水　　b. 消防安全条例　　c. 地铁建设　　d. 文化服务

**6. 19 世纪中产阶级搬离城市中心，形成这次郊区化迁徙的主要因素是：**

a. 梭罗思想的感召　　b. 收入增长　　c. 铁路建设　　d. 小汽车普及

**7. 郊区化发展对波士顿城市的直接影响包括：**

a. 人口增长　　b. 汽车普及　　c. 中心城衰退　　d. 购物中心兴起

**8. 波士顿政府中心的开发引起了多年的争议，你认为引发主要原因是：**

a. 粗野主义建筑风格　　b. 城市设计缺乏协作

c. 消除历史造成活力丧失　　d. 高架切割导致交通不畅

**9. 昆西市场的再生是城市更新历史上的重要事件，其成功的关键是：**

a. 优秀的建筑设计　　b. 全国连锁资本的支持

c. 多方共赢的协作机制　　d. 波士顿城市的历史底蕴

**10. “大挖掘”通过将中央干道隧道化创造了罗斯·肯尼迪绿带，这项工程带给波士顿的后果不包括：**

a. 缝合城市与滨水区　　b. 更多可开发用地　　c. 工程腐败　　d. 城市公共空间

# 第 8 章

# 从田园城市到行列式

必须建设一个小的田园城市作为工作模型，
然后才是建设城市群，
在完成这些任务，而且完成得很好以后，
就必须要改建伦敦，
这时，既得利益集团的路障即使没有完全清除也大部分被清除了。

——埃比尼泽 · 霍华德 [1]

## 8.1 田园城市

19 世纪末的田园城市理论[2]标志着城市设计的重要转折。从田园城市开始，住宅成为城市设计学科中的重要一环；城市设计的重心由历史城市转入新城市；理想城市由乌托邦成为现实。这些转变并非天才的顿悟，而是工业革命、郊区化、公共设施和城市设计理论共同发展下的必然。

持续恶化的城市环境是田园城市理论诞生的摇篮，现代城市设计正是诞生在拯救旧城市的道路上。工业革命后大量农民来到城市，压垮了中世纪的城市空间结构，带来了严峻的住房短缺和公共卫生危机。阴暗潮湿的地下室和洼地里的违章建筑都成为居所，遍地排泄物和工业废物超出了自然承载力，城市变为疫病传播的温床。包括罗伯特·欧文（Robert Owen，1771—1858）和夏尔·傅里叶（François Marie Charles Fourier，1772—1837）等改革家先后提出方案，但缺乏经济技术和社会组织使得无论新协和村还是弗朗吉都仅仅停留在空想社会主义阶段。

快速建设的工业市镇证明新城建设的可能性。城市建设是一种受到自然条件和经济性制约的巨大工程，历史上除都城和军事堡垒外鲜有快速建设新城市的必要性和财力物力。依托旧城发展是经济性的选择，也是延续政治制度和社会结构的必然。但这种限制在工业化后被迅速瓦解。围绕自然资源快速建成的工业新市镇突破了原有的选址特点和建设方式，也带来了远超封建农业社会的巨大财富；一座座工业新镇的快速建成也不断提升了建筑工业和城市设计的技术水平。资本和技术的进步催生了现代城市设计——一种具备快速建设新社会组织和空间架构的工程科学。

对公平的追求创造了新的社会组织架构，公共设施将让市民共享城市繁荣。工业革命颠覆了传统的社会和空间结构，教堂和城堡不再主宰城市，工厂成为市民生活的中心，市政工程和医院为市民构建公共卫生环境，以社区睦邻运动为代表的公共服务设施为市民带来公平的发展机会。19 世纪中叶开始的学校建设、社区睦邻运动帮助离开乡村人情社会的新市民，让他们有机会掌握知识和健康生活。

卫生、市政和美学，19 世纪末期的城市设计理论发展为霍华德提出田园城市铺平了道路。从英国人本杰明·沃尔德·理查森（Benjamin Wald Richardson，1828—1896）在《卫生：城市的健康》一书中提出的健康城市构想；[3]到德国人莱恩哈德·鲍迈斯特在《城镇扩张：与技术、经济和建筑法规的联系》中梳理的市政建设技术；再到奥地利人卡米诺·西特在 1889 年出版的《城市建设艺术》中归纳了世代传承的城市美学。

在工业革命的历史背景和众多前人思想的基础上，[4]英国人埃比纳泽·霍华德（Ebenezer Howard，1850—1928）于 1898 年出版了《明日：一条真正通向改革的和平道路》[5]，并在书中首次提出了完整的田园城市思想。这部被誉为“20 世纪城市规划全部历史中最有影响和最重要的书”，[6]其影响

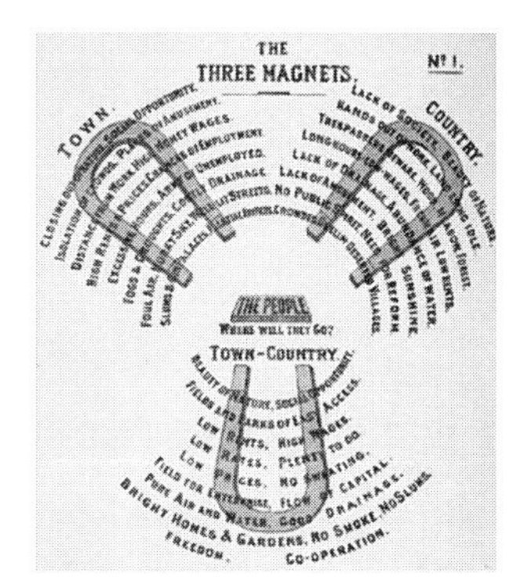


图 8-1　田园城市的三磁铁模式图

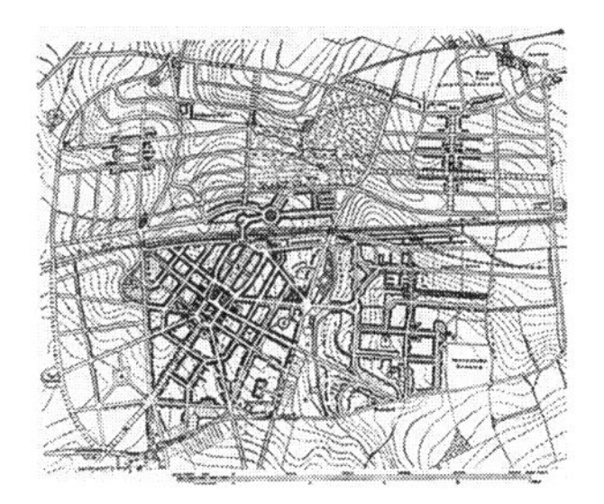

图 8-2　莱齐沃斯初版总平面方案（1904）

不仅包括由霍华德亲自参与的两处实验；还有在世界各地的田园城市探索。

以城乡一体为特色，田园城市是旧城外全新的城镇。“田园城市是为安排健康生活和工业而设计的城镇；其规模有可能满足各种社会生活；不能太大，被乡村所包围，全部土地归公众所有或者托社区代管。”[7] 田园城市是中心城市外由铁路连接的新城镇，并提出了对人口、空间、功能、经济和社会组织的完整设想。田园城市设有 32000 人的人口上限，一旦达标就要开始建设下一个新聚居点，从而保证每一个新城市都不会过于拥挤。田园城市面积约为 6000 英亩（约 24$km^2$），仅有中央的六分之一土地用来建设，环绕居住、工业、经济和公共设施功能的都是农业用地。这种用地组成保证了每个生活在新市镇的居民都有机会接触到自然，同时也保证每个新市镇都可以完成自给自足的农业生产和供给。

霍华德构想的田园城市是社会组织创新，而不是城市形态创新。在肯定城市与乡村各有吸引力的情况下，创造出一个有吸引力的第三极——城乡一体的新社会组织结构（图 8-1）。霍华德希望田园城市能兼具乡村的自然环境和城市的经济动力，并避免因为工业革命出现的一系列城市问题。在田园城市概念里，城乡一体的绿化隔离带、自给自足的经济形式和每个新镇中心的中央公园构成了核心内容。开发公司利用级差地租在乡村收购土地用来建设田园城市，从而实现用较低成本建设。区别于旧城和工业新镇，公有土地与完备的公共设施可能创造没有贫民窟也没有城市污染及一系列城市病的全新的城市社会。

田园城市思想一经推出就吸引了很多的资本家和中产阶级。霍华德和支持者在 1903 年成立了第一田园城市有限公司（First Garden City Limited），经过挑选后收购了伦敦北部约 60km 处莱齐沃斯村（Letchworth）附近大约 15$km^2$ 的土地。在工艺美术运动中崭露头角的建筑师巴里 · 帕克（Barry Parker，1867—1947）和雷蒙德·昂温（Reymond Uwin，1863—1940）的城市设计方案在竞赛中脱颖而出，成为实施方案（图 8-2）。[8]

第一座田园城市的理想化模型没能获得霍华德预言的成功。以火车站南侧约 1.8$hm^2$ 面积的中央公园为中心，由广阔的农田包围起的新市镇，在开发和经营中遭遇了理论家和设计师都未曾考虑到的困难。资金难以募集，没有企业入驻，在开头两年只有 1000 个居民。而且居民大多是理想主义者和艺术家，而不是霍华德所希望的产业工人。“在很长的一段时间内，公司没有能力去建造住房、商店、工厂或者公共建筑，直到 1913 年才有红利分配，而且只有 1%。不久，领导层解除了霍华德所有的管理职务。”[9]1938 年莱齐沃斯人口达到 1.5 万人，并在二战后完成了规模略小于原先计划的城市。[10]

没有污染的田园环境足够动人，早期的探索者包括社区睦邻运动的发起人巴奈特夫妇[11] 出资建设的汉普斯泰德田园郊区（Hampstead Garden Suburb）。同样由帕克和昂温设计，这个项目贯彻了中央公园和绿化隔离带环绕的空间结构，基地内地势最高并依靠大片树林的浅丘顶部被设计成由教堂和学校围绕的英式草地广场，[12] 并结合地形实现了整体田园风格下的丰富建筑风貌。[13] 汉普斯泰德成为拥有美学品质的田园居住区，但并不是霍华德构想的经济自给自足的城市。

田园城市的理念逐渐传播，并得到了制度化的保障。尽管莱齐沃茨和汉普斯泰德都没有实现霍华德构想中拥有自给自足经济的理想城市，但上述两处建成的中心公园和绿化街道却成为平衡城市与乡村魅力的证据。与工业革命后繁荣但缺乏公共卫生的城市环境相比，田园郊区的环境景观越来越深入人心。在 1909 年终于促成英国议会通过了《1909 年住宅和市镇规划法》。这部法律明确规定禁止建设单向采光的背靠背住宅，明确所有住宅开发必须遵守最小间距，而市镇当局必须为城市发展制定规划。[14] 这部法律为城市规划作为一个专门职业夯实了制度化基础。最初担任了莱齐沃茨项目开发公司秘书的苏格兰人托马斯 · 亚当斯（Thomas Adams，1871—1940）在法律通过后受聘任成为第一位职业规划师，并在 1910 年创办英国规划协会（Town Planning Institute）后当选首任主席。亚当斯在 1914 年后受邀前往美洲，亲手建立了加拿大和美国的城市规划行业，[15] 并创造了深刻影响城市开发的管理工具——容积率概念。[16]

霍华德并没有因为莱切沃斯的挫折而放弃梦想。他在 1919 年成立了第二个田园城市开发公司，集资购买了伦敦北部距离主城约 30km 的韦林村（Welwyn）近 10km² 的土地。路易 · 德 · 索瓦松（Louis de Soissons，1890—1962）的城市设计遵循了田园城市的基本思想（图 8-3）。城市被铁路划分为四个片区，在城市外围是连绵的农田绿带。铁路东侧是工业区，火车站西侧的商业设施前是长达 500m 的中心绿地，绿地的北端是学校、法院、议会等公共建筑，南部则是乡村别墅区。从 1930 年代开始，韦林吸引了大量移民，二战前人口已经达到 3.5 万人。“原因并不是霍华德多预想的自给自足，而是由于受到首都引力的影响。”[17] 从财务角度分析，两座田园城市的股东都遭遇了严重的财务损失。等待了 43 年，莱齐沃茨的股东在 1946 年终于回收了全部本息；而韦林投资者在政府将韦林纳入新镇计划后仅收到了投资额 25% 的补偿款。[18]

结合城市与乡村优势的理念充满魅力，但实现理想从来都是挑战。城市设计不是纸上谈兵，单纯从理论和设计视角构想而缺乏资本与制度的支持，极大地制约了田园城市的发展可能。与之形成强烈对比的是“田园城市”理念传播到其他国家、尤其是传播到欧洲大陆的德国之后，形成了与英国截然不同的发展轨迹。

**图 8-3　韦林花园城市的总平面方案（1920）**

德国最早的田园城市探索，可能是 1903 年由名为乌尔里希 · 哥明德斯有限公司建设的纺织厂住宅区——格明德斯村（德语：Gmindersdorf）。位于斯图加特市南郊约 30km 处小城罗伊特林根的纺织厂为了解决用工荒，计划建设一个居住区用来吸引外地工人家庭。[19] 项目负责人是 20 世纪初德国最著名的建筑师和城市设计师——西奥多 · 费舍尔（Theodor Fischer，1862—1938）。[20] 费舍尔早在 1894 年就出版了与田园城市类似的构想《未来之城——田园城市》（德语：*Die Stadt der Zukunft –*

*Gartenstadt*),[21] 他也是1902年成立于柏林的德国田园城市协会（Deutsche Gartenstadtgesellschaft）的主要发起人，德意志工业联盟的发起人兼首任主席，斯图加特大学建筑系与慕尼黑工业大学建筑系的缔造者；费舍尔长期担任慕尼黑市总建筑师，并培养出了一大批杰出的建筑师。以幼儿园为中心，费舍尔完成了一个包括住宅、商店和餐厅等设施的新居住区。居住区不断扩建，从 1903 年容纳 236 名居民 35 套公寓慢慢增加到 1908 年已经有可以容纳 894 人的 151 套公寓。[22] 尽管罗伊特林根城市的蔓生已经侵蚀了格明德斯村周围的农田，但这个延续了上百年的居住区仍在使用中。

不久后出现了另一个规模和形式更接近霍华德思想的田园城市探索。1906 年时，克虏伯钢铁公司实控人玛格丽塔 · 克虏伯（Margarethe Krupp，1856—1920）决策在艾森南郊 100hm$^2$ 用地上建设居住区，并以自己的名字命名为玛格丽塔高地（德语：Die Margarethenhöhe）。建筑师乔治 · 梅岑多夫（Georg Metzendorf，1874—1934）创造了一个世界文化遗产。由 50hm$^2$ 住宅和公共设施用地与四周 50hm$^2$ 环抱的森林公园和农田组成，玛格丽塔高地城乡一体的形态延续至今。穿过城镇入口的桥头堡之后就是中心公共空间“小市场（Kleiner Markt）”和一组公共建筑；市场兼做广场的传统可以追溯到古希腊，与英国的绿地广场截然不同。玛格丽塔高地不仅仅是职工宿舍，而是面向全体市民的居住区，1915 年的人口统计显示，1300 户居民中仅有 45% 属于克虏伯公司的员工。[23] 因为克虏伯公司的投资和管理，这个新市镇有着强劲的经济动力和可持续发展的能力，而这些恰恰是理论家、城市设计师和社会改良者所欠缺的。

德国田园城市协会官方认可的第一个项目，是位于德累斯顿北郊的赫乐劳田园城市（德语：Gartenstadt Hellerau）（图 8-4）。受家具商卡尔 · 施密特—赫乐劳（Karl Schmidt-Hellerau）委托，建筑师理查德 · 里默施密德（Richard Riemerschmid，1868—1957）从 1906 年开始为家具厂设计了厂房、办公室，以及包含别墅、市场、学校等公共设施的住宅区。从空间形态上来看，赫乐劳并不符合围绕中心花园布局模式。用地约 162hm$^2$ 的项目选址在南低北高的缓坡上，规划为可以容纳 8000 人口的小镇。[24] 城市中心是位于一条南北走向贯穿山坡街道中央的市场广场。街道东侧是面积较小的住宅单元，西侧则是面积较大的别墅群。街道顶端是两片台地，低处利用地形建造了游泳池，高处耸立着学校和节日大厅（Festspielhaus Hellerau）。这个功能齐全的小镇到今天已经建成了 100 多年，是德累斯顿申请世界文化遗产的核心内容。

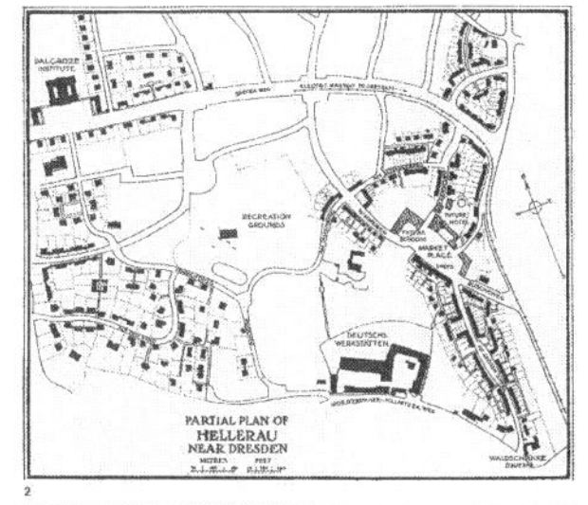

**图 8-4　赫乐劳田园城市一期总平面和透视图（1911）**

赫乐劳最著名的建筑是建成于 1911 年的节日大厅。由建筑师海因里希 · 特森诺（Heinrich Tessenow，1876—1950）设计，引入艺术统一的新概念——将建筑、音乐、舞蹈和戏剧建筑艺术特性融合，包含埃米尔 · 雅克—达尔克罗兹（Émile Jacques-Dalcroze）[25] 韵律舞蹈学校和世界上第一个采用开放式舞台的现代剧院，建成后马上成为建筑、表现主义舞蹈和现代设计的灵感来源。赫乐劳的节日大厅是现代舞和现代艺术融合的殿堂，也赋予了这座田园城市独特的艺术气息。

响应了工业革命后一系列问题与技术发展，田园城市理论从诞生之初就在全世界吸引了诸多关注。田园城市思想的核心是结合城市与乡村的优势，因此霍华德提出通过绿化隔离带来抑制城市无序扩张并提供粮食自给自足。由中央公园和绿化隔离带形成的空间结构兼顾了公共交往与自然环境，也成为霍华德田园思想中少有的形式特征。

英国和德国的 6 个实践说明，缺少产业与经济基础的探索只能发展为宜居的田园郊区；和企业共生的建设则更有可能形成可持续发展的田园城市。

**小节讨论**

根据田园城市理论，讨论霍华德对于历史上形成的城市所持有的基本态度。

## 8.2 花园公寓

兼顾城市发展与乡村自然环境，田园城市的理论影响远远超越了世界各地的田园城市实验。在纽约高密度环境中前赴后继改善住宅和城市设计的故事，恰是实践田园城市理论的最佳注解。

本节的第一个案例是位于纽约郊外皇后区的森林山花园（Forest Hill Gardens）（图 8-5）。[26] 随着 1909 年连通曼哈顿的长岛铁路通车，皇后区变成了曼哈顿的郊区。作为社区睦邻运动在美国的主要推动者的塞奇基金会，[27] 在皇后区收购了 57.5hm$^2$（142 英亩）的土地，计划为中等收入家庭建设一个新郊区。按照田园城市理论，随着铁路开通，皇后区森林公园旁的小村庄有机会成为一座距离曼哈顿市中心仅 15 分钟车程的新城市。[28] 塞奇基金会将项目命名为森林山花园，并把设计任务委托给了小奥姆斯特德（Frederick Law Olmsted Jr.，1870—1957）和格罗夫纳 · 阿特伯里（Grosvenor Atterbury，1867—1956）。

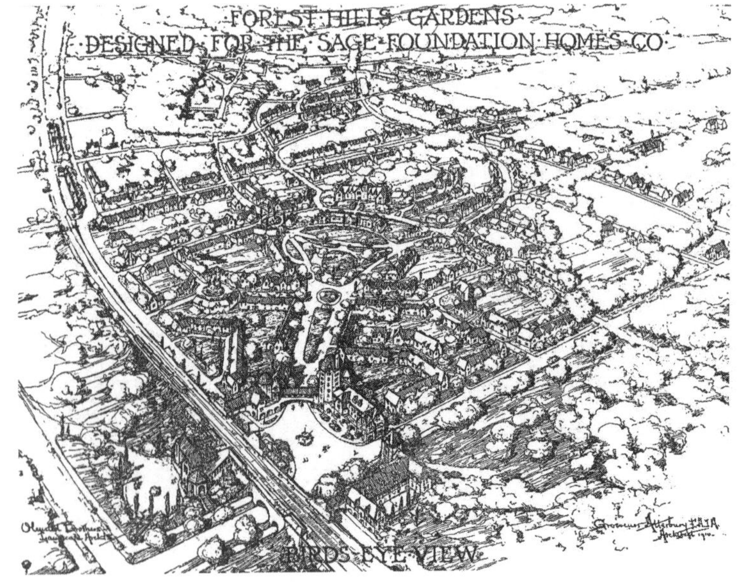


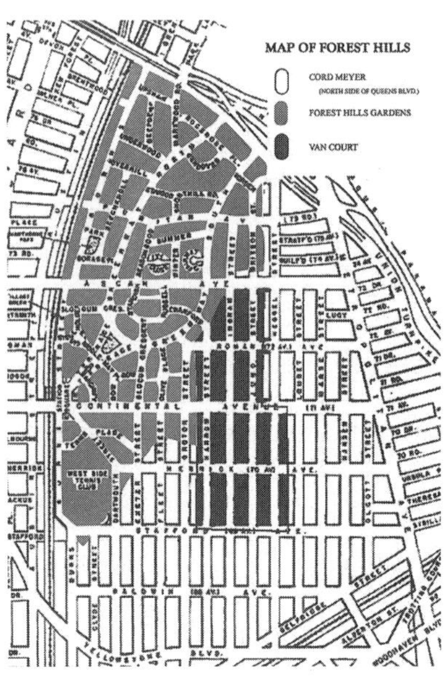


图 8-5　纽约森林山花园

森林山花园在道路结构、公共空间、公共设施和建筑设计有诸多创新。以融合城乡的田园环境为目标，森林山花园是纽约市第一个突破规划路网的项目。在保留原先地块与周边路网大部分接口的前提下，通过调整内部道路创造了一个自然化的场所。延续了社区睦邻运动对公共设施的重视，西侧以学校为圆心新增绿道环路（Greenway Circle），以及和西北角火车站广场之间的对角线景观道路绿道巷（Greenway Terrace）；东侧道路则全部都做了曲线化的处理，形成了与周边长方形街块迥然不同的空间形态。作为联系曼哈顿的门户空间，由格罗夫纳·阿特伯里设计的火车站和站前的广场具有强烈的空间围合感。车站、邮局、酒店和餐厅等一系列建筑都连为一体，创造了强烈的门户特征。项目大量应用住宅工业化技术，每幢排屋都是由约 170 块预制构件在现场用起重机吊装完成。[29] 车站广场除了商店酒店，还出现了美国第一幢配备电梯的内廊式的集合住宅。这些举措都是具有革命性的进步。

建成的森林山花园包括学校、车站、教堂和社区中心，超过 800 栋别墅和 11 幢公寓。[30] 由方格网城市街区向模仿自然的曲折花园郊区转变的空间结构，车站广场的公共空间，学校、酒店和社区中心等公共设施，乃至建筑设计和产业工艺的创新都有值得称道之处。

森林山花园是无法复制的理想化实验。鉴于当时绝大部分的纽约市民都居住在超高覆盖率、超高开发强度的出租屋。森林山花园的社会改革愿望注定只是中产阶级铁路郊区的一种探索。这个项目以探索改善纽约市民居住条件的可能性为目标，结果却成为皇后区最昂贵的居住小区。[31] 现实决定了大规模改造城市结构的方法不可复制，社会经济条件也决定了大部分市民并没有能力负担这样郊区化、田园化的生活环境。没有经济和制度支持，森林山花园设计与 1851 年工人阶级示范住宅一样，注定了无法复制推广的命运。

早在森林山花园之前，就有建筑师提出过用城市设计解决纽约住宅问题的观点。纽约建筑师朱利叶斯·赫尔德（Julius Herder）在 1898 年发表了重新划分曼哈顿街块的城市设计概念方案（图 8-6）。赫尔德方案肯定了南北向交通主干道的重要性，建议将两个主干道间的三个横向的狭长街块与其中的两条横向街道合并，将 240m 长、216m 宽的新地块重新划分为由两条相互垂直的次干道所切割而成的四个接近正方形的新街块。新街块不仅拥有更合理的交通结构，而且即使沿用周边式建筑的高强度开发模式，仍会为住宅建筑增加 50% 的采光，为街道减少 33.3% 的阴影。[32] 这个方形街块的空间结构非常接近巴塞罗那扩展区的城市肌理。

赫尔德的概念方案清晰说明了城市空间、尤其是道路网格和街块肌理对建筑设计的影响。只要扩大街块进深就有可能去创造宽敞和内院花园。尽管尺度远远小于森林山花园，但是赫尔德的设计仍然只是一个纸上谈兵的城市设计方案。一旦跨越了城市道路，就牵涉到不同产权土地的收购和重新划分，注定牵涉复杂的产权和政治问题。即使经典如萨瓦纳或巴塞罗那扩展区

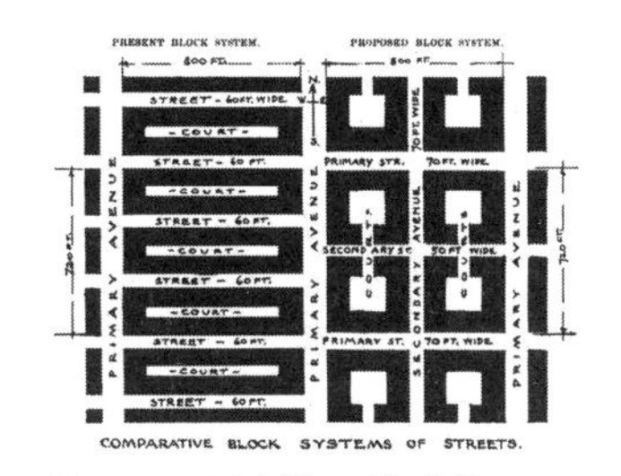

**图 8-6　重新划分曼哈顿街块（朱利叶斯·赫尔德）**

的城市设计方案，也只适合在空白土地上落实；没有制度化的安排就很难在城市更新中实现。强大如1916年开始实施的纽约区划制度也只能限定三维空间，而不是由路网所表征的地权结构。

在解决纽约住房问题的有效途径中，绝不能遗漏住宅设计创新。建筑师们希望通过套型和组合创新来降低覆盖率，提供更多的室外空间，为普通的城市住宅创造田园化的居住环境，也就是从出租屋向花园公寓（Garden Apartment）的转变。

1912年建成的东河家园[33]是纽约现代住宅史的重要一步，对于自然采光通风的坚持凸显了健康住宅的努力。1900—1910年间结核病已经成为纽约致死率第二的疾病。纽约的结核病专家亨利·奚弗里（Henry Shively）医生在1911年指出结核病必须从社会、建筑、道德和医学等多方面解决，并提出健康的住宅可以让病人在家里享受疗养院的条件。[34]慈善家安妮·范德尔比特（Annie William Vaderbilt）被奚弗里医生说服，在东河边购买了18个相邻地块作为避免结核病传播的创新住宅基地。选址三面临街，西侧是学校的操场，东侧眺望东河，采光通风条件都符合奚弗里医生的健康建筑构想。创新设计的任务委托给了亨利·阿特伯里·史密斯（Henry Atterbury Smith，1872—1954）。早在1900年，史密森就针对出租屋封闭楼梯间和恶劣的居住环境提出开放楼梯间概念，奚弗里的理论和范德尔比特的财力终于让他的梦想走进现实。[35]

史密斯在平面、构造、立面等方面的创新，使得东河家园成为纽约现代住宅史上的里程碑（图8-7）。史密斯首先是创造了一种全新的旗形单元建筑平面。每一个楼栋的标准层都由大小不等的四套出租公寓组成，保障每套公寓都有2个方向的采光和通风。接着将原先位于出租屋中部没有采光通风的楼梯间移至外墙，保证了每一部楼梯都能够有自然采光和通风，又通过汇聚在中部的内院去组织交通。由内院组织的建筑继而形成了一个类似旗帜的标准单元，再和相邻的另一单元组成一个完整的建筑。建筑创新在降低覆盖率的同时能够为每一套出租屋提供更多的采光通风和室外的活动空间；同时对延伸和拼接的充分考虑满足了高强度开发的要求。这种单元平面适合纽约狭长的街块尺度，可以在维持街廓围合的前提下改善居民的生活质量，提供更多的采光通风、自然环境和交往空间。

获得美国建筑师协会纽约分会1911年六层以下公寓最佳外立面奖后，东河公寓被美国媒体广泛报道。[36]立面设计强调了卫生和健康，每一套公寓不仅都有2个方向的采光和通风，且普遍采用了可以投射更多光线的三节落地窗。[37]窗外设置了远比室外疏散梯宽敞的铸铁阳台，以方便结核病人接触到更多的自然空气。建筑雕饰细腻的石材基座，红砖外墙、铁艺阳台以及红瓦五角屋檐，乃至为病人疗愈设计的屋顶凉亭和花园都体现了当时的建筑美学。纽约住宅史专家理查德·普伦茨（Richard Pluntz）指出“无论采用任何标准，东河家园都是1912年之前纽约市建造最先进的住宅样本。”[38]

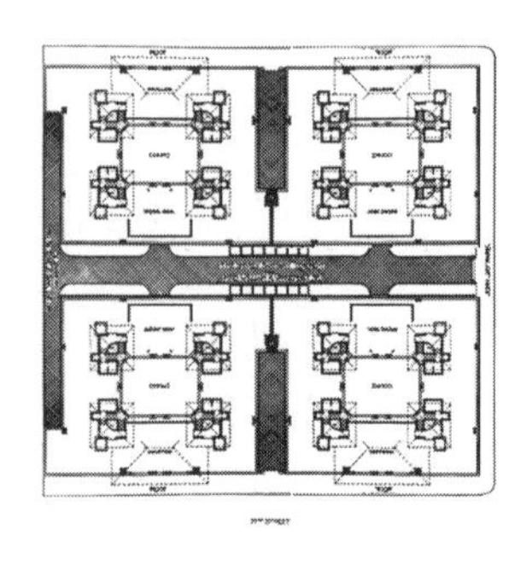

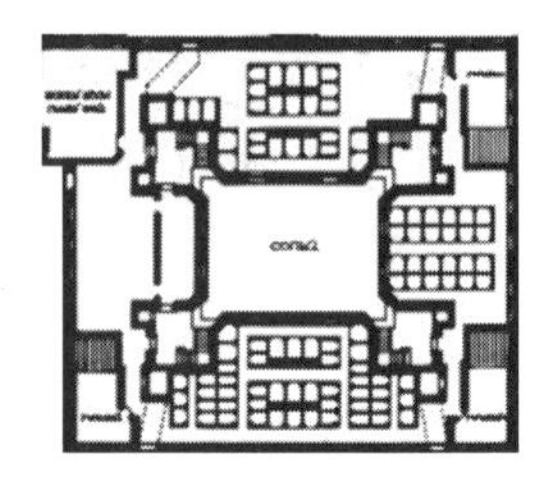

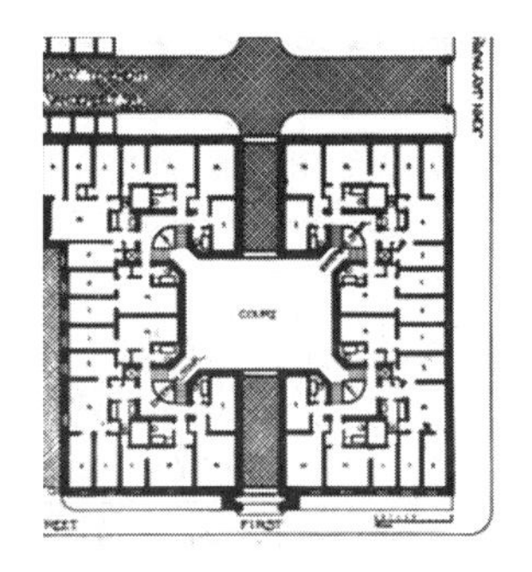

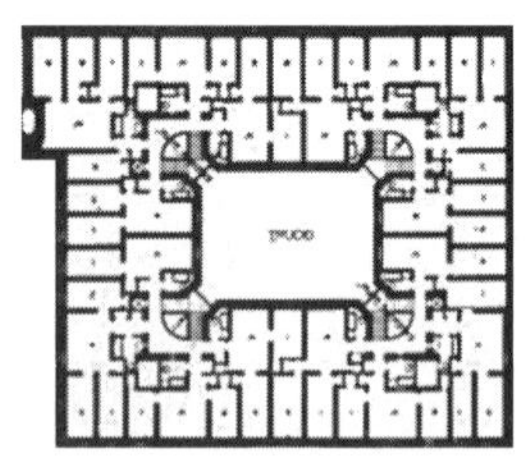

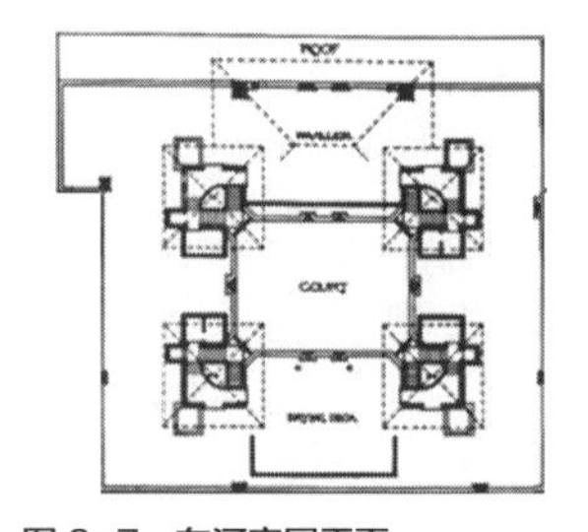

**图8-7　东河家园平面**

自上而下依次总平面、地下室、一层、标准层和屋顶。

囿于经济性，东河家园仍不是可以复制推广的样本。史密斯 1913 年在《纽约时报》上写道，所有的样板公寓，包括他的，都失败了：对于设计的目标群体低收入者来说，它们最终过于昂贵。1915 年的纽约人口调查显示，东河家园的租户大部分都是相对高收入的社会阶层。[39] 理念与经济性并非天然的矛盾，然而一旦片面追求美观或者理想而忽略社会经济，就可能背离了住宅建筑设计的理想初衷。

通过标准化建筑单元实现在不同城市街块中的高效设计和建造，并提供采光通风和内院已经被验证成功。1926 年财阀小洛克菲勒（John Davison Rockefeller Jr.，1874—1960）在曼哈顿上城东河沿岸购买了一个完整街块，用来建设面向中高收入阶层非洲裔美国人的共有产权住宅。[40] 这个非盈利项目以著名的非洲裔美国人保罗 · 劳伦斯 · 邓巴（Paul Laurence Dunbar，1872—1906）命名，设计权则委托给了因使用 U 形单元组成的别墅公寓而知名的建筑师安德鲁 · 托马斯（Andrew Thomas，1875—1965）。[41] 自学成才的建筑师安德鲁 · 托马斯早在 1919 年提出了比旗形单元覆盖率更低的 U 形标准单元。与旗形单元中相似，在保持街道围合的前提下，U 形单元为每一套公寓都提供了可以接触自然采光和通风的机会；区别在于所有 U 形单元一起面向着地块中部的公共场地。这样就能够在楼梯庭院之上塑造出一个面积更大、内容更丰富的中心花园。

1928 年建成的邓巴公寓（Dunbar Apartments）是纽约市第一座整街坊的别墅公寓。[42] 托马斯使用了 6 个建筑来围合整个街块，每个建筑都是由 2 个 U 形单元的变体所组成；每个 U 形单元都有一层半地下室和 6 层地上公寓。整个项目由 511 套公寓、一个幼儿园和一组沿街商店组成，8 个拱门过街楼将人流引入隔绝交通喧嚣的中心花园。长达 200m 的花园中心是一个儿童乐园，两侧是串联起 12 个 U 形单元入口庭院的花园。这个兼顾了 50% 覆盖率，街区围合、楼梯间与房间全明的低造价住宅，建成后马上获得了美国建筑师协会纽约分会的年度最佳非电梯公寓设计奖。[43] 即使用 21 世纪的标准来衡量，邓巴公寓的环境仍算得上优美，这个案例证明标准化设计与空间品质并非对立，好设计可以经历时间的考验。

稍早于托马斯提出 U 形单元，亨利 · 阿尔特博瑞 · 史密斯在 1917 年提出了锯齿建筑单元的创新设计。锯齿形单元的布局也强调了街块内的中心绿地，同时沿街面又通过 45° 转角为每一个房间都创造了更充分的视距。锯齿形单元的优点是通过缓解住宅单元间的对视问题提升了私密性，缺点则是背弃了建筑沿街道布置的城市设计整体原则。史密斯的第一幢锯齿形单元设计的项目“绿园公寓（La Mesa Verde Apartment，）”建成于 1926 年。不同于 9 年前的概念性设计，绿园公寓的用地较小，建筑的围合方向也不一样。整个项目由 6 幢建筑组成，每幢包含 3 个锯齿形单元。锯齿形单元延续了东河家园的特色：自然采光通风的开放楼梯间设计，然后每 3 个单元共享一个小庭院；屋顶为居民设计了活动场地，且有天桥将三幢临街建筑相互连通。与东河家园和邓巴公寓不同，绿园公寓的庭院通过一片草坪直接与街道相连。与以往的公寓相比，绿园公寓确实能够提供更多的绿地，但也有着两个非常大的差异。首先就是单元楼出入口不再经过中心绿地，消除了由住户共享中心绿地的感受。第二个重要的改变就是绿园公寓在使用锯齿单元之后，打破了几百年来传承的城市设计规则——所有城市街坊都平行于道路布置的整体性。

建筑打破连续街墙的做法，极大地破坏了街道和城市空间的整体性。这种情况并非单独发生在纽约、发生在美国，而是在世界各地。锯齿形单元与同一时期欧洲建筑师们对于行列式的追捧，背后是传统城市空间结构与现代建筑之间的矛盾，是历史上形成的街区环境与现代生活之间的矛盾。两者之间并非不可调和，但试错过程往往造成对街道、街块和街区整体性的伤害。

社会住宅在背离街道的最前线，由公共事业部投资的哈勒姆河公寓（Harlem River Houses）是这种变化的重要象征（图 8-8）。建成于 1937 年的哈勒姆河公寓是纽约市使用联邦经费资助建设的第一批社会住宅。项目在前文所述邓巴公寓的北侧，仅相隔一个地块。哈勒姆河公寓的宣传照片强调了这个项目所代表的设计进化。同样东临小亚当 · 克莱顿 · 鲍威尔大道（Adam Clayton Powell Jr. Blvd.），在不到 500m 的范围里集中了四个不同时代的住宅建筑街块。西 148 街的北侧是《1901 年住宅法》出台前建设

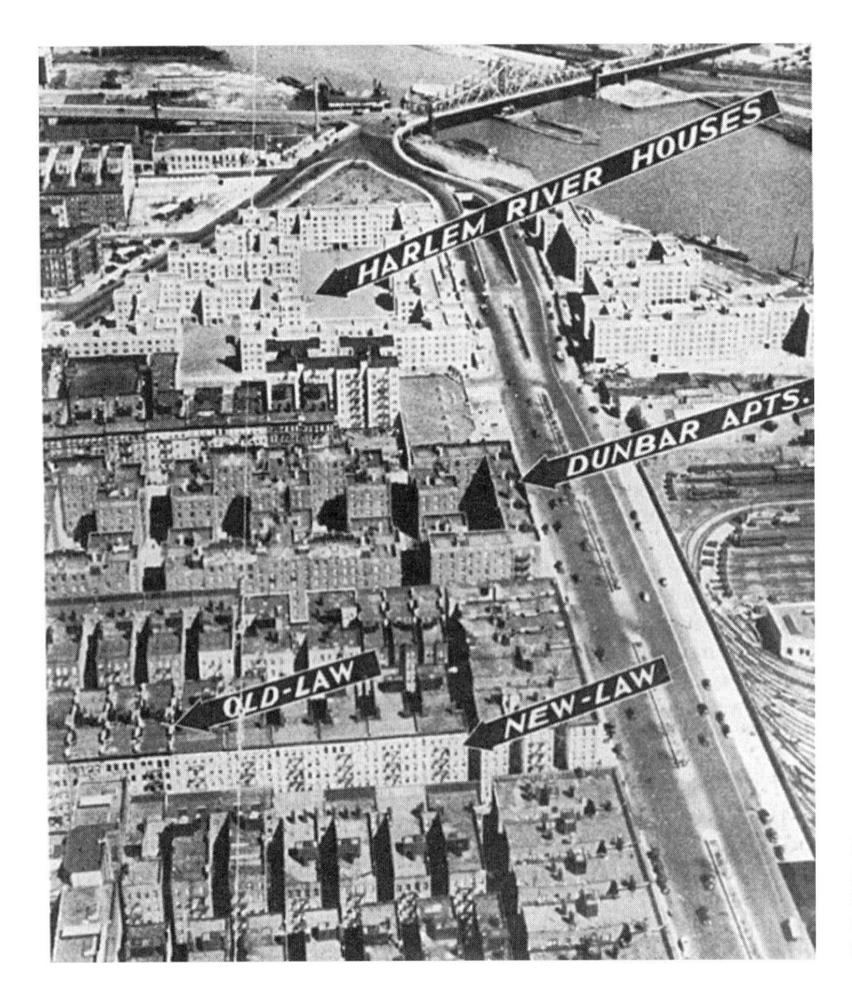


**图 8-8　哈勒姆河公寓——与格网分离的超级街区**

图中无论按照新旧出租住宅法和 U 形单元设计的住宅都恪守着街道界面的延续，而哈姆勒河公寓则背离了这个城市风貌的传统。

的高强度出租屋，路南就是之后按照新法律建设的大幅度优化了采光通风的出租屋；西 149 街以北则是采用 U 形单元设计的邓巴公寓，拥有中心庭院场所感的花园公寓；西 151 街则是哈勒姆河公寓这样的超级街块。该建筑在南、北和东侧三个方向仍旧延续了 1811 年区划的街道关系，但其西侧沿街则采用正交几何而完全放弃了平行街道的关系。道路和城市原有的韵律和节奏感被无情放弃。

公共投资建设的社会住宅一步又一步地丢弃了城市建设的整体性传统。哈勒姆河公寓建成一年后，同样由公共事业部投资建设的威廉斯堡公寓彻底放弃了街区关系（图 8-9）。该项目位于布鲁克林区莱昂纳德街与布什维克大道之间的 12 个地块，设计方案取消了原有的东西向道路，将约 12hm$^2$ 的用地分拆为 4 个新街区，每个都有原先三个街块的大小。位于曼哈顿大道与格拉汉姆大道间，原先南侧的 2 个街块被设计为一所小学及其运动场；剩余的 10 个原有街块则作为社会住宅。令人惊异的，所有的住宅建筑物都没有延续和街道平行的传统，也没有传承邓巴公寓那样有着层次关系的花园公寓布局，而是采用了一种非常随意的正交几何关系。这种布局凸显了新建筑群体的“一致性”，为了凸显跨越街区的统一正交建筑关系，选择了对抗历史街区的手法。项目没有延续东西走向，也没有采用正南北的地理

**图 8-9　威廉斯堡公寓鸟瞰**

“这个在计划中如此重要的奇怪角度，实际建筑群中明显的只有少数几点：建筑数量如此之多，覆盖面积如此之大，以至于给人的印象是……街道上不对称的锯齿状效果既不吸引人，也不非正式；用自己的侵略性形式，一种节奏……强调而不是削弱整个建筑群的制度特征。”

——塔尔博特 · 塔姆林

关系，而是以南偏东 15°为 Y 轴的东西向布局为主。建筑师的所谓设计“创意”改变了历史的城市结构，因此《建筑形式美的原则》一书作者塔尔博特·哈姆林（Talbot Hamlin，1889—1956）[44] 对这个建筑提出了破坏城市整体性的批判。

这一节简述了纽约建筑师在城市住宅和城市设计中追求田园化环境的探索。其中有城市设计重新划分街块的尝试，有推动健康生活目标的法律修订，更多的是住宅建筑的设计创新。几十年间不同类型、尺度的住宅创新，逐渐从覆盖率、采光通风和绿地公共空间等角度创造了更美好的生活环境。

在这个过程中诞生出非常有意义的两种模型——U 形住宅单元和锯齿形住宅单元。两种设计都采用了可以适应地块的模块化组合方式，实现了建筑设计和建造的经济性。两者的不同是与街道的关系。U 形单元在创造内向庭院的同时延续了外侧的街道界面；锯齿形单元在拥有更低覆盖率的同时背离了在历史上形成的建筑物与街道平行的“街墙”关系。而这种背离关系破坏了传统街道的围合感和街块建筑的整体型；是此后现代主义逐渐消弭城市历史特征的一个起点。

**小节讨论**

对比邓巴公寓与我国常见的商品房小区，尝试从空间品质、居住环境、朝向和私密性等多角度分析各自的优缺点。

## 8.3 行列式居住区

现代主义的住宅和城市设计逐渐改变了传统城市的街道围合特征，如果说纽约的社会住宅还只是“温水煮青蛙”，那真正推翻连续街墙传统的是在德语国家诞生并蔓延到全世界的行列式居住区。

德语区有着与英法完全不同的城市化进程。包括今天的德国、奥地利和中欧很多国家的前德语区，由于开始工业化的时间落后于英法两国，城市化进程也大幅度落后。不同的自然地理条件和政治经济制度，一方面没有形成英法首都那样凌驾于其他城市之上的国家中心城市；但另一方面，德语区的诸多城市都得到了均衡的发展。不仅有柏林和维也纳这样的国都，也有法兰克福、斯图加特和慕尼黑等经济中心城市。[45] 尽管城市发展相对均衡，但德语区同样遭遇了快速城市化造成的住房短缺问题。

当代德国首都柏林 [46] 就曾经长期受困于住房短缺问题。这座世界名城的历史可以追溯到 13 世纪。当伦敦和巴黎在 11 和 12 世纪先后确立自己独特的政治地位时，柏林这个地名在 1237 年才第一次出现在历史记载中。[47] 霍亨索伦大公在 1443 年攻占了位于斯普雷河两岸的柏林与科恩，[48] 将 2 个村庄合并为一座城市，并在 1450 年将其定为勃兰登堡公国的首都。1700 年的柏林仍只是一个人口不到 3 万的城市，但 1701 年成为普鲁士公国首都后，这座城市就踏上了增长的快车。几乎所有的德国中心城市都是在 19 世纪之后才开始人口集聚的。到 1871 年成为德意志帝国首都时，柏林已经有超过 100 万人口。到 1900 年时，城市人口已经激增至 188 万；到 1920 年代，这座城市的人口规模已经突破了 400 万。为了应对城市发展，柏林先后于 1861 年和 1920 年经历了 2 次大尺度的空间扩张。

霍布莱希特规划定义了 19 世纪下半叶的柏林城市空间（图 8-10）。1859 年，柏林市警察局委托工程师詹姆斯·霍布莱希特（James Hobrecht，1825—1902）的团队，准备兼并周边市镇的道路和用地规划。霍布莱希特团队先后出访汉堡、巴黎和伦敦，学习污水系统、林荫道和绿地广场的城市建设经验。[49]1861 年威廉一世登基普鲁士国王后，柏林兼并了城墙税关外的威丁和莫阿比特等市镇，将城市范围由税关内的老城扩大了 2 倍。新城区在威廉一世和威廉二世的统治时期得到了充分发展，因此霍布莱希特的设计区域也被称为“威廉环（Wihelmine Ring）”。霍布莱希特提交的柏林规划于次年得到议会批准，避免了城市的无序发展。这个柏林方案有三个重要特点：首先立足扩展的方案几乎不涉及旧城的改造。其次在尊重现状的情况下延续了 12 条放射性的城市道路，确保未来城市交通畅通。第三则是结合道路设计几十个绿地广场，为柏林市民创造了以绿地广场串联的城市空间结构。这个方案并不涉及具体的形态，所有的城市开发管控沿用了 1853 年《柏林警察法》的政策，包括每个地块都需要留出沿街绿化和内庭院供消防车出入。[50]

霍布莱希特的柏林方案长期被低估，固然因为缺乏美学设计，但更重要的是作为柏林住房困难的替罪羊。随着柏林 1871 年成为德意志帝国首都，更多人口和资本涌向这座城市，威廉环很快被填满。其中备受批评的是通常 5 层高，除留出消防庭院外几乎满铺场地的兵营式出租屋（德语：Mietskasernes）。以恶名昭著的出租屋迈耶大院（德语：Meyerhof）为例：

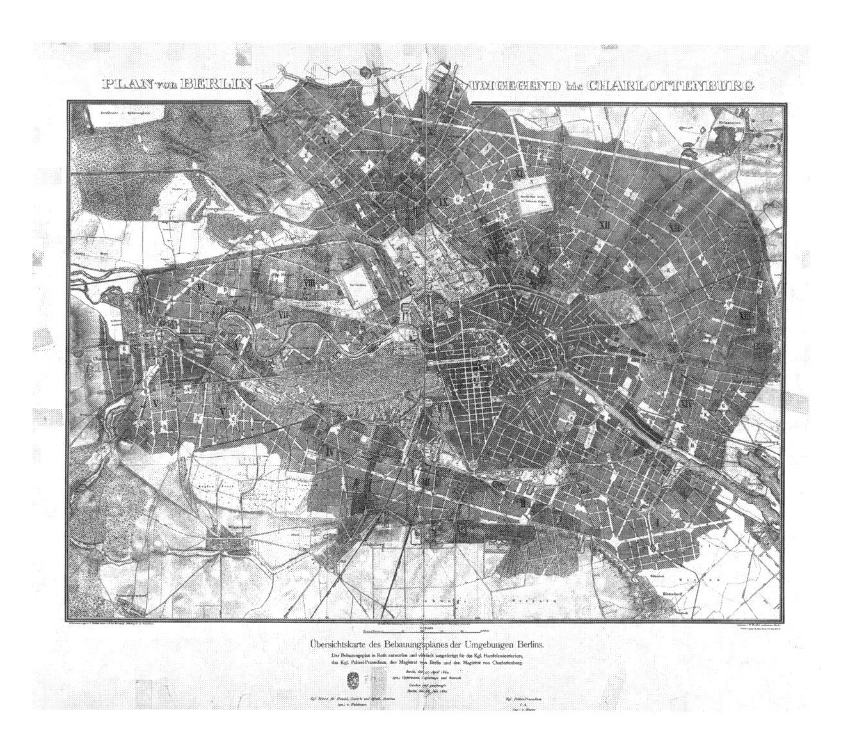


**图 8-10　霍布莱希特的柏林规划（1862）**

原图标题为“柏林及周边地区至夏洛滕堡的计划”，图中深色部分为税关内的老城区，外围的灰色区域即威廉环。

40m 面宽 140m 进深的用地，四至边界中仅南侧临阿克大街，其余三边都是填满建筑物的地块。迈耶大院由 6 排相互平行的建筑组成，每幢中间底层都有一个拱门，形成唯一一条连接至城市道路的通道。最高峰时大院里有超过 2000 居民与面包房和工厂等混合功能。柏林也随之被称为“世界上最大的出租屋城市”。兵营式出租屋也出现在德语区的其他城市。因此很多满怀社会责任感的建筑师都把解决住房短缺作为自己的职业抱负和社会义务，并因而创造了一系列的畅想和探索。

柏林城市空间的下一次改变开始于 20 世纪初。柏林建筑师联合会和柏林建筑师同业协会于 1907 年共同发起了“大柏林城市设计竞赛”，竞赛于 1910 年宣布结果并在多个城市巡展。与霍布莱希特方案的官方委托不同，1910 年竞赛并不以实施为主要目的。一方面主办方并没有官方背景，另一方面设计确定的大柏林范围直到 1920 年才真正在制度上被吸纳入柏林地方政府的管辖范围。尽管如此，1910 年城市设计竞赛，尤其是建筑师赫尔曼 · 延森（Hermann Jansen，1869—1945）获得第一名[51] 的方案仍旧深刻地影响了柏林的城市发展，并通过 1947 年版的柏林综合规划得以贯彻至今（图 8-11）。延森方案具有清晰的空间逻辑，用交通网络和绿地森林联系老城与周边环境。在充分尊重现状的前提下，延森设计了两条环路，内环基本沿着“威廉环”，外环则联系着郊区市镇。放射状的道路串联起不同的城市功能分区，在城市、绿地、工业区和居住区间形成了“发展的骨骼”。延森的方案是柏林历史上首次兼顾整体城市空间结构和分区发展的综合规划。[52] 如果说霍布莱希特的设计为威廉环创造了由公共广场形成的城市肌理，那么延森的方案则是试图创造一个由森林绿带环抱，却又兼顾了速度和效率的城市。

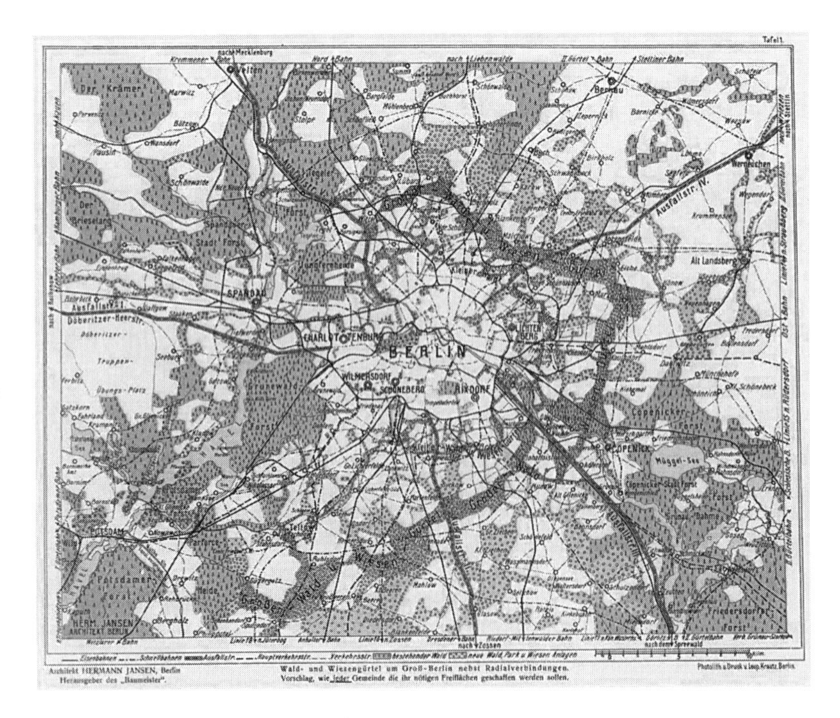


**图 8-11　大柏林城市设计方案（1908）**

赫尔曼 · 延森的方案中柏林由森林绿带所包围，并通过放射性的快速路与外部相连。

为证明城市设计的可行性，延森还提交了一个新建分区的详细设计，并在其中创造性地提出了周边式超级街块的住宅形式。设计选址于柏林南郊的坦珀尔霍夫场（Tempellhofe Feld），今天的坦珀尔霍夫机场的西侧。通过四至边界两横两竖的道路联系城市，其他绝大部分道路都是基地内曲折的断头路。通过东侧的公园，以及最宽处达 180m 的南北向绿带，所有用地都可以在不到 400m 的范围内接触到优美的自然环境。城市设计采用了狭长弯曲的超级街块形式，地块进深在 50~80m 不等，超过一半地块的长边都大于 300m。这一尺度不仅远大于柏林老城的地块尺度，也比曼哈顿1811年划定的用地更大。[53] 所有街坊都采用了周边式，创造了类似伦敦摄政街的连续公共街墙和宽阔的内院空间。尽管柏林方案未实施，但延森之后获得包括土耳其首都安卡拉在内的多个城市的设计邀请。[54]

周边式超级街块在另一个德语国家——奥地利的首都维也纳得以实现。1918 年“社会民主党”主政后立即着手解决日益严重的住房短缺现象，并于次年通过了《住宅需求法案》。在 1925 年到 1934 年间的“红色维也纳”时期，社民党政府开展了大规模的城市建设，包括新建了超过 6000 套低租金住宅，容纳了超过 10% 的维也纳市民。[55] 这一时期的住宅和城市建设尝试了各种形式，直到今天维也纳也自豪地认为自己是全世界社会住宅和公共住宅供应量最高、形式最丰富的城市。

“红色维也纳”时期最著名的建筑无疑是世界上最大的住宅单体建筑之一——卡尔马克思大院（Karl-Marx-Hof）。项目位于维也纳内城西北郊海利根斯塔特火车站后，围垦自沼泽的用地东西向长约 1km，南北 80m 到 120m 不等。由建筑师卡恩 · 恩所设计的建筑结合了传统德语区城市建筑形式与现代化设计语言，在完全连续的东立面背后实际上是 2 个周边建筑与其中的广场。北侧大院子长约 600m；南侧小院子长约 200m；中间是 200m 面宽、70m 进深的开阔绿地广场。1km 长的周边式超级街块寄托了“社会民主党”的很多梦想。1930 年建成的卡尔马克思大院共有 1382 套公寓，套型面积从 30~60m$^2$ 不等。当维也纳还有大量住宅没有室内厕所和自来水供应时，这幢超级街块中每一套住宅都有套内厕所和冷热水的供应。

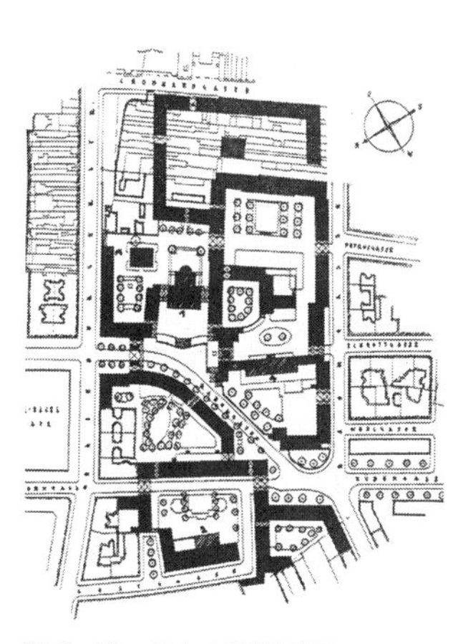

图 8-12　拉本大院总平面

建成于 1927 年的拉本大院（Rabenhof）是红色维也纳的另一个特色案例（图 8-12）。拉本大院位于维也纳市中心的东南部，在环城大道“城市公园”外大约 2km 处。项目所处片区肌理大致呈 45° 方向，长边约 400m，短边约 200m，交通量都很有限。两条长边中，东北侧是约 1.2km 长的社区步行街海因伯格大街，西南侧是约 750m 长的大树街。短边方向则有三条穿越道路，所以原地块由四个街块构成。建筑设计将 4 个街块合而为一，原有三条车行道路均被降级为步行道，同时创造了一条弯曲的新路——拉本街。这样的设计在保证交通联系的同时为住区创造了更有识别性也更安全的步行环境。

形式的丰富性是拉本大院的核心特点。与周边矩形地块的围合式街坊相比，拉本大院在周边围合的前提下形成了十余个形式各异的院子，且没有一个是四边围合的矩形。这些院落共有 1100 套出租公寓，之间又布置有剧场、幼儿园、餐馆和商店，叠加建筑形式、材料和园林的变化，其丰富性简直叹为观止。拉本大院在建筑设计方面还有很多值得称道之处。例如，建筑师为公共空间和私密空间做了材料区分，所有的公共空间均采用了精美的红砖立面，而居住空间则是抹灰墙面。院落间由拱门和廊道串联，形成了开放式的城堡意向。[56]

如果说周边式超级街块是通过降低覆盖率来改善居住环境，那么另一批德语区建筑师又提出了更加革命性的思考，基于理性的均好住宅——为每一套住房提供同样理想的采光和通风，这种思考的结果就是改变世界的行列式住宅（德语：Zielenbau）。

行列式的源头可以追溯到 19 世纪的流行病学研究。工业革命和城市化之后的城市居住问题，包括住房短缺和公共卫生、公共服务缺失，促使很多医学专家希望通过改善采光通风制止疫病传播。例如 1908 年的世界结核病大会上，奥古斯丁 · 雷医生就宣称所有住房都应该满足日照条件。受此潮流影响，很多德国建筑师都认为周边式住宅不利于采光和通风，兵营式出租屋尤其不健康。周边式一定有不利采光的转角位置，即使面向中心庭院也不能保证阳光和通风。因此，他们提出行列式才是更理想的住宅形式。行列式住宅消灭了围合式的转角，但还有南北与东西的朝向争议。有一批建筑师认为东西向行列式住宅更有优势。因为南北向布局时朝北的房间就很难有阳光；而东西向行列式住宅里两侧房间在早晚总能保证有阳光照射。

最小套型面积是朝向之外的另一个热点议题。当有限的公共投资只能建设特定面积的住宅时，通过缩小套型面积就可以扩大供应，帮助更多家庭纾困。更何况面积与舒适未必是因果关系，小套型完全可能提供优质生活。（极小住宅至今仍是很多建筑院校的传统课题，也是很多大城市的生存选项。）行列式早在英国工业新镇时期就已经被证明具备快速建设的经济性优势，叠加上采光通风与最小套型设计标准的两个概念，从 1920 年代开始逐渐改变了德国居住区和世界各地城市的风貌。

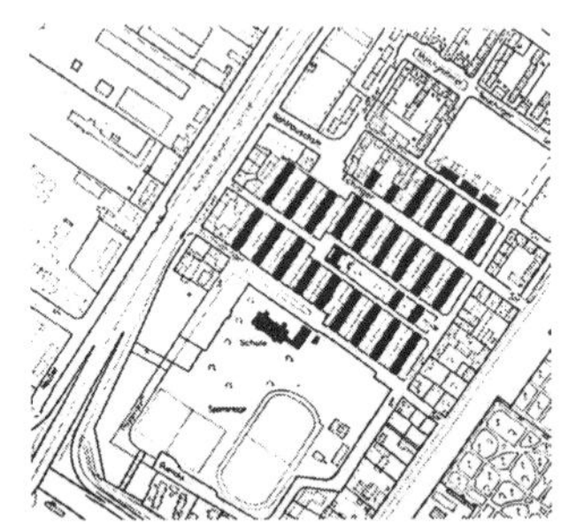
图 8-13　老海德花园总平面

在行列式的发展进程当中，西奥多 · 费舍尔再次扮演了重要的角色。作为德国现代城市设计运动的重要人物，费舍尔设计并于 1923 年建成的老海德公寓（德语：Alte Haide）位于慕尼黑老城外 5km 的北郊，地块东侧不远处就是创建于 1789 年的城市公园英国花园（图 8-13）。这个项目的地块形状接近 45 度的矩形，东南侧沿嘉兴街约 280m 宽，西南侧沿街约 200m 长。尽管东南侧沿城市主路恩格尔大街的建筑物都采用了周边式，费舍尔在这个项目选择了空间结构清晰的行列式布局。绝大部分建筑物都朝向大约南偏东 45° 的方向，分成三列布局，并且在小区中心的绿地上建设了三层社区中心。

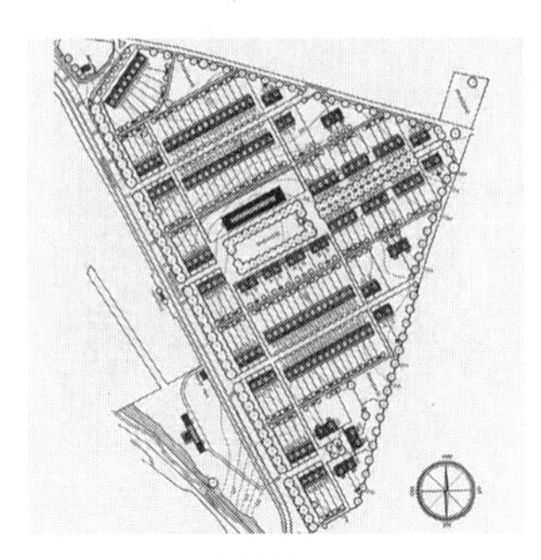
图 8-14　自由村总平面

作为包豪斯建筑学校的第二任校长（1928—1930），瑞士建筑师汉尼斯·迈耶（Hannes Meyer，1889—1954）是推动行列式的另一位旗帜人物。受瑞士合作社委托，迈耶设计的自由村（德语：Freidorf）在 1921 年建成后旋即成为合作社运动的样板工程（图 8-14）。该项目位于瑞士巴塞尔郊外一个接近等边三角形的五边形地块，长边是约 400m 长大约南偏东 30° 的城市道路；建筑师选择南偏东 30° 作为主朝向布置了 9 排行列式的联排住宅，每幢住宅都有一个种植前院和一个后勤备院。与老海德相仿，自由村在地理中心位置是建成于 1924 年的三层合作社大楼，大楼内设餐厅、旅馆、学校和会议功能，从 1927 年开始作为瑞士合作论坛的总部。

著名建筑师在德国首都的作品进一步扩大了行列式住宅的影响力。在委托密斯组织威森豪夫住宅展的同一年，德意志制造联盟委托了西奥多 · 费舍尔的学生、著名建筑家布鲁诺 · 陶特（Bruno Taut，1880—1938）和当时担任柏林城市规划主管的建筑家马丁 · 瓦格纳设计一个大型居住区（图 8-15）。位于柏林东南郊的布里茨区，项目基地距离威廉环最外围已超过 2km，西侧和北侧边界是公园，南侧和东侧则是低级别城市道路。这个建成于 1933 年的居住区是周边式与行列式的混合体，在延续城市街墙传统的同时大部分建筑都采用了东西向行列式。地块形状接近 600m 长、400m 宽的长方形，在长边接近中央的位置设计了一个由曲线型住宅围合而成的马蹄形公共空间，这个项目也因此而得名马蹄形居住区（德语：Hufeisensiedlung）。围绕马蹄形又形成了五对放射线的行列式住宅。马蹄形公共空间时至今日仍有极高的美学价值，也证明了行列式小区可以通过公共空间塑造形成高品质的风貌特征。

建筑师为马蹄形居住区赋予了多重的文本含义。在延续街墙传统的同时，沿街建筑和中心广场四周建筑统一采用了当时新出现的平屋顶工艺，与一路之隔的中产阶级坡屋顶居住区形成了鲜明对比。马蹄形和放射线的肌理似乎都可以找到历史原型，但建筑师又都做出了全新的空间演绎。延续历史肌理，突破建筑语言，马蹄形居住区实现了住区和城市设计的传承创新。

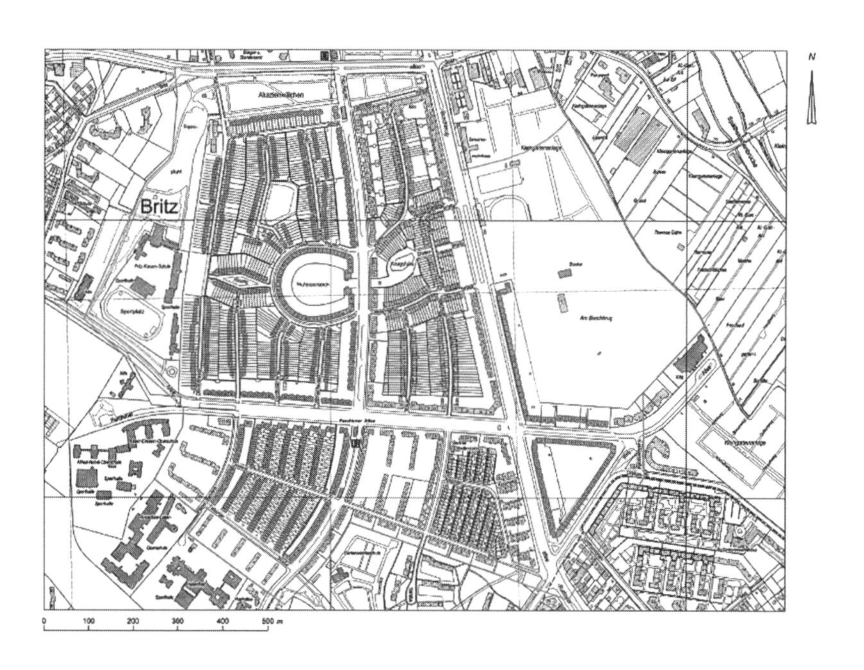


**图 8-15　马蹄形居住区总平面图**

从 1920 年中期开始到“纳粹”上台前，尤其是马丁 · 瓦格纳主持柏林规划后，这座城市尝试了不同形式的行列式居住区。除马蹄形居住区之外，其他知名的项目还包括：1930 年建成的卡尔里根城（德语：Wohnstadt Carl Legien）和席勒公园居住区（德语：Siedlung Schillerpark），1931 年建成的白城（德语：Weiße Stadt），1934 年建成的西门子城大型居住区（德语：Großiedlung Siemensstadt）。以上 5 个行列式居住区与 1916 年建成的法尔肯堡花园城市项目一起，已经被联合国教科文组织授予世界文化遗产称号。

**小节讨论**

对比东西向和南北向的行列式住宅，尝试分析各自的优缺点。

## 8.4 新法兰克福

越来越多的有识之士相信，现代主义住宅可以解决工业化以来的住房短缺和公共卫生危机。在 1920 年代的城市住房建设中，规模最大、旗帜最为鲜明、最具有代表性的，是几乎没有中文记载的新法兰克福运动。这个运动是 1925 年到 1931 年间发生在德国城市法兰克福，由政治家兰德曼和建筑师厄斯特 · 梅所领导，涉及社会经济文化的城市改造运动，而超过 1.8 万套现代主义住宅建设就是其诸多成绩中最重要的内容。[57]

厄斯特·梅（Ernst May，1886—1970）是新法兰克福运动的专业领袖。出生在法兰克福，早年赴英国学习建筑设计时追随昂温参与了汉普斯泰德的设计工作；在慕尼黑工业大学学习后又追随西奥多 · 费舍尔进行建筑设计实践，学习了后者的城市设计思想。1919 年获得西里西亚省（二战后属于波兰）的工作委托，指导农村建房。基于一战后的经济衰退和高失业率，他开发了专门的低成本建房技术和施工方法，在他领导下的西里西亚建房组织仅 1923 年就建成了 550 套住宅，包括由村民参与建造的 150 套。[58] 这一系列的成绩帮助不满 40 岁的厄斯特 · 梅，从西里西亚边陲走向了更大的舞台。

> 我们就是转折点！混乱和动荡已经过去，现在就开始重建。
>
> ——路德维希 · 兰德曼就任法兰克福市长的发言（1924.10.31）[59]

“新法兰克福”是犹太裔政治家路德维希 · 兰德曼（Ludwig Landmann，1868—1945）创造城市新生活的改革口号。20 世纪初的法兰克福和柏林一样，也充满经济发展与住房短缺的矛盾。第一次世界大战之后的经济崩溃，进一步加剧了住房短缺和环境恶化。带着改革的口号竞选法兰克福市长成功，兰德曼旋即开始了重振城市经济文化的组合拳。市长首先成功兼并了法兰克福周边的霍赫特、芬兴海姆等市镇，扩大了市域范围。继而开始工程项目，包括德国第二大的机场、联系汉堡和巴塞尔的高速公路、国际食品博览大厅等大型项目，以及医院、图书馆和学校等公共服务设施，延长公交线路扩大服务网络。他还重启了全世界历史最悠久的法兰克福交易会，并举办了多次国际性活动，包括 1929 年的国际现代建筑大会（CIAM）。尽管项目众多，但肩负维持经济和社会稳定重任的住宅建设仍是兰德曼市长任上最重要的工程任务之一。市长成立了专门负责住宅建设的建筑署（德语：Hochbauamt），并开始了为期 8 个月的负责人征集。据说市长最理想的方案是将格罗皮乌斯和包豪斯一起请到法兰克福，但是被格罗皮乌斯拒绝了。从英国田园城市到西里西亚的实践经验，刚在西里西亚首府获得设计竞赛锦标，附加法兰克福工人阶级出身和民主党资深政治家的祖母；厄斯特·梅凭借专业和政治的双重优势最终从 103 位候选人中脱颖而出，于 1925 年就任建筑建设与城市规划市政官（德语：Stadtrat für Hoch-und Städtebau）（图 8-16）。[60]

理性思维、田园城市的伟大理念、西里西亚积累的低成本建造经验、由 1924 年开征的联邦租金税带来的财务支持，以及从组建团队到提出最低居住标准的一系列工作，都预示梅的雄心壮志定能实现。但实际上，从一开始就困难重重。厄斯特·梅赴任后招兵买马，组建了一支覆盖了从城市设计到文化传播的设计团队。但设计师只是解决住房建设的一环而已。如果城市没有财力建设足够多的公共住宅，自然不可能解决住房短缺问题。仅 1927 年一年，就有 2.2 万户法兰克福家庭注册申请市政府资助的住房；这个数字在 1928 年又增加了 2.7 万个。但建筑署在 1926 年、1927 年和 1928 年分别只完成了 2200 套，2865 套和 3259 套。[61] 面对高涨的需求，公共投资根本杯水车薪。设计必须做出改变。

梅到任后完成的第一个大型住宅项目是 1927 年落成，位于城市西郊美因河南岸的布鲁克场大街居住区（德语：Siedlung Bruchfeldstraße），也就是俗称的“之”字形小区。设计首先保留了的道路和地块结构，继而在中

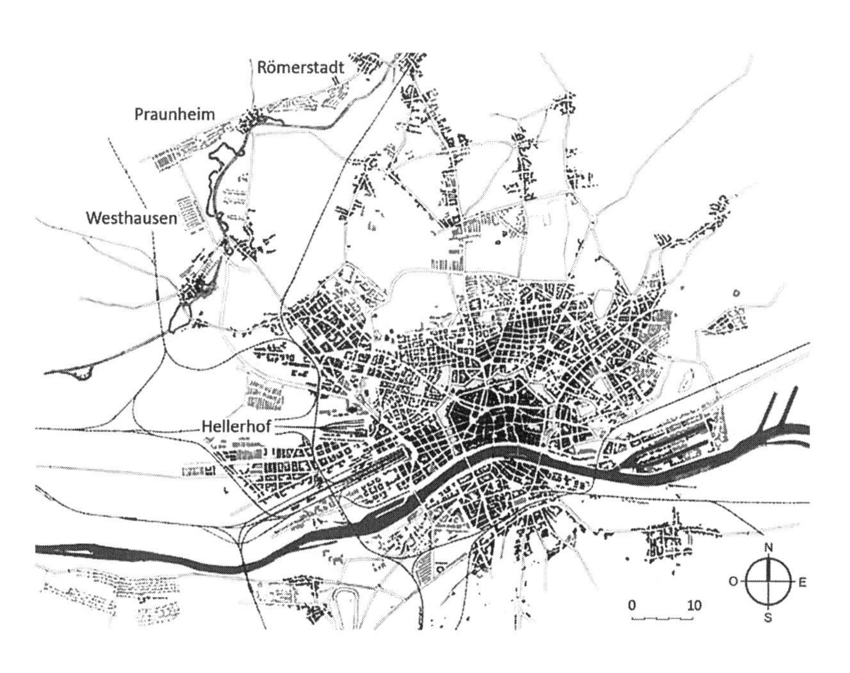


**图 8-16　新法兰克福运动期间的建设成绩**

心地块采用了交错排列的行列式。在总长度不变的前提下提供了更多单元数量，又能够在套型间形成细腻的空间变化。这个项目的另一个特色是公共空间的场所塑造。与上一节提到的马蹄形居住区相仿，在居住区的中心塑造了具有对称特征的花园与映出倒影的水池空间；以及水池另一方的社区中心。但城市的期望是提供更多的住宅。法兰克福市民和同行都不理解梅，市民们更喜欢传统的坡屋顶建筑风格，本地建筑界更因为建筑署团队骨干都是外地人而耿耿于怀。种种不满引发了对建筑署工作的强烈质疑。[62]

梅的积极斡旋和市长的支持使得建筑署度过了 1927 年的公共危机。梅随后于 1928 年提出了新的十年计划，计划将年住宅供应提高到 4000 套。为了实现更多住宅供应，需要同时调整微观和中观层面的设计。微观方面将最小单元面积缩小到 $38m^2$，仅面对核心家庭和单身者，并大力推广工业化建造，希望以标准化的图纸降低成本。中观层面尽可能减少道路建设，并全面贯彻最简单的行列式建筑布局方式，以控制成本。[63] 建筑署随后开始在远郊的尼达河谷地开始大规模建设。其中第一个项目是在一片罗马废墟上建设的小区，设计团队尝试了另外一种“分组扇形”的布局方法，并在小区正中建设了底层服务混合楼上居住功能的社区中心。

设计团队转向工业化和行列式，以应对外界压力。市民选择支持这个团队的理由，绝非是期待一个又一个传世的作品，而是希望他们尽快完成大规模的住宅建设，解决法兰克福的住房短缺现象。迫于市民批评和投资紧缩的双重压力，建筑署在 1928 年之后的项目中大规模拓展了工业化的设计和建造，大量采用了预制构件的装配式建筑方法，希望能通过应用钢筋混凝土结构减少室内墙体，并增加使用面积。而在规划上也采用了更为简单粗暴的行列式布局方式。同样位于尼达河谷的另一个项目，普里恩海姆居住区的变化足以解释这个转变（图 8-17）。项目一期有着明确的街道设计意向，之后就只剩下更简单、更容易复制的行列式。区别是二期的主朝向是东南，而三期的主朝向是西南。除了在小区地理中心留出了公共活动的场地、在周边组织一些公共活动的设施，所有的设计都要服从快速建造原则。也就是在这样的一个历史背景下，作为厄斯特 · 梅设计团队的重要成员，利豪斯基设计了标准化的法兰克福厨房，一个满足工业化要求的最小面积厨房。被寄予降低成本厚望的住宅工业化仍遭到批评，一方面是因为造价居高不下，另一方面因为拒绝了传统工匠而面临本地传统建筑行业的一致反对。[64]

因地制宜是做设计和评价设计的重要标准，可能也是最重要的标准。从 1925 年上任到 1931 年黯然离任，厄斯特·梅带领团队在短短的 6 年时间里完成了超过 18000 套新住宅建设。这个数据，对于当时的建筑界是一项了不起的成就，但对于解决法兰克福的住房住短缺困难，只能说杯水车薪。因此从地方政治的视角上，厄斯特 · 梅和他的团队是不那么成功的，甚至可以说是一次“经典的现代性危机”。[65] 但他们研发的居住区规划设计和工业化建造方法，并非没有意义。所以当 1931 年厄斯特 · 梅被迫离开法兰克福总

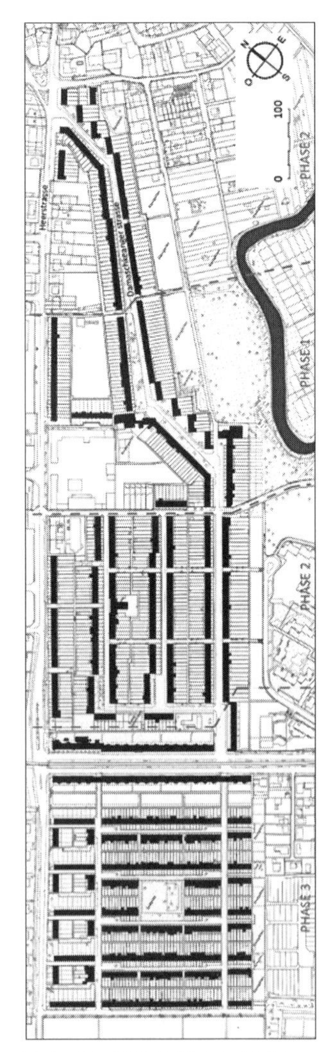

**图 8-17　普劳恩海姆小区总平面**

规划师总建筑师的岗位之后，马上接到了苏联的邀请。厄斯特·梅和他团队的大部分成员，整建制来到苏联，帮助这个计划经济国家完成了一系列的新城市的建设。[66] 这些苏联新城市采用了厄斯特·梅在法兰克福所探索的行列式居住区的规划原则、工业化建筑方法，以及最低住宅建设标准，并从中归纳出来了苏联的居住区规划制度。而这些居住区规划制度在 1949 年以后随着苏联专家来到了中国，逐渐与本土文化融合并演化成为中国的居住区规划制度。从这个角度而言，新法兰克福运动深刻地影响了中国。

新法兰克福的影响力通过文化传播、建筑教育和国际组织传播到了更大的范围，并不止于住宅和城市设计，不仅限于德国和苏联的项目。在设计和实施公共住房项目的同时，厄斯特·梅的团队从 1926 年到 1931 年共编辑出版了 55 期名为《新法兰克福》的杂志。杂志副标题随着时间的推移而变化：城市设计问题月刊（1926—27）、现代设计问题月刊（1928—29）和文化再设计问题国际月刊（1930—31）；内容涉及国际建筑趋势、艺术更新、住房和教育，并邀请到了包括格罗皮乌斯和吉迪翁等专家参与写稿。[67] 杂志之外，在哈尼斯·迈耶担任包豪斯校长的期间，包豪斯课堂也在传播新法兰克福的经验。他在设计课上指导学生进行住宅的日照分析，并推广均好的规划布局方案。国际现代建筑大会（CIAM）也是新法兰克福运动的影响力平台。1929 年的第二次国际现代建筑大会在法兰克福召开，形成了城市和现代主义建筑的双赢局面。勒·柯布西耶在大会中发表了题为《"最小住宅"问题的基本要素分析》，并旗帜鲜明地表态"'最小住宅'不会摧毁建筑"。[68] 梅在大会上大声疾呼城市设计的转型——

> "成百上千的问题不能留给建筑师一个人来解决，尤其是那些习惯于在经济考虑的外衣下，从片面的审美角度来评估事物，并且可能甚至想把他的个人生活和居住要求强加给大众（的建筑师。）"[69]

新法兰克福运动仅存在了 6 年时间，但其所代表的行列式现代主义居住区，通过法兰克福实验，通过媒体、教育和国际会议深刻地改变了世界。例如，1935 年完成的阿姆斯特丹的扩展规划就是典型的行列式居住区。阿姆斯特丹运河纵横的老城区与贝尔拉奇设计的阿姆斯特丹南部都能找到传承历史的痕迹，对自然、传统、产权严谨尊重下的肌理特征。而城市西郊遵循行列式原则规划而成的扩展区，由无视自然地理、政治经济、城市传统，以所谓的阳光、健康、均好性、经济性来实现快速建造。这种"国际式"设计也许可以在短时间内缓解居住短缺现象；但与此同时，它不正是造成千城一面的推手吗?

本章重点讲述了 20 世纪初住宅和城市设计的进步运动——由霍华德提出的田园城市、纽约的花园公寓和 1920—1930 年代的欧洲现代主义住宅。田园城市与行列式在当时语境下都是先进的，并且都深刻影响着今天的世界，但两者毕竟有所不同。

首先是城市发展模式的差异。田园城市选择发展卫星城，而现代主义居住区选择城市扩张。霍华德的城市设计思想背后是对中心城市未来发展的质疑，田园城市（一定程度上）放弃原有城市，取而代之以由绿化带环绕的卫星城与原有大城市形成网络的城市发展模式。通过绿带和人口限制来抑制城市空间发展都是同一价值观的结果。而以行列式为代表的现代主义居住区建设，更加强调依托现有城市空间结构和基础设施的扩张思路。城市发展模式的思考是值得所有人深思的问题。这两种城市设计的思路，很大程度上也决定了它们不同的发展命运。今日世界能够称得上是田园城市的项目屈指可数，而现代主义居住区则深刻影响了从西方到东方的无数个国家。这是因为要从零开始建设新城市的难度无穷大。田园城市思想无疑是激动人心的，但也是不经济的，适合富有的中心城市，但不可能取代中心城市。历史上形成的中心城市是自然地理和政治经济的选择，体现了世代先人的智慧传承，绝非后代可以轻言放弃的。在 19 世纪充斥公共卫生和各种社会问题的欧洲旧城，并没有在 21 世纪消失，大部分在城市更新后仍旧焕发出生生不息的活力。

其次是功能和风格的差异。田园城市对自然环境的追求超越了时间，至今深入人心；现代主义居住区无疑受到了田园城市的影响，但是片面强调均好性与经济性已经不适合今天的城市发展。包括迈耶在内很多的现代主义建筑师都承认受到了田园城市的影响。但是田园城市和现代主义居住区本质上有两大区别，即自给自足的经济和建筑风格的自由，霍华德所构想的是一种社会改良和社会组织的新方法，而 1920 年代开始的现代主义居住区是单一的居住功能，并坚定地使用与传统式样决裂的建筑风格——国际式。因为对自给自足的要求，使得田园城市必须拥有混合功能而非单一居住。与之相对的是现代主义居住区，单一居住功能使得居住区不能脱离城市的其他功能而存在；令人啼笑皆非的是这个无法单独存在的功能却又常常声称要在风格上与历史和周围环境决裂。客观地说，没有一种思想是一成不变的，田园城市和行列式的现代主义居住区都有优秀的案例和失败的教训，重点是设计需要与时俱进、因地制宜。

周边式和行列式也需要认真讨论。两者都有自己的局限性，也并没有二选一的排他性。周边式建筑也常被称为“围合式”，通过在四至边界平行街道建房塑造了整体街墙，强化了城市的文化一致性，也符合城市设计的继承者原则，这是我们通过奥斯曼改造巴黎获得的认知。周边式也是诸多欧洲老城土地开发几乎必然的结果。例如巴塞罗那扩展区以整齐划一的周边式街区而闻名于世；但 1859 年公布的塞尔达方案中除少部分的独立式建筑，绝大部分街块都是行列式建筑。是城市设计导则、巴塞罗那的住房短缺和资本逐利的天性共同将行列式变成了周边式。周边围合有利于塑造街道公共空间，但如果没有地块内的城市设计，以柏林兵营式出租屋和纽约 1902 年前出租屋为典型，周边式街块也是恶名昭彰的居住环境。同样，作者对行列式居住区也保持警惕。均好性和经济性的提出无疑是一种时代的进步，它为快速、

**周边式建筑的不足**
早在新中国成立初期，建筑师就发现了这一问题。“1954 年封闭性的院落空间组合，通风和朝向欠佳。”参考：徐景猷，方润秋. 上海沪东住宅区规划设计的研讨 [J]. 建筑学报，1958（2）.

大规模地建造住宅，用住宅工业化的方式解决困扰大城市的住房短缺现象，提供了一个明确可行的解决方案。从这个意义上说，行列式比历史上众多无法复制的工人阶级模范住宅都要优秀。其次，无论是南北向还是东西向，行列式在采光、通风和私密性上都优于周边式。尤其是对于大量的中国城市而言，忽略地域和尺度特征而片面强调围合是不恰当，而影响采光通风与私密性更有悖于健康生活。第三，行列式的标准化设计便于快速建造，但如果忽略了城市的自然地理、政治经济和文化，则很容易沦为千城一面的结果。这个情况也已经成为中国城市风貌的一个顽疾。

因此，我们有必要讨论行列式居住区避免千城一面的三条设计原则。上一章节提到的马蹄形居住区恰恰是说明这些设计原则的绝佳案例。

第一条原则是行列式与建筑风格无关。行列式居住区可以符合时代精神，可以结合各种各样的建筑形式。马蹄形居住区采用了平屋顶的现代主义建筑式样仍旧位列世界文化遗产，说明行列式的建筑风格与美学没有直接的关系。

第二条原则是行列式可以包容多元布局。马蹄形居住区大部分是东西向行列式，也是严格围合着街道的周边式，中心更使用了马蹄形建筑和具有巴洛克特征的放射线布局，这个包容性是马蹄形居住区成功的关键。

更重要的、也是最重要的是第三条原则。马蹄形居住区能穿越近一个世纪仍被铭记，最重要的原因是它塑造了一个具有识别性、也符合居民日常使用要求的公共空间。所以，行列式避免千城一面的第三条原则就是居住区需要高质量的核心公共空间，需要可识别的场所。

**小节讨论**

恩斯特·梅领导的团队，在 6 年间为法兰克福建造了近 2 万套社会住宅却仍被认为是不称职。如何理解这一现象？

# 复习思考

## · 本章摘要

面对工业革命后不断恶化的城市环境，霍华德提出了结合城市经济活力与乡村生态环境的社会改良构想——田园城市理论。尽管田园城市的实践没有成功，但启发了世界各地的建筑师和规划师开始探索在住宅设计中引入阳光、通风和健康的环境，并通过在新城建设和城市更新中的住宅快速建设改变了城市风貌。

## · 关键概念

田园城市、别墅公寓、行列式住宅、均好性、最低居住标准、住宅工业化

## · 复习题

**1. 霍华德的“田园城市”是现代规划和城市设计历史上的重要思想，其核心理念不包括：**

a. 放射同心圆的空间结构　　b. 绿化带抑制城市扩张

c. 自给自足的经济结构　　d. 综合城市与乡村的优势

2. 德国花园城市玛格丽特高坡（Margarethenhoohe）与英国田园城市莱齐沃斯（Letchworth）的核心差异：

a. 绿化隔离带
b. 居住者的社会身份
c. 企业的经济基础
d. 英国与德国的建筑风格差异

3. 请选择与纽约森林山花园无关的表述：

a. 内部道路改变了方格网街区肌理
b. 强调手工艺反对预制装配式建筑
c. 在地理中心布置学校
d. 以火车站为门户组织空间

4. 纽约 1920 年代公寓设计发展中，U 形住宅标准单元组合的优势包括：

a. 实现更低的覆盖率
b. 模块化设计的经济性
c. 更多的阳光和通风
d. 以上所有特点

5. 纽约 1920 年代公寓设计发展中，锯齿形住宅标准单元组合对城市风貌有何不利影响：

a. 套型单元视距优化
b. 破坏街道界面连续感
c. 建筑形体丰富
d. 更好的通风

6. 相比 19 世纪的出租屋，20 世纪初纽约住宅的进步内容不包括：

a. 降低覆盖率，增加绿地和公共空间
b. 套型采光通风和套内卫生间
c. 强调自然通风和疏散的楼梯
d. 明确南北朝向比街道关系更重要

7. 欧洲国家 1920 年代的居住区建设与霍华德田园城市的核心差异：

a. 公共服务设施标准
b. 建筑风格差异
c. 围合式与行列式之争
d. 城市扩张与卫星城的差别

8. 请选出以下对恩斯特・梅恩于 1925—1931 年间领导的法兰克福社会住宅运动的不正确表述：

a. 尝试了行列式规划的多样手法
b. 积极探索了工业化装配式住宅
c. 强调南北向行列式的绝对优势
d. 提出最小单元面积的规模经济理念

9. 请选出行列式居住小区塑造城市风貌的关键因素：

a. 现代主义建筑样式
b. 放射性的总体布局
c. 公共空间场所塑造
d. 采光通风的均好性

10. 请选出行列式居住小区对城市风貌的潜在威胁：

a. 标准化造成千城一面
b. 现代主义建筑单调
c. 低造价导致粗制滥造
d. 东西向物理环境不佳

# 第 9 章

# 从邻里单位到标准化城市

一种新型的“多核城市”将取代组织不善的单中心城市，
……在这种城市中，
有足够间隔和界限的社区集群（将）履行大城市的职责。

——刘易斯 · 芒福德[1]

## 9.1 邻里单位

“邻里单位”对于当代中国的影响，可能比“田园城市”和“行列式住宅”更深刻，其出现和普及为（建立在分类用地基础上的）标准化城市打开了方便之门。

邻里单位的故事开始于1920年代美国纽约的区域规划运动。进入20世纪后的纽约继续吸引着来自全世界的移民，但是包括住房和交通等在内的环境质量并没有得到充分改观，随着田园城市理念的普及与城市伴随郊区化不断蔓生，城市与乡村二元对立的观点逐渐模糊，越来越多的有识之士认识到诸多城市问题的解决不能局限于个别城市及其建成区，需要从区域的视角开展工作。在这个阶段出现了两个重要的非官方组织：区域规划协会和美国区域规划协会。

由银行家发起的区域规划协会（英文简称：RPA）[2]为纽约大都会区编制了第一版区域规划。这个成立于1921年的非官方组织最初由银行家查尔斯·诺顿（Charles Dyer Norton，1871—1923）发起，赛齐基金会出资，目标是超越单一行政区划，以纽约市和相邻的新泽西州、康涅狄格州城市化区域为研究对象，着手研究由高速公路和铁路所串联的公园、住宅和工业中心的复杂网络，一个包含物质和社会发展的区域规划。[3]世界首位职业城市设计师——托马斯·亚当斯在1923年被请到纽约，担任这个委员会的规划和调查总负责。[4]委员会在1927年到1929年间详细调研基础上先后出版了10本报告，涉及整个大都会区的经济、企业、地理、人口、交通、建筑、住宅等方方面面。以此为基础，这个非官方组织于1929年出版了纽约区域规划方案。[5]尽管并没有制度化力量，但作为全世界第一部区域规划，却深刻影响了包括伦敦、哥本哈根在内的很多大城市的规划。正如莱维（Levy）所说，它“不仅有助于指导纽约地区的发展，而且成为未来几十年其他大都市区域规划工作的参考模型。”[6]

几乎同时，纽约还诞生了另一个名为美国区域规划协会（英文简称：RPAA）的松散民间组织。该组织由建筑设计师克莱伦斯·斯泰恩（Clerance Stein，1882—1975）发起，从1923年开始延续了10年活动，但主要成员仅6人，除斯泰恩外，还包括地理学家和自然保护主义者本顿·麦凯（Benton Mackaye，1879—1975）、历史学家和建筑评论家刘易斯·芒福德（Lewis Mumford，1895—1990）、设计师亨利·莱特（Henry Wright，1878—1936）、开发商亚历山大·宾（Alexander Bing，1878—1959），以及1927年加入的凯瑟琳·鲍尔（Catherine Bauer，1905—1964）。这群当时的年轻人都认为有必要创造一种新的多中心区域城市来替代当时问题重重的历史城市。六位核心成员扮演着不同的角色。宾是第一任主席，也是提供财务资源的开发商；芒福德是冉冉上升的评论家与发言人；而斯泰恩与莱特则是实践项目的设计师。两位设计师分别毕业于巴黎美术学院（布扎）和被戏称为“美国布扎”的宾夕法尼亚大学建筑学院，却都深受霍华德的田园城市思想的启发。他们于 1924 年专门赴英国拜访了霍华德、昂温和帕克，并实地参观了第一座田园城市——莱齐沃茨。[7]

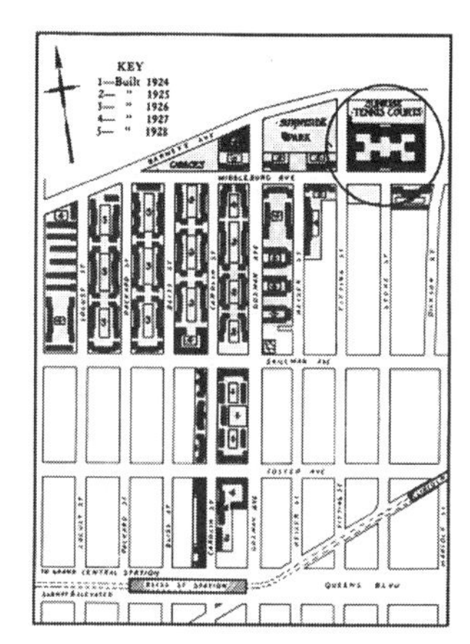

图 9-1 桑尼赛德花园总平面（1928）

美国区域规划协会完成的第一项实践是 1924 年开始设计建设，位于纽约市皇后区的桑尼赛德花园（Sunnyside Gardens）（图 9-1）。[8] 桑尼赛德花园尝试了不同的设计原则和方法，也收获了开发经营的经验与技术。负责开发的亚历山大 · 宾为项目制定了目标：“以尽可能低的价格生产出好房子，保证公司的投资安全，并把建造和出售房屋的过程作为制定更好的房屋和街区计划以及更好建造方法的实验室。”[9] 宾不仅作为最大股东出资建立了城市住宅公司，[10] 还拉来了包括小洛克菲勒在内的诸多财团入股，并为购房者提供了贷款担保。城市住宅公司购入了皇后区约 31hm$^2$（77 英亩）的土地，根据纽约区划其中大部分都是东西宽约 70m，南北长度不超过 300m 的狭长地块。截至 1927 年项目建成并销售了 1200 套公寓住宅，并为美国区域规划协会成功筹措了下一个项目——雷德朋的土地购置、建筑设计和法律手续等所需要的资金。

图 9-2 邻里单位模式图（1929）

区域规划协会的克莱伦斯 · 佩里（Clarence Perry，1872—1944）于 1929 年归纳了邻里单位（Neighborhood Unit）的概念（图 9-2）。[11] 在当年出版的《纽约及其周边调查（第七卷）》中，佩里在“邻里单位：一个家庭生活社区的安置方案”一文中提出了完整的邻里单位概念。[12] 佩里从 1907 年开始为塞奇基金会工作，之后入住森林山花园。作为基金会倡导美国社区中心运动的主要旗帜人物，佩里于 1916 年曾出版《社区中心活动》的专著，[13] 佩里也在区域规划协会中负责社会部分的调查和写作。[14] 佩里同时也是美国区域规划协会的成员，[15] 但并不是一个职业的建筑师、规划师或者说理论研究工作者。佩里的历史贡献是从包括塞奇基金会的社区中心运动和森林山花园，以及其他一系列实践经验中归纳出了一套完整且便于复制的理论。

佩里在 1929 年指出邻里单位是完整城市的一部分，同时又是一个独立区域。这个为理想家庭生活构想的居住小区具有规模、边界、开放空间、服务设施、社区商店和内部道路等一系列特征。[16] 而佩里在 1929 年文章中使用的邻里单位总平面几乎就是森林山花园的简化版本。

首先在邻里单位的核心区域布置小学和社区中心。社区规模取决于小学招生规模，且形成一个 1/4 英里（约 400m）半径的步行区域，以保证孩子们可以在步行范围来到学校。

其次是以快速道路围合而成的超级街块。四周有宽度足够的道路确保过境交通快速通过，外部的快速路不再穿越到社区中部，在社区内通过限行和断面设计便利内部通行但抑制过境穿越。

第三条是位于边缘的社区商店。居民生活消费需要商店，但商店应该布置到社区边缘靠近快速道路，以避免外来消费者因为商业行为穿越到社区中。靠近快速路可以吸引更大范围内的顾客并与其他商店相互呼应。

此外还有一条特别重要是关于绿地和开放空间。在克莱伦斯·佩里为邻里单位推荐的用地平衡表中，公园和游乐园占总用地的 8.6%，绿地步道仅仅占据了 2%，即使包含占总用地 0.8% 的商店前广场，总开放空间也不过总用地的 11.4%。[17] 与当代中国大陆地区，城市普遍要求的 30% 绿地率相比，这个指标似乎乏善可陈。只有理解 20 世纪初的美国城市、理解美国的土地制度、理解当时纽约出租屋恶劣的居住环境，理解很多出租屋的覆盖率已经接近了 90%……才能理解 10% 在那个时代已经是一个进步的指标了。

在克莱伦斯·佩里归纳概念的同时；美国区域规划协会的设计师建成了邻里单位的示范项目。桑尼赛德花园项目成功后，宾的公司在考察了纽约大都会区诸多选址后，最终在距离曼哈顿北部华盛顿大桥 20km 的新泽西州卑尔根县费尔劳恩市，购买了约 4.85km$^2$（1200 英亩）的土地。在这片面积相当于桑尼赛德花园 15 倍且没有区划限制的农田中，1929 年建成了第一个邻里单位项目——雷德朋（英语：Radburn）（图 9-3）。该项目在住宅和城市设计历史上留下了显著的独特地位。它的设计和开发模式、乃至区域城市的发展战略，都深刻影响着后世。

由超级街块、尽端路和低层小住宅组成的"雷德朋平面"成为遍布北美洲的郊区化模式，也成为许多国家高收入阶层向往的"郊区化生活"。雷德朋平面是对邻里单位和田园城市思想的一次集中实验。雷德朋一期与邻里单位模式图有很多相似之处。同样以小学校占据社区中心，并以 400m 半径控制了用地规模；同样以内外分离的道路系统限制穿越交通；同样在西南角快速干道边设置社区商店。不同之处是雷德朋的绿地面积远远大于 10% 的比例。作为一次建造实验，雷德朋证明了邻里单位概念的切实可行。

雷德朋是田园城市理念的美国实验。1928 年 6 月 24 日，《纽约时报》报道了即将开工的雷德朋，报道标题为《小汽车时代的郊区田园城市》（图 9-4），雷德朋从此成为一种文化符号。[18] 斯泰恩构想的雷德朋是由 3 个相邻的邻里单位所组成的完整社区，1929 年建成的仅仅是第一期。按照设计，3 个邻里单位交叠的部分是社区中心，并预留了办公和高中建设的用地。社区的规模取决于学校，在这个 1 英里（1.6km）半径的社区外围则是绿化带和没有城市的高速路。

以居住功能邻里单位为基础，斯泰恩又提出了由高速公路串联的区域城市构想（图 9-5）。由快速路串联起了邻里单位与办公、教育或工业等功能组团，而每个组团都围绕在绿化带中，形成更卫生也更生态的理想城市。这一构想背后有着清晰的田园城市痕迹，只不过没有中心城并将铁路更换为高速路。如同英国田园城市实验，雷德朋实验也难言成功。一期项目建成后不久，项目开发公司就因为世界经济大萧条而倒闭。雷德朋的实验无疾而终，但区域城市却很大程度上在二战后成为美国现实。当代很多美国人都生活在高速公路串联起的绿带包围中，而付出的是中心城衰退、能源不可持续以及其他很多的代价。

**图 9-3　雷德朋方案（1929）**

THE NEW YORK TIMES, SUNDAY, JUNE 24, 1928.

# A SUBURBAN GARDEN CITY FOR THE MOTOR AGE

Radburn Will Be Built to Avoid the Annoyances of Old-Time Towns

By STUART CHASE.

An Artist's Conception of Radburn, the First Town That Will Be Built to Meet the Difficult Conditions Created by the Traffic Problems of the Motor Age in America.

A Back Lane in the Radburn of the Future.

The Ground Plan of a Section of Radburn, Showing the Proposed Layout of the Streets and the Parks.

图 9-4 《纽约时报》对雷德朋的报道

报道标题是"小汽车时代的田园城市"，副标题是"雷德朋的设计将规避旧式城镇的烦恼"。

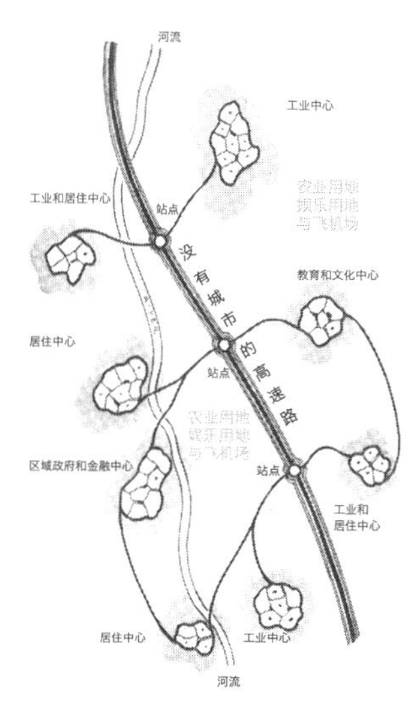


**图 9-5 斯泰恩的区域城市模式图**

图中由标注着"没有城市的高速路"字样的道路串联起诸如"居住中心""工业中心""教育和文化中心"和"区域政府和金融中心"等聚居点，背景上河流边标注了"农业、娱乐和飞机场"字样。

以理性的"规划过程"[19]为特征，雷德朋开创了城市设计的新方法。在美国区域规划协会框架下，来自不同学科背景的精英们开创了一种完全区别于传统建筑设计的学科交叉工作方法。"首先，规划者制定目标；然后收集数据；制定（多方案）并选择最优计划；实施该计划再对其进行评估。"[20]雷德朋的理性工作方法强化了城市设计的科学性。"雷德朋之所以脱颖而出，并不是因为它是最大或最美丽的城市，而是因为它是新城市科学的第一个有形产品……它旨在使居住和工业场所适应人类日常生活的健康要求。……雷德朋不是一个理论，它是一个示范……指明了为他人服务的道路"。[21]斯泰恩的团队此后在全美设计建设了两位数的项目，而无数的设计师又因循他的足迹将这种工作方法带到了全世界。

雷德朋第一次大规模使用了尽端路的设计，也将人车分流概念推广到了全世界（图 9-6）。历史上形成的混合功能城市中，除了大教堂等个别地标建筑物之外，所有建筑都遵守着平行道路建设的社会契约。即使在昂温和帕克所设计的莱齐沃茨田园城市中，建筑物仍然采用了这一历史传统并创造了双围合的独特平面。法国工程师、建筑师和规划师尤金·赫纳德（Eugène

Alfred Hénard，1849—1923）早在 1901 年前后就提出了人车分行的交通模式，但是将这种原则落实在居住区则是雷德朋的“创举”。以保障儿童步行安全为目的，雷德朋设计了两套完全隔离的步行与车行路径：车行尽端路直达每一幢建筑物入口一侧的车库，而每幢建筑物的另一个入口则联系着绿地中的步行道。由超级街块和尽端路组成的交通模式，成为雷德朋模式的重要特征。但无论是超级街块阻止过境还是交通人车分行，都是有争议的交通策略。超级街块阻断了城市交通，人车分行强调了机动车优先，它们都必须因地制宜地批判性选择。这套策略放在郊外的雷德朋也许无可厚非，但是如果放在城市中心就很有可能是不恰当的。正如美国区域规划协会宣传的“没有城市的高速路”，机动车优先是一种反历史、反城市的态度。无论是欧洲的战后重建还是美国的城市蔓生，抑或是大多数发展中国家的城市化，机动车优先都造成了传统城市空间被破坏和街道生活被无视的代价，也由此带来了安全、拥堵、污染等一系列问题的恶性循环。1960 年代以来，越来越多的城市开始重拾人车共享路权的交通稳静化策略，则是对人车分流的反思。顺应社会发展，中国政府也在 2016 年的城市工作会议指出“小街区、密路网”的开放街区模式。

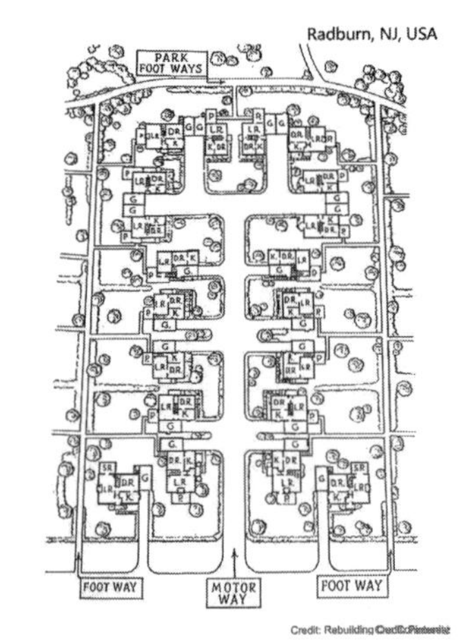


**图 9-6　人车分流（车辆优先）**
克莱伦斯 · 斯泰恩设计的两个项目说明了人车分流和尽端路并非只有一种模式。图为 1928 年设计的雷德朋。

**尽端路（英语：Cul-de-sac）**
来源于 18 世纪的法语，特指以建筑围合的场地结束的道路，也有译作“死胡同”。

道路是城市设计的核心工作，影响着城市风貌与街道活力。人车分行是现代城市交通的一个重要特征，城市设计师必须因地制宜地理性设计，而不是固执于某一种僵化的理念。作为杰出的设计师，斯泰恩掌握了人车分流的不同可能（图 9-7）。例如在美洲大陆的西海岸，斯泰恩事务所设计的鲍德温山村[22]就采用了另一种人车分行模式。[23]“克莱伦斯 · 斯泰恩认为鲍德温山村是雷德朋创意的伟大延续。”[24]在东西长约 800m、南北宽约 350m 的超级街块中，车行交通被限制在四至边界和延伸的尽端停车场，整个用地的中心是完整连续的绿地公园。人行占据了场地的绝大部分空间，以保证大部分的场地都是适合步行、适合游憩且没有交通干扰的空间。

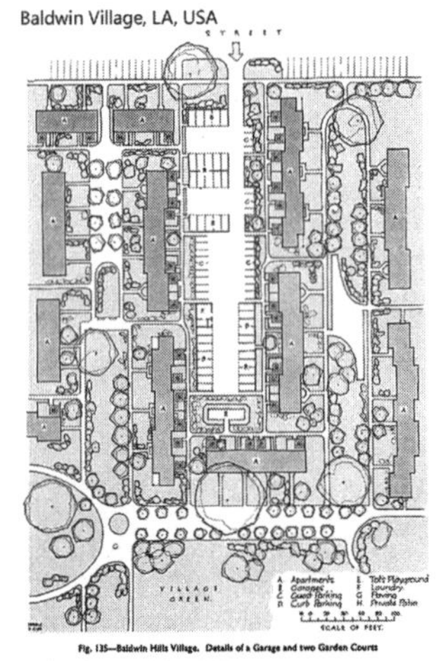


设计：Clarence Stein（1942）

**图 9-7　人车分流（以人为本）**
克莱伦斯 · 斯泰恩设计的两个项目说明了人车分流和尽端路并非只有一种模式。图为 1942 年设计的鲍德温山村。

邻里单位是区域城市的产物，是“20 世纪城市和郊区居住区规划和建设的理论基础。”[25]这是一个由区域规划协会提出原则，由美国区域规划协会的雷德朋项目实践检验的理论。尽管都着眼于跳出历史城区思考城市问题，然而由托马斯 · 亚当斯指导的区域规划协会和由刘易斯 · 芒福德所代言的美国区域规划协会却有着本质的区别。亚当斯推崇的是以曼哈顿为中心，串联周边的“扩散再中心化”[26]的纽约大都会区；而“芒福德则呼吁分解‘死亡之城’大都会，取而代之以由小规模卫星城市组成的城市网络。”[27]这种认识差异反映在二战后的城市扩张中，邻里单位为大规模住房建设并解决住房短缺现象奠定了基础，也为中心城衰退和很多国家社会住宅的贫民窟化埋下了定时炸弹。

佩里于 1929 年提出了邻里单位的概念——这种以学校为中心设计社区，区分过境道路和内部道路，在外围布置商店并消除城市穿越交通的做法是社会的进步。通过绿地率指标来控制环境质量已被证明是一种可行的

**小节讨论**
请讨论邻里单位的空间组织模式是否适用于旧城改造？

方案，也落实到了我们今天城市规划和管理中，成为主要的管控手段。作为第一个邻里单位实验，雷德朋检验了理论可行，也深刻影响着全世界的城市。

## 9.2 卫星城市

当美国设计师在田园城市实践中创造出“邻里单位”，他们的英国同行也再创了“卫星城”概念。当田园城市、邻里单位与卫星城相互融合，就形成了可复制的样板。

着眼于解决伦敦乃至其他大城市严峻的住房短缺和公共卫生恶化，英国政府从 19 世纪下半叶开始了一系列的立法工作。从以公共卫生之名清除贫民窟的《1890 年工人阶级住宅法》[28]；到授权伦敦以外市镇开展贫民窟清除的《1900 年工人阶级住宅法》。从提高新住宅建筑标准的《1909 年住宅和城镇规划法》，后者也是英国第一部规划法规[29]；到第一次世界大战后通过《住宅和城镇规划法 1919》，开始了使用财政建设公共住宅的先例。[30]1925 年英国国会通过全新立法，这部《城市规划法》涵盖了既往所有的住宅与规划法规，成为英国第一部城市规划法。[31] 随着法规和实践，越来越多的人认可田园城市的理念，即限制大城市的无序扩张，在郊外建设兼具城乡优势的新城市。

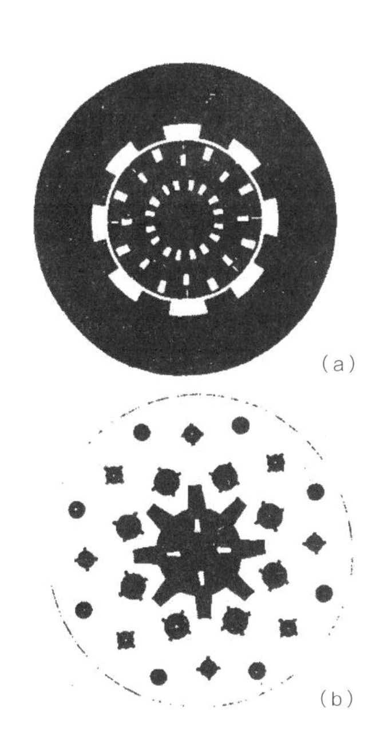


“卫星城”作为城市研究专业词汇的历史可以追溯到 1915 年美国学者格拉汉姆 · 泰勒[32] 出版的《卫星城：工业化郊区研究》[33]。这部著作将 19 世纪末出现在美国大城市郊外的工业新社区称为卫星城，同时指出郊外的低地价和低税收，以及城内的拥挤环境共同造成了空间独立，但劳动力和市场仍与母城紧密相连的卫星城现象。泰勒进而批评卫星城经济繁荣背后存在对劳工阶层居住和公共服务的缺失和无视。[34] 泰勒呼吁政府、劳工、企业主和社会改良家一起致力于解决卫星城的问题，“但是这种政府干预的态度却又是与美国政治格格不入的”。[35]

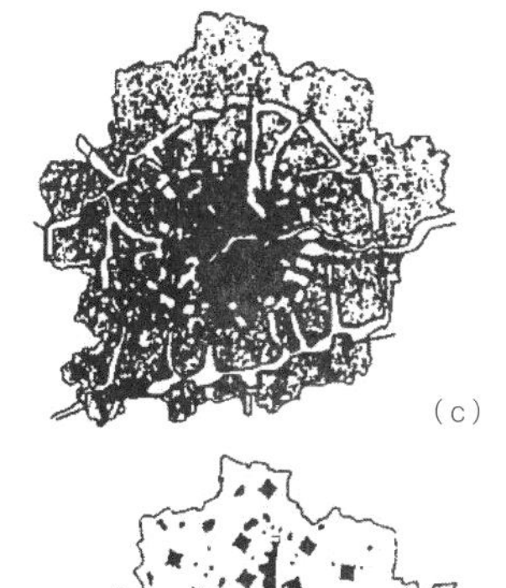


(d)

**图 9-8　1929 大伦敦发展规划的分析图“格局与背景”**

昂温在 1920 年代前后开始使用卫星城概念，作为其推崇的城市发展模式（图 9-8）。他声称“以促进现代人的身、心和精神的最高健康为目标，在所有城镇发展中保留足够的开放空间是几乎最重要的工作。”[36] 基于此目标，昂温提议在伦敦周边设置绿带并抑制城市发展并落实在了他担任技术负责人的 1929 年大伦敦规划中。在名为“格局与背景”的分析图中以开放空间为背景说明：（a）可开发用地呈现围绕中心城的网络状；（b）建设用地面积随着远离中心城递减；（c）绿带为未来发展保留了建筑的无限可能；（d）卫星城和待开发区域。除了不再强调自给自足，卫星城强调的绿地抑制城市的无序扩张、具备网络特征和向心联系都与田园城市一脉相承。昂温在大伦敦规划编制时的同事派特里克 · 阿伯克隆比（Patrick Abercrombie，1879—

1957）传承了这些观点，将它们落实在了自己负责编制的 1944 年大伦敦规划中。

田园城市的理论家查尔斯·本杰明·蒲鲁东（Charles Benjamin Purdom，1883—1965）[37] 在 1925 年出版了全面介绍了卫星城的理论和实践的专著——《卫星城建设》[38]。蒲鲁东认为莱齐沃茨是田园城市，韦林是卫星城；"虽非必须，但卫星城应该是田园城市。"虽然同样着眼于将人口引入开放的乡村，但相比卫星城，花园郊区却是在继续城市的无序增长，并增加了每天通勤的时间、能源和金钱浪费。[39] 与泰勒列举的工业卫星城相比，莱齐沃茨和韦林拥有更好的生态和美学环境，也有着更齐全的居住和公共服务，唯有经济性完败。在介绍了两座新城的经验之余，蒲鲁东也严厉地批判了伦敦郡议会不作为的住房政策。[40] 期望政府干预的愿望在 1948 年变为事实，来自工党的住房部长希尔刊宣布将韦林纳入新镇体系，开发商干不成的田园城市变成了纳税人买单的事业。[41]

蒲鲁东和昂温都暗示，政府应以公共政策和公共财政保障卫星城融入中心城的经济体系，避免工业化卫星城在居住、环境和公共服务上的缺失。

继承是城市设计的核心原则，没有理论是从零开始。卫星城理论吸收工业新镇的优点与田园城市对生态环境的坚持，放弃了经济自给自足的乌托邦幻想。在著名的规划专家阿伯克隆比的带领下，一批英国的青年城市设计师和建筑师，在卫星城基础上扩展了邻里单位的想法，从一次次实验中建立了一个可复制可推广的完整系统。完成邻里单位系统化改造尝试的主角叫作现代主义建筑研究小组（英语：Modern Architecture Research Group），也是国际现代建筑大会（CIAM）在英国的主要分支。也许自我定位是一个异想天开的组织，这群年轻人自称 MARS（英语：火星）；那么我们接下来就把他们称为"火星小组"。

火星小组在 1937 年公开了综合邻里单位与带形城市特征的概念设计（图 9-9）。在高度抽象的带形城市，在 5km 长的高速公路两侧延伸出一系列半圆形的邻里单位，并共同容纳了 3 万人口。在每个高速路出口都有由内圈高层建筑、中间学校和商店、外围新月形联排住宅所组成的定居点。尽管它在尺度上也延续了邻里单位理论提出的每 1/4 英里（约 0.4km）一个邻里单位的组织概念，但过于抽象的形式很难让人认真对待，包括他们的导师阿伯克隆比爵士也不认可。[42]

阿伯克隆比随后安排自己的博士生亚瑟·乔治·林[43] 加入火星小组并主导了之后的"创作"。阿瑟·林将当时欧洲大陆的行列式居住区思想融入原先设计，创造出便于理解与执行的概念和分级分要素的管理机制。在整个邻里单位的最底层，是由 1000 个居民组成了一个小邻里单元；然后由 6 个小邻里单元组成了一个邻里；再由 8 个邻里形成了一个市镇；接着每 10 个市镇组成了一座城市；最后把 10 个城市组织在一起就想象出来一个 500 万人的首都。在概念设计中，林以行列式住宅代替了美国的低层小住宅，公共建筑则借鉴了勒·柯布西耶的建筑设计语言。综合了美国和欧洲大陆的先进

**带型城市**

带型城市是西班牙工程师阿图罗·索里亚·马塔（Arturo Soria Mata，1844—1920）在 1882 年提出的理想化城市模型。

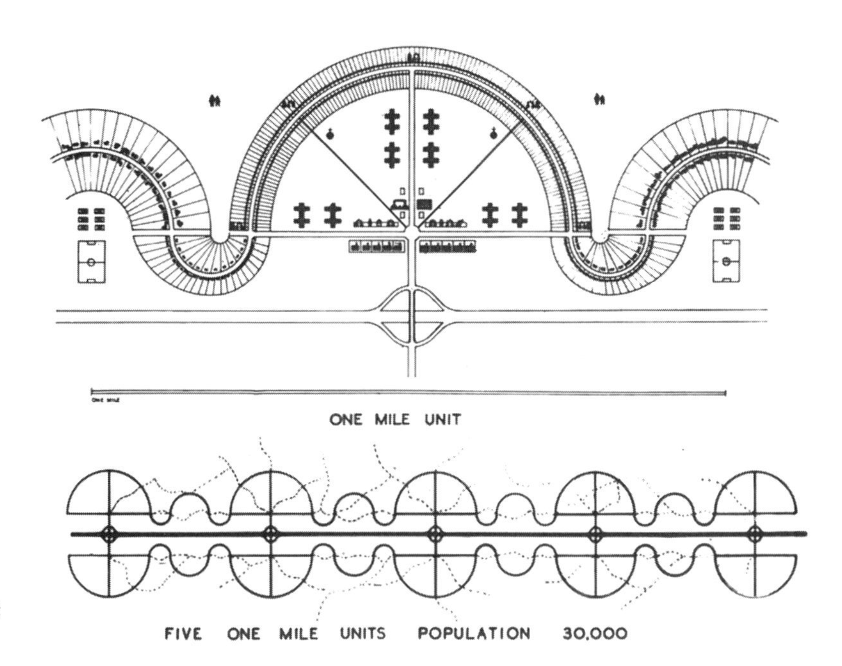


**图 9-9 一英里（约 1.66km）长的邻里单位（1937）**

思想，火星小组的邻里单位在国际现代建筑大会中引起了广泛关注。

阿瑟·林接着提出了区域层面的城市设计构想，一个由小邻里到伦敦未来的城市更新思路。这个大拆大建的概念性方案看似荒诞不经，漫画般的图纸竟然是伟大的历史城市——伦敦的概念性城市设计。在他们的构想当中，这座 500 万人的城市只有泰晤士河边一小部分保留了下来，其余都变成了在环线之内一条一条延伸的带形公路。在每一条带形公路上，就是一个城市。

火星小组 1938 年提出的"狂想"很快就遭到了全社会抨击，不得已他们又提出了新版本的邻里单位并组织在他们 1942 年的伦敦城市设计中（图 9-10）。在这一次的设计当中，他们微调了邻里单位的概念：每一个小邻里单位仍然是 1000 人；然后每 6 个邻里单位组成了一个邻里。但邻里不再是多层的建筑物群和传统的建筑式样，而是直接选择了高层板式住宅楼。在邻里之上的市镇；市镇之上的城市并没有太大转变；但是中心城市被拓展到了 1000 万人。因为伦敦人口随着欧洲战事不断聚集，以限制城市蔓生为目标的英国必须要选择高层住宅来建设邻里单位。

除了选择高层住宅，保留了学校、商店和公共服务的基础构想。每个高强度开发的新市镇，地理中统一由商业、教育和通往高速公路的联系道路组成了清晰空间结构。到了城市层面上，他们新提出的 1942 年伦敦城市设计较之前作增加了历史条件。当然对于这座有悠久历史的城市而言，这样设计仍然是荒诞不经的。所以伦敦战后真正实施的大伦敦规划，可以认为跟这个方案没有关系。这是一种分层分等级的要素结构，也是一个比较容易被理解的树形城市结构。那么这种结构有没有可能实施呢？只要把时针调回到 1666 年的伦敦，答案就很明晰了。为什么 1666 年的大火之后，伦敦金融城没有按照克里斯托弗·兰恩的精美图纸重建？因为在英国的社会制度之下，对于地权的尊重、对于制度的要求，决定了这种大拆大建且不尊重历史的设计绝无实施可能。

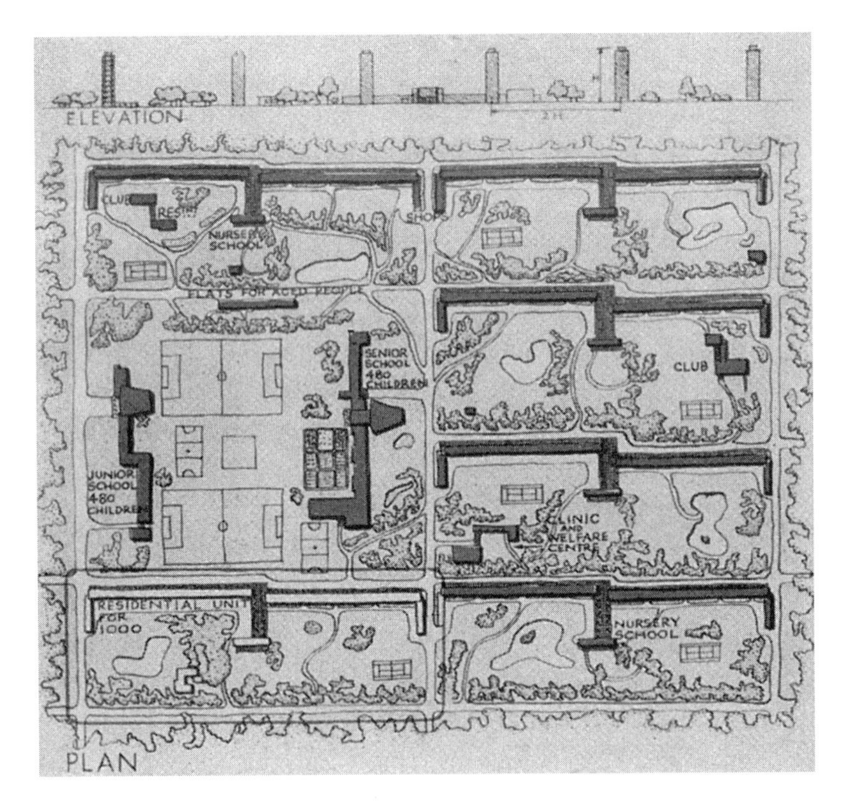


**图 9-10　火星小组的邻里单位平面（1942）**

火星小组惊世骇俗的战斗宣言与二战后实施的大伦敦规划有着千丝万缕的联系。受伦敦郡议会委托，由约翰 · 亨利 · 福肖[44]和阿伯克隆比作为负责人，从 1941 年开始编制，并先后于 1943 年和 1944 年完成了两版规划。其中 1945 年出版的《大伦敦规划 1944》在人口增长、住房、工业和就业、娱乐、交通等方方面面提出了大胆的预测，对二战后的大城市规划产生了深远影响。规划明确地指出当时的伦敦存在诸多严重的城市问题，提出了绿带限制城市扩张，外迁人口以控制城市人口增长等措施，并提出了在伦敦城市的环形高速路外围建设 8 个卫星城的宏大计划。[45] 除了通过这些卫星城疏解伦敦的城市人口，这一版规划还提出了大拆大建的市区重建计划。其中亚瑟 · 林负责了东伦敦从斯特普尼到波普勒地区的城市更新方案。在社区睦邻运动的诞生地白教堂区域，城市更新方案清除了原有的城市肌理，设计了由快速路和绿化带分割，以学校为中心的邻里单位。1944 年大伦敦规划“这是第二次世界大战结束前城市规划理论和实践的总结，同时也开启了战后重建的基本方向。”[46]1944 年的大伦敦规划最大的特点是以卫星城代表的“去中心化”，也正是这个规划从诞生之初就被广泛质疑的地方。[47] 历史学家杰瑞 · 怀特在《20 世纪的伦敦》一书中如此评价 1944 年的大伦敦规划：

“无论阿伯克隆比和他的同伴们有着多么崇高的愿望，很难避免得出这样的结论：规划师们的大部分项目都是错误的……将一个人的秩序观强加于混乱、古老、变化不定、难以驯服的伦敦之上，看来是一种不道德的无礼行为。”[48]

战斗宣言和争议话题，往往是城市设计博弈的一部分。城市设计的实践往往是博弈的结果。设计师提出的内容与落成的结果之间往往存在博弈的空间，以退为进是一种很正常的操作方法。例如 1944 年的大伦敦规划，对中心城的大拆大建基本落空，而 8 个郊区卫星城则得以落实。对于阿伯克隆比而言，火星小组的战斗宣言为他主持的规划完成了铺垫；对于火星小组的建筑师而言，战斗宣言起到了广而告之的作用。无论是否接受和支持他们的观点，这群设计师已经获得全社会的广泛关注以及未来新镇建设时的创作机遇。

1945 年工党赢得英国选举后推行了一系列的国有化、计划经济政策，并开始了福利国家建设。在此背景下英国国会在 1946 年通过《新镇法》，按照卫星城规划建设了一系列新镇（图 9-11）。[49] 这些由政府投资建设的新镇严格地落实了邻里单位的规划原则。尽管你会发现这里的邻里单位从形态肌理上来看更接近于他们的“美国亲戚”，看不到行列式居住区的痕迹。但是新镇确立了邻里单位的空间拓扑关系，并按照居住单元和邻里单位分级配置不同规模的学校、商业和服务设施。从第一座新镇斯蒂芬内齐开始，一系列的新镇都有着非常清晰的层级结构。在市镇的中心，建设一个有识别性的商业广场和公共服务设施群成为英国新镇建设的典型象征，也帮助这些新镇快速实现了建设和入住。卫星城综合了田园城市的城市发展理念和邻里单位的空间结构，建立了可复制可推广的发展模式。

卫星城理念有着突出的时代先进性，解决了城市发展的阶段困境。旧城中包括公共卫生、工业污染和城市交通等诸多城市问题，乃至住房建设和工业发展等问题，都需要跳出建成区，在区域范围内解决。批判大拆大建不意味着盲目贬低卫星城。[50] 尽管英国的新镇并没有完全按照火星小组的理想实现，但是亚洲的新加坡却证明了由邻里单位加高层住宅组织的卫星城模式完

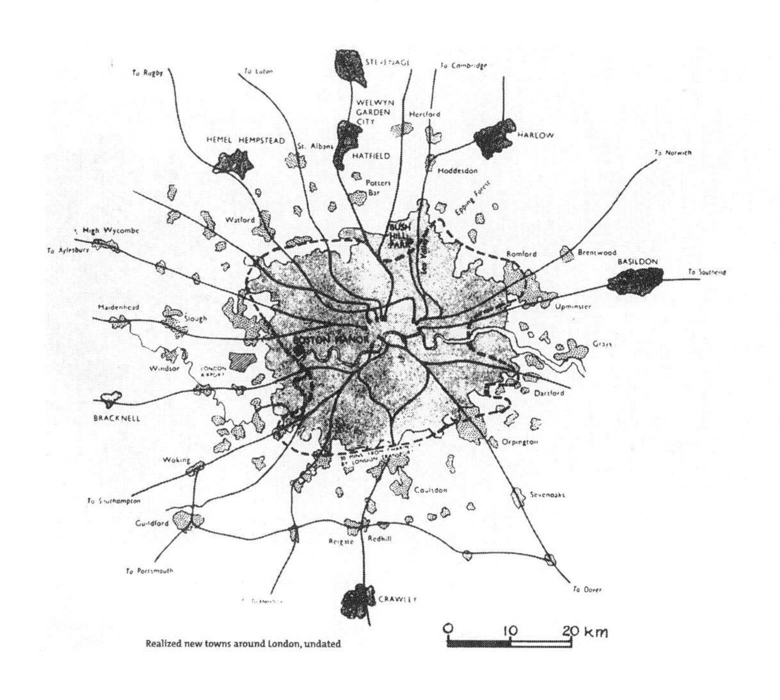

Realized new towns around London, undated

**图 9-11　伦敦周边建成的新镇**

全可行。新中国成立之后，上海也结合总体规划确定了疏散重工业的规划思路。配合上海电机厂、上海汽轮机厂、上海锅炉厂、上海重型机器厂等一系列重工业建设，在 1956 年于闵行西渡镇北侧建成了中华人民共和国第一座卫星城。沿着闵行一号路（今天的江川路）形成了具备邻里单位特征的卫星城空间架构。

从邻里单位到卫星城的发展演变，不仅仅是从美国人佩里到英国火星小组的迭代。更重要的是从田园城市的自给自足构想，到依托母城区域化发展的变化。托马斯·亚当斯所构想的，围绕旧城中心在区域内重新配置资源和发展的“再中心化”，在第二次世界大战之后的伦敦和诸多城市通过卫星城得以实现。同样以学校为中心，同样强调高速公路不进入社区，但是分级设置商业设施和行列式的建筑形式，尤其是采用高层建筑进行高密度建设的畅想，在当时那个时代是具有极大的进步意义。从田园城市到行列式，从邻里单位到今天广泛传播的公交导向型开发，走出了城市发展的一条全新的路径。

**小节讨论**

邻里单位有什么优缺点？为什么英国民间对邻里单位评价不高，而按照邻里单位设计新城的新加坡却取得了成功？

## 9.3 高塔之城

欧洲大城市在二战后逐渐变身高塔之城。一方面和平促进了生育率和人均寿命的增长，各国在二战后都进入了快速城市化的新阶段，例如法国城市化率在二战前不到 50%，战后十年就提高到了 60%，到 1980 年代更是跃升至 74%。[51] 另一方面战争带给欧洲城市巨大破坏，大面积的建成区被战火摧毁。“此消彼长”进一步加剧了早已存在住房短缺现象，催生了高层住宅的普及。

高层住宅在二战后得到全面推广。勒·柯布西耶、格罗皮乌斯等建筑家的鼓吹、包豪斯和国际现代建筑大会的宣传、马赛公寓的建成示范等，鼓舞了大量建筑师在世界各地设计和建设高层住宅，尤其是预制装配式高层住宅。以降低成本和缩短建设周期为目标，新法兰克福运动在 1930 年代初期探索预制装配式的经验在二战后被大规模推广。尤其是在城市外围和卫星城，高层建筑成为很多国家解决住房短缺的首选。在有限用地上通过提高楼层数和装配式建造，有可能同时节省建造成本和施工周期（图 9-12）。装配式高层住宅的快速建造优势鲜明，[52] 但卫星城在基础设施配套上的不足，以及低收入人群聚集带来的社会风险也在未来逐渐暴露。

在二战后，高层住宅成为英国主要的住宅建筑类型之一。在 1944 年大伦敦规划中绿带限制了城市蔓生；绿带之外是融合了田园城市和邻里单位理论的低密度新城，绿带内面临住房短缺的旧城更新则通过大量使用高层住宅提高开发强度和人口密度。点缀在历史环境中的高层住宅，一定程度上缓解了住宅短缺，也塑造了二战后伦敦的全新风貌。

**图 9-12　二战后法国的装配式住宅工地**

照片记录了巴黎北部拉库尔纳沃卫星城的建设场景，工地敷设了专用轨道以提高塔吊的工作效率。

丘吉尔花园是二战后伦敦旧城第一个采用高层住宅形式的重建项目。面积约 12.95hm$^2$ 的项目位于威斯敏斯特最南部皮姆利科地区，原有的住宅、商店和码头在二战中被德国轰炸夷为平地。[53] 在区政府于 1946 年举行的住宅设计竞赛中，当时还在建筑协会学院毕业班学习的青年建筑师鲍威尔和玛雅 [54] 脱颖而出。严格按照阿伯克隆比在 1944 年大伦敦规划中指定的 494 人 /hm$^2$（200 人 / 每英亩）人口密度，设计提高了用地效率。区别于原地的周边式街区，62% 的住宅是 9~11 层的高层住宅，37% 是 4~7 层的多层住宅，还有 1% 是 3 层联排住宅。主要采用了行列排布的板式建筑、分三期建成的丘吉尔花园被认为是欧洲战后住宅建设的一个经典作品，并已经列入英国的建成遗产名录。

丘吉尔花园堪称行列式住宅与历史环境和谐共生的“教科书”。作为泰晤士北岸的城市界面，丘吉尔花园高层建筑垂直自然河流的布置原则最值得称道。面宽不一的 13 幢高层住宅统一按照东西向排列，让整个地块融入城市。东西向布局不仅确保更多住户都能欣赏到泰晤士河壮丽的景观，也让河道风与自然生态从泰晤士河向两岸延伸。垂直河道的布局原则是城市优先的态度，值得绝大多数滨水项目学习（图 9-13）。

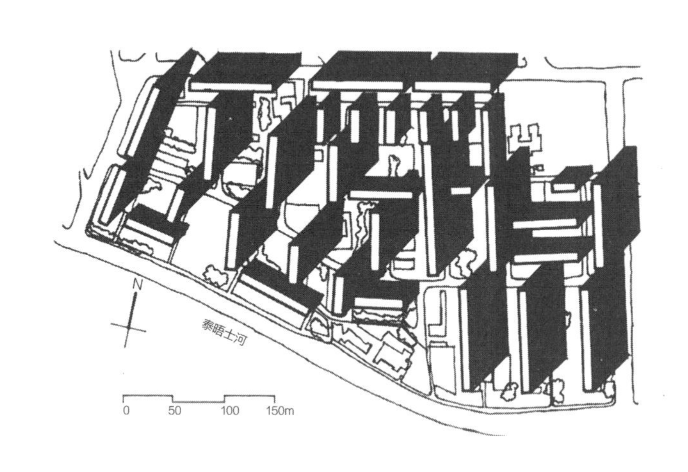


**图 9-13　丘吉尔花园总平面**

连续街墙的塑造帮助丘吉尔花园获得了与相邻历史建筑环境的良好关系，克服了超级街块尺度和行列式肌理与周遭的巨大差异。首先，与历史街区相邻的建筑因地制宜地采用平行街道布局以及与对街历史建筑体量相当的多层形式，避免了现代建筑俯瞰历史街区的尺度对比。通过沿街布置多层，沿河布置高层，再叠加高低错落的高度与长短不一的面宽，都弱化了新建高强度开发对周边环境的尺度冲击。建筑设计和景观设计也都体现出建筑师对环境的重视与呼应环境的手法。以泰晤士河对岸巴特西发电站的烟囱为母题，所有高层住宅的屋顶水箱、集中供暖的供热站，乃至儿童游戏场的景观城堡都选择了圆台形式，创造了独特又统一的建筑廓形。

高层住宅也出现在的卫星城建设中，首当其冲的是伦敦的第二座新镇哈罗新镇。火星小组的重要成员——弗雷德里克·吉伯德（Frederick Ernest Gibberd，1908—1984）担任了项目总设计师，并力排众议建成了全英国第一座高层点式住宅。在新镇东部靠近原镇区的大片草坪上，矗立起一幢一梯四户的 10 层塔楼。尽管最后选择高层住宅的人数远低于选择联排低层住宅的市民，但是草地前高层建筑的开阔视野仍然具有吸引力。

作为战后住宅设计的又一座里程碑，黄金巷庄园（Golden Lane Estate）与建筑界广为传播的黄金巷未建成方案形成了强烈的对比。1949 年英国卫生部的《1949 年住宅手册》指出在高强度开发区域需要考虑不同高度、不同类型住宅的混合开发，除了传统的三层联排住宅和公寓，还要建设高层住宅；高层住宅数量不宜多，但应该成为各自组团的控制性要素。[55] 住宅大量使用高层建筑意味着与历史环境的关系成为设计挑战。

黄金巷庄园的基地位于伦敦金融城最北边，古罗马城墙外的芬斯伯里区域。该区域在维多利亚时期开始建起的工厂和仓库被 1940 年的德国轰炸夷为平地，现场只留下了一片瓦砾与几处地下室遗址。1951 年政府强制征收了这片约 1.9hm$^2$ 的用地，基地外形接近正方形，东侧与南侧分别是城市街道黄金巷和范恩街，西侧和北侧则是相邻地块。住宅设计竞赛吸引了 187 份方案，参与者中包括当时已经声名鹊起的建筑师史密森夫妇，以及后文帕克山项目的设计师团队，[56] 获胜者是当时仍名不见经传的青年建筑师杰弗里·鲍威尔。[57] 1944 年从建筑学会学院毕业，杰弗里·鲍威尔曾在弗雷德里克·吉伯德的事务所工作，并于 1949 年入职金斯顿艺术学院担任讲师。当时鲍威尔和另外 2 位金斯顿艺术学院的同事，彼得·张伯伦与克里斯托弗·邦 [58] 都各自提交了投标方案，中标后三人一起成立事务所开始了精彩的实践生涯。

鲍威尔的中标方案充分体现了城市设计的继承者原则——尊重环境与建筑设计的艺术性和创新性并不矛盾（图 9-14）。包括高低组合的建筑高度，传承历史与当代的公共空间，人车分离的交通系统都令人称道。响应《住宅手册 1949》的高低组合建议，鲍威尔的设计由四周的多层住宅与中心的高层塔楼组成。布局兼有周边式与行列式特征：5 幢 6 层南北向住宅、7 幢 3~5 层东西向住宅、16 层东西向塔楼与 2 层社区中心共同围合出四个院落。

图 9-14　黄金巷庄园效果图（投标方案）

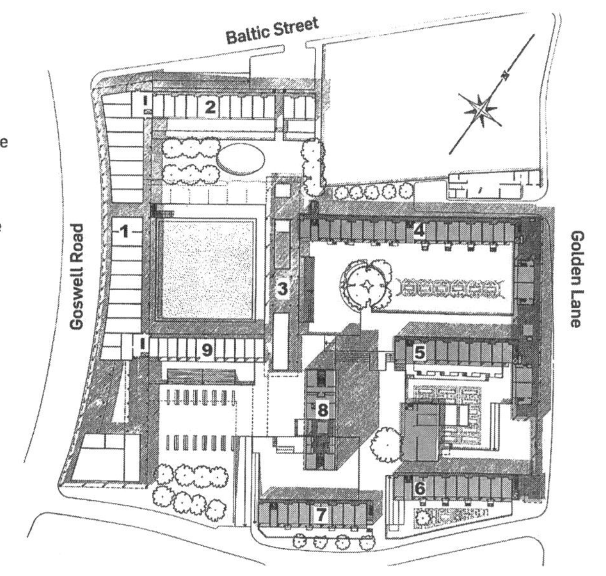


图 9-15　黄金巷庄园总平面（实施方案）

对历史环境的延续是中标的重要原因。庭院下沉广场利用了原有工地车间和仓库的地下室，从遗址到新公共空间完成了历史环境的延续和再生。在竞标结束后政府通过并购周边零星用地，形成了一块接近 2.8hm$^2$ 的场地。除了东北角的学校以外，整个基地四至边界都是城市道路。西侧扩展用地以弧线形的高斯威尔路为界，北侧则紧邻波罗的海西街。配合场地扩展的修改方案在更多方面延续了传统的历史氛围（图 9-15）。西侧沿街建筑采用了外曲内直的形式，在保持内向方形围合的同时，沿着高斯威尔路的曲折立面融合了典型英国新月式街道界面与现代建筑语言。高低相配的尺度组合与由地下室转化的公共空间的创意得到保留；扩展用地后方案采用了人车彻底分流，社区内地面无车化的交通结构。除西侧道路之外，其余三边均有机动车出入口，但南北两条车行道直接沿坡道进入地下室，东侧则形成了配备停车位的回车场地。于是，包括地面层和下沉式广场在内的地面全部留给了行人，创造了以人为中心的公共空间环境。

黄金巷的建筑设计也相当精彩。作为英国第一幢超过 100 英尺（约 30m）的高层住宅，地块中心的亚瑟大楼全面致敬了马赛公寓，不仅建筑同样采用东西向而且屋顶也设置向所有居民开放的屋顶花园。与马赛公寓相似，顶部耸立的悬挑雨篷塑造了独特的廓形。沿街的多层建筑采用了外廊连接跃层公寓以增加居民的交往；底层通道的架空层也致敬了现代主义五原则。多层住宅的设计也考虑了垃圾的清运便利，场地四角都安排了通道保证环卫车辆不需要进入地块就可以完成垃圾清运。传承城市文脉的住区规划和充满时代特征的建筑设计，使得这个黄金巷方案从中标开始就广受欢迎；在建成以后也广受好评并已列入伦敦市遗产建筑名录。

在世界建筑史上有影响力的黄金巷却是史密森夫妇的未建成方案，一个青年建筑师挑战权威的战斗宣言（图 9-16）。1953 年，史密森夫妇在出席第九届国际现代建筑大会时展示了他们的黄金巷投标方案，并称之为“重新定位城市”。[59] 史密森夫妇宣称 1943 年雅典宪章的功能主义城市已经过时，未来建筑师的工作应该聚集在“住宅、街道、区域和城市”的新架构。[60] 史密森夫妇领导着终结了国际现代建筑大会的分支组织——第 10 次小组（Team 10）。他们认为，以勒·柯布西耶、格罗皮乌斯和赛特为代表的老一辈建筑师已经过时了，战后世界是重构建筑学的时代。以往的设计思想和城市设计经验可能都需要被推翻。因此，他们在勒·柯布西耶的光辉城市基础上，提出了更大规模、推倒重来的城市设计方案。而黄金巷方案正是其示范。

同样以黄金巷为基地，史密斯夫妇的方案采用了万字形（卍）布局，与周边环境毫无关系。因为基地只是他们构想中伦敦重建的一个章节而已。他们认为战后伦敦已是一片废墟，要解决住房短缺就需要放弃城市历史和产权限制，并代之以完全贯通的高层板楼方案。在他们由东南西北四个方向伸展的 10 层住宅中，核心是由三层甲板所组成的空中街道（图 9-17）。[61] 每条空中街道都串联起 90 户居民，住户家的儿童可以在甲板上安全地玩耍而不

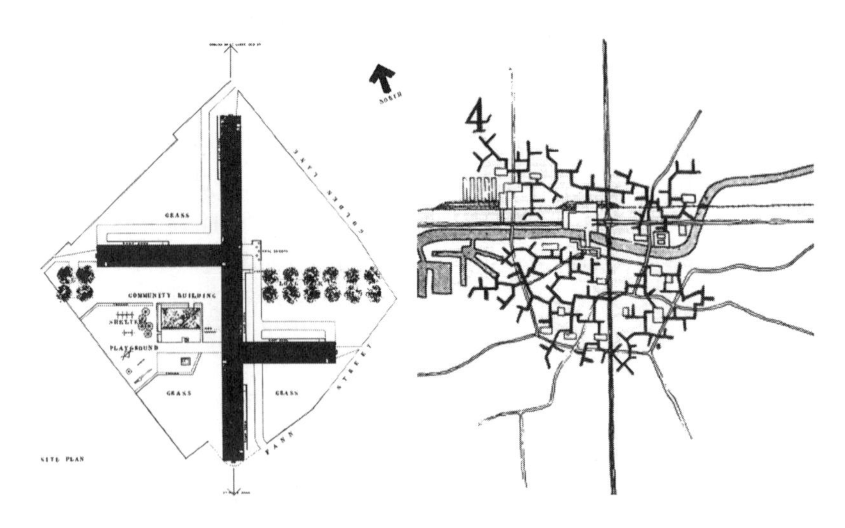


**图 9-16　史密森夫妇的黄金巷投标方案**

前卫建筑师史密森夫妇的黄金巷投标方案针对的不是一个地块，而是左图中建筑师所构想的二战后伦敦重建中的一部分。

**图 9-17 史密森夫妇的黄金巷方案效果图“空中街道”**

必担心小汽车的事故威胁。由黄金巷的万字形高层住宅开始，向外延伸，跨越泰晤士河，跨越整座伦敦城，形成一个名为黄金巷城市的巨构。

“空中街道”的概念由此诞生并深刻影响着后来的建筑和城市设计。在史密斯夫妇的构想中，比历史街道更安全的空中街道将树立崭新的时代形象。时至今日，这种观点仍然在建筑院校和明星建筑师事务所的方案中大行其道。无论是黄金巷的开发商、管理者，抑或是城市规划和建设管理部门，都不会选择一个无视基地条件和周边环境而妄谈城市的方案。但对于无数设计师，尤其是那些梦想着扬名立万的青年建筑师而言，空中街道都特别激动人心。设计圈与社会认知间的落差，是建筑学非常普遍的一种现象。从史密森夫妇的黄金巷方案开始了建筑界的巨构风潮，之后未建成的如康斯坦丁的新巴比伦系列，黑川纪章的东京湾项目、鲁道夫的曼哈顿下城快速路，都是为建筑师赢得广泛影响的战斗宣言。

作为概念提出者，史密森夫妇直到 1968 年才等到实践“空中街道”的机会。尽管夫妇俩曾发表了大量关于建筑与社会生活的观点，罗宾汉花园是他们唯一的社会住宅作品（图 9-18）。基地面积 1.5hm$^2$，位于 1944 年大伦敦规划中斯特普尼—波普勒城市更新计划的西南角。四至边界中南侧是波普勒地区的商业街，另外三边都是低级别城市道路；其中东侧罗宾汉巷是一条背靠布莱克沃尔隧道匝道口的单边道路。以应对道路噪声为理由，史密森夫妇设计了包围基地的混凝土围墙；以及围墙背后的下沉式露天停车场地，接下来两道平行道路的东西向的板楼围合出中间一片人工的土丘。包含 214 套公寓的项目于 1971 年建成，东侧住宅高 10 层，西侧高 7 层。两幢粗野主义风格的建筑都采用了设计师在 1952 年提出的空中街道概念。

非常遗憾的是，罗宾汉花园的荣光仅仅维持了不到一年时间。电梯就已经被破坏。走道和门前的停留空间被批评为缺乏领域感和归属感。设计对可防卫性的考虑不周，以及维护不佳，使得这个项目的情况不断恶化，甚至成为犯罪的温床。[62]“缺乏共同的隐私是一个持续的担忧：墙上的恶毒文字很难被忽视，而且不可否认的是，它与许多破坏公共设施的无意识行为有关。

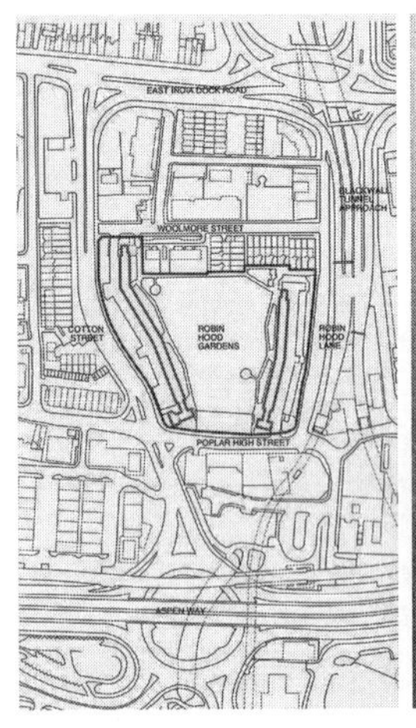

图 9-18　罗宾汉花园总平面和效果图

住户们并不使用这些平台，因此，‘街道’的概念没有任何事实依据……最后的评估必须是，从社会角度看，这栋建筑并不可行。清晰论证的史密森美学在罗宾汉失败了。”[63]

罗宾汉花园的拆除事件再次揭示了设计界与社会的价值对立。由于种种社会问题，塔村区议会在反复讨论后于 2008 年决定拆除罗宾汉花园，在原址新建更多的可负担住宅。议会决策引发了国际建筑院校和建筑设计界保护罗宾汉花园的运动；但是他们的运动仍然是不出圈的运动。调查显示，翻新该建筑需要为每套公寓筹资 7 万英镑；而超过 75% 的受访居民认同拆除和再开发。[64] 英国历史遗产学会也拒绝将罗宾汉花园列入遗产建筑名录。历史遗产学会的答复称，尽管他们已经将斯密森夫妇的 3 个建成项目列入遗产名录，但罗宾汉花园并不符合要求。首先，建筑本身存在诸多设计问题，例如缺乏防卫性的走道和楼梯空间，风环境不佳的空中街道，形如监狱的隔声围墙和下沉式停车场等；其次，在空中街道概念诞生 20 年后建成的罗宾汉花园已经过时，与同样概念的项目相比也不够出色；最后，即使在诞生之初该项目也未能在建筑界获得足够的影响力。[65]

罗宾汉花园的西侧建筑已经于 2017 年被拆除。作为一种社会现象，罗宾汉花园的拆除事件并不能完全归罪于建筑设计或者建筑师；但“空中街道是否能够创造活力”是值得所有设计师思考的问题。空中街道并不能替代历史街道，原因包括私密性不足、可防卫性缺失以及维护成本高企等；但最需要警惕的是对城市设计继承者原则的践踏。是否有足够理由让我们放弃历史街道？如果无视继承者原则，那么下一代人是否也有理由轻视我们创造的街道，再创造一条只属于下一代人的空中街道呢？

第一个建成的空中街道项目是帕克山（图 9-19）。项目基地位于谢菲尔德火车站东侧的山坡上，曾经的贫民窟在 1957 年开始的城市更新中被改造成了超大型的公共住宅项目。在谢菲尔德城市建筑师刘易斯 · 沃莫斯利的指导下，建筑师杰克 · 莱恩和艾福 · 史密斯在这个项目里实践了空中街道的概念。[66] 四条空中街道将不同的建筑，以及上千户居民都联系在一起。每三层

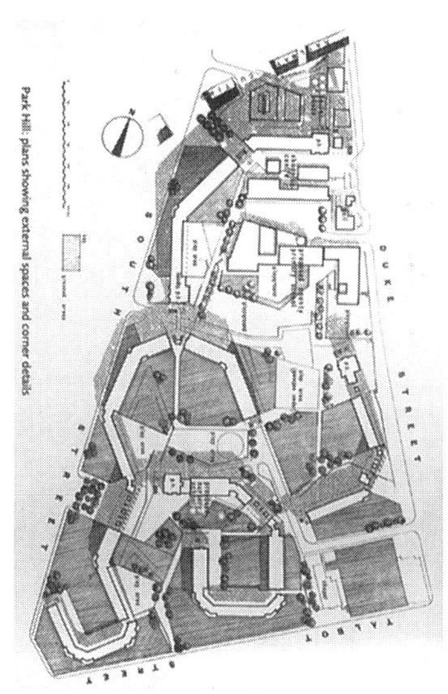

**图 9-19　帕克山总平面图和空中街道实景**

一条的空中街道体现了设计师对社会多样性的关注，3m 宽甲板上相互毗邻的大门背后有着一室户到三室户等面积不同的套型。帕克山项目的另一个特色就是将包括商业街和幼儿园等公共设施都混合安置在了超长的住宅楼中，这种垂直功能混合的做法也影响了很多社会住宅。即使用今天的标准看，帕克山的巨构尺度、廓形关系、建筑立面的虚实对比、组合与光影关系等，仍是值得称道的建筑美学。

帕克山是社会住宅的又一次失败。这个低收入者的密集居住地又一次成为社会隐患。当谢菲尔德政府和民间讨论拆除再开发的时候，所幸英国历史遗产学会将这个项目列入建筑遗产名录拯救了帕克山的命运。房地产开发商将这个被废弃的公共住宅项目改建为一个向私人出售的新住宅项目，再次证明了这个项目的美学价值。

空中街道的是非对错很难去评价，帕克山被收录进遗产名录已经说明了其美学价值与历史意义。但是大型公共住宅、社会住宅项目，大量低收入阶层的密集居住本身可能是一种缺乏韧性的公共政策。一旦经济下行，它们就很容易成为社会矛盾的聚集地。1960 年代末开始，英国的社会住宅出现了连续不断的社会问题。1969 年在伦敦郊外的罗南角社会住宅项目中发生了一次煤气罐的爆炸，事故导致上下 9 层社会住宅的坍塌和 9 个家庭的伤亡事故。在此之后很长时间，英国都不再兴建高层社会住宅。社会住宅如何选择适宜的建筑形式，是所有设计师都必须面对的问题。高层建筑有错吗？装配式建筑有错吗？空中街道有错吗？显然并无标准答案。可以肯定的是，忽略住宅和城市设计原则只能是盲目设计。

高层住宅加空中街道也可以成为经典，张伯伦 · 鲍威尔 · 邦事务所的巴比坎庄园就是完美示范（图 9-20）。巴比坎位于古罗马伦敦城墙的克利伯门外，得名于古拉丁语中的城外瞭望塔。这片在二战中几乎被德国轰炸完全摧毁的约 40hm$^2$ 用地上有着厚重的历史感，南侧边界是建在古罗马城墙遗址

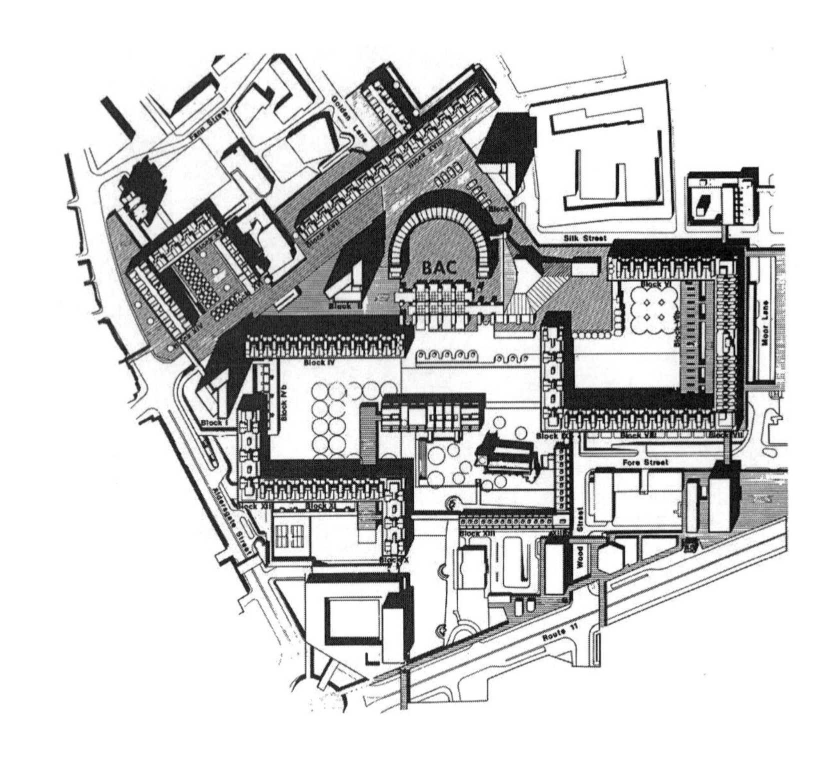


**图 9-20　巴比坎庄园总平面**

上的城市道路，西南角是英格兰博物馆，基地内还保留着始建于 11 世纪的古老教堂。基地北侧入口就是黄金巷，距离本章介绍过的黄金巷庄园相距不过 100m。伦敦政府从 1955 年开始酝酿对这片基地的城市更新，鲍威尔得到项目委托并参与了从 1963 年到 1982 年的设计建设全程。[67] 区别于黄金巷庄园，巴比坎庄园是混合功能的城市片区。它是一个包含 2000 套住宅单元的居住小区；也是艺术中心、会议中心、音乐与戏剧学校、伦敦市女子学校、商场和餐厅；它还有着地铁站和伦敦最大的剧场，不一而足。

一条名为“巴比坎高空漫步道”[68] 的空中街道贯穿巴比坎庄园。在黄金巷最南端的尽头，人行道由缓坡蜿蜒向上，空中街道穿过半圆形的剧场，连接着三幢摩天楼高层住宅，连接着架空的围合式居住社区，连接着巨型屋顶花园，将教堂、女校等大部分建筑也都串联在一起，并且一路向南连通英格兰博物馆。巴比坎的空中街道与帕克山、罗宾汉花园和普鲁伊特—艾格有两个显著的区别。其一，高空漫步道连通了几乎所有建筑，功能的多样性使得它更接近传统的街道。其二，仅有一层而非每三层重复一次的高空漫步道避免了有限人流的再次分解，也避免了住户单元紧贴街道对私密性的伤害。作为粗野主义建筑设计的杰作，巴比坎成功地融入了周围的历史环境。该项目在 2001 年被英国列入建筑遗产名录，成为这座伟大城市的又一处地标。

巴比坎的成功证明，混合功能与高低错落的高层住宅完全可以融入历史街区；匹配历史环境与社会需求的城市设计并不局限于具体的建筑形式与风格。每一座城市都有必要根据自己的历史地理去选择适宜的形式，只要这种形式获得市民的认可，每一座城市都有机会去创造有特征、可以被识别、经历得起时间考验的住宅和城市风貌。

从第二次世界大战后的城市更新开始，大规模的高层住宅建设改变了城市的风貌基底，也改变了城市的天际线。尽管高层社会住宅在当代英国颇有争议，但是住宅类型并不是社会问题的“背锅侠”，高层住宅完全可以与城市环境和谐共生。丘吉尔花园、黄金巷庄园和巴比坎庄园仍然值得21世纪的中国城市学习。我们需要学习丘吉尔花园尊重自然河流、尊重街道传统和高低错落的建筑组合。我们也需要学习黄金巷庄园：学习人车分流的交通结构；学习方便垃圾物流清运的住宅设计；学习高低错落的建筑组合；学习充满时代精神的现代主义廓形设计；以及通过新月形街廓与下沉式广场传承的历史文脉。我们还需要学习巴比坎庄园：学习混合功能；学习公交优先；学习它的形式塑造；还可以学习它联系城市的空中街道。

行列式住宅和高层建筑，乃至它们的现代主义精神，都有可能与历史环境融合。通过对城市环境和多元文化的理解与传承，现代主义、高层建筑、行列式完全有可能避免千城一面的风貌困境，避免空间分异的社会问题。通过理解城市的环境与历史文化，妥善地组织混合功能，选择适宜建筑并包容多元化的人群与活动，才有机会去创造可以经得起时间考验、能够被世代传承的居住社区和有资格被称为时间艺术的城市。

**小节讨论**

结合自己所在城市，讨论新建住宅融入与传承自然遗产和建成遗产的设计方法?

## 9.4 城市更新

城市更新贯穿于城市历史的过去与未来。在解决卫生、交通和居住环境等城市问题的过程中孕育了理性主义的现代住宅和城市设计思想；经过1960年代全社会对自上而下城市政策的反思，城市更新逐渐进入多元参与的新阶段。

作为人类改善生活环境的进程，城市更新古已有之，在城市发展的历史进程中从未断绝。但是大拆大建的城市更新，确实是现代之后才有的现象。1842年发表《大不列颠劳动人口卫生状况报告》揭示了英国社会底层令人发指的平均预期寿命。[69] 环境决定论的观点认为正是恶劣环境造成了贫穷、犯罪和种种社会问题，并以卫生和健康之名推动了城市更新。从1853—1871年间，奥斯曼改造巴黎掀开了大规模城市更新的现代篇章。“奥斯曼式的建设的好处归根结底是有益于公众的健康（低成本的洁净和拥有更多的阳光和空气），城市道路畅通，现代化的住房和商业建筑以及有秩序的社会。”[70] 相比奥斯曼对城市结构的改造，从19世纪末英国开始出现了以低收入街区为对象的城市更新。“1890年颁布的《工人阶级住宅法》重申了狭窄的、缺少空气的肮脏街道，确实导致犯罪和疾病的产生。”[71]

从1920年代开始，一系列城市设计“名家”为大拆大建的城市更新提供了持续的炮弹。以勒·柯布西耶、阿伯克隆比和格罗皮乌斯为代表的精英形成了批判历史城市的“流行”，形成了通过批判历史城市来推销自己城市设计方案的“战斗宣言”工作方法。勒·柯布西耶从 1920 年代开始为大拆大建吹起了冲锋号。他说，“城市的设计如此重要，不能将它留给市民”。[72] 他又说，“我们必须在清理干净的场地上进行建造。今天的城市正走向死亡，就是因为它不是按照几何学原理进行建造的”。他还说过，“统计数据向我们表明，事务是在中心城发生的。这就意味着宽阔的大街必须穿过我们城市的中心。因此现有的市中心必须拆除，未来自救，每个大城市必须重建自己的中心区”。[73] 在这样的观点下，勒·柯布西耶认为奥斯曼时代建设的巴黎中央市场有必要被全部拆除；取而代之以高架道路和公园中的塔楼。他的期待恰恰与汽车生产厂商不谋而合。法国汽车厂资助了柯布的《走向新建筑》出版，因为在城市中建设为小汽车通行服务的快速路，意味着更多的汽车销售，意味着更多的高速路承建商的生意，意味着整个国家都建造在轮子之上。在勒·柯布西耶和他的同辈不遗余力的推广中，这种自上而下的精英观点深刻地影响着整个战后的建筑界。大量的建筑师和城市设计师都抱有相同的观点，他们掌握着“真理”，掌握着城市的未来。1944 年，阿伯克隆比在大伦敦规划中把历史上的伦敦城市贬低得一无是处。1949 年，格罗皮乌斯在名为“重建我们的社区”的讲座中严厉地抨击了传统的城市建设。按照他领导的研究，在纽约的城市街区里面，需要追加无数的公共服务设施才能够满足现代城市建设的要求。[74] 要改变这种公共服务设施的不足，似乎必须要把城市推倒重来。

城市设计师提出方案，但真正开动“推土机”将大拆大建变为现实的是政治、经济和制度化的推动。为解决内城衰退、居住恶化、交通拥堵以及贫困问题，西方发达国家在 20 世纪中期开始了以旧城贫民窟清除（棚户拆迁）为主要手段的城市更新。[75] 英国政府通过《1930 年住宅法》授权地方议会拆除不合乎标准的住宅用以建造社会住宅；美国的《1949 年住宅法》则通过将建造公共住宅和贫民窟清除捆绑的方式创造了有史以来最具争议的联邦法律。[76] 城市更新这场美国历史上最大的联邦城市计划造成充满争议的后果。在拆迁用地上新建的住宅、商业、文化、道路和绿地丰富了城市功能，抵抗了因郊区化造成的内城衰退。然而贫穷没有被消灭，共有 200 万中低收入居民被迫离开家园，[77] 包括本书中反复提及的圣路易斯市普鲁伊特—艾格居住区，大部分被拆除的所谓“贫民窟”都是少数族裔社区更是让城市更新蒙上了种族歧视的阴影。[78]

纽约市是美国二战后城市更新的排头兵，也是终结“大拆大建城市更新”的原点。从 1930 年代的罗斯福新政开始，纽约大都会区就开始了大规模的城市更新行动。1934 年就任纽约市公园管理局局长的罗伯特·摩西斯成为之后 30 年城市更新的掌舵人，一个充满争议的政客和城市设计家。[79] 摩西斯推动了大量拆迁，以及包括高速公路、桥梁、公园、公共设施和社会住宅在内的众多建设。他的工作充满争议，一方面丰富了城市功能并一定程度上缓解了住房短缺；另一方面政治黑幕重重又切断了城市文脉。摩西斯以善于利用财政资金而著称，《1949 年住宅法》颁布后他迅速推出了的一系列城市更新计划，开始了他的折戟沉沙之路。

**战斗宣言**

战斗宣言是建筑设计行业的一种传统，也体现了这个行业勇于探索的先进性。但是我们也需要高度警惕对历史遗产的无知，更需要高度警惕环境决定论。

1951 年公布的贫民窟清除计划包括了格林威治村社区最重要的公共空间——华盛顿广场公园以及向南一直到春天街的面积约 16hm² 的城市街坊（图 9-21）。这块大约有普鲁伊特—艾格 2/3 面积的用地，包括大量高强度开发的出租屋，以及纽约大学持有的用地。摩西斯早在 1940 年代就希望建设穿越华盛顿广场公园的双层快速路，[80]1951 年的城市更新计划与纽约大学联手，计划了由第五大道贯穿公园所带动的大面积城市更新。将第五大道延伸通向曼哈顿的下城有助于开建更多的商业设施，也有助于拉高周边的地价使得重建获益。城市更新计划在第三街和布里克街之间开发 2 个面向市场的超级街块，其中包括 13 幢 19 层高的住宅楼与商店；布里克街与西休斯顿街间建设 8 幢高层社会住宅，而其他项目包括纽约大学的新教学楼、宿舍，新建商场、绿地和小学校（图 9-22）。[81]

华盛顿广场公园的市民抗争改变了大拆大建的城市更新方式。当摩西斯 1951 年公开城市更新计划的同时，美国各地都在利用联邦经费、用公园

图 9-21　华盛顿广场公园鸟瞰（1925）

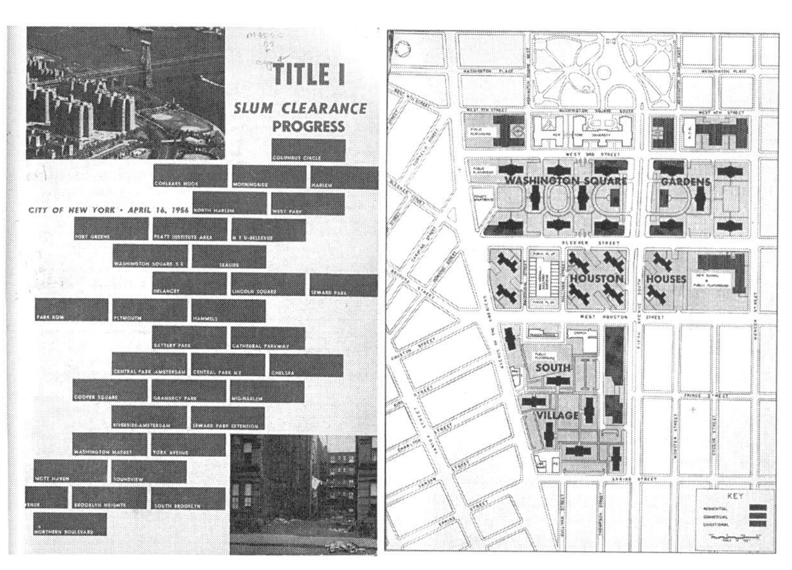


图 9-22　华盛顿广场南部贫民窟清除计划总平面（1951）

**图 9-23　简 · 雅各布斯出席听证会**
照片记录了华盛顿广场公园城市更新的听证会，会议决议取消华盛顿广场公园的城市更新计划。

中的高层住宅代替所谓的“贫民窟”；当圣路易斯市开始建设为城市带来骂名的普鲁伊特—艾格之时，华盛顿广场公园南部地区城市更新计划遇阻成为城市更新的里程碑。摩西斯鼓吹的现代化，以快速路与高层大楼为代表的现代化，对于格林威治村居民而言则是侵占公共空间和失去生活家园的巨大风险。市民们团结起来，不仅反对华盛顿广场公园的城市更新计划和第五大道延伸计划，更进一步提出取消华盛顿广场花园车行穿越交通的抗争行动。经过整整五年的不懈抗争，来自不同背景的居民战胜了曾经不可一世的市政官员摩西斯。在 1961 年的听证会上，纽约市政府宣布华盛顿广场公园南部的整体重建项目被取消，穿越交通被取消，公园彻底成为无车化公共空间。自上而下的计划，意图用城市道路切割公园，意图拆毁出租屋建设面向中高收入阶层的公寓项目的计划宣告破产（图 9-23）。

作为城市设计史的重要事件，华盛顿广场公园是简 · 雅各布斯（Jane Jacobs，1916—2006）的里程碑，也是上下结合多元价值代替自上而下单一价值观的分水岭。格林威治村的市民胜利为更客观地思考城市更新提供了可能，创造了避免将“自上而下”与“自下而上”盲目对立的机会。好的城市设计来自多元群体的博弈和共赢，而不是单一思维凌驾在上。华盛顿广场公园城市更新中涌现了诸多的知识分子，其中影响最深远的就是简 · 雅各布斯。雅各布斯于 1952 年成为专业杂志《建筑论坛》的编辑；1955 年她作为格林威治村村民加入抗争；1956 年她在哈佛大学参加了第一次城市设计大会并发表演讲，而随着她的名著《美国大城市的死与生》于 1961 年出版，她已经成为无法忽视的城市设计专家。但她的女性身份和未受过建筑学或城市规划专业教育的学术背景，在当时总是被所谓精英们所轻视。其中最典型的

**图 9-24　刘易斯 · 芒福德对简雅各布斯的嘲讽**
本图是刘易斯 · 芒福德在他的《纽约客》杂志专栏中的文章插图。1962 年，芒福德在他的专栏中发表了对《美国大城市的死与生》的书评，这篇名为《雅各布斯妈妈的家庭药方》（英语：Mother Jacob's Home Remedies）的文章在肯定雅各布斯部分观点的同时，抨击了雅各布斯的专业性，并且持有性别歧视观点。

莫过于 1962 年理论家刘易斯 · 芒福德在书评中将简 · 雅各布斯的名著比作“家庭妇女的偏方”（图 9-24）。[82] 时间是评价城市设计的最终标准，雅各布斯的城市设计思想今天已经深入人心，也帮助我们拯救了一座座城市的伟大历史。如果没有这部书和她所传递的价值观，美国可能已经成为《美国大城市的死与生》1972 版封面所描绘荒凉世界（图 1-6）。无论在哪一座城市，盲目贬低历史城市价值和盲目鼓吹小汽车交通的结果，是高速公路建设后的独户住宅，是失去历史传统的无主之地。雅各布斯和同伴们的反击开始证明了城市设计离不开多元主体和上下结合，那些自以为掌握着真理的建筑师和规划师并非不可战胜。

**摩西斯的结局**
1968 年 3 月 1 日，摩西斯被迫辞去公职。次年纽约市长约翰 · 林赛宣布撤回对曼哈顿下城高速公路项目的支持。摩西斯的失败原因众多，雅各布斯的街头斗争是一个诱因，更重要的可能是他的大项目失去了资本的支持。

简 · 雅各布斯和她的伙伴们再接再厉，于 1968 年彻底击溃了摩西斯和大拆大建的城市更新模式。[83] 这一次她们对抗的是摩西斯鼓吹多年，东西向横穿曼哈顿岛的下城快速路计划。建筑家保罗 · 鲁道夫也受福特基金会邀请为该项目设计了一个激动人心的巨构方案（图 9-25）。在杰出建筑家的效果图和模型中，这条横穿纽约曼哈顿的下城高速公路不仅带来新的高速出入口，还会建成由大型商场和住宅构成的绵延山形巨构建筑。[84] 效果图和模型中的巨构建筑改变了穿城高速路的固有形象，但无法改变大型基础设施切割城市的潜在风险，也无法掩饰大拆大建为历史城市留下伤疤的必然。因为这样的建筑设计是建立在拆除历史环境的前提下的。曼哈顿下城快速路被否决也代表着拆除历史环境的大型市政项目的终结；美国大城市从此不再建设穿越旧城历史街区的高架快速路项目。因此才能够保证当

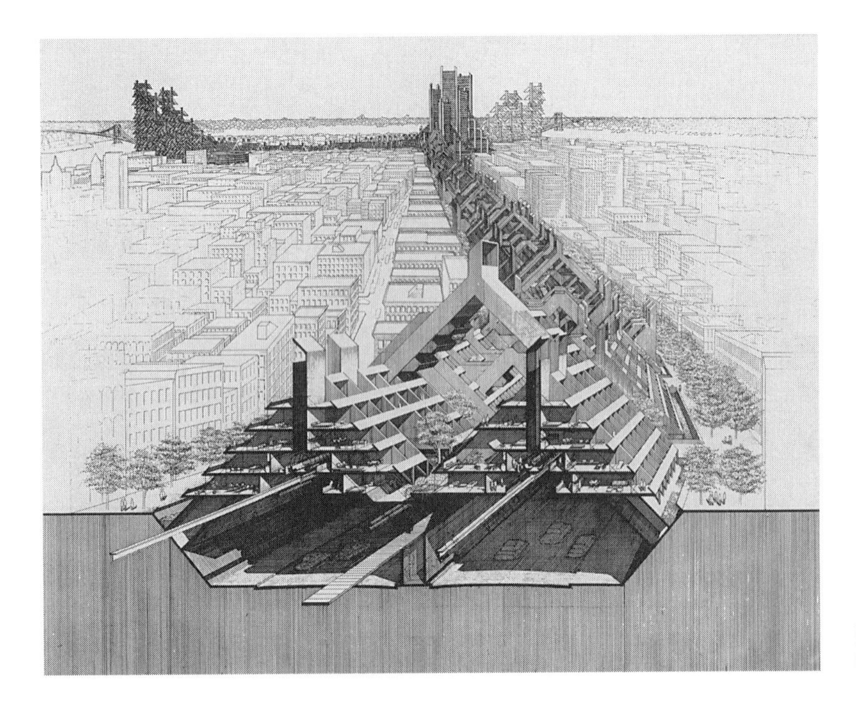

**图 9-25　保罗·鲁道夫的曼哈顿下城快速路方案效果图**

代城市中心仍有历史遗产；所幸方案并没有实施，今天的曼哈顿仍有小意大利，仍有中国城。

城市更新是发展的必然，但不应该只有一种发展观。随着时代发展，公众参与、建成遗产、交通稳静化和公共空间等内容逐渐被纳入多元合作的城市更新体系。

公众参与是城市更新的重要一环。在简·雅各布斯出版赞颂城市多样性与社会网络价值鸿篇《美国大城市的死与生》的同一年，规划师保罗·大卫杜夫提出了倡导式规划理论，号召规划师应该像律师一样，不只代表有钱人，更要为弱势群体发声。公众参与成为星星之火，很多的大学都成立了社区设计中心。纽约普莱特学院率先成立了社区设计中心，帮助少数族裔去设计他们的家园，并延续运营到今天。理论家克里斯托弗·亚历山大在加州大学伯克利分校成立社区设计中心后，于 1965 年通过《城市并非树形》对现代主义城市设计做出严厉批判，并指出“一个有活力的城市应是，且必须是半网络形”；[85] 美国住宅和城市发展部于 1966 年推出旨在解决旧城衰退的模范城市项目，第一次在政策层面落实了公众参与。[86]

从 1969 年出版《人民和规划》( People and Planning ) 报告开始，英国政府也规定了规划应包含公众参与。[87] 这些项目开始把资金投向了教育、医疗和职业培训等公共服务，显示旧城改造已经进入了从环境决定论到社区修复的第二个阶段。[88] 从建筑师拉尔夫·厄斯金 1969 年在英国纽卡斯尔拜克社区改造中建立的英国第一个参与式设计办公室；到建筑师罗德·哈克尼与英国麦卡利斯菲尔德黑路社区邻里携手实现原地改造，公众参与在旧城改造中逐渐普及。[89] 厄斯金在纽卡斯尔获得设计拜克墙居住区的机会后，来到社区成立了社区建筑师工作室。先后有 40 多个家庭参与了建筑的设计，把他们对未来生活的想象落实到建筑方案中。最后完成的设计由南侧的低层联排与北侧三幢高层建筑共同组成，3 幢高层总长度之和超过 1km。三道长墙挡住了北海的冬季寒风和高架路的噪声污染。尽管拜克墙开展了参与式设计，但也有很多人批评它并没有真正实现参与；因为原先在这个社区有的 6000 户居民最后只有 2000 户回迁。[90] 更彻底的参与式设计发生在 1971 年的曼彻斯特南郊。当政府宣布对麦卡利斯特黑路社区的再开发计划后，居民却不希望离开自己的家园。一位正在曼彻斯特大学攻读博士学位，名叫罗德 · 哈克尼的青年建筑师帮助他的邻里，完成了自发的社区重建，证明了社区居民完全有能力更新自己的家园。这是参与式设计历史上一个重要的里程碑，在此之后英国完成了多个社区自下而上的参与式更新。因为一系列参与式设计的成功，哈克尼在 1984 年当选了英国皇家建筑师协会的主席，又在 1987—1990 年间当选为国际建筑师协会的主席，并曾经访问中国。

建成遗产和公共艺术是另一个重要的城市更新资源。1966 年美国政府颁布《国家历史保护法案》后，建成遗产在旧城改造中的价值逐渐显现。在第 7 章中介绍过的衰退工业城市洛厄尔于 1972 年批准规划，将整个城市改造为由遗产和自然组成的博物馆，文化旅游和创意产业成功替代工业成为洛厄尔的经济支柱。[91] 北美城市更新的成功使公众认识到建成遗产与公共艺术在旧城更新中产生的影响，它们似乎可以帮助确立城市形象并带来经济效益。在 20 世纪 80 年代到 90 年代，公共艺术在许多欧洲国家已成为开发项目的重要组成部分，在一些城市更新项目中也扮演着重要的角色，例如巴黎、柏林、毕尔巴鄂等。因此，有许多学者和专家在社会领域对公共艺术进行了定义和评估。霍尔认为公共艺术具备增强社区感、场所感、身份感、解决社区需求、处理社会排斥问题、促进教育效益和社会变革等七大作用；对照往往存在问题的新建旗舰项目，社区项目的价值更突出。[92] 迈尔斯认为公共艺术在文化主导的城市中可能发挥更重要的作用，不仅可以促进城市更新，一定程度上也可以促进当地的环境改善。[93]

交通方式也影响着城市更新。道路和交通不仅可以为汽车和快速通过服务，也可以是以人为本的设计。从 1960 年代开始，世界各地的建筑师、规划师、城市设计师也在动脑筋，如何从机动车手里抢回人类的活动空间。在荷兰代尔夫特理工大学，尼克 · 德波尔教授于 1969 年提出了名为居住庭院（荷兰语：Woonerf）的交通稳静化策略。居住庭院有四条基本的原则：①可以被视觉辨识的出入口；②有着物理的交通阻隔；③人车共享街道空间；④有一系列的居住区街道景观。它让我们从严格的人车分流回归到人车共享路权的安全环境。绝大部分人车分流都在维护车辆独占的路权，对行人不安全。而只有人车共享才能让驾驶员回归到个人的视角、换位思考保障行走的安全。交通稳静化深刻影响着城市更新，修高速路不能解决中心城衰退，也不能解决交通拥堵现象，而交通稳静化也不意味着堵车，还能为城市带回活力。我们希望，未来有更多的住区能够贯彻人车共享路权的居住庭院设计方法，能让我们的社区成为人和车和谐相处的环境。

纽约的故事告诉我们城市更新有多元而非单一的目标：既要社会效益最大还要社会损失最小；[94] 既要有自上而下还需要上下结合的多元协作；除了大项目还需要小微渐进的持续发展。简·雅各布斯并不反对城市更新，她们反对的是缺乏公众参与、忽视历史环境和社区价值的城市更新，反对的是大拆大建的城市更新。一座城市随着时代的发展，有扩张也一定有衰落，也可能会迎来自己重新再生的机会。当纽约市政府 1961 年提出对格林威治村的“贫民窟清除”计划后，雅各布斯和她的邻居们成立了拯救格林威治村的新运动并成功迫使政府放弃了计划。[95] 在“一人一鸟都不会被驱逐”的口号下，他们雇佣建筑师事务所提出方案，接着争取到了政府的可负担住宅计划资助完成了建造。这个名为格林威治村公寓的项目也许没有太多社会大众常常关心的建筑美学和艺术特征，但是它保留了城市肌理和社会网络，这也是不可忽视的城市更新价值。[96]

历史街区需要小微渐进的城市更新。回到华盛顿广场公园南部地区，摩西斯的失败并不代表着城市更新陷入停滞。在政府的支持下，纽约大学在华盛顿广场公园南部的地块实现了全面的更新，其中由贝聿铭事务所设计的银塔公寓地块就代表了历史环境与现代建筑美学的融合（图 9-26）。该地块位于纽约大学诸多用地的最南端。基地西侧边界就是向北连接第五大道的百老汇西大道，南侧以休斯顿西街为界，东侧是大学教学楼，北侧是布里克街。整个地块是由 3 个 1811 年街坊合并而成超级街块，两条南北向的历史街道伍斯特街和格里尼街降级为地块内道路 [97]。面积约 $2hm^2$ 的用地上布置了总面积 6.9 万 $m^2$ 的三幢高层住宅，其中伍斯特街以东的一幢高层是为被纽约大学动拆迁征地的原居民建设的共有产权住宅，西侧围绕 30m 见方绿地广场的 2 幢高层是纽约大学教工和学生公寓。[98]

因为曼哈顿 1811 年格网划分的 45° 角关系，地块的东立面和西立面均有良好的阳光环境。三幢建筑物中靠近地块长边的两幢建筑均以长边平行布里克街，远离的一幢则以短边垂直布里克街。银塔公寓这三幢高层建筑围合的入口广场采用了西特所提出的风车形布局。视线尽端是与现有道路相垂直的道路，由建筑物形成强烈的围合感。高层标准层采用一梯六户的集中式平面，在每一个面都呈现了良好的虚实对比关系，大量混凝土构件投射出丰富的光影关系。古典主义布局的空间氛围和现代主义建筑的虚实关系，这是风车形平面与贝聿铭意匠共同形成的历史场所精神。贝氏的建筑设计杰作于 2008 年被纳入纽约市的建筑遗产。纽约大学的城市更新故事说明没有自上而下的大尺度计划，自下而上由地块层面实施小微渐进的城市更新完全可行。通过融合现代主义建筑设计与经典的城市设计艺术，小尺度城市更新也可以呈现美学的艺术价值。

从纽约的城市更新故事再回到敲响现代住区警钟的地方，位于美国圣路易斯市的普鲁伊特—艾格居住区，这个以大拆大建破坏城市肌理、没有公共设施、没有公众参与的项目，失败也许早有注定。虽然普鲁伊特—艾格的失

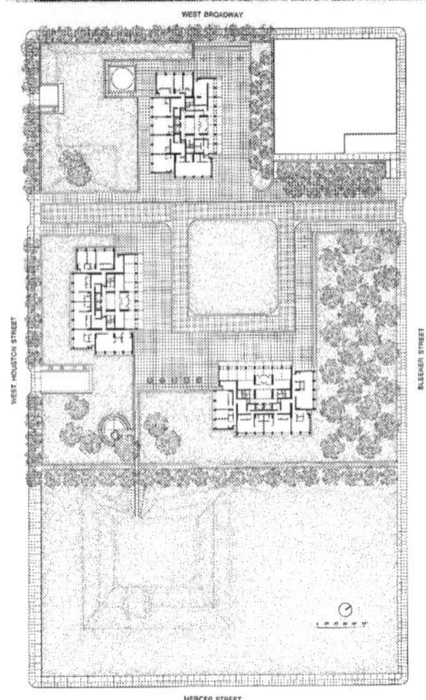


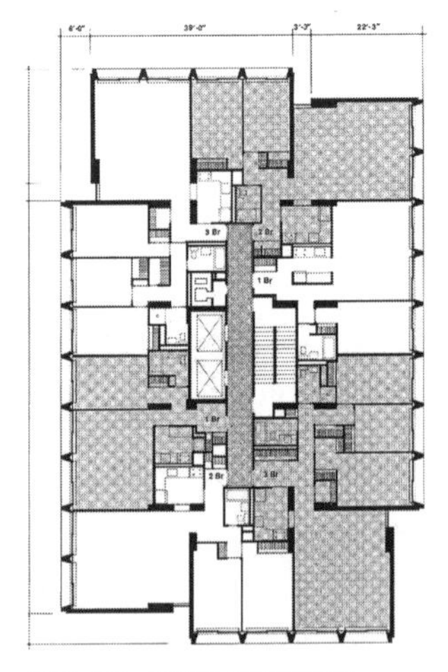

**图 9-26　纽约大学银塔公寓**

自上而下分别是南向照片、总平面和标准层平面。

败背后主要是城市郊区化发展、种族隔离政策变化、财政紧缩和社会治安恶化等制度性变化，但设计仍然难辞其咎。我们在普鲁伊特—艾格看到的是一个不尊重历史环境的大型社区，一个从零开始清除城市肌理和社会网络的超级街块；一个集中了低收入少数族裔居民又极度缺少公共服务设施的居住区。一个高层住宅楼的集群占据了城市社区的体量，却没有城市发展需要的功能，也没有能够支持可持续发展的社区网络……对比纽约和圣路易斯两个大型城市更新项目，华盛顿广场花园南部与普鲁伊特—艾格，两个同年宣布的大拆大建项目，一个在开始前被取消，一个在建成后被拆除，也算是殊途同归。无论建筑设计师是否杰出，无论专业建筑媒体如何评价，没有城市文脉传承和社区居民参与的项目最后都难逃噩运。

由勒·柯布西耶、格罗皮乌斯和阿伯克隆比为代表的精英们所推崇的大拆大建方法有历史局限性。他们敏锐地发现历史旧城已脱离时代需求，他们呼吁建立多种公共服务设施，对推动工业化高层住宅开发都有进步意义。但简单照搬他们的观点，很可能批量制造单调的标准城市。城市设计和发展不是一代人的事，不能只听从一种声音，更不能因为单一目的放弃城市遗产和社会网络。华盛顿广场花园南部地区的不同遭遇，摩西斯城市更新计划的失败与纽约大学银塔公寓的成功说明，小规模渐进的城市更新完全可行，上下合作也可能创造城市建设的艺术。银塔公寓说明超级街块和城市交通并不对立，警示城市不能被小汽车主宰；也说明了现代主义和传统城市设计美学可以兼容，西特的城市建设艺术在当代仍有用武之地。回顾普鲁伊特—艾格的种种问题，大规模的开发割裂城市肌理和社会网络，公共服务设施的匮乏加剧城市生活困难，低收入居民集中居住可能让社会问题集中爆发……在一系列决策失误之后，还有那些缺乏参与、自上而下、大包大揽的规划和建筑设计。不必纠结于 1972 年是不是“现代主义建筑的死亡之日”，但是纽约和圣路易斯市的城市更新故事可以告诉我们，建筑设计不能够解决城市的问题，我们需要多元价值观、全社会参与、上下结合，才可以实现可持续的城市设计。

**小节讨论**

尝试讨论哪些畅想家、企业和设计院校促成了美国大拆大建公共政策的出台？

# 复习思考

## · 本章摘要

通过归纳前人的经验，克莱伦斯·佩里提出了新建居住区的规划空间结构理论——邻里单位，克莱伦斯·斯泰恩团队的雷德朋则成为邻里单位的设计实验。结合田园城市、卫星城、邻里单位等理论与欧洲的行列式居住区实践，英国现代建筑研究小组提出了以邻里单位为基本单元的城市设计空间结构，并广泛应用在二战之后的新城建设中。高层住宅在英国二战后的城市更新中逐渐普及，在暴露出社会分异和空间隔离的缺陷时，也涌现出了一批融合历史环境的经典作品。美国在二战后开始了自上而下的城市更新，大拆大建的城市更新破坏了历史城市的空间结构与活力，也引发了自下而上的反抗和对精英主义城市设计的全面反思。

## · 关键概念

邻里单位、卫星城、空中街道、城市更新、小微渐进

## · 复习题

1. 克莱伦斯·佩里在1929年提出的邻里单位理论受到了哪一个项目的启发：

a. 森林山花园　　b. 桑尼赛德花园

c. 雷德朋小区　　d. 鲍德温山村

2. 克莱伦斯·佩里在1929年提出的邻里单位理论中不包括以下哪一个原则：

a. 以小学为社区的中心　　b. 商业在社区外围避免过境穿越

c. 人车分流的尽端路　　d. 绿化隔离带

3. 英国现代建筑研究小组（MARS）在1938年提出的邻里单位概念与克莱伦斯·佩里的邻里单位的核心差异：

a. 高速公路不进邻里　　b. 中小学齐全

c. 行列式公寓　　d. 邻里单位的商业设施

4. 二战后各国的城市重建不约而同选择现代主义住宅的原因：

a. 有利于规模化解决住房短缺问题　　b. 与传统决裂的态度

c. 世界和平的共同约定　　d. 传统工匠工艺失传

5. 丘吉尔花园是伦敦战后的重要城市更新项目，请问以下哪一条不是其住区规划的特征：

a. 垂直泰晤士河实现景观渗透　　b. 高低错落的建筑组合

c. 与周边街道的良好关系　　d. 南向行列式实现均好性

6. 黄金巷公寓哪一个特征反映了城市更新住区的优秀特征：

a. 人车分离的交通结构　　b. 住宅设计方便垃圾清运

c. 高低结合的建筑组合　　d. 街廊和下沉式广场

7. 二战后英国社会住宅中采用空中街道理念的项目几乎都失败了，请选择对该现象的错误解读：

a. 普通人更喜欢传统街道　　b. 公共政策的失败，与建筑设计无关

c. 空中街道不是居民的需求　　d. 低收入者集中引发社会问题

8. 请选出对简雅各布斯的不恰当评价？

a. 城市更新需要自下而上的声音　　b. 城市设计需要关注经济和活力

c. 家庭妇女的瞎起劲　　d. 美国大拆大建城市更新的终结者

9. 纽约市华盛顿广场公园南侧城市更新项目和纽约大学银塔公寓，两个项目不同的经历说明：

a. 城市更新宜小尺度渐进　　b. 超级街块阻断交通

c. 西特的城市设计思想过时　　d. 汽车交通主宰城市设计

10. 请选出以下对圣路易斯普鲁伊特—艾格社区的描述中正确的表述：

a. 以公共服务设施为中心　　b. 与周边城市环境的良好关系

c. 住宅设计不能解决社会问题　　d. 花园景观设计兼具防卫性

# 第 10 章

## 从住区规划到城市再生

如果说前九章对现代住宅发展源流的知识讲授，
那么应用上述知识完成创新迭代就是第 10 章的使命。
响应了伴随城市化而来的居住问题，
现代集合住宅创造了现代化的生活方式、社会组织，
以及与历史城市截然不同的风貌。
面对未来城市所遭遇的更新需求，
最后一个章节将尝试用分析还原的方法，
从功能房间开始，
解释由房间组成套型、
再由套型组成单元楼栋、
以及由楼栋形成组团和街块（小区）、
最后形成城市的一个过程，
以及每一个过程背后的复杂逻辑。
正是这些逻辑影响着每一个市民，
而市民集体选择的逻辑汇聚成塑造一座座城市个性的共同行动。

## 10.1　住宅单体

住宅单体建筑通常由专有空间和共有空间组成。[1] 专有空间即套型；每个套型又包括了若干不同功能的房间。共有空间则包括门厅、走廊、楼梯、设备间和管道井等功能房间。在中国大陆地区，共有空间的建筑面积通常会被“公摊”到每一个套型上，即按照套型占总面积的比例认领一部分的共有建筑面积。由功能房间组织居住套型是现代化的创新，工业革命前的城市建筑没有套型的概念，更没有功能房间。通过为套型内的房间指定相关居住功能，现代集合住宅实现了对历史上居住建筑的迭代发展。

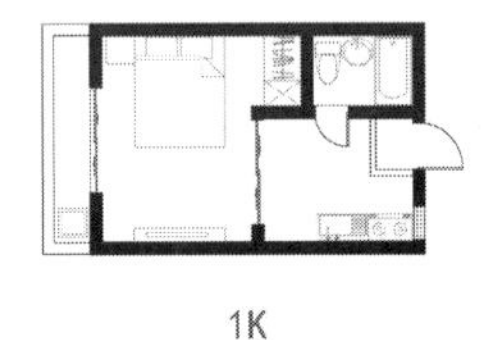

1K

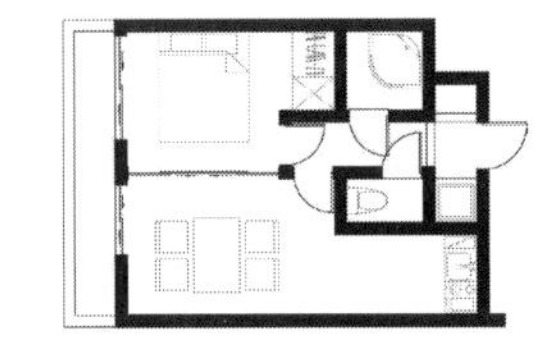

1DK

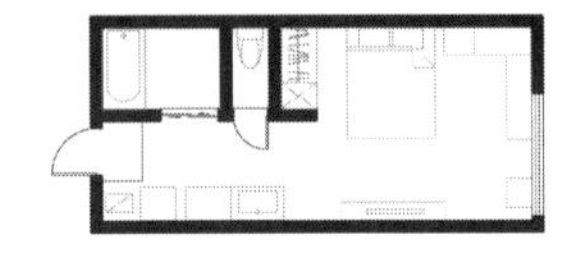

1R

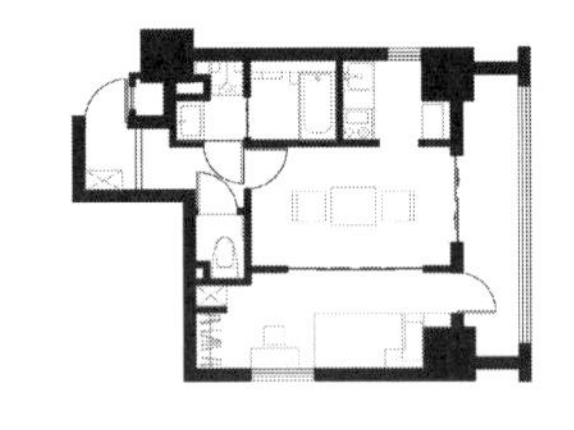

1LDK

图 10-1　日本住宅的小面积套型

现代住宅的套型所包含功能空间中最重要的是套内卫生间。套内卫生间也是区分现代住宅和传统居住建筑的核心标准。没有套内卫生间就不是现代住宅，没有套内卫生间的套型只能称为非成套住宅，日本住宅专有名词是说明住宅丰富功能的良好案例。集合住宅的套型在日本通常被归纳为 nLDK：n 代表卧室的数量，L 代表起居室（Living Room），D 代表餐厅（Dinning Room），K 代表厨房（Kitchen）。因现代住宅必有套内卫生间，所以这种套型简称中反而没有对卫生间的表述。

以卧室的数量命名住宅套型是全世界通用的方式。日本最常见的套型是 1LDK、2LDK、3LDK，但是更小的套型也并非罕见（图 10-1）。其中最小的套型是 1R，即卫生间之外只有一个兼容厨房、起居和卧室功能的房间。略大一点的套型被称为 1K，即卫生间和卧室之外还有一个封闭厨房。功能更完整一点的套型叫作 1DK，即除了卧室和卫生间，增加了餐厅和厨房融为一体的单独房间。如果在上述基础上再增加一个起居室，那么就形成了日本典型的全功能小套型住宅——1LDK。中国大陆地区的住宅套型采用了另一种相似的称谓体系。常见套型包括一室户、两室户、两室一厅、三室一厅等；最常见的市售商品房套型是二室一厅和三室一厅，相当于日本的 2LDK 和 3LDK。在这种命名体系中并没有明确功能性住房，因为现代住宅必须包括独立的套内厕所和厨房。美国的套型通常以卧室的数量来命名，但还有一种常见的住宅套型名为工作室公寓（Studio Apartment）。

套型的命名与套型的面积并无关系，工作室公寓就是最典型的例子。最早的工作室公寓是建成于 1857 年的纽约第十大街工作室大厦（图 10-2）。由毕业于巴黎美术学院的建筑师理查德·莫里斯·亨特设计的工作室公寓[2]参考了美术画室，有着相当于普通住宅两倍高度的落地大窗，而且除了卫生间，套型无论大小都不再设有房间。这个以艺术家群体为对象的住宅兼容了居住和艺术家工作室的功能，包括亨特自己在内，吸引了大量的艺术家入驻。正是从这座大楼开始，曼哈顿的格林威治村奠定了其艺术街区的文化基因。在这幢大楼的工作室公寓中，面积小的套型类似日本的 1R，而面积大的则不输当时的 2 层联排住宅。伟大的建筑师密斯·凡·德·罗就一直钟情于工作室公寓，无论是 1927 年的德国斯图加特的威森豪夫住宅，还是 1950

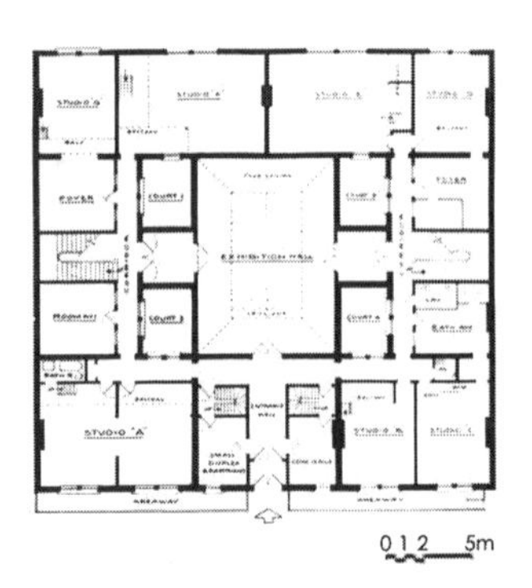

图 10-2　第十大街工作室大楼平面图

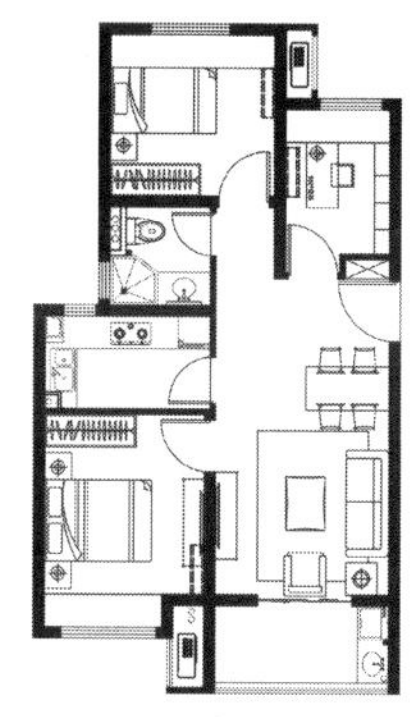

62.5㎡

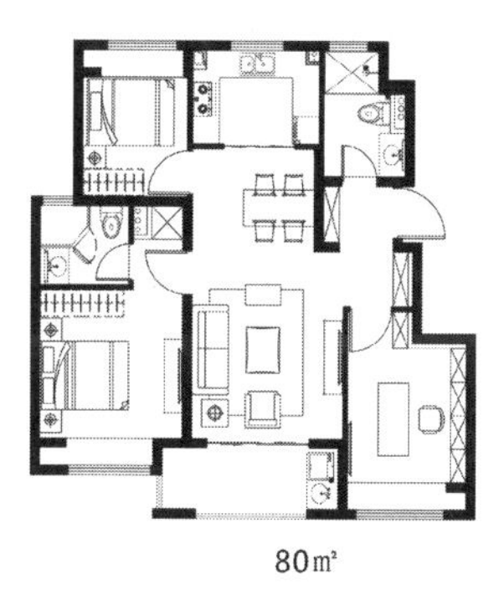

80㎡

76㎡

**图 10-3　中国住宅的典型套型**

上图是三种典型的三室一厅住宅套型平面，所注面积均为套内建筑面积。

年美国芝加哥的湖畔公寓都包含有大量开放平面的工作室套型。密斯设计的小住宅杰作范斯沃斯别墅本质上也属于工作室套型。

套型设计是自然、经济、技术和参与等诸多因素共同作用下的结果。自然对套型的影响至关重要；陶渊明诗句中"采菊东篱下，悠然见南山"描绘的正是居住与自然的明确关系。因为开窗的大小和位置，乃至窗外的采光、通风、雨水和风景，同样的套型可能呈现完全不同的生活。套型的经济性不可忽视。无论商品住宅或保障性住宅（社会住宅），投资方的差异并不影响对经济性的诉求。自 1920 年代以来，经济性始终是住宅革命的核心议题之一，诸如最低住宅建筑标准、法兰克福厨房、工业化装配式建造等探索，目的都是为了提高经济性从而能以有限投入造福更多的市民。无论是生产、建造还是设计，技术的进步同样影响深远。工业化住宅已成为当代社会主流，中国大陆已经通过立法在新建住宅中倡导采用工业化装配式住宅。技术的进步也突破了经济性的限制，同层排水技术的推广为套内卫生间的布局松绑，不再局限于上下对齐的污水管旁。亚历山大 · 克莱恩对于居住建筑内部的公共和私密关系的流线分析说明，优化设计可以塑造家庭生活和交往的平衡。套型设计应该贴近目标客户群体的需求。缺乏公众参与是普鲁伊特—艾格失败的主要原因之一：目标族群混合却只有少数族裔，为核心家庭设计却迎来失业单亲家庭，为社会住宅设计却没有投资运营经费保障，种种不一而足。综上所述，每个套型都是自然、经济性、技术和参与等因素综合作用的结果，没有放之四海皆准的答案，好设计必须因地制宜。

套型设计是继承基础上的创新。今天中国市场上销售的商品住宅大都是不断迭代的成果，都充分体现了自然、经济、技术和参与的综合影响（图 10-3）。以市场销售主流的商品房三室一厅住宅为例，两开间和三开间的套内面积可以相差超过 $20m^2$，其造价和房屋总价也就有巨大的差别。套型中功能房间采光通风，首先保障主卧和客厅有最好的阳光条件，再按照其余卧室、厨房和卫生间的顺序排位。图 10-3 中的三种套型都能够提供卧室和厨卫的自然采光，但开间和进深的不同造成经济性和舒适性的巨大差异。小面积的两开间套型节约了土地成本，在同等面宽的用地上可以提供三开间套型 1.5 倍的套型数量。节约用地的两开间不可避免会牺牲一定的舒适性，在建筑中部狭长的采光槽里开窗的厨房、厕所的自然照明注定比不上三开间套型。对公共投资的社会性住宅而言，两开间可以在相同投入下解决更多家庭的居住困难；对市场投资的商品房住宅而言，不同开间则指向不同总价和与购买力相应的客户群体。因此如何选择套型，必须量体裁衣。

同一层的专有空间（套型）与共有空间（公摊）一起组成了住宅单体的楼层平面（图 10-4）。基于经济性的原因，绝大部分住宅单体都采用了入口层单独设计，其余楼层统一采用了基本相似平面的空间组织方式。这些基本相似的楼层平面即标准层。垂直重复的标准层决定了共有空间分摊到每一户套型上的成本与价值，也影响着住宅和城市的风貌。克服因垂直重复造成的住宅千篇一律是住宅和城市设计的核心问题之一。通过立面多样化设计响应

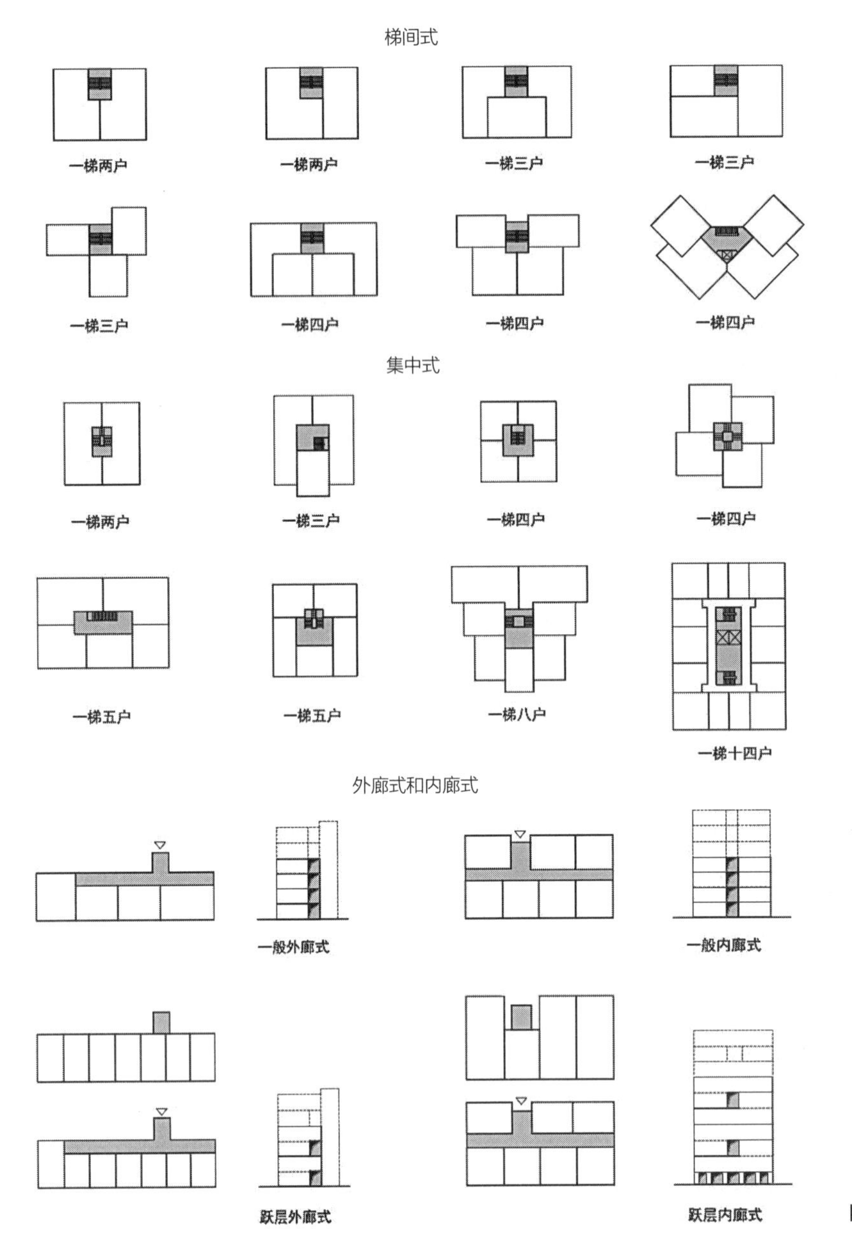


**图 10-4　常见的标准层组织方式**

环境，正如本书第 5 章介绍的诸如廓形、虚实、阳台、楼梯和开窗等的建筑设计手法可以响应城市风貌的需求。借助勒·柯布西耶的多米诺体系，或者密斯的流动空间，抑或是荷兰建筑师哈布瑞肯所提出的 SI 体系，[3] 可以改善套型平面的适应性，响应个体居民的需求。

住宅标准层通常由套型和公摊所组成，后者包括强弱电间、水表房等的服务空间，楼梯和走廊等交通空间。根据楼梯和走廊等在建筑平面中的位置关系，可以将住宅标准层归入梯间式、集中式和廊式等 3 种基本模式。其中梯间式是多层住宅中较常见的模式，即楼梯布置在所有套型中间靠近外墙的位置。梯间式的优点是既保证了楼梯间的自然采光和通风，也减少了套型与楼梯之间的走廊面积。本书第 8 章介绍的纽约邓巴公寓项目就属于梯间式

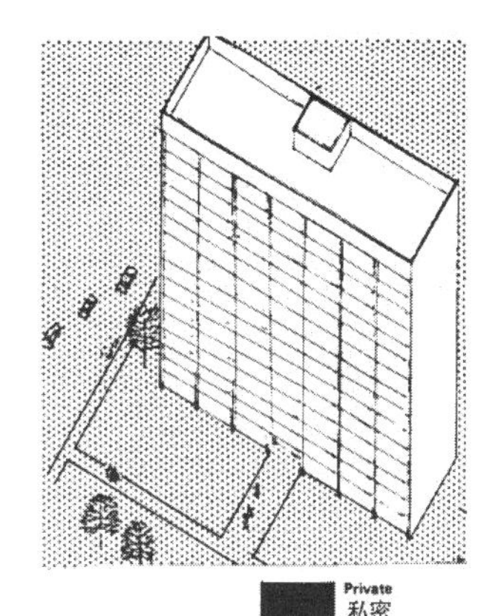


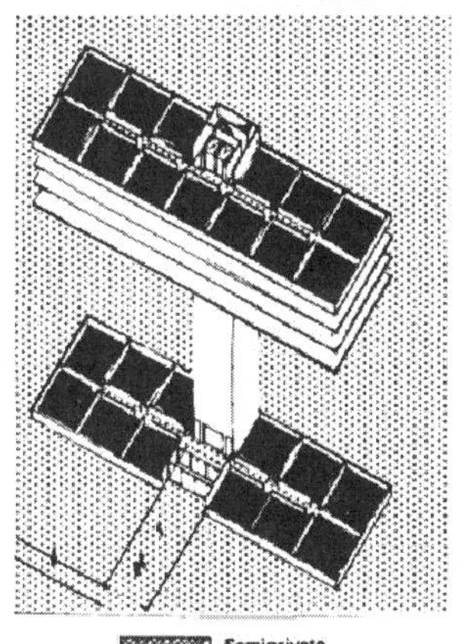

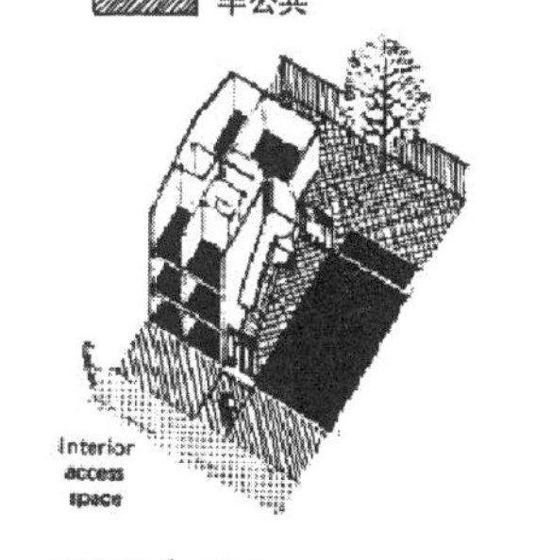


**图 10–5　多层与高层住宅的可防卫性对比**

住宅；该项目的标准层由多个梯间式住宅拼接而成，形成了丰富的建筑形体。梯间式的特点决定了它每层的套型数量比较有限，通常当标准层超过 4 户就已经变成了廊式。如果说梯间式是常见的多层住宅标准层模式，那么高层住宅标准层最常见的模式是集中式。集中式通过将交通核安排在建筑中央。由于高层住宅的交通核较大，从梯间式到集中式的转变往往意味着更大进深与更多可用于住宅套型的外墙面。由于套型价值与可以自然采光通风的外墙长度相关，集中式在同等周长情况下可能比梯间式更经济。高层建筑选择集中式往往意味着一梯多户，例如一梯六户、一梯八户，甚至于一梯十户以上。作为密斯的杰作，芝加哥湖畔公寓就是典型的集中式平面；两幢大楼分别采用了一梯四户和一梯八户的标准层。通过位于建筑中心的楼梯串联套型，造成中心交通空间和套型的厨房卫生间远离外墙方向，需要依赖于机械通风和人工照明。集中式布局方法提高了土地的经济性，部分房间的采光和通风虽不够理想但也可通过设备方式得到改善。

如果说密斯青睐集中式，那么勒 · 柯布西耶的最爱无疑是廊式住宅。廊式住宅标准层由长走廊串联套型和楼梯间，当走廊位于建筑内部称为内廊式，当走廊位于建筑一侧则称之为外廊式。相比梯间式和集中式，廊式住宅的最大优势是减少了交通核（尤其是电梯）的数量，例如马赛公寓每个标准层由 4 部电梯和 3 个疏散楼梯串联了 58 套公寓。近年来随着电梯产业发展和住房价格飙升，长走廊的经济性已不明显，其私密性和可防卫性的不足则被不断放大。例如贯穿本书的美国普鲁伊特—艾格住宅，以及英国帕克山和罗宾汉花园住宅……这些失败案例都在警示私密性、可防卫性方面的不足可能是廊式住宅无法回避的问题。

常见的住宅标准层除了梯间式、集中式和廊式外，还有一种廊式变体——中庭式。当建筑一侧的长走廊形成闭环后，就形成了中庭式住宅。知名的中庭式标准层住宅多见于中国香港，包括正方形中庭的坪石村和圆形中庭的励德邨。28 层高的坪石村每层有 32 个套型，864 户居住在一个中庭之下。27 层高的励德邨每层有 18 个套型，一幢大楼 486 户都暴露在一个中庭内。尽管私密性不佳，纯粹几何形的中庭确有建筑美学。所以两处住宅不仅吸引着建筑师，也是非常热门的旅游拍照打卡点。

根据奥斯卡 · 纽曼的可防卫性理论，多层优于高层住宅，梯间式优于廊式住宅（图 10–5）。通过对包括普鲁伊特–艾格在内多个居住区的调查研究，建筑师和作家奥斯卡 · 纽曼在 1972 年提出了住宅的可防卫性理论。[4] 他指出公私领域间的理想模式应该包含公共、半公共、半私密、私密的充分过渡，从而孕育邻里之间守望相助的自助管理。高层住宅，尤其是廊式高层住宅中存在大量权属不明的室内外开放空间，也就是可防卫性缺席的空间。过多的开放空间侵占了半公共和半私密领域，反而抑制了公共活动的发生；过多的开放空间影响了建筑与场地的关联，同时也缺乏对街道的积极影响。随着长走廊上联系套型数量的增长，居民间相互认识与守望的可能就相应降低，也就破坏了邻里自组织的防卫行为。警察、保安和物业管理固然可以弥补可防卫空间的不足，但是又增加了经济性的压力。以普鲁伊特—艾格为例，可防卫性不足是迫使圣路易斯市政府做出拆除该项目的重要原因之一。因可防卫性不足造成罪案频发，政府被迫派出警察在建筑内巡逻，警力支出造成财务状况持续恶化……最后不得不一拆了之。因此，希望我们所有的设计师都能理解可防卫性的核心观点：公共空间并非越多越好；廊式住宅不利于防卫；居民的自助管理优先于外部的干预。

现代住宅单体建筑由功能房间—套型—标准层的树状结构组成，其基础是对效率和健康的重视，其问题是对城市与人的重视不足。1920 年代以来的理性化设计思潮，用改变建筑单体的方式改变了城市风貌，塑造了今天的住宅和城市。理性主义从宏观层面上希望通过住宅工业化的规模生产来解决日益增长的城市住房短缺现象；从微观层面上希望能够为每一个套型都提供更多的采光通风和更健康的生活。这种设计思潮是一次伟大的创新，世界各地都有通过大规模建设标准化住宅消除住房短缺和不健康居住条件的成功案例。尽管现代住宅极少涉及美学，但是它的大规模建设却全面地改变了城市的风貌和市民的生活。对住宅单体建筑的过度强调，不可避免地影响了传统建筑设计对城市、街道和市民生活文化传统的重视。住宅设计缺少与城市和市民的互动，无疑影响到了城市风貌和社会关系。在世界各地的大部分城市，新建住宅和新城区往往千城一面；有魅力、有特色的风貌，有人情味、有烟火气的社会关系则几乎都发生在历史上形成的老城区。

## 10.2 住宅群体

住宅群体的形态特征影响着城市风貌。住宅群体由同一地块内的建筑单体集合而成，由住宅单体到群体的布局方式大致可以分为周边式、行列式、点群式与混合式等 4 种基本形态，每种形态又可以进一步细分为更多子集。[5] 借助标准化和工业化，大规模建设的现代住宅缓解了因人口聚集而产生的城市住房短缺现象，也构成了深刻影响现代城市美学的风貌基底。工业革命之后的城市大多采用周边式，而现代主义建筑运动则更推崇行列式和点群式，进而造成世界各地老城和新城截然不同的城市风貌。

住宅群体的布局设计决定着环境特征是否能够延续。当代建筑设计不乏住宅单体的研究和创意，却往往缺少衔接历史环境的城市设计。作为城市中面积最大的建筑类型，住宅建筑设计对城市风貌基底负有难以推卸的责任。本书第 8 章记录了哈勒姆河公寓和威廉斯堡公寓背弃历史肌理的做法，都是违背城市设计继承者原则的惨痛教训。规模庞大且目中无人、缺乏城市意识的设计注定造成城市风貌丧失，其逻辑简单到让人扼腕叹息。

周边式是延续环境的首选（图 10-6）。所谓周边式指一个四至边界都是城市道路，且所有外围建筑单体与道路平行的城市形态。因为周边式常有围

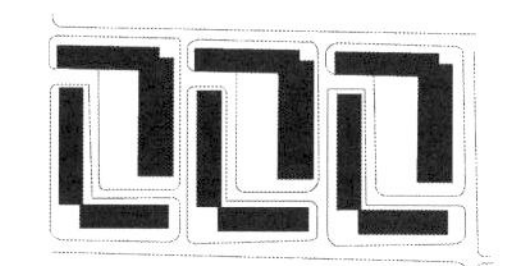

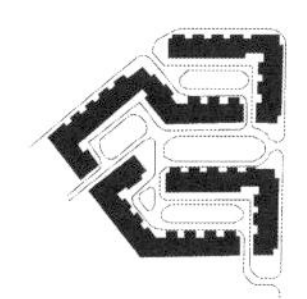

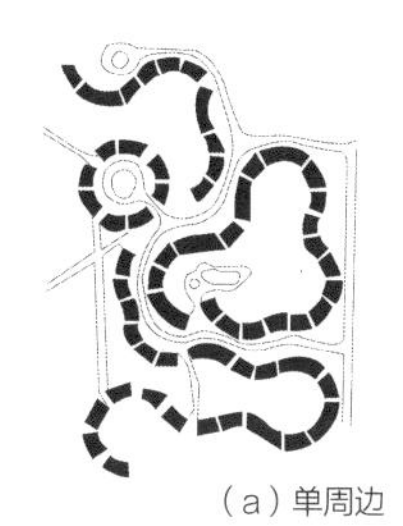

（a）单周边

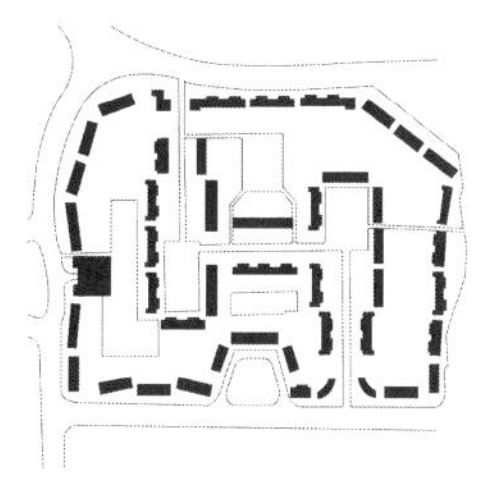

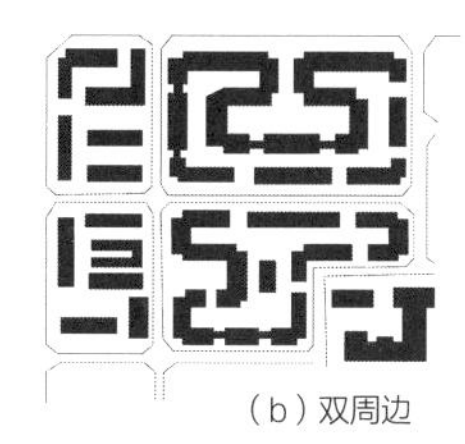

（b）双周边

**图 10-6　周边式形态**

合内院，所以也常被称作围合式。周边式尤其常见于欧洲城市的老城区，其中最著名的是本书第 7 章介绍过的西班牙城市巴塞罗那。由塞尔达设计的巴塞罗那扩展区，在建设进程中逐渐形成了周边式建筑形态。由于街块只有 113m 见方的尺度，绝大部分的街块都只有四周沿街建筑与一个不算宽敞的内院。整整 520 个同样大小的单周边围合式街块构成了巴塞罗那举世无双独一无二的城市形态。[6]

周边式存在日照通风和私密性的缺点。与街道平行布置建筑是一种追逐商业利益最大化的朴素传统，周边式维护了街道的公共性并消除了可防卫性不佳的视觉死角。周边式最大的缺点是通风不佳和内院的交通组织不畅，当街块尺度较小时内院阴角部位的采光不足和对视影响私密也是常见的问题。完全围合导致内院形成静风区，对于强调自然通风的气候区比较不利。周边式的交通、后勤与市政组织都只能集中在内院，并受到有限出入口的限制，相对较为复杂。受到综合阴影的影响，周边式街块中北侧住宅单体存在无法回避的日照不足现象。周边式街区的私密性问题比较突出，沿街建筑之间的对视和内院角部住户间的对视都很难避免。

周边式的细分类型与街块的边长和面积直接相关，通常出现在四至边界中短边长度大于 60m 的街块中。以萨瓦纳为典型，很多美国城市常见到短边仅 30m 的狭长街块，街块中的建筑常常平行长边布置且没有中间的内庭院，这种形态不属于周边式。[7] 纽约曼哈顿的街块尽管短边只有 60m，但也有大量单周边形态的街块，例如本书第 8 章中重点介绍过的邓巴公寓。随着街块面积变大，如果仍然只有沿四至边界城市道路的建筑就形成了超级街块，奥地利维也纳卡尔马克思大院的短边仅 60m 但长边足有 1km 长，成为全世界最知名的单周边超级街块。

周边式短边长度超过 100m 后通常就会出现双周边或鱼骨状的细分类型。当内部建筑也采用平行内部道路的方式排布就形成了双周边形态。昂温在莱齐沃茨长约 400m、宽约 500m 的超级街块内设计了最知名的双周边住宅。1953 年建设部在北京西城一片东西长约 500m、南北进深约 450m 的街块中修建宿舍区；建筑家张开济设计的双围合形态成就了百万庄小区独特的风貌。街块面积扩大后，地块内部使用鱼骨状空间结构的形态也很常见。里弄住宅就是一种典型的周边围合加内部鱼骨状结构的住宅群体。在很长的时间段里，这种周边式形态甚至代表着上海的城市风貌基底。

背离街道的行列式容易造成环境的割裂（图 10-7）。在一个四至边界均为城市道路的街块上，如果外围建筑不平行道路布置，其内部 2 个以上的住宅单体建筑以相互平行方式排列，就形成了行列式形态。行列式是工业革命后快速建造住宅的产物，往往出现在缺少城市道路的超级街块中。行列式是现代主义建筑运动推崇的形态，也是我国最常见的住宅群体布局形式。全世界最知名的行列式项目，也是最臭名昭著的项目，就是贯穿本书的普鲁伊特一艾格居住区。该项目背弃了圣路易斯市传统的街区尺度和形态，贸然采用行列式布局的失败教训值得所有建筑师警惕。行列式和周边式并非对立面，例如塞尔达最初设计的巴塞罗那扩展区绝大部分街块都是行列式。他希望能够在四至边界中的两边建房，而空出的另外两条边界就可以形成更好的通风环境。只不过市场逐利将塞尔达计划中的行列式变成了今天的周边式。

行列式的优缺点同样鲜明。行列式的主要优点包括套型均好、组织便利和设计简单等三点。行列式的出发点就是每一户都有良好的采光和通风条件；其二区分正面背面方便了交通、市政管网和工业化施工组织；此外因简化对外部环境的响应造成标准层平面套型设计工作相对轻松。对环境关系的响应不足是行列式的突出问题，也因此常常造成单调呆板的空间形态。[8] 过度强调朝向的行列式，不可避免地将朝向和均好性置于历史环境和城市文脉之前，就会造成城市环境的割裂。

对待街道的不同态度是行列式与周边式最大的差异。平行街道是最简便的因地制宜手法；片面强调采光通风使得行列式住宅群体常常打破连续街墙。小地块采用行列式问题不大，但超级街块采用行列式就容易留下大面积的山墙消极空间。行列式在南北向的方形街块中问题不大，但面对非正南北向或曲折边界的街块时，行列式布局很容易形成连续的消极空间。打断连续街墙在没有历史街道的新城中问题不大，如果出现在历史街区中就很容易造成街道环境的割裂。当然，通过沿街设置裙房等细腻的设计手法，行列式完全可以匹配历史街区。

行列式有很多丰富的组合可能，包括平行排列、交错排列、变化间距、单元错接、扇形排列和曲线排列等等子类型。平行的住宅单体也可以是曲线非对称，从而产生丰富变化。例如说新法兰克福运动 1927 年建成的之字形小区尝试了单元错接；1928 年建成的罗马城小区则探索了成组变化行列式布局。还有柏林马蹄形居住区东侧沿街内凹，地块内住宅成组变化，都充分说明了行列式并非只有平行排列这一种最简单粗暴的做法。

点群式特指在一个街块内，建筑单体全都采用集中式标准层平面建造而形成的城市形态（图 10-8）。这是一种在现代主义之后，尤其是高层住宅开

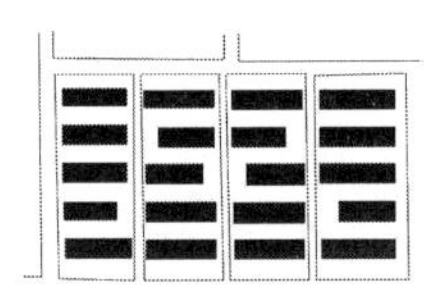
（a）平行排列

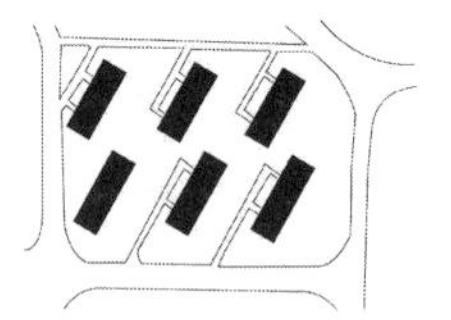
（b）交错排列

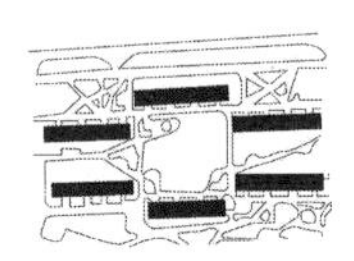
（c）变化间距

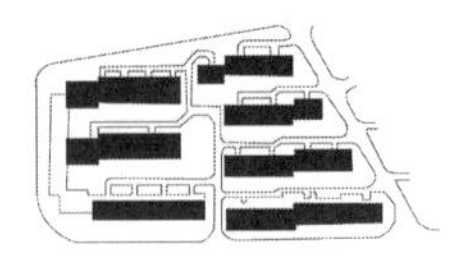
（d）单元错接

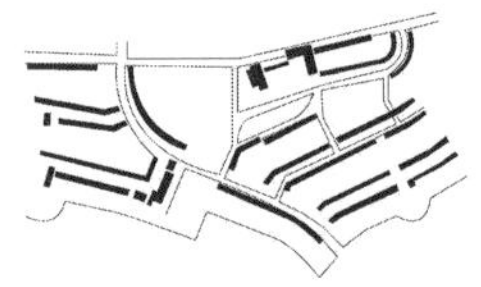
（e）成组改变朝向

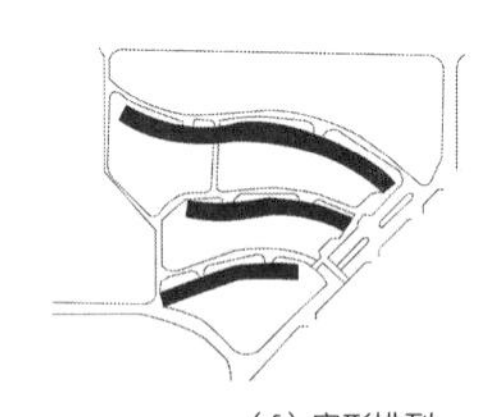
（f）扇形排列

**图 10-7　行列式形态**

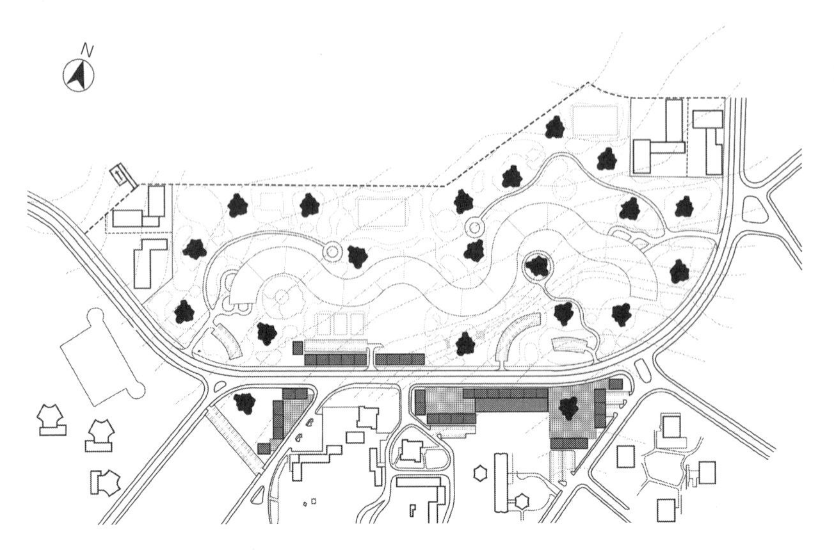


**图 10-8　点群式布局——巴黎劳埃德塔楼总平面图**

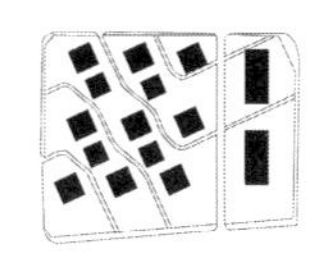

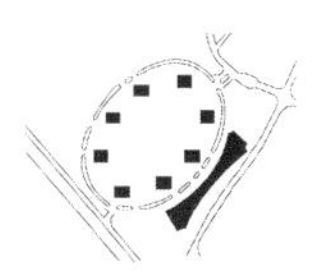

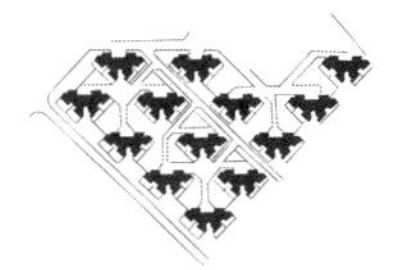

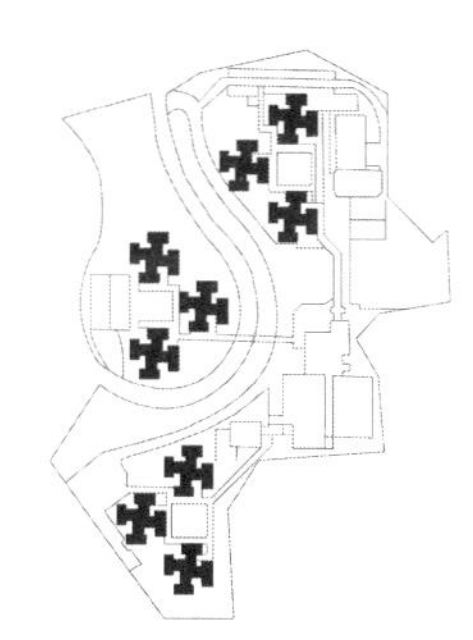

（a）规则布置

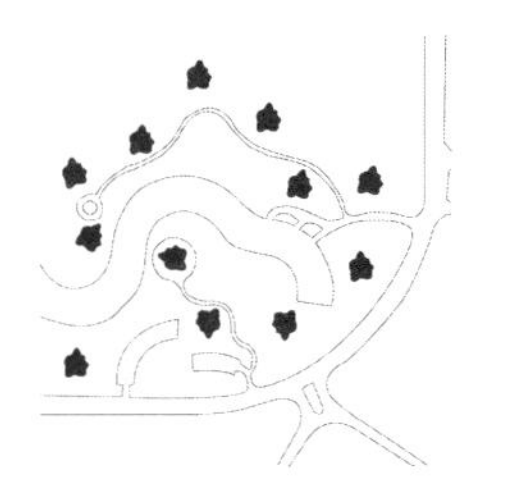

（b）自由布置

**图 10-9　点群式形态**

发中常见的空间布局类型。点群式最初以郊区化别墅区形态出现，多层和高层点群式的历史并不悠久。点群形式的优点是外立面和视野，缺点是气候适应性不佳以及与历史街区的关系不易把握。区别于周边式和行列式，点式建筑每一个单元标准层都拥有 360° 的外立面。外立面周长保障了每一个套型的自然采光和相对宽广的视距。“运用得当可丰富建筑群体空间，形成特征。点式住宅布置灵活，便于利用地形，但在寒冷地区外墙太多而对节能不利。”[9] 独栋格局也很容易造成与环境，尤其是历史街区关系的背离。因此，大城市建设的点群式住宅往往也会引发争议。

点群式形态可以进一步细分为规则布置、自由布置和巨构网络等三种形式。中国北京的建外 SOHO 项目是知名度较高的点群式住宅。这个位于北京内城东南角的混合用地项目，由日本知名建筑家山本理显的事务所设计，包括 18 栋公寓、2 栋写字楼、4 栋 SOHO 小型办公楼及大量裙房组成，配套设施包括幼儿园和会所。三种建筑功能分别使用了正方形高层、长方形高层和正方形裙房形态，形成了由下沉式广场、地面道路和空中连廊所联系的点式建筑群落。这个案例也证明了规则布置的点群式并不意味着规则的呆板。这个项目在商业上取得成功的同时，也引发了社会各界对于古都风貌的广泛讨论[10]。

巴黎西郊的“埃劳德塔楼”几乎是自由布局点群式中最知名的项目（图 10-9）。这个由建筑师埃米尔 · 埃劳德（Émile Aillaud，1902—1988）设计并以设计者姓氏命名的高层住宅小区，坐落在巴黎西郊南泰尔中心绿地和德方斯新城之间，距离巴黎东西主轴上的地标建筑德方斯拱门仅有 400m。项目占地约 8hm$^2$，18 座塔楼布置在基地外围，共同围绕着一个蛇形的绿地，以及其中时起时伏的瓷砖巨蟒公共艺术作品。1607 套公寓分布在高低不同的塔楼中，其中最高的 2 幢 39 层大厦高达 105m，据说是法国最高的住宅摩天大楼。[11] 尽管高度不一，但 18 幢塔楼却只有一种集中式的一梯五户标准层，差异只是被旋转出不同的角度。由于标准层形如云朵没有任何直角边，以及外立面上正方形、圆形和泪滴形等三种卡通化的窗户与马赛克外墙，该项目也被戏称为云塔小区。这个项目充分说明一个标准层的建筑并不等于呆板，埃劳德塔楼在建筑师、摄影家和艺术家圈子中颇受欢迎，并于 2008 年获得遗产建筑称号[12]。

尽管建筑设计广受好评，但从城市设计视角分析则充满社会争议。建筑师的创作构想是“一个表面混沌却具有隐藏秩序的城市”[13]，然而漠视巴黎城市轴线以及周边街道的总图布局，以及完全独特于历史传统的立面设计，这种无视历史环境的设计态度遭受了包括法国前总统德斯坦为代表的公众批评。[14] 另一方面，为中低收入居民建造集中的大型居住区，从一开始存在社会隐患。[15]

除了规则布置和自由布置，还有一种作巨构网络点群式。中国香港地区的美孚新村是这个类型中的震撼之作。这个由 99 座高层建筑组成的美孚花园，是香港第一个高层住宅开发的商业小区。在山地城市如何利用有限的用地，因地制宜地选择住区群体形式去创造适宜人生活的空间，保育自然环境仍是值得讨论的议题。

住区形态没有绝对的对错，好的城市设计关键是能够因地制宜。基于继承者原则，周边式往往适合于街巷分明的旧城历史街区，行列式在新城区则更为常见，点线结合的混合式可能是更适合复杂城市肌理的一种理想方式。本书介绍过的混合式案例颇多，张伯伦 · 鲍威尔 · 邦事务所在伦敦设计的黄金巷和巴比坎庄园综合体就是其中典范。塔式的高层、行列式的板楼，围合式街块，以及新月形的公共建筑组织在一起，共同创造出非常丰富多样的空间体验。有历史感的街区、现代的建筑设计、步移景异的景观，通过这些混合的群体形态，完全有可能在住宅设计和城市设计中实现。英国的另一个项目，纽卡斯尔的拜克墙社区则是混合式形态响应气候特征的代表。整个项目坐落在南低北高的向阳山坡，建筑单体也按照南低北高的形式展开，这些都是常见的做法。除了场地南侧有行列式和周边围合的住宅，地块北侧边界沿着 A193 公路设置 3 道总长度超过 1km 的条形住宅，阻隔了北海的冬季寒风，以及公路和高架铁路的噪声影响。北部的条形长墙高层住宅响应了气候，为南侧向阳山坡地上的住宅创造了更理想的微气候，这毫无疑问也是混合式布局的优势。

住宅和城市设计密不可分，因为集合住宅是城市风貌的基底。所谓城市风貌，是自然的风景、空间的风格与市民的面貌等三者相互结合共同塑造的结果。住宅单体满足了市民个体的居住需求，而大规模复制的住宅群体则塑造了整体城市风貌。围合式可以创造美好的街道感，例如巴塞罗那扩展区的单周边围合，上海里弄住宅的单周边鱼骨状形态，或者北京市百万庄小区的双周边围合，都是令人印象深刻的城市风貌。点群式同样可以创造有特色的形象，例如说北京市建外 SOHO、巴黎埃德劳塔楼和香港美孚新村都是辨识度极高的城市代言。唯独行列式关注细节大于关注整体，常常忽略城市肌理，容易造成城市风貌特征的模糊化。

风貌与均好性并非对立面，更不是二选一的是非题。面对城市设计的整体与住宅套型的均好性，更说明了城市设计是一种博弈，需要掌握丰富的形态技巧。即使是高强度开发的城市设计，设计师仍然可以通过混合式布局，实现标准化设计和城市风貌特色的平衡。现代主义以来的住宅已经积累了大量的经验与教训，因地制宜地选择住宅群体形式，任何城市都可能创造出符合自然地理、传承在地文化，又指向未来愿景的城市空间。住宅成就了城市风貌，住宅未来仍有创新可能。

## 10.3 设计程序

从零基础开始，住宅和城市设计的学习过程终于来到了实践环节。在开展设计实践之前，必须尊重国家标准和学科经验。此领域的标准和书籍非常多，建议读者朋友们从以下两本书开始：一本是国家标准《城市居住区规划设计标准》GB 50180—2018，另一本是由同济大学邓述平教授（1929—2017）和王仲谷教授主编的《居住区规划设计资料集》。前者是住区规划设计必须遵守的国家标准，保障了设计的合法性。后者则是同济大学详规教研室几十年积累的资料汇编，让设计师可以站在前人的肩膀上前进[16]。

按照2018年的国标，城市居住区分为15分钟生活圈居住区、10分钟生活圈居住区、5分钟生活圈居住区和居住街坊等四级。其中，居住街坊是住宅和城市设计最主要的设计对象。居住街坊指“由支路等城市道路或用地边界线围合的住宅用地，是住宅建筑组合形成的居住基本单元；居住人口规模在1000~3000人（约300~1000套住宅，用地面积2~4hm$^2$），并配建有便民服务设施”。[17] 无论在新城建设还是城市更新中，居住街坊的用地尺度都已经覆盖了绝大多数街块，因此也构成了城市设计中最基本的建筑群体模块。

根据《城市居住区规划设计标准》GB 50180—2018，城市居住区的用地分成四种类型，分别是住宅用地、服务设施用地、公共绿地和城市道路用地。以满足所在地上位规划为前提，用地和建筑控制指标都要符合标准制定的分级要求。首先要选择适宜的居住区级别，然后在每个级别中根据气候区划、住宅平均层数、人均用地面积和容积率等指标，得到相应的四类用地构成比例。这是一种受到邻里单位思想深刻影响，非常典型的分级分要素管理机制。以下将展开介绍四种类型用地及其设计要求。

住区的用地影响着生活方式。古代成语“孟母三迁”说明中国人早就认识到了住宅选址的重要性，其意义在当代仍然重要。为应对旧城衰退、城市扩张侵占绿地农田以及住房短缺需求，英国政府副首相约翰·普雷斯科特于1998年委托杰出的建筑家理查·罗杰斯男爵[18]，领导名为城市特别行动（Urban Task Force）的研究团队，制定英格兰城市面向21世纪的发展策略。在次年提交的名为《走向城市复兴》报告中，团队指出既有城市建成区是珍贵的资产，英格兰未来发展中住宅建设使用新住宅用地的比例不能超过40%，其余都应该通过更新现有城市用地，从而实现城市复兴。[19]

报告指出住宅形态与生活方式息息相关。19世纪居住区所面临的生活需求，和21世纪截然不同。1840年到1880年间，普通英国人的生命只有学习和就业2个阶段，大部分人在13岁就开始工作，尽管工作到人生的最后一天，平均寿命却只有短短40岁。当时普通英国人的生活中，每天睡眠之外80%的时间都被工作占据，只有20%的时间用于娱乐。普通英国人的生活在21世纪发生了天翻地覆的变化。首先伴随着平均可预期寿命延长到了80岁，人生历程拓展为教育、工作和退休等3个阶段，且每段人生都变得更长。其次平均受教育时间延长到20岁，开始工作的时间和退休时间都延后了，60岁退休使得普通人的工龄和1880年的人均寿命相当。退休之后又是一段丰富的新开始。第三个变化是每天的时间安排，每天睡眠外都有30%的时间用于娱乐活动，还有20%的时间可以用于学习。

住宅群体需要响应生活变化（图 10-10）。在内城中一幅南北临街的 100m 见方用地，采用每公顷 75 单元的统一密度，三种不同设计会催生截然不同的生活[20]。第一种模式是高层住宅，在地块中心建设高层住宅可以降低覆盖率，从而留下了大量可用于绿地和停车场建设的地面开放空间。被勒·柯布西耶称为“公园中的塔楼”的高层住宅模式响应了 19 世纪末严峻的住房短缺和恶劣的公共卫生，得到了现代主义建筑运动的积极推动。这种住宅建设模式的不足之处是住宅与场地、与城市街道环境缺乏联系，而建筑设计师对于大面积开放空间的维护管理所需要的大量投资缺乏认知，恰是大量社会住宅最后成为财政和社会双重负担的原因。第二种模式是二战后英国社会住宅中最常见的联排住宅。该模式清晰定义了公共空间、私有领域和连续的街道界面；响应了二战后的住房短缺和对传统城市空间的向往。但过高的覆盖率和单一的住宅功能分区限制了未来的变化。城市设计师在设计 21 世纪住区时必须仔细审慎，19 世纪末和 20 世纪中叶的前提条件很多都已不复存在，“公园中的塔楼”和传统联排住宅都不是好答案。研究团队推荐的是混合用地周边式布局。这样的住宅模式尊重了街道文化的传统，沿街底层布置了多种多样的功能；在地块中心围合出交往和学习活动所需要的充分空间，例如社区中心和儿童乐园；以及为私密生活准备的私人花园；高低错落的建筑形态反映了混合功能与和活跃生活的形态，为居民们在学习、工作、生活和娱乐相遇创造了可能。

在国标的四种用地中，住宅用地面积最大，但配套设施的重要性更胜一筹。作为空间正义的物质体现，配套设施要保障城市住区的居民，无论年龄、族群、收入、健康状况或者其他属性都能享受到相同且高质量的公共服务。从 19 世纪在伦敦白教堂建立第一个睦邻中心，到二战后建立邻里单位公共服务体系，再到宣称建成福利国家，英国一直是配套设施建设的模范。但我国住宅改革开放 40 年来实施的社区公共服务设施体系却学自前英国殖民地新加坡。新加坡 1965 年独立后，对前宗主国的邻里单位制度做了因地制宜的改革（图 10-11）。“居者有其屋”制度保障了 85% 的新加坡国民都居住在政府建设的组屋里；族群混合等制度避免了因低收入群体聚集造成的社会分异现象；高强度开发模式也更适合人口密集的亚洲地区。

以曲阳新村为代表，邻里单位从 1980 年代开始成为中国居住区配套设施的标准模式（图 10-12）。尽管早在 1950 年代的曹杨新村和沪东工人新村都曾受到邻里单位的影响；[21] 但囿于政治方针和经济能力，规划和建设都远远滞后。直到 1979 年的曲阳新村规划之后，我国才逐渐实施配套设施建设。上海市 1978 年决策在城市建成区的北部边缘农田中划出 77.72hm$^2$ 的农地建设曲阳新村。[22] 曲阳新村的空间模式与新加坡的邻里单位模式高度相似。居住区正中心有最高级别的公共服务设施，以 400m 服务半径覆盖了整个居住区。每个小区的中部都设有为小区服务的商业、服务和教育功能，保证幼儿园与小学的上下学都不穿越城市道路。每个组团也安排了包含里委办公室和小商店的综合建筑，“借鉴了上海里弄住宅弄口设置小烟杂店的传统

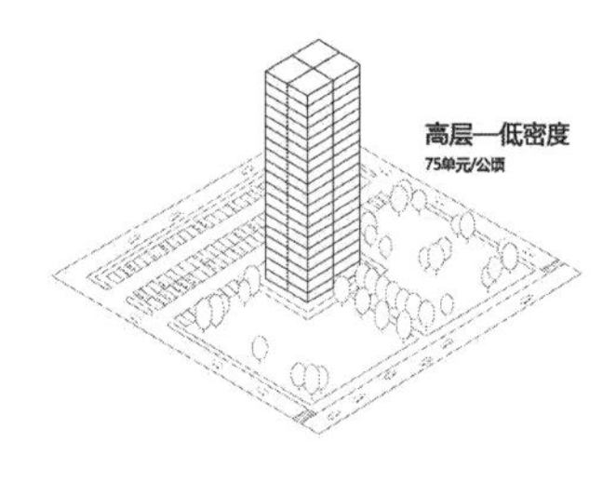


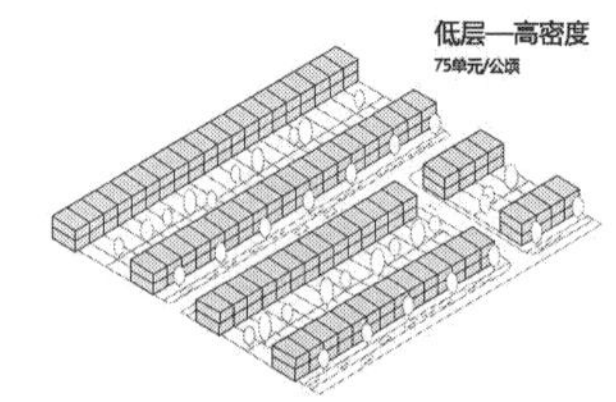


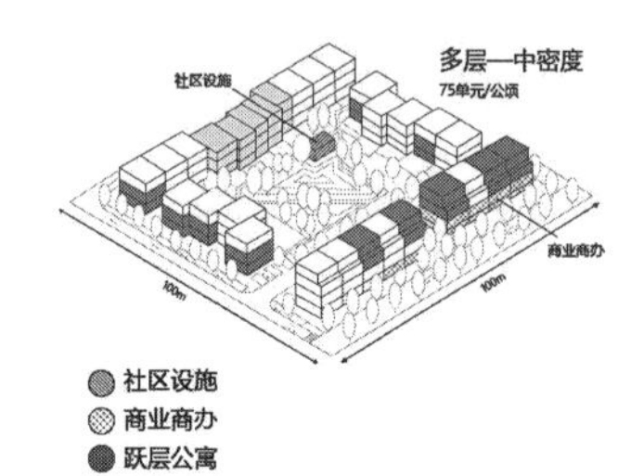


**图 10-10　住区形态和生活方式的相互影响**

**即问即答**

你所在城市的新开发商品房住宅是哪一种住宅形态呢？

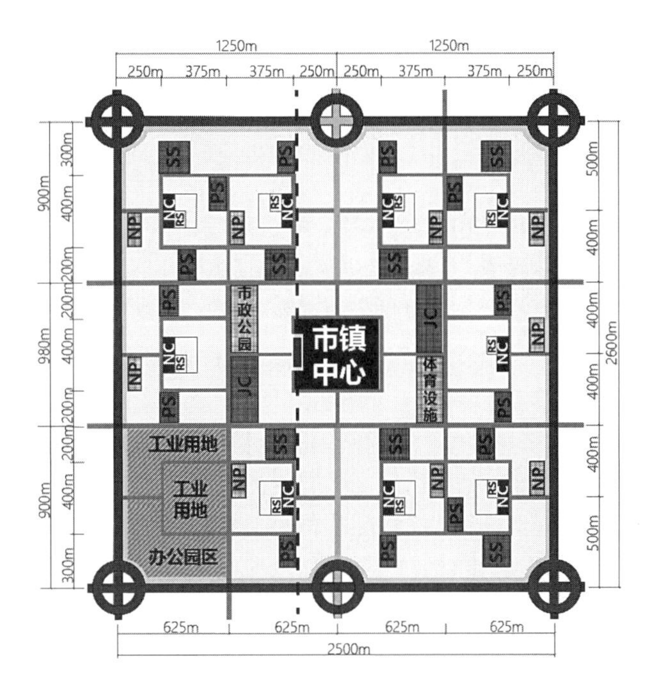


**图 10-11　分级配套公共设施的新加坡模式**

NC：邻里中心

JC：高中

SS：初中

PS：小学

NP：邻里公园

RS：保留地

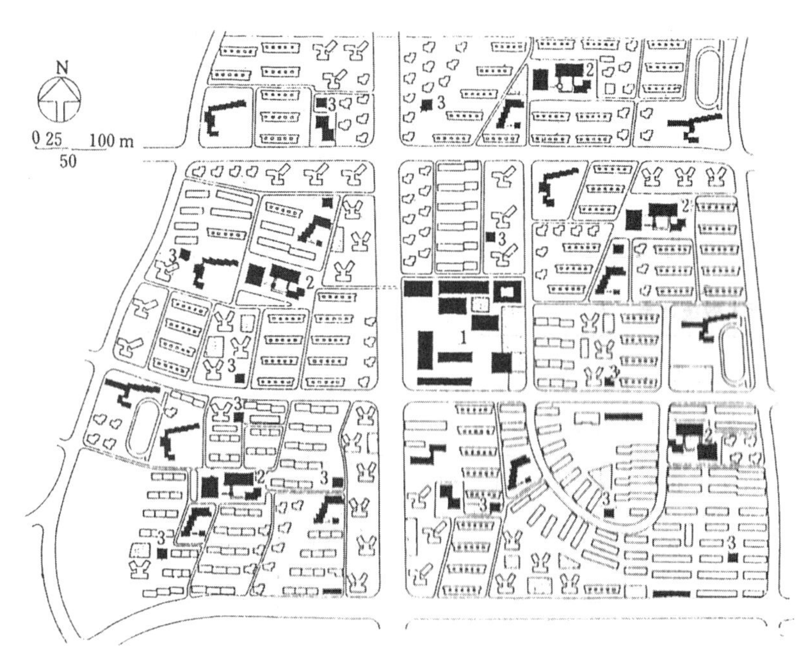


**图 10-12　分级配套公共设施的曲阳新村**

1—居住区级公共服务设施；2—小区级公共服务设施；3—组团级公共服务设施

特点”。[23] 曲阳新村不仅建立了居住区、居住小区和居住组团（里委）的三级组织架构和公建配套，还配建了包括污水处理厂，雨污水泵站，35kV 变电站和在内的市政基础设施。由此，曲阳新村也成为上海市第一个没有化粪池，多层住宅屋顶没有水箱的新型居住区。[24] 这样的城市设计创举在当时具有极其前卫的实验价值，按照三级配置公建和市政配套的大型居住区，曲阳新村成为上海和全国各地的学习对象。

曲阳新村是中国城市建设史中一个重要的里程碑，也是改革开放史的一段缩影。这个从 1979 年 8 月开始破土的居住区，在城市发展模式、多元参与建设、公交导向开发、混合形态和公共艺术等方面都有重要贡献。曲阳新村居住区首先明确了新城建设的发展模式和空间尺度，重新确立了城市扩张发展才能解决城市问题的重要决策。以曲阳路为联系城市中心区的南北轴，赤峰路和玉田路为两条东西轴，形成了面积为 10~14$hm^2$ 的 6 个街块，从而奠定了城市扩张与超级街块的基本建设模式。多主体参与开发是曲阳新村的另一特点。在国家投资、企事业单位参与的组合投资下开发，为向市场化过渡做了充分社会准备。曲阳新村在居住区中心设有公交转换枢纽站链接 3 条新公交线路和 3 条过境公交线路，极大改善了居民的交通出行。曲阳路两侧不仅有当时仍不多见的高层住宅，还有以“幸福、和平、未来”为主题、面积达到 387$m^2$ 的巨幅壁画。[25] 此外，曲阳新村在建筑设计创新上也有积极尝试。例如已故的勘察设计大师、华东院蔡镇钰博士设计的曲阳路 630 号，就是国内最早尝试马赛公寓构想的互锁方式组织的高层住宅。

当然到了 21 世纪再回顾，就会发现 1980 年代居住区设计理论的时代局限性。尤其是超级街块对小汽车交通普及的准备不足，小区内部公共服务设施可达性欠佳，以及“平疫结合”的先天不足。这些都敦促设计师反思如何响应社会变化，去设计符合时代精神和变化需求的住区。

住宅和城市设计中最敏感的道路设计是居住街坊内的道路交通组织方式，街坊外的城市道路则主要由上位规划限定。在居住街坊设计中，一旦确定满足上位规划要求的住宅群体形态，马上需要抉择道路交通究竟“以人为中心”还是“以车为中心”。从 1920 年代末期开始，对待小汽车的态度成为城市设计尤其是住区设计的分水岭，人车共享路权还是人车分行体现了背道而驰的价值观。我们认可城市快速路的积极意义，居住区与其他城区之间需要快速路，但街坊内不需要快速路。在 21 世纪高密度开发的中国城市，在居住街坊的社区环境里，人车共享路权可能是一个更适宜的选择思路。

共享（街道）空间（Shared Space）是一种让街道的所有使用者平等共享路面的理念。理论起源于 20 世纪 60 年代荷兰居住区中的居住庭院，[26] 城市环境中的共享（街道）空间是指使行人与机动车处于一致的低速环境中，不同道路使用者间没有明显的物理分隔，最终创造出具有场所感的街道。[27] 共享（街道）空间最典型的举措是取消路沿石、标示线等。其原理在于当道路的路权模糊，驾驶人就会寻求视线的接触并且降低车速，行人将被同等视为道路的使用者而非障碍物，[28] 最终形成了更加安全和文明的街道。因此，我们推荐将居住街坊内的所有地面车行道路都设计为共享（街道）空间，而不是机动车专用道。在居住街坊内部避免人车分流，不仅可以让每一寸的道路空间都能够为居民所用，发挥公共空间的价值；同时也敦促驾驶员注意行驶安全，让每一个居民都共享街道空间。

双向疏散安全是另一个需要审慎思考的设计要点。居住街坊道路的交通结构有很多种类型（图 10-13）。除了常见的围绕中心绿地形成环路外，也可以在地块外围设置不进入地块的尽端路，从而创造完全步行化的内院空间……图 10-13 的是居住街坊最基本的六种交通结构。需要注意的是，不

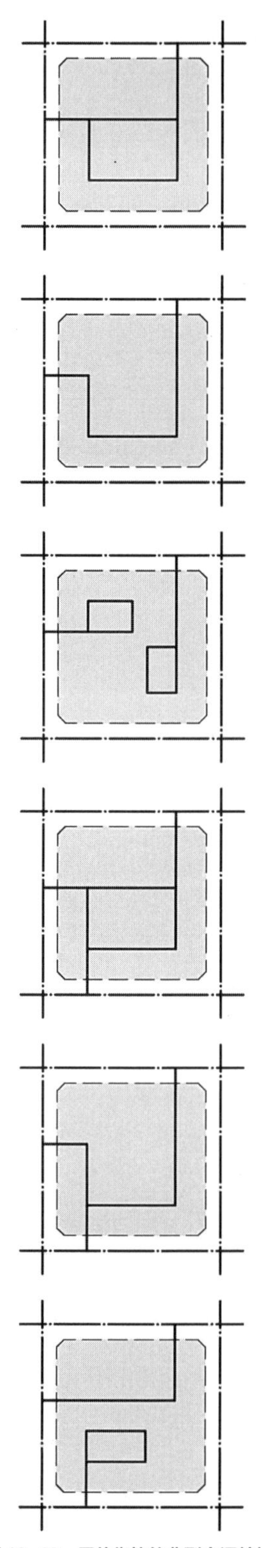

**图 10-13　居住街块的典型交通结构**

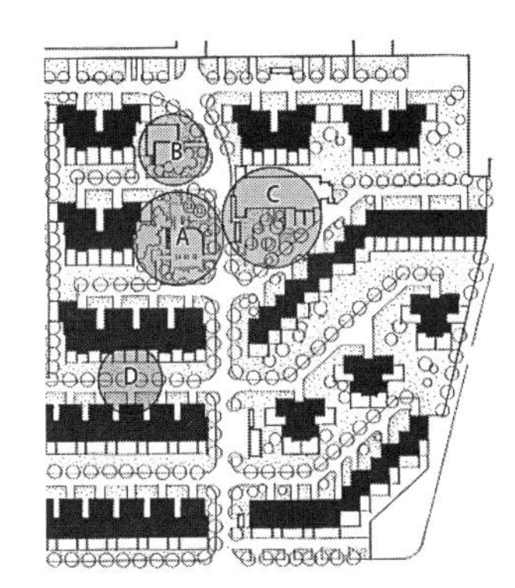


**图 10-14　居住街坊的典型绿地**
A—中心绿地；B—市政设施绿地；C—公共服务配套绿地；D—宅前宅后绿地

管选择哪一种交通结构，都要为居住街坊预留两个及以上的出入口以保证双向疏散。在出现意外需要疏散的时候，双向疏散的交通组织能够为居民提供多样化的安全选择，万一街坊的某个出入口被阻塞，还有机会从另外一个出入口进入或离开这个小区。规范对于居住区道路设计有非常详细而具体的要求，所以在开始设计前请大家一定记得要仔细阅读和理解各级规范，以实现因地制宜。

公共绿地是在城市居住区的四大用地中的最后一项；也是居民日常生活特别需要的内容（图 10-14）。类似于公共服务设施用地，居住小区也需要根据空间层级配置不同面积和不同内容的公共绿地。一般意义上，每个小区中央都会有集中绿地，其面积必须大于 400m$^2$ 且位于永久阴影区内的面积小于 1/3。在社区公共服务设施前一般也会配置集中绿地以鼓励室内外的活动融合。在建筑物之间和市政设施前通常应配置宅间绿地和公共设施绿地，作用是保障私密性和隔绝噪声干扰。形式多样的绿地组织在一起，提供了一个不同尺度的丰富体验。特别需要警惕大尺度的绿地，尺度越大就越不适合小规模的交往行为；而社区日常的交往大部分都是小规模行为。因此，绿地设计需要兼有大尺度和小尺度的口袋空间，才能满足不同类型的活动和丰富生活。另一个需要警惕的问题就是宅前宅后的绿地。随着小汽车进入家庭，宅前宅后绿地几乎不可避免地成为机动车乱停车矛盾的源泉。如何设计不容易被静态交通侵占的绿地已经成为需要设计师智慧的突出挑战。

讲完理论再来实操，用地条件和产品去化都是无法回避的难题。在每个实际项目开始前，设计师都会拿到由所在地方规划管理部门出具的规划条件。后者详细解释了上位规划和城市发展对住宅提出的空间要求。接下来需要根据用地条件和国家、地方规范标准，仔细计算并落实包括容积率、建筑密度、建筑限高、绿地率和公共服务设施配套在内的一系列具体设计任务。每一条指标都直接会影响到最后的住宅产品的配比、组合、标准；也有可能影响到住宅产品的总价格（货值）。不理解这些具体的指标，那设计成果就无法落地。因为在具体的实践中，规划条件才是必要条件。

基于住宅是一种商品就产生了被称为强排方案的工作路径。在今天这样高度市场化的房地产开发当中，所有的商品住宅在设计开始的前期都需要进行强排以验证可行性。尽管强排方案具有科学的目的和手段，我们必须批判性地指出片面强排是破坏城市风貌的严峻现象。在通常的强排方案中，所有住宅都按照市场销售最容易的正南向布置，以致产生了住宅方案与上位规划和街道系统之间的强烈冲突。片面强调快速销售去化的强排方案，忽视了在地特征和城市设计，其结果就是千城一面的南向板式高楼。在这样的城市环境中生活久了，难免会忘却城市历史、步行尺度和多元生活。忽略城市历史肌理传承的“强排”难免陷入千城一面的风貌困局。

本书介绍了非常多的精彩城市设计和住宅设计方案，也学习了一系列的设计教训。可是我们在面临市场化的房地产开发，被高杠杆金融化所胁迫，片面强调南向高层板楼，很有可能会将整个中国推向千城一面的风貌陷阱——不分城市大小，任凭地域南北，无论历史肌理，所有城市街坊都是一幢又一幢的正南向板式高层（图 10-15）……这样的结果好吗？中国城市有没有其他的可能性呢？寻找这个问题的答案不仅仅是设计师的责任，而是每一个中国人的责任。作为城市风貌的共创者，我们每个人共同影响着城市的未来。

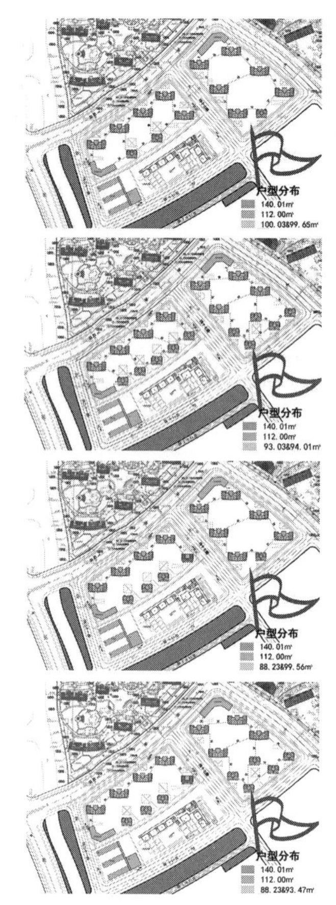


**图 10-15 千城一面的强排方案**
图中是国内某超大城市一幅住宅用地的强排方案。尽管选择了不同面积指标的套型，但所有的建筑群体组合都严格采用正南北布置，完全忽略了由街道与河流形成的城市肌理特征。

## 10.4 设计方案

优秀的城市设计方案可以克服千城一面。在讨论了令人深思的千城一面现象与其背后的深层次原因后，必须要拨乱反正，回到正能量的鼓励。尽管规范条件严苛、房地产金融化有千城一面的风险，但真正破坏城市风貌的反而是劣币驱逐良币，是违背城市设计原则的粗制滥造设计。

中国大陆地区在过去 40 余年间取得了跨越性的发展，优秀的城市设计功不可没。回顾过去 40 年，有很多城市设计方案令人印象深刻。有些方案在前期饱受赞誉，却在后面逐渐暴露出问题；有些方案从开始就饱受争议，随后被人遗忘；也有方案开始平淡不惊却逐渐脱颖而出……真正历经时间考验并历久如新的城市设计方案并不多见。正如本书第 1 章的开宗明义，城市设计是对自然地理、政治经济、技术条件等等内容的整合，而由美国知名建筑设计事务所史基摩 · 欧文 · 美尔（以下简称 SOM）所设计的大学路街区城市设计方案，可以说是一次精彩示范。

大学路代表着位于上海内城东北角杨浦区的一个城市更新片区。以距离人民广场约 9km 的大学路为空间发展轴，这片以小街区密路网为核心特征的街区，归属于以国定路、外走马塘、国和路和三门路为四至边界，名为“大学城中央社区”的更大规模的城市设计方案。总用地面积约 83.89hm$^2$“大学城中央社区”的城市化历史可以追溯到 1929 年的大上海计划，并在 1984 年正式纳入上海市中心城区范围，并于 20 世纪末全面建成。因此大学路街区并非一张白纸上绘就的新城，而是一个典型的城市更新设计。

1929 年的大上海计划是整个区域城市化的开始。大学城中央社区项目的南边界是吴淞江旧水道“虬江”的中段，又名“外走马塘”；也曾是上海与宝山的界河。1927 年北伐战争后国民政府设立“大上海特别市”，并在两年后推出了包含新市中心的“大上海计划”。虬江两岸的五角场地区在 1929 年都被纳入了“大上海计划”雄心勃勃的市中心区域，至 1937 年抗战爆发前，已建成了市府大厦、市立医院、体育场、博物馆等超过 7 万 m$^2$ 的公共建筑，72 条城市道路和 36 幢小住宅。[29] 项目周边主要道路，包括南北向的国定路、淞沪路与国和路，东西向的三门路（原名：三民路）与政立路（原名：政通路）都是大上海计划所规划，并于 1932 年在农田中修筑的城市道路。[30] 项目用地内的江湾体育场（原名：上海体育场）也是建成于这个特定时期。

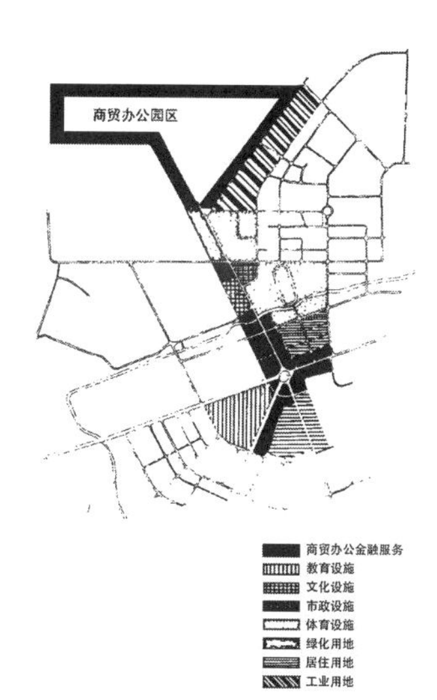


**图 10-16　五角场—江湾市级副中心的规划构思**

五角场区域在 1990 年代成为城市副中心。五角场区域在“日据”时期被纳入大都市计划，并修建了新道路 29 条和各类建筑约 16 万 $m^2$。但是“太平洋战争”爆发后，该区域的发展陷入停滞。1949 年，五角场区域内仅有淞沪路上不到 10 家烟杂店和冷落的沈家行市集，有 15 条道路因年久失修而被废弃。1962 年设立五角场镇，1980 年市府拨款治理下水道，建泵站并填高地面，根治了水患。为迎接 1983 年 10 月的全国运动会，又全面更新了道路基础设施。至 1984 年 9 月，由宝山区划归杨浦区，五角场迎来了新的发展契机。区政府旋即开始了总体规划编制，有计划地发展住宅和商业服务设施建设，安排工业仓储用地，大大加快了城市建设。五角场地区在 1991 年被确定为上海市的四个城市副中心之一，1996 年江湾机场停飞并于次年移交杨浦区，江湾五角场一线进入了城市高速发展期。五角场的城市副中心地位和原江湾机场大面积的待开发用地构成了城市设计的畅想空间。杨浦区规划土地管理局与日本东京大学大野秀敏研究室以五角场环岛地区为对象共同进行了城市设计的研究工作，于 1997 年提出五角场市级副中心的发展重点应是“从环岛开始沿着淞沪路两侧向北发展。最终形成独一无二的市级副中心，上海市东北地区强有力的辐射中枢。”（图 10-16）[31]

杨浦大学城的概念诞生于上海城市从空间拓展到功能巨变的转型阵痛期。1990 年 4 月 18 日，国家决定浦东开发开放。上海随即进入城市跨越发展的新时期，围绕“三、二、一”的方针调整产业结构，城市经济增长由此前的主要依靠工业拉动，逐渐转变为“二、三并重”的局面。在浦东开发开放和中心城“退二进三”战略的推动下，中心城向浦东、宝山、闵行地区拓展并带动了郊区城市化的进程。[32] 由计划经济向市场经济，由劳动力密集型向高附加值工业的转型，导致大量传统工业企业“关停并转”。以纺织业为例，行业萎缩导致上海 40% 的出口任务难以完成。“工业革命就是从纺织业开始的，很多国际大都市曾经都是纺织城，比如伦敦、纽约、东京。但是这种劳动密集行业，一旦失去了人力成本的优势，就会成为大都市的累赘。到了 1991 年，上海纺织业的 55 万职工，要养 28 万的退休工人，纺织业年税利从 43 亿元降到 13 亿元。上海的产业结构，到了必须转型的时期。”[33]1990 年代末的杨浦区存在工业用地数量过多且“产业导向不清晰、布局上与居民混杂、投入产出率偏低、环境污染较重等诸多问题，进行产业结构调整是大势所趋。”[34] 为了扭转这种局面，上海市政府提出了“科教兴市”的战略调整目标。配合上述政策以及区内 15 所高等院校的规模优势，杨浦区调整了规划并于 2000 年提出了“上海大学城”的规划构想。即在杨浦形成一个以大学为纽带，集教育功能、产业功能和生活服务功能等为一体的局部优化区域 [35]。

因势利导，瑞安集团启动了大学路城市更新的方案设计。“为了破解上海杨浦区产业结构老化的难题，瑞安以城市共建者的态度，从当地资源优势、产业定位和上海‘科教兴市’战略角度出发，以创新的项目形态推动老工业基地转型升级，以科技创新作为新的撬动点，成就项目与当地社区、城市共同发展，挖掘城市可持续发展的驱动力。”[36] 彼时瑞安集团在上海城市更新中交出了令人瞩目的成绩单，棚户区改造的瑞虹新城和里弄改造的新天地都获得了多方面好评。“当市政府在构思（杨浦）大学城计划时，瑞安集团即予积极配合，并于 2002 年 1 月呈交了一份由瑞安集团高级顾问、香港科技大学原校长吴家玮教授撰写的报告：《以知识型经济推动上海东北角市区的发展——“大学城镇”的核心作用》。这份报告受到了市政府的重视。经市政府，区政府和大学城项目有关领导同意，瑞安集团于 2002 年 6 月委托国际著名设计公司 SOM 负责该项目的总体规划工作。”[37]

SOM 提出了以历史建筑“江湾体育场”为核心的城市设计方案。SOM 受委托时，已有城市设计方案提出淞沪路沿线以地上十车道、地下轨道交通的淞沪路为中轴，在两侧建设 5 层购物中心裙楼和一系列高层建筑的空间构想。通过对美国斯坦福大学城和法国巴黎左岸地区的比较研究，SOM 提出了对上述高强度开发方案的批判——“仔细审视初期的规划可以发现，这种高密度、不利于步行的发展方案是错误的，尤其对于一个以高等教育为主要功能的区域来说是不可取的。主要问题在于这种混合使用的综合体无法支持具有大学生活特征的良好社会生活和服务。”[38] 区别于之前以快速路为中心的高强度开发设计方案，SOM 提出了以江湾体育场为核心的慢行体系和中等开发强度方案。“核心地段的中心是具有历史风貌的江湾体育场及其周边地块。将这个体育场改造成多功能、并可高弹性使用的场所……将会成为整个大学城的视觉标志。作为科技会展中心，体育场可以分成展览会议区、高科技商贸区，和用作进行各种体育、文艺、表演、演讲、仪式活动的配套场地。体育场的周边地块则建立生活、休闲、娱乐、餐饮、商业与文化活动的大学城社交互动中心。”[39] 大上海计划的重要地标，曾经举办过“中华民国”第六次全国运动会和中华人民共和国第五次全国运动会的遗产建筑，成为整个设计的空间核心，也成为城市设计继承者原则在当代中国的强有力实证。

作为一次城市更新的标准示范，SOM 的城市设计方案从尊重和理解上位规划开始。根据《上海市中心城总体规划（1999—2020）》，作为四个城市副中心之一的五角场将射杨浦及周边区域 200 多万人口，是以大学为特色，融合商业、金融、办公、文化、体育、高科技研发和居住为一体的公共活动中心（图 10-17）。以上海市规划院 1998 年和 2002 年的两个版次江湾城市副中心详细规划和 2003 年杨浦区政府征集的“江湾—五角场城设计副中心”规划方案征集为基础，[40] 结合上位规划，SOM 创造性地提出了由“知识走廊”汇聚而成的“大学城中央社区”城市设计方案。一条南北向道路将复旦大学（江湾校区）、上海财经大学、复旦大学（本部）和同济大学（四平路校区）联系在一起；另一条道路自西向东贯通了复旦大学（本部）、海军军医大学、上海体育大学、上海理工大学（杨浦校区）和上海海洋大学（军工路校区）等高校。“两条以知识产业为基础的道路交会处形成了‘大学城中央社区’。为大学城地区提供综合服务，知识走廊、大学片区、‘大学城

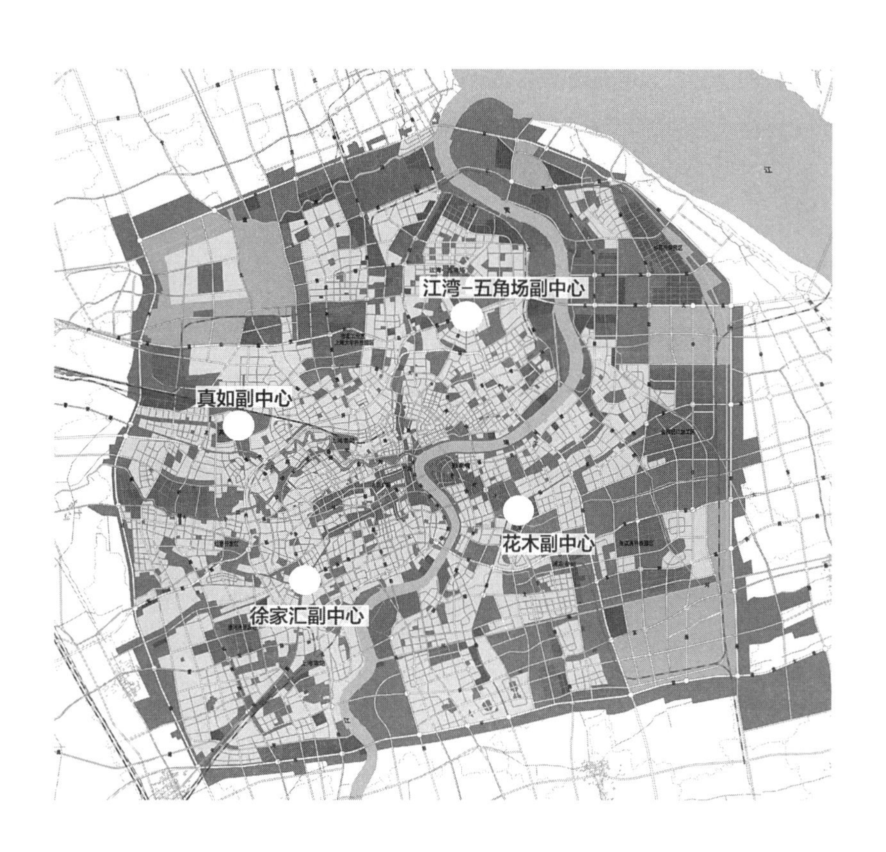


图 10-17 《上海市城市总体规划（1999—2020）》土地利用

中央社区'，以及高科技园区和生活社区，组成杨浦大学城。”[41] 方案位于广受关注的五角场商业中心和江湾新城开发之间，处于连接副中心南北两个功能组团，沟通四个大学片区的重要位置。[42]

SOM 提出了综合容积率约 2.0，居住、商业、办公混合用地的开发方案。[43]“道路两旁的楼房高度应低于一般商业区，屋檐下设有商店、咖啡屋、商业服务点等，围绕着小广场和庭院式的空间。'大学城路' 并将接通周边的街道，分隔街景，为周围的社区提供户外活动的场地，类似硅谷和巴黎的左岸（塞纳河南岸）那些文教科技地段。其开创的都市模式，将以人为本，并具文化氛围，以吸引来志趣相投的知识工作者和创业家。……着眼于连接零散的大学校园，把它们改造为学习、工作和生活的整体社区；同时又集结各种资源，让大学城变成知识型经济和知识型社会的摇篮。”[44]

建筑、文化、自然，遗产成为城市更新设计方案的动力之源（图 10-18）。在本书讲述的众多城市更新案例中，发现和评估遗产价值几乎已经成为设计的核心工作。建成遗产、文化遗产、自然遗产，在这个项目诸多遗产中最珍贵应该是大上海计划。1929 年的大上海计划奠定了上海中心城区东北角的空间格局；也留下了曾经 2 次举办全国运动会的重要历史建筑——江湾体育场。自 1935 年建成以来，这座曾经联系无数中国人生活的体育场，是大学城中央社区当之无愧的空间中心。作为区域内珍贵的文化遗产，复旦大学、上海财经大学、海军军医大学和上海体育大学被分割在淞沪路这条城市快速路的两侧，一条贯通东西的宜步行道路于是成为城市设计的当务之急。[45] 作为自然遗产的东走马塘河道和新江湾湿地也是必须整合的生态资源。走马塘和北侧新江湾湿地相互延展，可以建立大学城社区的生态走廊，以及这个社区与生态相和谐的风貌基底。

大学城中央社区由三个片区组成了四大功能区。江湾体育场与淞沪路之间的区域是“大学城中心”（现名：创智天地），其功能包括文化、教育、展示、商业、娱乐、办公等，是为学生、教师、科技人员、居民等提供信息服务、学术交流以及培训的中心。江湾体育场及其东部地区是“体育娱乐中心”；三门路和政立路之间的北部街坊是“高科技办公区”。与大学城中心隔着淞沪路对望的“生活工作区”，也就是本章节中重点讨论的大学路街区。这片由淞沪路、三门路、国定路和东走马塘围合而成的用地，又被贯穿基地的两条南北向市政线路划分为东西两片。两条市政线路分别是不久后被拆除的淞沪铁路江湾机场线铁轨；以及 1980 年代建成的合流污水工程地下市政管道。西侧的财大新村和国定支路 580 弄小区是在 1980 年代分别配合上海财经大学和五角场建设动迁而形成的多层住宅小区。东边除了政民路与东走马塘之间的多层居住小区外，是大量的工业、仓储建筑与少量商业设施。复杂用地现状就是城市设计需要面对的挑战。

优秀的城市设计必定因地制宜（图 10-19）。鉴于合流污水工程上方禁止开发，方案提出了生态走廊的概念。沿合流污水工程建设一条从南北向贯穿基地的绿廊，与地块中一大一小的两块绿地共同组成了和谐便利的生态绿色网络。南北向廊道贯通生态，东西道路联系大学。第一条是北部平行于三门路串联上海财经大学和江湾体育场的政学路。第二条是由复旦大学向东北方延伸与江湾体育场中轴线延伸段相交形成的大学路。东西南北轴线相交形成正交网络与斜轴网络，也定义了整个城市设计的基本空间结构。

方案定义了小街区密路网的形态肌理。以锦年路绿地广场为中心，大学路有类似于伦敦摄政街的街道氛围；与两侧相对均匀的开发腹地。两条南北向的锦年路与锦嘉路，将大学路切割成三个边长约 130m 的小街块，尺度接近巴塞罗那扩展区。典型街块综合了纽约曼哈顿、巴黎左岸区和加州帕勒阿托的街块尺度，采用了南北向 70m 进深，东西向 100~160m 面宽的方正形态。仅有沿大学路的 5 个街块采用了非长方形，[46]5 个异形街块和两个绿地广场就成功塑造了有特征的、可辨识的城市空间。公共空间节点的塑造是城市设计的另一个关键工作。“把较高密度的建筑布置在生活工作区四周，较低密度的居住建筑布置在中心与集中绿地公园相邻。特殊的地标建筑强调主要入口，围合广场并形成生活工作区的个性和特征。”[47] 方案在大学路的两端，靠近复旦大学的和江湾体育场的位置都设立具门户特征的高层建筑，在大学路的中点锦年路正对的绿地广场设置由高层建筑围合的风车型广场。在兼顾交通组织和绿地系统的基础上形成了节奏清晰且个性鲜明的公共空间网络系统，以及由这个网络发展而出的城市设计总平面。

城市设计需要进行包括土地利用规划在内的法定规划编制。接力 SOM，上海市城市规划设计研究院编制了“上海市知识创新区中央社区控制性详细规划”，为城市设计的落实奠定了制度化的基础。在这个片区里面沿着大学

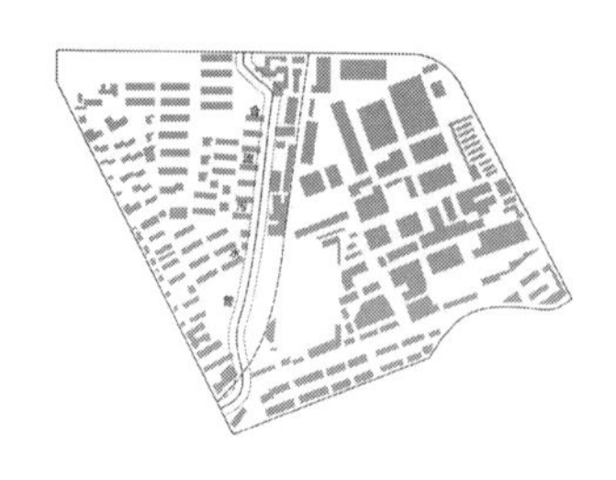

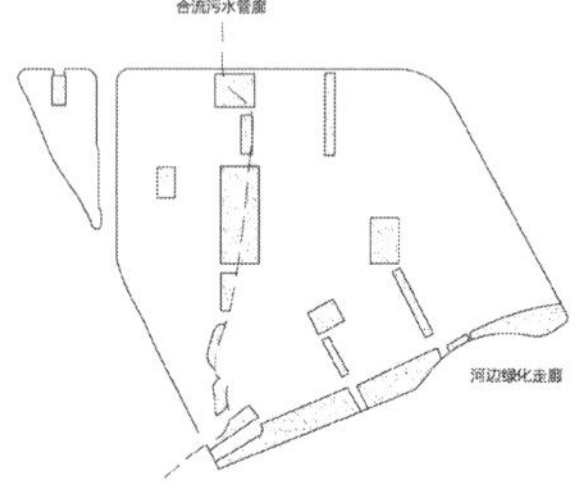


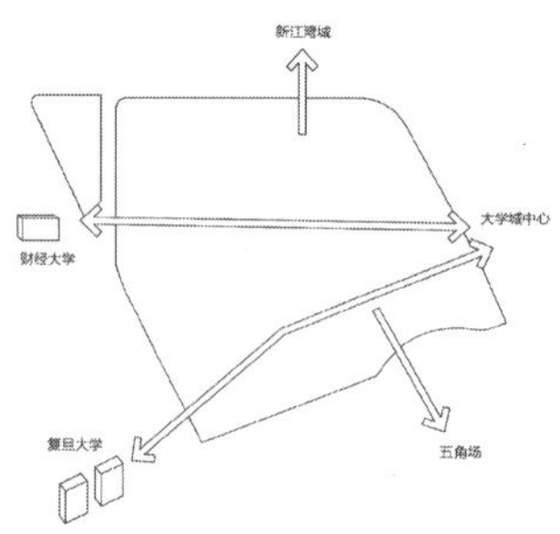


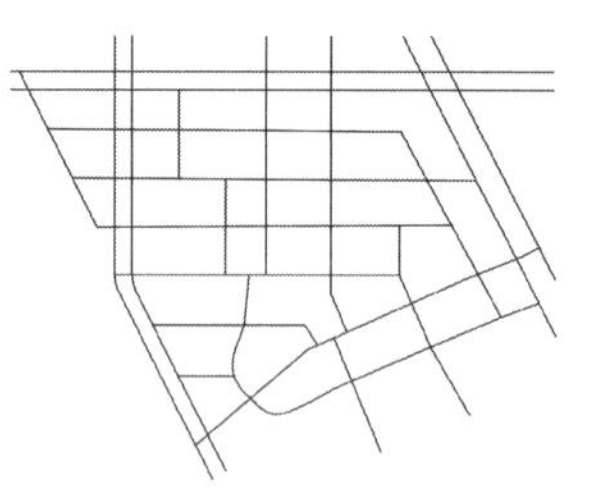

**图 10-18　大学路街区的城市设计构思**

**图 10-19　大学城中央社区卫星图（更新前）**

卫星图上密布的建筑物充分说明大学路中央社区属于城市更新设计。

路形成了以商业办公为主的混合用地空间，而在它两侧的腹地则形成了办公和居住混合的空间。控规总用地面积 83.89hm$^2$，总开发规模 102.3 万 m$^2$，其中生活工作区地上建筑总面积 58.9 万 m$^2$（图 10-20）。“规划对一期建设范围内的建筑提供了设计导则，以形成统一的街道景观，一期建设范围：知识创新区路及两侧部分，包括复旦广场、中心广场、体育场西广场和两侧建筑，计划于 2005 年复旦大学 100 周年校庆时竣工。”[48] 经历 20 年的开发，这个城市设计在合流污水工程以东的空间结构已经大部分落实。20 年前效果图上从复旦通往江湾体育场的林荫道，已经成为现实中每一个人都能感受到充沛活力的大学路。大学路的设计过程让我们确信，优秀的城市设计方案有可能指引城市更新，有可能塑造有特色的城市空间，有可能为市民创造幸福感。当然，城市设计并不仅仅是方案设计，都市再生需要多元主体的协同努力。

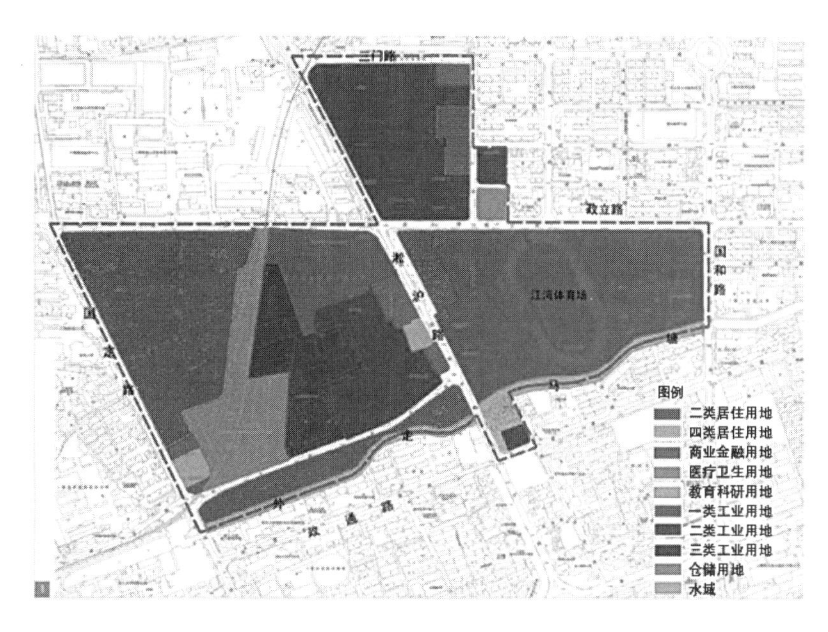


**图 10-20　大学城中央社区用地范围图**

## 10.5 都市再生

如何评价以住宅为主要功能的城市设计呢？读者朋友想必已有答案。优秀的城市设计不仅是由图纸、模型、效果图和动画组成的方案，还应该是能可持续发展的一套策略与行动。以住宅为主要功能的城市设计应该符合十条经典原则：结合自然，把握经济性，利用技术，以参与者的态度介入设计；探索健康生活，追求多样化活力，博弈成就多元主体，共同创造城市建设的整体艺术；继往开来，从街道开始。上海市杨浦区的大学路片区确实是诠释上述原则，推动城市再生的典型案例。

从街道开始设计，大学路是充满活力的街道，是协同更新的平台，更是上海城市形象的代表（图 10-21）。建成后的大学路实现了方案的基本设计，在保留空间特征与混合功能同时，取消了与淞沪路直接贯通的交通结构。设计方案中的大学路，是江湾体育场中轴线延伸而出并联系复旦大学的东西向“特殊道路”[49]，与南北向的淞沪路一起构成了片区的空间十字轴。在总平面上相当的两条道路，在城市交通上分属不同级别。淞沪路是上海市“三横三纵”网络状主干道体系中最高级别的主干道，大学路只是一条城市支路，两者的路幅、设计时速和功能都差异巨大。为了避免支路直通主干道可能造成的交通问题，大学路的车行交通需要通过智星路分流到政民路和政学路接入淞沪路，但是保留了视觉与步行的联系。大学路是城市设计成功的见证，当拥有四季如春人工气候的商业综合体大行其道的时代，一条大学路将不同身份、不同主体的使用者带回了街道，创造出上海北部诸多商家趋之若鹜的经营地，市民休闲的聚集地，重新缝合各行其是的多元主体，创造了城市更新设计具备充沛活力的成功图景（图 10-22）。

城市设计是继承者，大学路的成功离不开对文化遗产、建成遗产和城市基础设施的整合利用。大学路是校区、社区和科技园区“三区融合”的物质体现，也是文化遗产联系建成遗产的实物桥梁。从复旦大学出发，沿大学路步行 700m，在智星路广场可以直接眺望到江湾体育场致敬中式传统牌坊的建筑主入口。大学路的故事并非一帆风顺，2006 年建成后曾经历数年的发展停滞；[50] 直到 2010 年后才从一条服务两所大学学生的生活服务街，变身整座城市都引以为傲的商业消费和文化体验节点。促成转变的重大事件是 2010 年地铁 10 号线的开通。[51] 某种程度上可以说，大学路从 2010 年才真正迈上了再生之路。10 号线的开通改变了杨浦区和城市中心的联系。上海市的城市发展长期集中在东西向轴线：由虹桥枢纽经南京西路抵达城市地理和政治中心——人民广场，再经南京东路跨越外滩黄浦江抵达浦东陆家嘴；位于城市东北角的杨浦区缺乏与城市中心的直接联系。2010 年开通的地铁 10 号线真正将五角场提升为可以直联城市中心南京路和城市交通枢纽虹桥机场的城市副中心。地铁改善了大学路的空间能级，整个市区与它都只是一站之遥。10 号线建成的背后是技术进步和经济发展。上海的软土地基曾经被外国

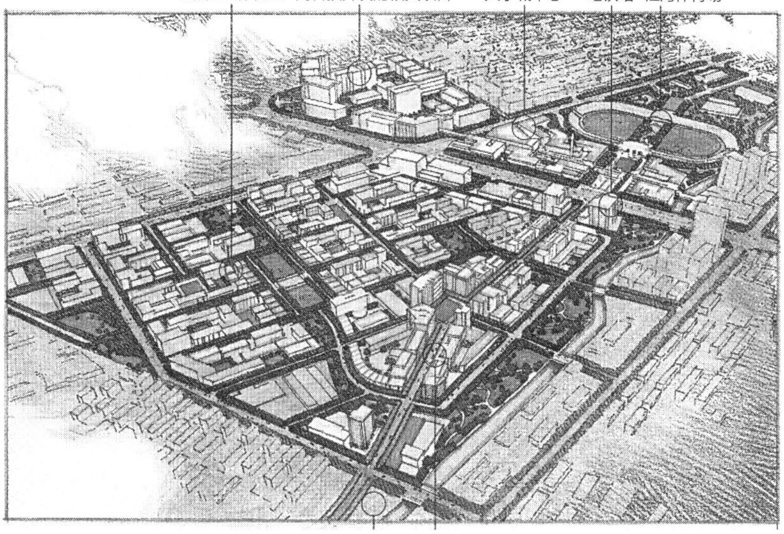

生活 / 工作社区
高科技开发的相关项目
大学城中心
地铁站
江湾体育场
复旦大学
大学路，社区中心

**图 10-21 大学城中央社区城市设计方案鸟瞰图**

新江湾城
杨浦大学城中央社区
工作生活区
大学城中心
复旦大学
五角场

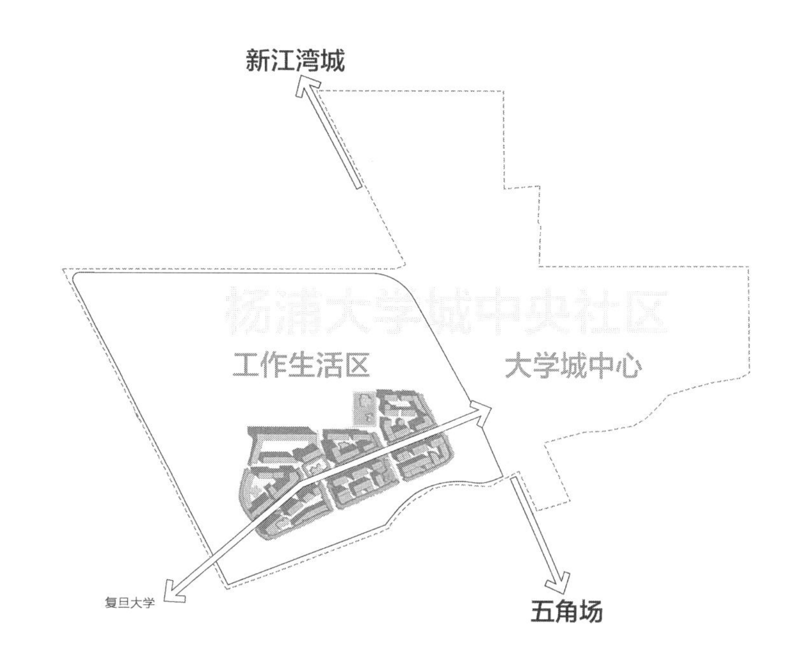

**图 10-22 大学路的多重身份**
创智坊、工作生活片区、大学城中央社区、五角场 - 新江湾城副中心

专家断言为不适合地铁建设，而通过中国科学家和技术工作者一代代不断地努力尝试和创新，终于摸索出了适宜建设的专门技术和工法。另一方面，得益于城市大发展带来的经济实力，上海才有能力从零开始创造运营里程全世界第一的轨道交通建设奇迹[52]。正是上海的创新努力与经济实力为大学路的起飞提供了强有力的支持。

城市设计是整体艺术，大学路的成功得益于局部服从整体的文化一致性。大学路街区不乏精彩的建筑设计，但最具知名度的就是这条街道本身，这种整体性在中国的城市设计中极为罕见，常常让我联想起另一条伟大的街道——法国巴黎的香舍丽榭大街。显然，大学路从尺度和区位方面并不能与

香舍丽榭大街媲美，但同样始于公共空间的东西走向，同样驰名于宽阔人行道和外摆经营，同样贯彻了严格的沿街外立面设计管理，都体现出“整体大于局部”的城市设计美学。SOM 在城市设计方案中提出“整体大学路应有协调的建筑尺度和风格，大学城路给人的感觉应该是城市社区的一部分，既丰富、独特又富于变化。……在尺度、比例和材质方面应与大学城中心的建筑一致，以保持统一社区特征。”[53] 大学路沿线的建筑设计分别出自于 5 家国际设计公司，泰瑞法雷尔、巴马丹拿、阿特金斯、夏邦杰和利安都在坚持个性的同时贯彻了城市设计的整体性原则。5 家设计公司共同塑造的街道界面，以及由混合功能承载的丰富街道生活，共同塑造了大学路的社区特征。

大学路整体艺术作品的成功，得益于城市设计建立的小街区密路网的肌理。在短短 700m 内设置 6 处路口，红绿灯在降低车速的同时减少了随之而来的噪声和空气污染，更劝退了过境车辆。车退人进，大约 130m 的街块面宽[54] 创造了类似巴塞罗那扩展区的节奏，走走停停的慢行特征吸引着想要逛街而不是赶路的行人。智星路广场、大学路中心广场、成嘉广场和创智农园，一系列公共空间从硬地到绿地的变化匹配了不同类型的公众活动。沿街常变常新、争奇斗艳的商家，与每一位享受着街道生活的文明市民实际上也成为大学路上的靓丽风景。政府、开发商和设计师；街道、街块、建筑；绿地、商家和行人，共同塑造出大学路这一出整体艺术。

城市设计是一种博弈，大学路最为人称道的外摆经营特色是政府、开发商、商家和市民共赢的结果，正是因为商业外摆的十年成功运营才促成了大学路独一无二的街道形象。根据城市设计，人行道和建筑退界为大学路两侧各自留出宽约 8m 的过渡空间。早在 2012 年，大学路就已经开始“外摆经营”的公共管理创新实验，比前总理李克强于 2020 年强调“地摊经济”要早了整整 8 年。看似一体的人行道其实隐藏着看不见的产权红线，包含着复杂的权属、利益和责任关系。红线外侧与侧石间属于城市由绿化和市容管理局负责维护；红线内至建筑外墙属于物业持有方由城管统一管理；建筑外墙内属于物业持有方，由商家承租向消费者服务。每一段 8m 空间都要面对城市管理者、城管部门、物业持有方、商家、店铺承租人，还要面对消费者与经过的市民，还要保证外摆经营不影响交通安全。城市设计需要创造低速通过的车行道，更需要明确界定设施区、通行区和外摆经营区才能保证外摆经营不去影响到人流的通行。显然，仅有城市设计方案无法实现街道外摆经营，必须解决责权利划分。这也是为什么中国绝大多数城市在 2020 年中央发文前都把外摆定义为“跨门营业”和“占道经营”的违规违法行为。[55] 外摆经营涉及的绝不仅仅是人行道和建筑退界留出 8m 空间，更需要梳理清晰不同主体的权利、责任和义务，后面这些离不开高水平管理与契约精神。在瑞安集团的坚持和不下 50 场专题会的推动下，“最终由五角场街道牵头成立‘攻坚克难’小组，各方达成一致。外摆位要求设置在各家店铺的建筑红线范围以内，在确保不影响行人通行与安全的前提下，设置可移动的桌椅；同时，店铺做到‘经营在内、消费在外'，例如餐饮店的食品制作区域和收银台都设置在店内，不延伸到外摆位区域来。”[56] 大学路在 2012 年就按照国际惯例将红线两侧的人行道和退界空间融为一个整体，再区分为设施区、通行区和外摆区。外摆区的设计和日常管理由沿街店铺的运营方负责，外摆区品质则由业主瑞安集团的物业运营部门负责审核与年检，与负责街道管理的政府城管部门共同实现了高品质街道的塑造与维护。好的城市设计照顾到方方面面的利益，促成不同主体的沟通和协同。大学路的成功，是多元主体博弈后多方共赢的结果，而优秀的城市设计是成就多元主体协商博弈的重要平台之一。

多样化是活力的源泉，大学路持续繁荣背后是管理团队在招商、制造热点与业态更新中的持续努力。实现城市设计方案中没有围墙的大学知识创新社区目标，大学校区、生活社区和科创园区“三区融合”的愿景实现来自于政府部门、开发商、杨浦高校的高度协同。2003 年杨浦区和瑞安集团合资成立上海杨浦大学城中央社区发展有限公司，2006 年双方共同成立园区管委会。管理团队招商、孵化保障了整个项目的成功。管委会又成立了创新服务中心，构建园区全方位的服务体系，吸引高科技企业在创智天地驻扎和可持续发展，在大学路设立学生服务中心、大学生实习基地、创业之家俱乐部、企业创新服务中心，综合服务高校师生、研究人员和创业者，共同创造知识型社区。社区孵化初创企业，帮助他们在大学路成长；助推这些企业的大学路街区自然也就获得了更有粘性的社区关系。发现城市空间的价值是管理创新的基础。结合江湾体育场的开放空间，2014 年举行了创智天地的动漫展和大学路的夏日祭活动，引入了令人印象深刻的异域风情。这样的活动每一年都在大学路开展着，不同主题、不同类型的活动让更多市民在大学路丰富的公共空间找到自己的兴趣，找到施展自己兴趣的空间。城市设计挖掘闲置资源的眼光不止于体育场和街道，也包括更多三维空间的创造性利用。2018 年瑞安集团请来意大利画家米洛团队，利用建筑外墙创作了一组墙画，其中包括一幅高达 46m 的亚洲最高墙绘。大学路的闲置建筑外墙也成了这个片区持续不断的新热点之一。在接下来的整整一年中，络绎不绝的拍照者到达大学路，要去寻找和打卡最高墙绘。更新业态也是保持多样活力的另一个重要环节。在管理团队的精心挑选下，大学路街区有很多家特色商铺：有文创特色、家具特色、咖啡特色，当然还有很多很多餐饮特色。正是这些不断创新的管理和前赴后继的特色店铺共同创造了大学路持续不断的活力。

城市设计师是参与者，通过公共空间的设计将众多市民汇聚到携手共创大学路繁荣的行动中。城市设计高屋建瓴，SOM 在城市设计方案文本中开宗明义——“设计的全过程，从房地产战略，城市规划、建筑设计，技术规划到环境事项都要仔细考量，使开发能重复进行：要有灵活性，不但能满足今天的需要，也能适应将来的需要。”[57] 城市设计和建设的全过程可持续，得益于优秀的方案和高水平的管理，得益于诸多商家的经营，更离不开广大市民的热情参与。创智农园、“发生便利店”和后备箱集市，发生在公共空间的故事可能特别有代表性。创智农园曾是在城市设计方案中合流污水工程禁止建设区上的生态走廊；因种种困难方案并未实施，留在现场的只是一块三角形的建筑垃圾堆场。2016 年瑞安集团引入四叶草团队，将闲置多年的畸零用地改造成了上海市社区花园和社会教育的重要站点——创智农园。喜欢绿地、喜欢种植的市民在这里找到了自己的兴趣，而他们每每造访大学路创智农园的同时也为这一片社区创造了持续的活力。“发生便利店”是曾经在大学路 254 号活动了半年的另一个公共空间。2019 年 7 月，KIC 创智天地、AssBook 设计食堂、大鱼社区营造发展中心在大学路共同发起的一项名为“街区共创计划”的活动，并选择当时的闲置店铺作为社区非盈利的公共空间。这个被命名为“发生便利店”的空间在之后的半年时间里成为市民再次发现大学路的街区工作坊活动基地，举办了由本地商家、组织、企业或学校发起的社区活动近 90 场，自发性的街区活力持续在这里“发生”[58]。2020 年对于所有的城市商业来说都是暗淡的一个时期。在疫情初步告一段落之后，大学路利用锦嘉路旁的成德广场举办了名为“后备箱集市”的大型社区活动，并加入了 6 月 6 日开幕的上海市夜生活节。作为杨浦唯一入选首批上海地标性夜生活集聚区的商业地标，发布了夜游路线，并以直播形式带市民夜游。“在夜生活节开幕的这个周末，客流又上升了 72.8%。后备箱市集的人流量更是平日的三倍[59]。”6 月 6 日大学路街区自早到晚人流如织，充分让我们体会到城市设计不仅仅设计师的工作，不仅仅是政府、开发商和经营者的努力，优秀的城市设计必须有市民的参与，也只有市民的参与才能为城市注入源源不断的活力。

大学路给我们展示了优秀的城市设计如何让一座城市再生。优秀的城市设计需要去理解上位规划，每一块基地都不能单独脱离于城市的发展而存在。区域功能和目标的定位是非常非常重要的，这是整个园区成功的一个重要经验。优秀的城市设计需要去挖掘历史遗产，我们大概率不是人类历史上最伟大的一代，但肯定可以成为传承文明而不是斩草除根的一代。优秀的城市设计需要去利用城市的基础设施，它们是限制的条件，也是我们能够传承活力和生态的重要依存。这个项目的成功离不开对于城市副中心区位的清晰界定，也离不开对于大学遗产资源和创意园区的充分利用。在这里让大学生在传承遗产的过程中找到自己的创业道路，走上“起飞的跑道”。住区和城市设计定义了居住和生活的方式，街道与公共空间是设计的主体也是促使多元主体协同，共创整体艺术作品的舞台。基础设施和生态网络的建设，街坊尺度和公共空间，这些设计的细节都是大学路可以持续成功的关键。

# 复习思考

## · 本章摘要

以分析还原论简单回顾课程内容，理解由居住功能组成套型单元，再由套型单元形成住宅建筑，继而由单体建筑到住宅组团和居住街坊，再由无数街坊形成城市风貌基底的基本空间组织逻辑。以上海市大学路城市设计的方案和实施为例，说明一个优秀城市更新设计的创作逻辑、可持续背景与协同机制，并对照说明住宅和城市设计的十条原则。

## · 关键概念

功能—套型、可防卫性、风貌基底、设计程序、街道和公共空间、多方共赢

## · 复习题

**1. 1920 年代集合住宅设计中出现的理性化思潮的主要诉求是：**

a. 解决住房短缺问题　b. 拥抱机器美学　c. 追求田园城市　d. 居者有其屋

**2. 请选出与奥斯卡·纽曼的“可防卫空间”理论不一致的表述：**

a. 公共空间并非越多越好　b. 居民的自助管理优于外部干预

c. 物业管理可以解决防卫问题　d. 多层住宅的可防卫性优于高层住宅

**3. 由住宅组团构成的居住街坊常常构成了一座城市的风貌基底，请选出失败的案例：**

a. 巴塞罗那扩展区　b. 伦敦巴比坎

c. 圣路易斯市普鲁伊特—艾格　d. 上海里弄住宅

**4. 请选择对住宅与城市设计关系的正确表述：**

a. 集合住宅是城市的风貌基底　b. 住区与城市设计没有关系

c. 城市设计就是地标和公共空间　d. 住宅和住区的核心是效率和货值

**5. 普鲁伊特—艾格项目留给住区规划和城市设计很多教训，从以下选项中找不正确的表述：**

a. 住区不应该割裂城市历史和城市肌理　b. 优秀的建筑设计可以解决社会问题

c. 防卫性和管理模式是住区的重要工作内容　d. 一次性建成的大型低收入集中居住区有失败风险

**6. 请从下方选出我国城市居住区四类用地的正确构成：**

a. 居住、工作、交通、游憩　b. 住宅、配套设施、公共绿地、城市道路

c. 居住、工作、商业、交通　d. 住宅、公共服务设施、绿地和停车

**7. 住区规划和建筑设计塑造城市风貌特色的可能路径不包括：**

a. 确保南北向和布局均好性　b. 设计结合自然地理

c. 以人为本强化公共空间设计　d. 从地域文化中寻找灵感

**8. 请从以下制约条件中选出对大学路城市设计方案影响较小的空间要素：**

a. 合流污水工程　b. 街坊尺度　c. 自然遗产和建成遗产　d. 南北朝向

**9. 请选择为大学路社区带来活力的要素？**

a. 市场推广和环境升级　b. 可持续的招商和营运

c. 街道设计和管理创新　d. 以上全部

**10. 对照大学路城市设计的成果案例，请淘汰错误的选项：**

a. 正南向板楼是最佳选择　b. 可持续的运营必不可少

c. 离不开城市经济的健康发展　d. 多元主体的广泛参与有助于城市的成功

# 结语：

## 共创美好城市未来

亲爱的读者，感谢您耐心读完这本书。想必你们已经理解了这本书的写作初衷，城市需要住宅，满足不断演化的居住和生活需求的好住宅；住宅需要城市设计，承担接续文化和塑造风貌的城市设计责任。在这部书的最后，我想用三个观点作为这本书的总结——时间、街道、共创。

**（1）关于城市设计的评价标准？**

古希腊剧作家索福克勒斯指出“属于一个人的城市不是城市”，城市的多元主体注定了城市设计的多元目标，所以也注定有不同的评价方法。城市设计包含整个城市，既有地标建筑和节点公共空间，也有作为城市风貌基底的住宅。无论是“以人为本”的思考，还是作为时间性的整体艺术作品，住宅和城市设计最重要的评价标准都是时间，只有时间才是检验城市设计成功与否的最高标准。所以我们不仅需要设计方案，还要需要学习跨越时间的设计技巧。

**（2）关于城市更新的设计路径？**

作为生命体的城市拥有自己的新陈代谢规律，住宅是细胞，街道是血脉。有活力的城市应该能包容不同类型的住宅和街道。不只是豪宅或地标，不只是快速路和立交桥，以人为本的城市应该能够包容不同年龄、身份和速度，允许低速漫步于延续历史环境的街道尺度。以改善可达性和传承历史文化为目标，城市更新应该从街道开始设计；以促进多元主体协同实现多方共赢为目标，城市更新更应该从公共产权的街道开始设计。希望无论采用什么建筑形式，城市住区都能够在人本尺度让街道延续。

**（3）关于城市设计工作的未来？**

城市更新的时代意味着设计工作的巨大挑战。当存量社会不再需要从零开始的简单设计，与城市发展一体的住宅设计和城市设计才显得更为珍贵。要实现逆流而上的目标，设计工作的未来必须在城市建设艺术的基础上持续创新：提高辨识和传承经验的设计能力；提升招商、经营、市场推广、环境提质和业态迭代中的管理能力；提升激发业主和消费群体参与到社区设计中，让市民都成为城市设计师和活动参与者的组织能力。通过团队合作与博弈，设计工作和中国城市都会拥有健康并充满活力的未来！设计城市的远大前程，需要我们每一位市民的共同参与，包括正在阅读这本书的你。让我们一起努力，共创美好城市未来！

# 尾注

## 第1章

1. 参考文献[1]：483。
2. 斯派洛·科斯托夫认为“事实上任何城市无论其形式上如何地随意，都不可能称之为未经规划的城市。”参考文献[2]：51。
3. 参考文献[3]：184。
4. 巴尼斯特·弗莱彻在《建筑史》中的建筑起源说。参考文献[4]：27
5. 作者翻译自英文，参考文献[5]：213.
6. 《管子》是托名管仲的思想集，大致形成于战国到西汉时期。上述观点引自《管子·乘马》，原文为文言文“凡立国都，非于大山之下，必于广川之上；高毋近旱，而水用足；下毋近水，而沟防省；因天材，就地利，故城郭不必中规矩，道路不必中准绳。”参考文献[6]。
7. 参考文献[7]：27。
8. 参考文献[2]：32。
9. 参考文献[8]：66。
10. 在纽约巴特雷公园城项目成功之后，同一家开发商在伦敦开发的金丝雀码头导致公司破产。参考文献[10]：224-229。
11. 参考文献[3]：60。
12. 参考文献[9]：119。
13. 参考文献[11]：528。
14. 参考文献[12]：105。
15. 引自凯文.培根的观点，英语为“designer as participator”。参考文献[13]：29。
16. 参考文献[11]：537。
17. 由作者翻译自英文名人名言，作者索福克勒斯（英语Sophocles）是古希腊三大悲剧诗人之一。原文出处不详，英语为“A city which belongs to just one man is no true city”。
18. 参考文献[14]：73-98。
19. 参考文献[15]：39。
20. 参考文献[16]：207。
21. 参考文献[17]：285。
22. 参考文献[18]。
23. 参考文献[19]：131。
24. 参考文献[2]：335。
25. 参考文献[3]：51。
26. 参考文献[7]：69。
27. 参考文献[7]：14。
28. 参考文献[2]：69。
29. 参考文献[21]。
30. 参考文献[22]：345。
31. 参考文献[9]：264。
32. 作者翻译自英文原文，与该书中文版翻译不同。参考文献[23]：58。
33. 参考文献[24]：15。
34. 参考文献[25]。
35. 参考文献[24]：135-136。
36. 参考文献[24]：166。
37. 原文“这两个项目作为例子引出了我们的核心概念，即优秀的开发应同时成就参与者和旁观者，使双方均成为赢家。”参考文献[26]：40。
38. 参考文献[26]：14。
39. 参考文献[27]：41。
40. 审美主体即英语的“aesthetic object”，也译作“审美对象”；译作“审美客体”与“审美主体”更为对仗。
41. 德语：Gesamtkunstwerk，英语：Total Work of Art。
42. 参考文献[28]：62。
43. 参考文献[29]。
44. 参考文献[30]。
45. 英语：Total Architecture。
46. 参考文献[31]：1-8。
47. 参考文献[32]：214。
48. 参考文献[33]：295。
49. 参考文献[2]：215。
50. 参考文献[2]：311。
51. 参考文献[2]：335。
52. 参考文献[30]：30。
53. 参考文献[34]：57。
54. 翻译自戴维·刘易斯，原文“Tradition is the bridge between the past and the future. Urban Design is the science and the art of the bridge.”直译中文应为“传统是过去与未来间的桥梁，而城市设计是这座桥梁的艺术与科学。”参考文献[35]。
55. 参考文献[11]：537。
56. 参考文献[19]：108-109。
57. 参考文献[24]：170-171。
58. 戴维·刘易斯在1964年创办了“城市设计联盟（英语：Urban Design Association，简称UDA）”，后者是世界第一家专业从事城市设计的企业。参考文献[35]。
59. 作者翻译自英文版录像。参考文献[35]。
60. 英语原文为“designing cities without designing buildings”。参考文献[36]：29。
61. 参考文献[7]：72。
62. 除中国古都长安外，本句中的案例和表述均引自《城市发展史》，参考文献[37]：181。
63. 参考文献[2]：121。
64. 参考文献[17]：75。

## 第2章

1. 参考文献[2]：51。
2. 参考文献[37]：4。
3. 全称为温德尔·奥利弗·普鲁伊特之家和威廉·艾格公寓（Wendell O. Pruitt Homes and William Igoe Apartments）。
4. 参考文献[39]。
5. 参考文献[40]。
6. 参考文献[41]：99。
7. 圣路易斯市在1916年通过了种族隔离的条例，条例规定当某个社区的居民中有75%来自于一个种族，则其他种族的居民就不能搬迁进入该社区。
8. 参考文献[42]。
9. 参考文献[43]。
10. 七座山的英文名称依次是：以帕拉丁山（Palatino），阿文丁山（Aventino）、卡比托利欧山（Campidoglio）、奎利那雷山（Quirinale）、维米那勒山（Viminale）、埃斯奎利诺山（Esquilino）和西里欧山（Celio）。
11. 公元3世纪古罗马奥勒良城墙内的面积约13.86$km^2$。对于古罗马城人口的研究没有定论，最高的预测值是100万人。此处采用斯托里的观点。参考文献[44]。
12. 参考文献[45]。
13. 参考文献[37]：209.
14. 中国古代也曾经出现过类似混凝土的工艺，例如蜃灰、三合土等等，但都因为成本高昂不符合经济性并没有得到推广。
15. 1898年前纽约仅指曼哈顿岛，之后才通过兼并形成了由曼哈顿、布鲁克林、皇后区、布朗克斯和斯坦顿等5个区域组成的纽约市。
16. 参考文献[46]。
17. 参考文献[47]。
18. 参考文献[48]。
19. 1801年第一次正式人口普查的结果是1，096，784人。参考文献[49]。
20. 参考文献[50]：180。
21. 参考文献[50]：199。
22. 参考文献[51]。
23. 参考文献[52]：25。
24. 参考文献[53]：224。
25. 该书德文名称《tadterweiterungen in technischer，bau-polizeilicher und Wirtschaftlicher Beziehung》，1891年由麻省理工学院引入美国并于2年后出版，英文版名称为《Cleaning and Sewerage of Cities》。参考文献[54]。
26. 白教堂（英语：Whitechapel）位于东伦敦的塔村区（Tower Hamlets Borough）。
27. 参考文献[55]。
28. 参考文献[56]。

## 第3章

1. 作者翻译自英文，原文是对1830年的曼彻斯特的描写——“He had passed over the plains where iron and coal supersede turf and corn，dingy as the entrance of Hades，and flaming with furnaces；and now he was among illumined factories with more windows than Italian palaces，and smoking chimneys taller than Egyptian obelisks. Alone in the great metropolis of machinery itself，sitting down in a solitary coffee-room glaring with gas，with no appetite，a whirling head，and not a plan or purpose for the morrow，why was he there?”引自本雅明·迪斯雷利出版于1844年的小说《康宁斯比，或新一代》，参考文献[57]。
2. 参考文献[58]。
3. 参考文献[59]。
4. 1666年被大火烧毁的伦敦城（city of London）是今天伦敦市的一个区，中文一般译作“伦敦金融城”。
5. 参考文献[60]。
6. 参考文献[61]。
7. 参考文献[62]。
8. 参考文献[63]：310-347。
9. 参考文献[64]：51。
10. 参考文献[37]：431。
11. 参考文献[65]。
12. 参考文献[19]：184。
13. 参考文献[19]：185。
14. 参考文献[66]：7。
15. 参考文献[67]。
16. 参考文献[68]。
17. 参考文献[69]：110。
18. 参考文献[69]：116。
19. 参考文献[70]：53-64。
20. 斯特拉斯堡大道在圣丹尼斯以南的部分在1854年正式规划时被命名为中央大道（Boulevard du Centre）；又在1855年更名为塞瓦斯托波尔大道（Boulevard de Sébastopol）以纪念法军在克里米亚的塞瓦斯托波尔获胜。
21. 参考文献[64]：226。
22. 巴黎直到1977年前都没有市长，塞纳省省长是地方最高长官。参考文献[70]：95。
23. 可惜该图在1871年的混乱中被焚毁。
24. 参考文献[67]。
25. 参考文献[70]：148。
26. 参考文献[70]：150。
27. 参考文献[69]：115。
28. 参考文献[70]：157-180。
29. 参考文献[70]：158。
30. 参考文献[70]：282。
31. 1870年法兰西第二帝国与普鲁士公国因西班牙王位继承权爆发战争。普鲁士在同年9月的色当战役中击溃法军，拿破仑三世被俘虏后投降，法兰西第二帝国随之灭亡。普法战争的失败原因众多，与巴黎改造并无直接关系。

## 第4章

1. 参考文献[35]。
2. 静脉的说法参考了：参考文献[22]：430。
3. 参考文献[22]：431。

4. 参考文献[22]：432。
5. 参考文献[22]：433。
6. 参考文献[70]：158。
7. 上海县城人口52万，县城城墙内人口不详。参考文献[71]。
8. 参考文献[72]。
9. 参考文献[73]。
10. 参考文献[74]。
11. 参考文献[75]。
12. 参考文献[76]。
13. 参考文献[77]。
14. 法国屋顶也称为芒萨尔屋顶，上海民间称为孟莎屋顶。这种折坡屋顶形式由文艺复兴时期的法国建筑师（Pierre Lescot）在1555年创作的卢浮宫项目中初次使用，在17世纪被另一位巴洛克风格建筑师富朗索瓦·芒萨尔（François Mansart）推广，因而被称为芒萨尔屋顶。
15. 民国路在1949年后更名为人民路。
16. 洋泾浜填没后修筑的道路自外滩到成都路，道路以对法国友好的英王爱德华七世为名，中文译作爱多亚路（英语、法语：Avenue Edward VII）。该路在日伪和解放战争时期先后更名，1949年新中国成立后正式命名为延安东路。
17. 参考文献[78]。
18. 参考文献[79]：27。
19. 参考文献[71]。
20. 参考文献[80]：24。
21. 参考文献[81]。
22. 参考文献[81]。
23. 参考文献[82]：39。
24. 1951年开始建设，1952年完工的是包含1002户的曹杨一村；曹杨二村到曹杨八村和公共服务设施则大部分于1957年完工。
25. 曹杨新村与田园城市的关系讨论必须在1950年代的政治背景下分析。曹杨新村的建设位于城市之外，从选址角度符合田园城市的理念。但由于田园城市属于资本主义国家的规划理论，因此设计者也必须在政治上划清界限，强调“那末将来在交通改善后，它还不难与市区成为一有机的总体”。参考文献[83]。
26. 参考文献[83]。
27. 参考文献[83]。
28. 参考文献[71]。
29. 参考文献[81]：20。
30. 参考文献[84]：225。
31. 参考文献[81]。
32. “五马闹路”指马路市场、马路仓库、马路工厂、马路停车场和马路违建等5种占路违法行为。参考文献[71]。
33. 参考文献[71]。
34. 参考文献[85]。
35. 参考文献[86]。
36. 参考文献[71]。
37. 1983年市区人口密度最高的静安区达到66904人/km$^2$；徐汇区64882人/km$^2$；黄浦区61294人/km$^2$。参考文献[87]：51。
38. 上海市当时的住房困难户共有三种，即结婚无房户，拥挤户和不方便户，三者往往相互交叠。59万困难户的抽样预测指标是排除重复后的结果。参考文献[88]：221-227。
39. 参考文献[71]。
40. 参考文献[89]。
41. 参考文献[90]：126。
42. 参考文献[81]。
43. 参考文献[91]：201。
44. 引自吴邦国的报告《解放思想、把握机遇，为把上海建设成为社会主义现代化国际城市而奋斗》，因此90年代的旧城改造常被称为“365危棚简屋改造工程”。参考文献[92]：97-101+52。
45. 参考文献[92]：97-101+52。

**第5章**

1. 参考文献[93]。
2. 勒·柯布西耶出生在瑞士，原名查尔斯-爱德华·珍纳雷特（Charles-Édouard Jeanneret，known as Le Corbusier），1917年开始定居法国，1920年改名勒·柯布西耶，1930年获得法国籍。
3. 汽车和飞机制造商Gabriel Voisin实际上也是勒·柯布西耶一系列工作的主要赞助商。
4. 勒·柯布西耶的巴黎城市设计方案完成于1925年，他与“西班牙当代建筑艺术家和技术人员小组（GATEPAC）”合作的巴塞罗那城市设计方案完成于1933年。
5. 奥地利建筑师阿道夫·路斯在项目开始之后与德意志制造联盟发生了纠纷而退出，他的位置于是由比利时建筑师维克多·布尔乔亚所替代。
6. 皮埃尔·让纳雷（Pierre Jeanneret，1896—1967）是勒·柯布西耶的堂弟和长期的设计合作伙伴。
7. 德意志制造联盟同期在斯图加特一共举办了4个展览，包括密斯策展建设的住宅展，住宅展西侧关于建造方法的室外展，家居新技术、新材料的室内展，以及由路德维克·希尔伯赛摩尔（Lugwig Hilberseimer）策展的“国际现代建筑展”。参考文献[94]：27-38。
8. 除了奥德的建筑入口处外，21幢建筑的几乎所有墙面都采用了白色。
9. 参考文献[95]。
10. 参考文献[96]。
11. 格罗皮乌斯出生在德国，但是在纳粹上台后离开德国，1934年到英国，1937年到美国，并于1944年加入美国籍。
12. 格罗皮乌斯在1907年给母亲的信中写道“我无法画一条直线（...）手直接痉挛，不停折断铅笔的笔尖，五分钟后必须休息。”参考文献[97]。
13. 格罗皮乌斯在1931年国际建协大会发表的德语演讲名为《Rationelle Bebauungsweisen，“Flach — Mittel — oder Hochbau?》。该演讲的英语翻译被收录在他于1962年出版的专著《整体建筑观念（The Scope of Totla Architecture）》中。参考文献[93]。
14. 这句话英文版的原文为“Hence，houses are not the panacea，and their logical consequence would be a dissolution of cities.”参考文献[98]。
15. 参考文献同上。
16. 马赛公寓（法语“Unit é d'Habitation Marseille”）法语的含义是居住单元；这个建筑别名称为光辉城市（法语“La

Cité Radieuse”)。

17. 参考文献[99]。
18. 不包括底层架空外，共有18层。
19. 居民不仅是社区公共服务设施的服务对象，也是决定设施使用效率的关键。在仅有337套公寓的社区，包括商店、幼儿园等设施都面临着可持续服务需求不足的挑战。
20. 本处引用了《勒·柯布西耶全集》的数据，但建筑物的长度存疑。全集和大部分资料均称马赛公寓长165m；有部分资料称140m。但按照勒·柯布西耶本人提出的6英尺模度，建筑物主体的长度应该是64个模度，约117m。
21. 马赛公寓共有17个住宅楼层，其中7层和8层的南部未使用互锁结构，所以互锁的住宅共15层。
22. 15个楼层需要7条走廊连接2层的跃层公寓，和1条走廊连接单层公寓。马赛公寓共有5条室内街串起15层互锁的居住楼层。因此，采用互锁形式的马赛公寓实际减少了3条走廊的面积。
23. 互锁组织方式的经济性存在争议。虽然走廊由7.5条减少为5条，但是每一套住宅的套内均增加了无法作为实用面积的楼梯空间。
24. 上述两幢住宅分别是上海市曲阳630弄2号和5号，都采用了电梯每三层停靠一次的互锁形式。这两幢住宅与马赛公寓有几处显著不同，首先布局采用南北向，而不是马赛公寓的东西向。其次建筑平面东西两侧设置室外疏散梯而北侧突出设置电梯厅。第三，以上下两间房代替了挑空客厅也没有设计阳台。
25. 《模度》(*Modular*)是勒·柯布西耶提出的主要理论之一，目的在于发现人与空间的尺度关系。同名书第一卷于1948年出版，第二卷于1951年出版。
26. MVRDV事务所由三位荷兰建筑师威尔赫姆斯·麦斯(Wilhelmus“Winy”Maas，1959—)，雅各布·范·里斯(Jacob van Rijs，1964—)与娜塔莉·德·弗里斯(Nathalie de Vries，1965—)创办于1993年。
27. 建筑师解释说只能安排87套住宅单元。
28. 项目日文名：東雲キャナルコート CODAN。
29. 参考文献[100]。
30. 参考文献[101]。
31. 参考文献[102]。
32. 参考文献[103]。
33. 参考文献[104]。
34. Building K的建筑设计师是藤村龙至和大野博史，后者是知名的结构设计师。
35. 建筑师在采访中承认受到“服务空间和被服务空间”的影响，雨と生きる。雨を活かす。雨の文化创造を考える。参考文献[104]。

**第6章**

1. 上述段落由作者翻译自 1969 年英文版《城市设计》，与中文版翻译不同。原文中与勒·柯布西耶 手法相对的正是“整体设计(total design)”。参考文献[19]：231。
2. 引自赛特于第一届哈佛城市设计会议的发言。参考文献[105]：30。
3. 古代没有姓氏，往往以出生地作为姓名的前缀。
4. 普里埃内比由希波丹姆设计的米利都城更有古希腊特征，因为前者在古希腊覆亡后就陷入衰退，而后者则经历了古罗马帝国到奥斯曼帝国的无数次改建。
5. 西安城市历史有六朝古都、十朝古都和十三朝古都的不同说法，此处采信了复旦大学历史地理学教授谭其骧院士的观点。他在《中国七大古都：序》中，称西安为十三朝古都，即西周，秦，西汉，新，东汉，西晋，前赵，前秦，后秦，西魏，北周，隋，唐的都城。
6. 秦帝国之前的夏商周都是封建制国家。
7. 尽管文学作品有火烧阿房宫的说法，但是考古至今未在渭河南岸发现火烧土的痕迹。
8. 民间所谓的“八水绕长安”，包括东面的灞河、浐河；南面的潏河、洨河；西面的沣河、涝河；北面的泾河、渭河。
9. 参考文献[106]：326-329。
10. 三大宫殿即未央宫、长乐宫和建章宫。皇帝居所未央宫在城市的西南角，太后居住的长乐宫在东南角，汉武帝扩建的宫殿建章宫在未央宫西侧，与未央宫有跨越城墙的复道相通。其中未央宫是汉长安城内地势最高处，高程约385~396m。
11. 汉献帝在公元190年被董卓胁迫迁都长安，直到公元195年才回迁洛阳，公元196年又被曹操胁迫至许昌直到公元220年禅让。
12. “汉营此城，经今将八百岁，水皆咸卤，不甚宜人”，参考文献[107]。
13. 参考文献[106]。
14. 2008年对汉长安城遗址的地下考古发现，直城门地下有人工建设的排水涵洞，证明汉代已经有城市下水道建设。
15. 对于隋文帝建立大兴城的原因有多种说法，除了本文强调的水污染因素，也有认为北周宫殿过小、汉长安城市破败和渭水南移等其他观点。
16. 大兴城的名义负责人是权臣高颖，宇文恺的职务是营新都副监，但史书一致认为他才是实际负责人。
17. 参考文献[108]。
18. 民间有大量关于唐长安城体现风水思想的说法，例如太极两仪、乾卦六爻、一百零八坊等，此处不赘述。
19. 唐代之后西安城市的萎缩一定是多方面原因综合的结果，包括全国人口和政治版图的迁移，少数民族的入侵，但地下水的污染确实造成这座城市无法提供充分的饮用水资源。
20. 参考文献[106]。
21. 美国首都华盛顿的全称是华盛顿哥伦比亚特区(Washington District of Columbia)，官方名称是哥伦比亚特区，简称华盛顿。
22. 朗方的华盛顿城市设计方案完成于1791年，一般意义上应属于近代史。本章所述的古代的城市设计对应的是城市规划、城市设计学科形成后的当代城市设计。
23. 最初选定的华盛顿城市范围横跨波托马克河，但1846年联邦政府将河西岸的土地归还了弗吉尼亚州，故现在的华盛顿仅包含东岸的土地。城市设计开始前，该区域内仅有一个名为乔治城(George town)的小市镇，其余都是森林、农田和滩涂地。
24. 十字轴是华盛顿城市的主要肌理特征，轴线上的主要纪念性建筑包括：东西轴线东端建成于1800年的美国国会大厦，以及轴线西端的建成于1922年的林肯纪念堂；南北轴线北段建成于1800年的白宫，以及位于轴线交叉点附近，建成于1854年的华盛顿纪念碑。

25. 作者翻译自英文，与中文版翻译不同。参考文献[109]：181。
26. 当时市场上可以用大梁的木料通常长度不超过7.5m，参考文献[110]。
27. 作者翻译自英文“The streets were uncleaned；manure heaps，containing thousands of tons，occupied piers and vacant lots；sewers were obstructed；houses were crowded，and badly ventilated，and lighted；privies were unconnected with the sewers，and overflowing；stables and yards were filled with stagnant water，and many dark and damp cellars were inhabited.”参考文献[111]。
28. 参考文献[112]。
29. 1956年的哈佛大学城市设计会议上，第一次公开地提出了作为学科的城市设计。1960年哈佛大学设计学院开始城市设计硕士项目。
30. 国际现代建筑大会（法语：Congrès Internationaux d'Architecture Moderne）是现代建筑运动中最主要的组织，其主要成员包括勒·柯布西耶、格罗皮乌斯在内的知名建筑师。该组织创立于1928年并持续运作到1959年。
31. 这句话是对赛特观点和城市设计专业建立背景的阐述。作者认为城市的发展不能也不可能寄托于任何一个专业的独立工作。
32. 作者翻译自英文，参考文献[113]。
33. 作者翻译自英语，参考文献[114]：14。
34. 引自赛特于第一届全美城市设计大会的发言，文字由作者翻译自英文。参考文献[114]：5-6。
35. 同上。
36. 毕业于康奈尔大学建筑系的埃德蒙顿·培根曾经于1949年到1970年间担任美国费城城市规划委员会的执行长，著有《城市设计》一书，是公认的城市设计专家。
37. 在当代城市设计的学科背景下，城市设计所需要协调的远不止培根所述的三个专业。引自培根于第一届哈佛城市设计会议的发言。参考文献[114]：34。
38. 维琴察市政厅又名帕拉第奥巴西利卡（Basilica Palladiana），是帕拉第奥最初设计于1546年的杰出作品，也是他第一个重要公共建筑。圆厅别墅（Villa Rotonda）是帕拉第奥于1551年为梵蒂冈退休神父保罗·阿尔梅理科设计的别墅，受到古罗马万神庙的启发，这座中心对称的建筑体现了文艺复兴的人文主义思想。圆厅别墅的正式官方名称是Villa Almerico Capra Valmarana，即命名自别墅的三位重要拥有者。
39. 最后一句由作者翻译自英文版，与中文版不同。英文为“……gave employment to an army of small builders，artisans，and build- ing labourers，as well as to the new professions of architects and surveyors.”参考文献[115]。
40. 法语“l‘Académie royale d’architecture”并无官方中文翻译，汪妍泽博士论文将之译为“皇家建筑研究会”，并指出其并不直接参与教学。参考文献[116]。
41. 参考文献[116]：14。
42. 法语“École des Beaux-Arts”中文直译应为“美术学院”，此处使用了建筑界的习惯称之为“巴黎美术学院”，并简称为“布扎（Beaux-Arts）”。
43. 参考文献[117]：68-86。
44. 参考文献[30]。
45. 参考文献[118]。
46. 参考文献[119]。
47. 参考文献[120]。
48. 参考文献[121]：7。
49. 参考文献[122]。
50. 哈佛大学设立的是城市设计硕士学位课程。
51. 作者修改了翻译。原文第一句主语为“town planner”，中文版译作“城镇规划师”，参考文献[123]：52-67（56）。
52. 海洋帝国和贸易立国的思想，参考文献[124]。
53. 威尼斯在1204年的第四次十字军东征中攻陷了东罗马帝国首都君士坦丁堡，获得了大面积的东罗马领土。参考文献[124]。
54. 关于威尼弟的种族来源有高卢、特洛伊等多种说法，此处不赘述。参考文献[125]。
55. 第一任总督名叫Paul Luke Anafesto，参考文献[125]。
56. 威尼斯用作基础的天然防腐木材主要是桤木，也有橡木、榆木等。参考文献[126]。
57. 参考文献[127]。
58. 参考文献[128]。
59. 当时的仍是瞭望塔，直到12世纪后瞭望塔才被改造成为钟塔。参考文献[129]。
60. 参考文献[130]。
61. 参考文献[131]。
62. 威尼斯主导的十字军东征击溃了东罗马帝国。这次战争对威尼斯共和国而言，是通过豪赌获得的巨大商业和政治胜利，也开启了这个海洋帝国几百年的繁荣，但是对于基督教世界而言则是可耻的自相残杀和背叛。参考文献[124]。
63. 钟塔曾在1902年倒塌，但又原样重建。参考文献[132]。
64. 圣马可广场到主岛最东、最北和最西边缘的直线距离都是约2km。
65. 仲德崑版本的翻译“这一布局方式和秘密就在于使进入广场的道路与人的视线成直角而不是与之平行。”参考文献[30]：46。王骞版本的翻译是“这一切的秘密全在于，在道路与视轴线之间存在有一定的夹角，二者并不互相平行。”（P40）参考文献[133]：40。

## 第7章

1. 约翰·温斯洛普（John Withrope，1588—1649）是英国清教徒运动的领导人之一，也是波士顿城市的缔造者。以上文字节选自温斯洛普于1630年清教徒出发建设定居点前的发言，作者翻译自英语，参考文献[134]。
2. 摘自对日本艺术家土持晋二的访谈。参考文献[135]。
3. 参考文献[136]：31。
4. 新英格兰地区包括马萨诸塞州、康涅迭戈州、缅因州、罗德岛州、新罕布什尔州和佛蒙特州等六个地域；南部与纽约州接壤，北部则是加拿大国境。
5. 英王詹姆斯的全称是詹姆斯六世及一世（英语：James VI

and I，1566—1625），他是第一个身兼英格兰、苏格兰和爱尔兰国王的君主。

6. 部分领袖来自英格兰东部林肯郡的波士顿城。参考文献[137]。
7. 这条街道的英文名称Tremont是Three Mountains的缩写，可以意译为“三山路”。
8. 私人投资者在波士顿城外的牙买加湖建设了自来水厂。这个私营水厂利用重力水管，向付费用户送水，但水库容量有限仅能输送至波士顿城外南部地势较低的区域。
9. 参考文献[138]：81。
10. 1813年波士顿成立了名为“禁止不节制协会（英文：Society for the Suppression of Intemperance）”的禁酒组织。参考文献[138]：86。
11. 参考文献[138]：94。
12. 参考文献[138]：82。
13. 此处使用了美国常用的两种对城市中心的描述。相对于以高端居住为功能的上城（英语：uptown），下城（英语：downtown）主要是商务功能；进而形成了中央商务区（英语：central business district，简称：CBD）的概念。
14. 参考文献[139]：32。
15. 参考文献[139]：20-21。
16. 参考文献[139]：27。
17. 该线路运行的是有轨电车，而伦敦运行的是蒸汽火车。
18. 该证词出自州议员威廉姆·班克劳福特，但后者是波士顿高架铁路公司的总经理，并积极呼吁波士顿应该重点建设高架铁路而不是地下铁路。参考文献[140]。
19. 自由之路（英语：Freedom Trail）是波士顿著名的徒步旅行线路，由16处历史古迹构成，总长度约2.5km，是了解波士顿城市和美国独立运动的一个绝佳载体。
20. 用作公共交通用途的马车最早诞生在17世纪的法国。
21. 严格意义上说，与波士顿相同行政等级的是米德尔塞克斯县。本节中提及的坎布里奇、康科德、牛顿与前一节提到的洛厄尔都只是米德尔塞克斯县下辖的城市。
22. 贝尔吉迪斯的明日之城先后被壳牌石油、固特异轮胎和克莱斯勒汽车公司拒绝，最初在通用汽车的推销也并不顺利。但他的坚持和想象力最终打动了当时的通用汽车领导层，获得了总价值600万美元的全权委托。1938年的600万美元在2021年相当于1.16亿美元。贝尔吉迪斯构思策划并总负责“未来全景”项目，担任项目建筑师的是因工业建筑而知名的建筑家阿尔伯特·康（Albert Kahn，1869—1942）。参考文献[141]：593。
23. “未来全景”的500万人次参观记录一直保持到1965年，才被1964年纽约世博会的通用展馆的参观人次打破。参考文献[142]。
24. 参考文献[143]：156。
25. 贝尔吉迪斯的公司先后和壳牌石油、固特异轮胎和通用汽车合作。二战后美国郊区化的原因很复杂，汽车和相关产业只是其中的一部分重要因素。更多具体内容会在本书第九章展开介绍。
26. 参考文献[144]：153。
27. 128号公路（Route 128）规划于1920年代末期，1951年开通了第一段，剩余部分1956年才全部建成，且并不是完全的环路。
28. 普尔武不仅是开发商，在1973年到2000年间也是哈佛大学商学院的兼职教授。以上观点参考：参考文献[145]：75。
29. 作者翻译自英语，原文“mammoth [monster] of uglin-ess，inefficiency，and distortion that had become of Boston’s metropolitan area.”参考文献[146]：103-106。
30. 作者翻译自英语，原文“IN OUR LIFETIME，A CITY LIKE THIS is entirely possible，city planners say，if we make a fresh start instead of trying to patch up decay.”参考文献：同上。
31. 参考文献同上。
32. 城市规划因不同国家的政治经济制度而不同，这里的总规不适合与中国国土空间规划中的城市总规简单对比。
33. 中央干道的设计值是每天通勤7.5万辆，但1990年的通勤已经达到每天20万辆，按照这个汽车增长速度，预计2010年拥堵时间将达到16小时。参考文献[147]。
34. 参考文献[148]。
35. 数据来自1959年公布的《西端土地整治和再开发方案（West End Land Assembly and Redevelopment Plan）》，参考文献[149]。
36. 1986年的统计数据。参考文献[150]。
37. 参考文献[144]：153。
38. 爱德华·罗格毕业于耶鲁大学法学院，在1954年到1960年负责纽黑文的城市开发。使用联邦经费、大拆大建的更新引起了全国性关注，纽黑文也因此被誉为城市更新模范。罗格在1960年同时为纽黑文和波士顿工作，1961年结束纽黑文的工作后正式担任波士顿再开发署的负责人直到1968年。参考文献[144]。
39. 参考文献[151]：87。
40. 这是由美国独特的土地和税收制度决定。停车场的房地产税远低于楼宇，因此在经济低迷时很多业主选择拆除楼宇物业，将用地性质改为更少税负的停车场。
41. 英文名称The Greater Boston Camber of Comerce
42. 凯文·林奇是世界知名的城市规划和城市设计专家，曾在1949年到1978年间任教于麻省理工学院，出版了《城市意象》、《此地何时》和《总体设计》等知名专业著作。
43. 参考文献[152]。
44. 本雅明·汤普森在1945年和瓦尔特·格罗皮乌斯等8人共同发起了建筑师联盟（The Architects Collaborative，简称TAC），曾于1964-1968年担任哈佛大学建筑系系主任。
45. 参考文献[26]：43。
46. 1958年劳斯开发的哈伦戴尔购物中心（Harundale Mall）是美国第二座大型室内购物商场。1962年开始在马里兰州建设第一个完全由开发商建设的新城——哥伦比亚（Columbia），从1967年建成一期到1990年建成第十期，2020年共有居民超过10万人。
47. 昆西市场宽度是535英尺，进深是50英尺，中部的穹顶区域略大，约55英尺。南楼、北楼的尺度与昆西市场相仿。虽然昆西市场和法尼尔厅是一个整体建成遗产，但法尼尔厅经过修缮的用途是博物馆，而不是商场。
48. 参考文献[26]：43。
49. 参考文献[153]：193。
50. 参考文献[152]。
51. 参考文献[154]：259-260。

52. 参考文献[155]。
53. 参考文献[156]。
54. 萨尔武奇的1982年计划耗资28亿美元，2007年的决算超过80亿美元。
55. 萨尔武奇的中央干道/隧道工程并未确定地面的用途，商业和办公楼开发也是一种可能。2000年时任哈佛大学景观学系主任的亚历克斯·克里格带头呼吁将这片用地改造为城市绿地。参考文献[157]。
56. 参考文献[26]：45。

**第8章**

1. 参考文献[158]。
2. 埃比纳泽·霍华德的田园城市在英语中是Garden City，此处沿用学科习惯翻译。中文“田园”包含了城乡一体的空间与社会组织架构，而不仅仅是一种融合自然美的城市美化形式。
3. 理查森是约翰·斯诺医生的挚友，他在1876年出版的著作《卫生：城市的健康（英文：Hygien：a city of health）》中提出了健康城市的思想。
4. 彼得·霍尔认为“霍华德的每一个思想都有更早的原型。”，参考文献[16]：88。
5. 1898年初版的名称为《明日：一条通向真正改革的道路（英语：Tomorrow：A Peaceful Path to Real Reform）》；1902年第二版时更名为《明日的田园城市（英语：Garden Cities of tomorrow）》。
6. 著名规划家彼得·霍尔对《明日田园城市》的评价，参考文献[16]：5。
7. 英国田园城市协会在1919年征求霍华德意见后，公布了上述田园城市的官方定义。参考文献[158]：17。
8. 工艺美术运动（Art and Craft Movement）是由艺术理论家威廉·莫里斯所领导的一次现代艺术思潮，帕克和昂温都曾经是莫里斯的追随者。
9. 参考文献[16]：95。
10. 参考文献[16]：97。另，2021年莱齐沃茨人口达到3.4万人。参考：https：//www.citypopulation.de/en/uk/eastofengland/hertfordshire/E35000115__letchworth_garden_city/。
11. 夫人亨利埃塔·巴奈特（Henrietta Barnett，1851—1936）和丈夫塞缪尔·巴奈特（Sameul Barnett，1844—1913）。
12. 区别于欧洲大陆的硬质铺地广场，从17世纪开始的英国广场就是草地广场。参加本书第三章。帕克和昂温在1905年和1906年做了两版方案，与最后实施方案均有区别。
13. 翻译并简化自英语“Great care will be taken that the houses shall not spoil each other's outlook，while the avoidance of uniformity or of an institutional aspect will be obtained by the variety of the dwellings，always provided that the fundamental principle is complied with that the part should not spoil the whole……”参考文献[159]。
14. 关于1909年住宅和市镇规划法，参考文献[160]。
15. 托马斯·亚当斯是英国城市规划学会（British Town Planning Institute）和加拿大城市规划学会（Canadian Town Planning Institute）的首任主席，是美国城市规划学会（American City Planning Institute）的联合创始人之一，并参与了创建哈佛大学与麻省理工学院规划专业。参考文献[161]。
16. 容积率（F.A.R.，Floor Area Ratio）诞生的故事，参考文献[162]。
17. 参考文献[163]。
18. 参考文献[164]。
19. 当时新建了一座40000锭的纺织厂，需要招募大批工人。参考文献[165]。
20. 参与该项目的建筑师还包括建筑师保罗·博纳茨（Paul Bonatz）和布鲁诺·陶特（Bruno Taut），参考文献同上。
21. 该书有种族主义思想，因而费舍尔与纳粹的关系一直存在争议。
22. 参考文献[166]。
23. 参考文献[167]。
24. 参考文献[168]。
25. 瑞士音乐家埃米尔`雅克-达尔克罗兹提出了通过身体韵律来学习和实践音乐的韵律教学法，也常被称为达尔克罗兹教学法。该方法对现代音乐和现代舞的理论都有深远影响。
26. 1898年前纽约仅指曼哈顿，1898年纽约扩张行政区域，形成了由曼哈顿、布朗克斯、布鲁克林、皇后区和斯坦顿岛组成的大纽约。
27. 奥利维亚·拉塞尔在继承了其财阀丈夫的遗产后，以亡夫的名字于1907年成立了拉塞尔·塞奇基金会（Russell Sage Foundation），立志于改善美国的社会和生活状况。基金会的成立后就资助建立了社区睦邻运动的全美联合组织（Branch of Exchange）。塞奇基金会的主要慈善成就除了促进社区睦邻运动、建设森林山花园的田园郊区外，还包括资助美国区域规划协会，建立了女性高等教育的赛齐学院。
28. 指曼哈顿城市中心的宾夕法尼亚火车站。参考文献[169]。
29. 参考文献[170]。
30. 参考文献：同上。
31. 美国规划协会网站指出“森林山花园却最终成为纽约市皇后区价格最昂贵的居住小区”。参考文献[171]。
32. 参考文献[110]：348。
33. 东河家园（英文：East River Homes）现名为切诺基公寓（英文：Cherokee Place）
34. 参考文献[172]。
35. 参考文献[173]。
36. 参考文献[174]。
37. 相比纽约住宅中常见的带窗台的二节垂直平移窗，东河家园每一扇窗户都增加了50%的采光与通风面积。
38. 参考文献[110]：335。
39. 参考文献[175]。
40. 共有产权住宅（Housing Cooperative，简称：Co-op）是一种美国的住宅类型。共有住宅只有大产证，住户持有股份有居住权但没有单独公寓的小产证。
41. 使用U形单元建筑，安德鲁·托马斯从1920年开始，先后在皇后区的杰克森高地完成了林登庭院（Linden Court）、城堡（Chataeu）、高塔（Towers）和海耶斯大道公寓（Hayes Avenue Apartment）。
42. 纽约市地标保护委员会（Landmark Preservation Comi-

ssion）的1970年报告指出邓巴公寓是曼哈顿第一个大型花园公寓。参考文献[176]。

43. 参考文献[176]。
44. 塔尔博特·哈姆林是著名的美国建筑师、建筑理论家和教育家，曾追随建筑师墨菲长期在华工作。哈姆林发表于1952年的名著《Forms and Functions of Twentieth-century Architecture》中第二卷，已经被邹德农先生和刘丛红老师翻译成中文出版，更名为《建筑形式美的原则》。
45. 不能用今天的标准来看待历史。否则按照21世纪的中国标准，欧洲都没有超大城市规模的城市。
46. 德国很多城市都曾经作为德国及其前身的首都，包括古代作为帝国首都的亚琛、特里尔等7座城市，以及二战后的西德首都波恩。
47. 参考文献[177]：12。
48. 科恩（德语：Cölln）的名称被一直延续使用到19世纪，其位置在今天博物馆岛的南侧。
49. 参考文献[178]。
50. 很多文章均提到内庭院不得小于5.34m边长正方形，但是笔者没有找到图片或照片证据。
51. 竞赛宣布了2个并列第一名，分别是延森的方案和由约瑟夫·布里克茨（Josef Brix）和菲利克斯·根思摩尔（Felix Genzmer）合作提交的方案。参考文献[179]。
52. 参考文献[179]。
53. 西蒙·德维特（Simeon De Witt，1755—1834）在1811年为曼哈顿制定的用地方案，将几乎所有用地均划分为了进深60m（100英尺）的狭长地块，面宽则均不超过240m（800英尺）。参考文献[180]。
54. 参考文献[181]。
55. 参考文献[182]。
56. 参考文献[183]。
57. 1925年到1930年建造了16827套，1931年又增加了1246套。参考文献[184]。
58. 参考文献[185]：311-328。
59. 参考文献[186]：13。
60. 参考文献[186]：15。
61. 参考文献[186]：399。
62. 参考文献[187]：287-303。
63. 计划并未得到完整实施，其中面对家庭的住宅单元仍然在80m$^2$。参考文献[188]：399。
64. 参考文献[187]：287-303。
65. 德国历史学家德特列夫·佩克特（DetlevPeukert）在他的著作《魏玛共和国》中指出新法兰克福是一次经典的现代性危机。
66. 因为种种不得而知的原因，梅在1933年离开苏联去往非洲的肯尼亚，在那里工作了整整20年。
67. 参考文献[189]。
68. 参考文献[190]。
69. 参考文献[191]：49-59。

**第9章**

1. 由作者翻译自刘易斯·芒福德1937年发表的文章《何为城市（What is City）》，翻译时调整了原文语序，英语原文：……under this mode of planning，the planner proposes to replace the “mononucleated city,” as Professor Warren Thompson has called it，with a new type of “polynucleated city,” in which a cluster of communities，adequately spaced and bounded，shall do duty for the badly organized mass city.参考文献[192]：92-96。
2. 该组织1921年成立时名为“纽约及其周边规划委员会（the Committee on the Plan of New York and its Environs）”，1922年更名为“区域规划协会（Regional Planning Associate）。”参考文献[193]。
3. 参考文献[194]。
4. 英文名General Director of Plan and Survey，参考文献：同上。
5. 英文名 Regional Plan of New York and its environs，参考文献：同上。
6. 参考文献[195]：128。
7. 参考文献[196]。
8. 该组织最早的作品是由麦凯牵头提出的跨州自然保护项目“阿巴拉契亚小路（英语：The Appalachian Trail）。”
9. 作者翻译自宾的报告。参考文献[197]。
10. 公司英文名称：City Housing Corporation，简称CHC。
11. 澳大利亚学者唐纳德·约翰逊认为，最早提出邻里单位的是美国建筑师威廉·德拉蒙德，后者在1913年就提出了由超级街块围合且可以复制的邻里单位概念，并运用在之后的系列方案中。而佩里最早提出与邻里单位相关的尺度模式是1924年。参考文献[198]：227-345。
12. 文章名称由作者翻译自英文，英文原名参考文献[199]。
13. 作者翻译自佩里的著作，英文原名参考文献[200]。
14. 参考文献[201]。
15. 参考文献[202]：163。
16. 佩里1929年提出的6条邻里单位原则是：规模（size）、边界（Boundary）、开放空间（Open Space）、设施选址（Institute Sites）、社区商店（Local Shops）和内部道路系统（Internal Street System）。参考文献[199]。
17. 以上指标来自佩里为郊区低成本开发推荐的用地平衡表。参考文献[199]。
18. 作者翻译自英文，英文标题原文《The Suburban Garden City of the Motor Age》。参考文献[203]。
19. 1968年，阿兰·阿奇舒勒正式提出了对“规划过程（英语：Planning process）”的完整定义。参考文献[204]。
20. 作者翻译自英文，参考文献[205]。
21. 作者翻译自规划专家崔西·奥格在1931年发表的英语文章，原文：Radburn stands out singly not because it is the biggest or most beautiful of cities but because it is the first tangible product of a new urban science... that seeks to make the places of man's habitation and industry fit the health requirements of his daily life. 参考文献[206]。
22. 克莱伦斯·斯泰恩设计时该项目英文名称是鲍德温山村，后更名为绿村（英文：Village Green）。
23. 克莱伦斯·斯泰恩和亨利·莱特于1933年结束了合作关系，后者也成为美国区域规划协会解体的一个标志。

24. 作者翻译自英文，参考文献[207]：11。
25. 参考文献[195]：130。
26. 英语：Diffuse Recentralization。
27. 作者翻译自英文，原文：Lewis mumford called for the dismemberment of the metropolitan “city of dead：in favor of a web of small scale “satellite cities.” 参考文献[193]。
28. 这部法律并没有财务安排，所以被普遍认为仅仅是公共卫生法律。
29. 本书第八章已做过对该法律的简介。安东尼·萨特克里夫认为该法案是英国第一部城市规划法规。参考文献[208]。
30. 该部法律资助地方政府建设住宅，目标在3年内建设50万套住宅。
31. 参考文献[209]：10。
32. 作者全名：格拉哈姆·博梅恩·泰勒（Graham Romeyn Taylor）生卒（ 1880—1942）。
33. 英文原名：Satellite Cities：A study of Industrial Suburbs.
34. 参考文献[210]。
35. 上述观点来自克林顿·罗格·伍德罗夫为《卫星城》所写的序言。参考文献：同上。
36. 作者翻译自英语，原文：“There are few conditions more essential for promoting the highest health of boday，mind and spirit in modern peoles than the preservation in connection with all town development of an adeguate background of open land in intimate relation with every urban section”. 参考文献[211]。
37. 蒲鲁东作为著名的作家、剧作家和城市研究者的历史开始于田园城市，参与了莱齐沃茨和韦林这两座田园城市的建设，并于1913年出版了《田园城市》。参考文献[212]。
38. 英文原名：The building of Satellite Towns
39. 参考文献[213]。
40. 参考文献：同上。
41. 参考文献[214]。
42. 参考文献：同上。
43. 亚瑟·乔治·林（Arthur George Ling，1913—1995），英国知名的城市规划专家，第二次世界大战后曾任伦敦、考文垂和其他多地的规划负责人，并任教于伦敦学院大学等高校。
44. 约翰·亨利·福肖（Forshaw，John Henry，1895—1973）英国著名的建筑师和城市设计师。
45. 参考文献[215]。
46. 参考文献[195]。
47. 参考文献[216]。
48. 作者翻译自英语：“no matter how noble the aspiration of Abercrombie and his peers，it is difficult to avoid the conclusion that much of the planners' project was misconceived. Imposing one man's vision of order on the chaotic，ancient，changeling，untamable disorder of London seemed an unholy impertinence. ” 参考文献[217]。
49. 参考文献[218]。
50. 尽管当代英国对于卫星城的评价不高。参考文献[219]。
51. 参考文献[220]。
52. 高层住宅单方造价高于低层和多层住宅，也只有在较高容积率的前提下才有节省土地的价值。
53. 皮姆利科（Pimlico），克拉沃顿街（Clevaton Street），路珀斯街（Lupus Street）。
54. 菲利普·鲍威尔爵士（Philip Powell，1921—2003）和希达尔格·摩亚（Hidalgo Moya，1920—1994）在方案中标时均在建筑协会学院就读，该院校也常被译作AA建筑学校，其英文名称为：Architectural Association School of Architecture。参考文献[221]。
55. 参考文献[222]。
56. 史密森夫妇即彼得·史密森（Peter Smithson，1923—2003）和艾莉森·史密森（Alison Smithson，1928—1993），他们因1949年中标亨斯坦顿中学现代学校而知名，之后作为领导者组织了颠覆国际现代建筑大会的10次小组，创作了一系列著名建筑作品并长期执教建筑协会学院。史密森夫妇和帕克山项目的设计师杰克·林恩（Jack Lynn，1926—2013）都参加了黄金巷庄园的竞标，参考文献[223]。
57. 杰弗里·鲍威尔（Geoffry Powell，1920—1999）的生平，参考文献[224]。
58. 彼得·张伯伦（英语：Peter Chamberlin，1919—1978）克里斯托弗·邦（英语：Christoph Bon，1921—1999）。
59. “重新定位城市”由作者翻译自英语Urban Reidentification；原文出自史密森夫妇的黄金巷方案介绍。参考文献[225]。
60. 参考文献[226]。
61. 英语：Streets in the air。
62. 参考文献[227]。
63. 参考文献[228]。
64. 参考文献[229]。
65. 参考文献[230]。
66. 刘易斯·沃莫斯利（Lewis Womersley，1909—1990）因担任谢菲尔德总建筑师而知名，杰克·林恩（Jack Lynn，1926—2013），艾福·史密斯（1926—2018）。
67. 巴比坎项目开发的具体时间待考，这里采纳了《卫报》的报道。参考文献[224]。
68. 英文Barbican High Walk
69. 参考文献[231]。
70. 参考文献[63]。
71. 参考文献：同上。
72. 参考文献[63]：207。
73. 参考文献：同上。
74. 参考文献[232]。
75. 此处城市更新指英语“urban renewal”。根据以色列学者娜奥米·卡门的观点，二战后西方的城市更新有三个不同的阶段，分别是urban renewal，neighborhood rehabilitation，revitalization。参考文献[233]。
76. 参考文献[234]。
77. 参考文献[235]。
78. 参考文献[236]。
79. 罗伯特·摩西斯（英语：Robert Moses，1888—1981）曾先后担任12个公职，并通过公共投资实际控制着纽约大都会区的城市更新。他推动了大量的拆迁，也建设了包括高速公路、桥梁、公园、公共设施和社会住宅在内的众多项目。摩西斯的工作成果充满争议：一方面新建设丰富了城市功能并一定程度上缓解了纽约市的住房短缺，另一方面也破坏组约的历史遗产和社会结构。参考文献[237]。

80. 参考文献[237]。
81. 参考文献[238]。
82. 参考文献[239]。
83. 参考文献[237]：1144。
84. 参考文献：同上。
85. 参考文献[43]。
86. 参考文献[240]。
87. 参考文献[241]。
88. 参考文献[233]。
89. 参考文献[241]。
90. 参考文献[242]。
91. 参考文献[243]。
92. 参考文献[244]：5-26。
93. 参考文献[245]。
94. 这句话修改自伊恩·麦克哈格在《设计结合自然》中的观点，原译文是“最好的路线应是社会效益最大而社会损失最小的路线。”参考文献[27]。
95. 参考文献[246]：106。
96. 参考文献[247]。
97. 东侧边界现名称为拉瓜迪亚街（La Guardia Place）；地块内道路伍斯特街（Wooster Street）仍是车行道，格里尼街（Greene Street）则为步行道。
98. 参考文献[248]。

### 第10章

1. 专有空间和共有空间的提法借鉴自上海市地方政策中的“专有建筑面积”和“共有建筑面积”。专有建筑面积（套内）与共有建筑面积（公摊）的计算规则牵涉到复杂的利益，各地的政策有差异。参考文献[249]。
2. 参考文献[250]。
3. 参考文献[251]。
4. 参考文献[252]。
5. 参考文献[253]。
6. 塞尔达设计的巴塞罗那扩展区中大部分街块均为103m见方的正方形，但也包含个别非标地块。街块数量参考文献[254]。
7. 美国乔治亚州的萨瓦纳是由英国殖民者奥格尔索普于1733年创造的城市，也一直被视为18世纪城市设计的典范，并深刻影响着美国城市。奥格尔索普为萨瓦纳设计的街块都是狭长形的地块，通常的短边是30m（100英尺）。
8. 本段中的套型均好、组织便利和呆板单调的优缺点表述均引用自《居住区规划设计资料集》。参考文献[253]。
9. 参考文献[253]：33。
10. 2011年宋丹丹在微博批评建外SOHO获得广泛关注。参考文献[255]。
11. 建筑信息参考文献[256]。
12. 参考文献[257]。
13. 参考文献[258]。
14. 法国前总统瓦莱里-吉斯卡尔-德斯坦对埃劳德塔楼的批评，参考文献[259]。
15. 该项目目前的居民中超过70%是外来移民，受访居民称“或短或长，这个社区迟早完蛋。”参考文献[260]。
16. 同济大学详规教研室编撰居住区规划设计资料集的故事，参考文献[261]。
17. 引自《城市居住区规划设计标准》术语2.0.5，参考文献[262]。
18. 理查德·罗杰斯（Richard Rogers，1933—2021）是出生于意大利的著名英国籍建筑师，1991年受封为河畔男爵，并先后于1985年、2006年和2007年获得英国皇家建筑师协会金奖、斯特林建筑奖和普利茨克建筑奖等建筑界世界顶级奖项。
19. 参考文献[263]。
20. 参考文献[263]：33。
21. 曹杨新村设计负责人汪定曾写道“新村的总体规划不能否认是带有邻里单位思想的。”参考：汪定曾；沪东工人新村的设计负责人徐景猷、方润秋也撰文称采用了类似邻里单位的规划方法，“一般生活上的问题可在小区内解决，过境交通可不穿越小区，可是这种规划方式，是否适合我们今后的生活要求，尚有待于生活实践中来证实。”参考文献[264]。
22. 参考文献[265]。
23. 参考文献[266]。
24. 改革开放后上海第一个公建配套完善的大型居民住宅区——曲阳新村。参考文献[267]。
25. 参考文献：同上
26. 参考文献[268]。
27. 参考文献[269]。
28. 参考文献[270]。
29. 参考文献[271]。
30. 淞沪路南段名为：黄兴路，修筑于民国15~20年间（1926—1931年），北段修筑于大上海计划时期。参考文献[272]。
31. 参考文献[273]。
32. 参考文献[274]。
33. 参考文献[275]。
34. 参考文献[276]。
35. 参考文献[277]。
36. 参考文献[278]。
37. 参考文献[279]。
38. 参考文献[280]。
39. 参考文献[279]。
40. 参考文献[281]。
41. 参考文献[279]。
42. 此处四所大学指“复旦大学、上海财经大学、上海体育学院（现名：上海体育大学）和第二军医大学（现名：海军军医大学）”。参考文献[279]：18。
43. 笔者根据大学城中央社区“生活工作区”用地平衡表计算而得，用地编号5-1至13-6的总用地面积约28.31万$m^2$；总建筑面积58.86万$m^2$，综合容积率约2.08。参考文献[279]：125。
44. 参考文献[279]：12。
45. 提出城市设计方案时，区域内有1932年大上海计划建设的跨越淞沪路道路两条，分别是北部的三门路（旧名：三民路）和南部的政民路（旧名：政宁路）。
46. 城市设计方案中大学路两侧共有11个街块，其中6-5、6-6、7-9、8-2和12-9属于非矩形的异形地块。

47. 参考文献[279]：105。
48. 参考文献[281]。
49. “特殊道路”的提法出自城市规划。参考文献：同上。
50. 大学路的发展停滞可能是因为开发商瑞安地产的财务状况影响，瑞安于在2006年卷入上海社保基金贷款争议，不得不出售重庆新天地股权应对，继而在2008年又受到亚洲金融危机冲击。
51. 2010年4月10日，上海地铁10号线主线龙溪路站以东及支线部分（新江湾城站至航中路站）开通运营。同年11月30日，上海地铁10号线主线剩余段（龙溪路站至虹桥火车站）开通运营。
52. 参考文献[282]。
53. 参考文献[279]：47。
54. 大学路北侧地块中，智星路到锦嘉路约130m，锦嘉路到锦创路约130m，锦创路到伟德路的绿地约60m，伟德路到锦建路约160m，锦建路到国定路约120m。
55. 2020年3月国务院办公厅发文“合理设定无固定经营场所摊贩管理模式”是第一个全国性允许地摊经济的政策。参考文献[283]。
56. 参考文献[284]。
57. 参考文献[279]：5。
58. 参考文献[285]。
59. 参考文献[286]。

# 图片索引

## 第6章

图6-1、图6-2、图6-3、图6-4、图6-8、图6-9、图6-10、图6-11、图6-12、图6-13作者自绘

图6-5 参考文献[27]，第220页

图6-6 https：//tile.loc.gov/image-services/iiif/service：gmd：gmd385：g3850：g3850：ct000091/full/pct：25/0/default.jpg

图6-7 http：//www.feelguide.com/wp-content/uploads/2013/01/ManhattanGrid2.jpg

## 第7章

图7-1 原图经作者标注中文，参考文献[136]图2.4

图7-2 https：//www.posterazzi.com/boston-quincy-market-na-view-of-quincy-market-and-faneuil-hall-in-boston-massachusetts-built-in-1824—1826-engraving-19th-century-poster-print-by-granger-collection-item-vargrc0176638/

图7-3 https：//backbayhousesfiles.worldpress.com

图7-4 https：//www.rareamericana.com/pictures/3727084_1.jpg

图7-5 参考文献[149]

图7-6 https：//www.popsci.com/science/article/2010-05/archive-gallery-cities-tomorrow/

图7-7 https：//ia801300.us.archive.org/4/items/generalplanforbo00bost/generalplanforbo00bost.pdf

图7-8 https：//bostoncyclistsunion.org/casey-and-a-brief-history-of-highways-in-boston

图7-9 Ramalhosa，Francisca，“Revitalization of urban waterfronts in port cities ：the case of New York and Boston.” Master's Besis，University of Tennessee，2003.hDps：//trace.tennessee.edu/utk_gradthes/5282 图20

图7-10 1981年8月24日《时代杂志》封面

## 第8章

图8-1 Poerschke，Ute.（2017）. The sun for all：Social equity and the debate on best solar orientation of high modernist housing. 367-373. 10.1201/9781315226255-58.图5

图8-2 E.R. Scoffham. The Shape of British Housuing[M]. Longman Group Limited，1984. 第6页，图1.1

图8-3 https：//i1.wp.com/heritagecalling.com/wp-content/uploads/2020/11/BLOG-louis-de-soissons-definitive-plan-public-domain.jpg?resize=721%2C1024&ssl=1

图8-4 Stern，Robert A. M. Paradise Planned：The Garden Suburb and the Modern City[M]. Monacelli Press，2013：201

图8-5 左侧鸟瞰图https：//sdg-migration-met.s3.amazonaws.com/wp-content/uploads/ 2021/07/12210004/b6a82ee618722d69593a8bed7e6fc374-PP02314-02-BETTER-QUALITY.jpg；右侧平面图修改自https：//www.flickr.com/photos/8095451@N08/5396941963

图8-6 参考文献[109]第111页图4.28

图8-7 作者修改自参考文献[109]第103页图4.19

图8-8 参考文献[109]第215页图7.10

图8-9 参考文献[109]第218页图7.12

图8-10 Urban History，31，3（2004）© 2004 Cambridge University Press Printed in the United Kingdom doi：10.1017/S0963926805002622：401

图8-11 Katharina Borsi（2015）Drawing the region：Hermann Jansen's vision of Greater Berlin in 1910，The Journal of Architecture，20：1，47-72，DOI：10.1080/13602365.2015.1004619；第61页（原图来源：Architekturmuseum TU Berlin，Inv. No. 20541）

图8-12 Wolfgang Sonne eds. Dwelling in the metropolis：Reformed urban blocks 1890 - 1940 as a model for the sustainable compact city[M]. Progress in Planning，Volume 72，Issue 2，2009，Pages 53-149，ISSN 0305—9006，https：//doi.org/10.1016/j.progress.2009.06.001. 第84页图24

图8-13 Bayerisches Landesamt für Denkmalpflege（Hrsg.）：Bauen in München 1890—1950. 1980，S. 80

图8-14 Poerschke，Ute.（2017）. The sun for all：Social equity and the debate on best solar orientation of high modernist housing. 367-373. 10.1201/9781315226255-58. 图8

图8-15 https：//whc.unesco.org/en/list/1239/documents/ https：//whc.unesco.org/document/101079

图8-16 Ledent，Gérald & Masson，Olivier.（2011）. Model versus Type，the Shift of Modernism. https：//www.researchgate.net/publication/282947263_Model_versus_Type_the_Shift_of_Modernism/citation/download：Fig 1

图8-17 同上：Fig 2

## 第9章

图9-1 参考文献[109]第170页图6.7

图9-2 https：//planning-org-uploaded-media.s3.amazonaws.com/legacy_resources/pas/at60/img/141figure01.jpg

图9-3 Charmes，Eric.（2010）. Cul-de-sacs，Superblocks and Environmental Areas as Supports of Residential Territorialization. Journal of Urban Design. 15. 357-374. 10.1080/13574809.2010.487811.图2

图9-4 https：//www.nytimes.com/1928/06/24/archives/a-suburban-garden-city-for-the-motor-age-

radburn-will-be-built-to-a.html
图9-5 作者修改自参考文献[232]：Fig7.
图9-6 Eric Charmes. Cul-de-sacs，superblocks，and environmental areas as supports of residential territorialisation. Journal of Urban Design，2010，15，pp.357 - 374. ffhalshs-01089459f 图1
图9-7 https：//digital.library.cornell.edu/catalog/ss：1504128
图9-8 Mervyn Miller（1989）The elusive green background：Raymond Unwin and the greater London regional plan，Planning Perspectives，4：1，15-44，DOI：10.1080/02665438908725671
图9-9 Gold，John R. "The MARS Plans for London，1933—1942：Plurality and Experimentation in the City Plans of the Early British Modern Movement." The Town Planning Review 66，no. 3（1995）：243 - 67. http：//www.jstor.org/stable/40113721. 图2、图3
图9-10 同上，图8
图9-11 van Roosmalen，P.K.M..（1997）. London 1944：Greater London Plan.第262页
图9-12 Quilliot，R. and Guerrand，R.H.（1989）Cent Ans d'Habitat：Une Utopie Réaliste，Paris：Albin Michel.第135页
图9-13 E.R. Scoffham. The Shape of British Housuing[M]. Longman Group Limited，1984. 第56页，图4.4
图9-14 https：//hiddenarchitecture.net/wp-content/uploads/2019/03/golden-lane-estate_01.jpg
图9-15 作者修改自https：//d3rcx32iafnn0o.cloudfront.net/Pictures/2000x2000fit/0/1/6/1839016_Golden-Lane-siteplan-web.jpg
图9-16 E.R. Scoffham. The Shape of British Housuing[M]. Longman Group Limited，1984. 左图为第83页图6.3；右图为第85页图6.5
图9-17 https：//archiflux.files.wordpress.com/2010/09/scan0011.jpg
图9-18 左图 https：//www.whatdotheyknow.com/request/48673/response/124022/attach/23/Robin%20Hood%20Gardens% 20COI%20Report.pdf 第5页图1；右图 https：//images.adsttc.com/media/images/5582/9103/e58e/ce56/d800/02a5/large_jpg/stringio-2.jpg
图9-19 左图：https：//www.architectural-review.com/archive/reyner-banham-on-park-hill-sheffield-uk；右图：https：//i.pinimg.com/originals/8d/2c/f2/8d2cf281004cfdd64a89cff01d938408.jpg
图9-20 https：//www.architectural-review.com/essays/the-massive-barbican-complex-in-london-was-designed-to-bring-life-to-the-city/10006896.article. https：//www.architectural-review.com/pictures/1180xany/7/7/2/3022772_img2.jpg
图9-21 https：//meet.nyu.edu/wp-content/uploads/2020/02/ResidentHall_ImageFour.jpg
图9-22 https：//www.huduser.gov/portal/publications/Washington-Square-South-SCP.html
图9-23 https：//smartgrowthmd.files.wordpress.com/2020/04/image-1-jane_jacobs-1961-phil-stanziola-fr.-lib-of-congress.jpg
图9-24 https：//edisciplinas.usp.br/pluginfile.php/3918394/mod_resource/content/1/the-sky-line-mother-jacobs-home-remedies-1962.pdf
图9-25 https：//s26162.pcdn.co/wp-content/uploads/2019/12/PaulRudolph_p57.jpg
图9-26 https：//www.pcf-p.com/projects/university-plaza-new-york-university/

**第10章**

图10-1、图10-3、图10-4、图10-6、图10-7、图10-8、图10-9、图10-13、图10-22作者自绘
图10-2 https：//www.villagepreservation.org/https：//media.villagepreservation.org/wp-content/uploads/2019/ 08/15082003/10th-street-plan.jpg
图10-5 作者修改自参考文献[252]：第17页1-11；第16页图1-10
图10-10 作者修改自参考文献[263]第35页图2.6
图10-11 作者修改自Heng，Chye Kiang eds. 50 Years of Urban Planning in Siangapore[M]. World Science Publishing，2016 第104页图2
图10-12 参考文献[253]
图10-14 作者修改自参考文献[266]第112页
图10-15 吕枢博. 房地产政策对住区规划空间形态影响研究——以杭州商品住宅为例[D]. 上海：同济大学. 2019
图10-16 参考文献[273]
图10-17 上海市规划和自然资源局
图10-18 作者重绘，4张图自上而下分别根据参考文献[279]第98页图1、第99页图2、第99页图3、第99页图1
图10-19 作者自绘，卫星地图引自：上海市测绘院编制. 上海市影像地图集：中心城区[M]. 上海：上海科学技术出版社，2001.9第60页-61页
图10-20 参考文献[279]第29页
图10-21 参考文献[280]第102页

# 参考文献


[1] 林徽因. 林徽因文集[M]. 北京：当代世界出版社，2010.

[2] 科斯托夫. 城市的形成[M]. 单皓，译.北京：中国建筑工业出版社，2005.

[3] 里克沃特. 城之理念[M]. 刘东阳，译. 北京：中国建筑工业出版社，2006.

[4] 里克沃特. 亚当之家[M]. 李保，译. 北京：中国建筑工业出版社，2006

[5] Semper G，Der Stil in den Technischen und Tektonischen Kunsten oder Praktische Aesthetik，vol. 1 [M]. Frankfurt：Verlag für Kunst und Wiss，1860.

[6] 管仲. 管子[M].李山，译注.北京：中华书局，2016.

[7] 维特鲁威. 建筑十书[M]. 高履泰，译.北京：知识产权出版社，2001.

[8] 舍贝里. 前工业城市：过去与现在[M]. 高乾，冯昕，译. 北京：社会科学文献出版社，2013.

[9] 吉罗德. 城市与人：一部社会与建筑的历史[M]. 郑炘，周琦，译. 北京：中国建筑工业出版社，2008.

[10] 费恩斯坦. 造城者：纽约和伦敦的房地产开发和城市规划[M]. 侯丽，译. 上海：同济大学出版社，2019.

[11] 吉迪恩. 空间 时间 建筑[M]. 王锦堂，孙全文，译. 武汉：华中科技大学出版社，2014.

[12] Donald M. Origins of Modern Mind [M]. Cambridge：Harvard University Press，1993.

[13] Bacon E. Design of Cities：Revised Edition [M]. London：Penguin，1976.

[14] Lynch K. A Theory of Good City Form [M]. Cambridge，Mass：The MIT Press，1981.

[15] 王建国. 城市设计[M]. 南京：东南大学出版社，2011.

[16] 霍尔. 明日之城：1880年以来城市规划与设计的思想史[M]. 童明，译. 上海：同济大学出版社，2017.

[17] 卡莫纳，希斯，奥克等编著. 城市设计的维度[M]. 冯江，袁粤，万谦，等译. 南京：江苏科学技术出版社，2005.

[18] Conforti C. The Birth of the Modern City[C]// Alina Payne eds. The Companions to the History of Architecture，Volume I，Renaissance and Baroque Architecture. Hoboken：John Wiley & Sons，Inc，2017：1-27.

[19] 培根 E N.城市设计[M]. 黄富厢，译.北京：中国建筑工业出版社，1989.

[20] 阿尔伯蒂. 建筑论——阿尔伯蒂建筑十书[M]. 王贵祥，译. 北京：中国建筑工业出版社，2009.

[21] Karmon D. Restoring the Ancient Water Supply in Renaissance Rome：The Popes，the Civic Administration，and the Acqua Vergine [EB/OL]. [2005-07-03]（2023-07-24）. https：//waters.iath.virginia.edu/Journal3KarmonNew.pdf

[22] 桑内特. 肉体与石头[M]. 黄煜文，译. 上海：上海译文出版社，2016.

[23] O'Toole R. The Best-Laid Plans：How Government Planning Harms Your Quality of Life，Your Pocketbook，and Your Future [M]. Washington：Cato Institute，2007.

[24] 雅各布斯. 美国大城市的死与生[M]. 金衡山，译. 南京：译林出版社，2005.

[25] 雅各布斯. 城市经济[M]. 项婷婷，译. 北京：中信出版社，2007.

[26] 加尔文. 规划博弈：从四座伟大城市理解城市规划[M]. 曹海军，译. 北京：北京时代华文书局，2015.

[27] 麦克哈格. 设计结合自然[M]. 芮经纬，译. 天津：天津大学出版社，2006.

[28] 瓦格纳. 瓦格纳论音乐[M]. 廖辅叔，译 上海：上海音乐出版社，2002.

[29] 范景中.方塔园与维也纳[J].世界建筑导报，2008（3）：51-52.

[30] 西特. 城市建设艺术：遵循艺术原则进行城市建设[M]. 仲德崑，译.南京：江苏凤凰科学技术出版社，2017.

[31] Wigley M. Whatever Happened to Total Design? [J]. Harvard Design Magazine，1998：1-8.

[32] Kostof S. The City Assembled：The Elements of Urban Form Through History [M]. London：Thames & Hudson，2005.

[33] Bowsky M. A Medieval Italian Commune：Siena under the Nine [M]. Auckland City：University of California Press，1981.

[34] 亚历山大等. 城市设计新理论[M]. 陈治业，童丽萍，译. 北京：知识产权出版社，2002.

[35] Urban Design Associates. Remembering David Lewis [EB/OL]. [2023-07-14]. https：//www.urbandesignassociates.com/lewis

[36] Barnett J. Urban Design as Public Policy [M]. New York：McGraw-Hill Education，1974.

[37] 芒福德. 城市发展史：起源、演变与前景[M]. 宋俊岭，倪文彦，译. 北京：中国建筑工业出版社，2005.

[38] 詹克斯. 后现代建筑语言[M]. 李大夏，译. 北京：中国建筑工业出版社，1986.

[39] Marshall C. Pruitt-Igoe：The Troubled High-rise that

Came to Define Urban America - a history of cities in 50 buildings，day 21 [EB/OL]. [2015-04-22]. https：//www.theguardian.com/cities/2015/apr/22/pruitt-igoe-high-rise-urban-america-history-cities
[40] Tim O'Neil St. Louis Post-Dispatched. 45 Years Ago · A Final Blow is Dealt to Pruitt-Igoe [EB/OL]. [2018-04-01]（2022-12-27）. http：//https：//perma.cc/H6Y9-P26W
[41] Heathcott J. "In the Nature of a Clinic"：The Design of Early Public Housing in St. Louis[J]. Journal of the Society of Architectural Historians，2011，70(1)：82-103.
[42] Novak M. Behind Ghetto Wall：Black Families in a Federal Slum [M]. Abingdon，Oxfordshire：Taylor & Francis，2017.
[43] 亚历山大. 城市并非树形[J]. 汪小婴，译. 汪坦，校. 建筑师，1985（2）：206-224.
[44] Storey G R. The Population of Ancient Rome [J]. Antiquity，1997，71（274）：966-78.
[45] Becker A. Rome Domestic Architecture [EB/OL]. [2020-09-20] https：//www.khanacademy.org/humanities/ancient-art-civilizations/roman/x7e914f5b：beginner-guides-to-roman-architecture/a/roman-domestic-architecture-insula
[46] Wikipedia. Demographics of New York [EB/OL]. [2022-08-23]. https：//en.wikipedia.org/wiki/Demographics_of_New_York_City
[47] McQuilkin A. The Rise and Fall of Manhattan's Density [EB/OL]. [2014-10-29]. https：//urbanomnibus.net/2014/10/the-rise-and-fall-of-manhattans-density/#：~：text=In%201910%2C%20Manhattan%20reached%20a，a%20surprising%2040%25%20from%201910.
[48] Bowery Boys. Gotham Court and the Lost Neighborhood of Cherry Hill [EB/OL]. [2015-03-28]. https：//www.boweryboyshistory.com/2015/05/cherry-hill-lost-lower-east-side.html
[49] Old Bailey. A Population History of London [EB/OL]. [2018-08]. https：//www.oldbaileyonline.org/static/Population-history-of-london.jsp#：~：text=In%20other%20words%2C%20London%20in，be%20long%20distance%20and%20international.
[50] 约翰逊. 死亡地图：伦敦瘟疫如何重塑今天的城市和世界[M]. 熊亭玉，译.北京：电子工业出版社，2017.
[51] Lemon J，Daniel P. The Devils Acre [EB/OL]. [2013-06-28] http：//www.choleraandthethames.co.uk/cholera-in-london/cholera-in-westminster/the-devils-arce/
[52] 塞德拉克. 水4.0[M]. 徐向荣，译. 上海：上海世纪出版股份有限公司，2015.
[53] Flanders J. The Victorian City：Everyday Life in Dickens' London [M]. New York：Thomas Dunne Books，2014.
[54] Baumeister R，Goodell J M. The Cleaning and Sewerage of Cities [M]. Kessinger legacy reprints，2010.
[55] Simkin J. National Federation of Settlements [EB/OL]. [2020-01-01]. https：//spartacus-educational.com/USAsettlements.html
[56] Balkan Sewer and Water Main Co. ltd. New York City Sewers in History and Myth [EB/OL]. [2019-04-08]. https：//www.balkanplumbing.com/new-york-city-sewers-history-myth/
[57] Benjamin Disraeli. Coningsby，or the New Generation [EB/OL]. [2003-04-25]（2023-01-20）https：//www.gutenberg.org/files/7412/7412-h/7412-h.htm#link2H_4_0001
[58] 李合群.论中国古代里坊制的崩溃——以唐长安与宋东京为例[J].社会科学，2007（12）：132-138.
[59] Kerley P. The Grid System for London that Never Happened [EB/OL]. [2016-02-03]. https：//www.bbc.com/news/magazine-35418272
[60] London Parks & Gardens Co. ltd. A Walk through Bloomsbury：Bloomsbury Square [EB/OL]. [2021-11-13] https：//www.londongardenstrust.org/mobile/stage.php?tour=Bloomsbury&stage=4.00
[61] 中国国家历史. 第一场现代性的灾难——1775年里斯本大地震（上）[EB/OL]. [2019-12-20].（2022-12-27）. https：//www.sohu.com/a/361759287_486911
[62] Pereira S. The Opportunity of a Disaster：The Economic Impact of the 1755 Lisbon Earthquake[EB/OL]. [2006-06-03].（2022-12-27）https：//www.york.ac.uk/media/economics/documents/cherrydiscussionpapers/0603.pdf
[63] Hall，P. Cities in Civilization [M]. New York：Pantheon Books，1998.
[64] 科斯托夫. 城市的组合：历史进程中的城市形态的元素[M]. 邓东，译. 北京：中国建筑工业出版社，2008.
[65] Forest of Imagination. Giant Acorns from The Circus Re-locate to Bushey Norwood [EB/OL]. [2017-06-29]. https：//www.forestofimagination.org.uk/giant-acorns-from-the-circus-re-locate-to-bushey-norwood/
[66] 巴内翰，卡斯泰，德保勒. 城市街区的解体：从奥斯曼到勒柯布西耶[M]. 魏明力，许昊，译. 北京：中国建筑工业出版社，2012.
[67] Delage I. Napoleon III Hands Baron Haussmann the Decree Annexing the Parisian Suburban Communes [EB/OL]. [2013-02-08]. https：//www.napoleon.org/en/history-of-the-two-empires/paintings/napoleon-iii-hands-baron-haussmann-the-decree-annexing-the-parisian-suburban-communes/
[68] Pinkney D. Napoleon III and Rebuilding of Paris[M]. Princeton：Princeton University Press，1958.
[69] 哈维. 巴黎城记[M]. 黄煜文，译. 广西：广西师范大学出版

社，2009.
[70] 柯克兰. 巴黎的重生[M].郑娜，译.北京：社会科学文献出版社，2014.
[71] 《当代中国》丛书编辑部. 当代中国的城市建设[M]. 北京：中国社会科学出版社，1990.
[72] 邹依仁. 旧上海人口变迁的研究[M]. 上海：上海人民出版社，1980.
[73] 朱剑成. 旧上海房地产业的兴起[C]// 中国人民政治协商会议上海市委员会文史资料委员会编. 旧上海的房地产经营. 上海：上海人民出版社，1990：10-13.
[74] 唐方. 都市建筑控制：近代上海公共租界建筑法规研究[M]. 南京：东南大学出版社，2009.
[75] 《上海通志》编纂委员会. 上海通志[M].上海：上海人民出版社，2005.
[76] 《上海城市规划志》编纂委员会. 上海城市规划志[EB/OL]. [2003-09-05]. http：//61.129.65.112/dfz_web/DFZ/Info?idnode=64717&tableName=userobject1a&id=58524
[77] 澎湃新闻. 老图新趣：凡尔登花园1926年前的热闹[EB/OL]. [2020-07-16]. https：//www.thepaper.cn/newsDetail_forward_8293478
[78] 严国海. 20世纪二三十年代上海平民住房融资模式初探 [J]. 财经研究，2008（6）：100-109.
[79] 《上海住宅建设志》编纂委员会. 上海住宅建设志[M]. 上海：上海社会科学院出版社，1998.
[80] 《上海工运志》编纂委员会编. 上海工运志[M]. 上海：上海社会科学院出版社，1997.
[81] 《上海住宅（1949~1990）》编辑部. 上海住宅（1949-1990）[M]. 上海：上海科学普及出版社，1993.
[82] 杨辰. 从模范社区到纪念地 一个工人新村的变迁史[M]. 上海：同济大学出版社，2019
[83] 汪定曾. 上海曹杨新村住宅区的规划设计[J]. 建筑学报，1956（2）：1-15
[84] 上海市建设委员会编. 上海市居住区建设图集[M]. 上海：上海科学技术文献出版社，1998.
[85] 伍江，周鸣浩等. 上海改革开放40年大事研究，卷七：城市建设[M]. 上海：格致出版社，上海人民出版社，2018.
[86] 龚钧陶，任鹤云，羊寿生. 上海市污水治理一期工程简介[J]. 中国给水排水，1989（3）：49-51.
[87] 上海市统计局. 上海统计年鉴（1983）[M]. 上海：上海人民出版社，1983.
[88] 严正. 上海住房困难户分析[C]// 中国建筑学会、中国城市住宅问题研究会. 中国城市住宅问题（中国建筑学会、中国城市住宅问题研究会联合召开城市住宅问题学术研讨会论文集）. 北京：中国建筑学会、中国城市住宅问题研究会，1983：221-227.
[89] 伍江. 上海百年建筑史[M]. 上海：同济大学出版社，2008.
[90] 薛顺生，娄承浩. 老上海经典公寓[M] .上海：同济大学出版社，2005.
[91] 王绍周，陈志敏. 里弄建筑[M]. 上海：上海科学技术文献出版社，1987.
[92] 万勇. 上海旧区改造的历史演进、主要探索和发展导向[J]. 城市发展研究，2009，16（11）：97-101+52.
[93] Ross Wolfe. Walter Gropius'"Houses，Walk-ups or High-rise Apartment Blocks?"（1931）[EBOL]. Roger Banham. Translated. [2010-10-28]. https：//modernistarchitecture.wordpress.com/2010/10/28/walter-gropius%E2%80%99-%E2%80%9Chouses-walk-ups-or-high-rise-apartment-blocks%E2%80%9D-1931/
[94] 范路. 梦想照进现实——1927年魏森霍夫住宅展[J]. 建筑师，2007（3）：27-38.
[95] Phaidon. Building that Changed the World-The Weissenhof Settlement，Stuttgart [EB/OL]. [2012-12-28]. https：//www.phaidon.com/agenda/architecture/articles/2012/november/28/buildings-that-changed-the-world-the-weissenhof-settlement-stuttgart/
[96] Avermaete T. Another Modern[M]. Rotterdam：NAi Publishers，2006.
[97] Jeske C. 10 Things You Need to Know About the Founder of The Bauhaus [EB/OL]. [2019-12-20] https：//artsandculture.google.com/exhibit/10-things-you-need-to-know-about-the-founder-of-the-bauhaus/zgLS3RluAbmLJw
[98] Gropius W. Scope of Total Architecture[M]. New York：Collier Books，1943.
[99] Nechvatal J. Revisit Corbusier as a Fascist [EB/OL]. [2015-07-10].https：//hyperallergic.com/221158/revisiting-le-corbusier-as-a-fascist/
[100] KKAA. Canal Court Codan Block 3[EB/OL]. [2014-04-11]. https：//kkaa.co.jp/works/architecture/canal-court-cordan-block-3/
[101] 周静敏，苗青. 从"阈"到区域——基于受众视点的山本理显设计理念解读[J].建筑学报，2012（7）：59-61.
[102] 姚栋. 保障性住房的绿色趋势：3个美国案例的研究与思考[J]. 建筑学报，2011（2）：104-109.
[103] Colonnese F. The Geometry of Vision：Hermann Maertens'Optical Scale for a Deterministic Architecture [J]. Zarch：Journal of interdisciplinary studies in Architecture and Urbanism，2017（4）：64-77.
[104] 真壁智治. 藤村龙至访谈 [EB/OL]（2017-11-15）[2022-12-28] http：//amenomichi.com/next/next01.html
[105] 克雷格，桑德斯，编著. 城市设计[M].王伟强，王启泓，译. 上海：同济大学出版社，2016.
[106] 仇立慧，黄春长，周忠学.古代西安地下水污染及其对城市发展的影响[J].西北大学学报（自然科学版），2007（2）：326-329.
[107] 李健超. 汉唐长安城明清西安城地下水的污染[EB/OL]. [2018-08-06]. http：//www.sxlib.org.cn/dfzy/sczl/wwgjp/qt_5799/201808/t20180806_929457.html
[108] 魏徵. 隋书[M]. 北京：中华书局，1973.
[109] McHarg I. Design with Nature[M]. New York：The American Museum of Natural History，1969.
[110] Plunz R. A History of Housing in New York City[M]. New York：Columbia University Press；1990.

[111] Fairchild A, Rosner D. 1867 First Tenement Law [EB/OL]. [2006-05-13]. http://www.tlcarchive.org/htm/framesets/themes/tenements/fs_1867.htm
[112] History.com Editor. Tenements [EB/OL]. [2021-11-16]. https://www.history.com/topics/immigration/tenements
[113] Krieger, Sanders, eds. Urban Design[M]. Minneapolis: University of Minnesota Press, 2009.
[114] Mumford E. The Emergence of Urban Design in the Breakup of CIAM[J]. Harvard Design Magazine S/S, 2006 (24): 10-20.
[115] 克拉克. 欧洲城镇史[M]. 宋一然，郑昱，李陶，等，译.北京：商务印书馆，2015.
[116] 汪妍泽. 学院式建筑教育的传承与变革[D]. 南京：东南大学，2019.
[117] 布朗. 城市设计五十年：个人的视角[C]// 克雷格，桑德斯，编著. 城市设计. 王伟强，王启泓，译. 上海：同济大学出版社，2016.
[118] 沙里宁. 城市：它的发展、衰败和未来[M]. 顾启源，译. 北京：中国建筑工业出版社，1988.
[119] Fainstein S. Urban planning [DB/OL]. [2022-5-13]. https://www.britannica.com/topic/urban-planning
[120] 吴志强，周俭，彭震伟，等. 同济百年规划教育的探索与创新[J]. 城市规划学刊，2022 (4): 21-27.
[121] 赖德霖. 中国现代建筑教育的先行者——江苏省立苏州工业专门学校建筑科[C]// 中国建筑学会建筑史学分会，中国建筑学会建筑史学分会. 建筑历史与理论第五辑. 清华大学建筑学院，1993: 7.
[122] Cranbrook Academy of Art. History of Cranbrook Academy of Art [EB/OL]. [2015-02-01] https://cranbrookart.edu/about/history/
[123] 马歇尔. 难以捉摸的城市设计：定义与角色的永恒难题[C]// 克雷格，桑德斯，编著. 城市设计. 王伟强，王启泓，译. 上海：同济大学出版社，2016 (56): 52-67.
[124] 克劳利. 财富之城：威尼斯海洋霸权[M]. 陆大鹏，张骋，译. 北京：社会科学文献出版社，2015.
[125] Townsend G. A Manual of Dates [M]. 2nd Edition. London: Frederick Warne & Co., 1867: 1015.
[126] Panwar R. Venice: Foundation Details of the Biggest Floating City in the World [EB/OL]. [2021-01-20] https://theconstructor.org/case-study/venice-foundation-details/224185/
[127] Webmaster. The Venetian Water Wells: The Art of Engineering Treasures [EB/OL]. [2016-11-23]. https://www.luxrest-venice.com/blog/201611/venetian_water_wells_art_engineering_treasures
[128] Facaros D, Pauls M. Piazzetta dei Leoncini: Between the Basilica and Clock Tower [EB/OL]. (2024-06-30) https://www.facarospauls.com/apps/venice-art-and-culture/8197/piazzetta-dei-leoncini
[129] Wikipedia. St Mark's Campanile [DB/OL]. [2021-11-09]. https://www.wikiwand.com/en/St_Mark%27s_Campanile
[130] Associazione Piazza San Marco. Saint Mark's Square in the 12th Century [EB/OL]. [2020-10-21] https://www.associazionepiazzasanmarco.it/en/history/saint-marks-square-in-the-12th-century/57
[131] The Doge's Triumphs [EB/OL]. [2016-04-05] https://www.carltongrandcanal.com/venice/the-doges-triumphs/
[132] Huguenaud K. Ala Napoleonica in Piazza San Marco [EB/OL]. [2023-02-07] https://www.napoleon.org/en/magazine/places/ala-napoleonica-in-piazza-san-marco-venice/
[133] 西特. 遵循艺术原则的城市设计[M]. 王骞，译. 武汉：华中科技大学出版社，2020.
[134] Winthrop J. A Modell of Christian Charity (1630) [EB/OL].[1996-08-01] (2022-12-27). https://history.hanover.edu/texts/winthmod.html
[135] 插畫家眼中的東京下町百景，有沒有你到過的東京? [EB/OL]. [2020-09-03]. https://www.ppaper.net/page/1347
[136] Knox P, Pinch S. Urban Social Geography: an introduction (6th edition) [M]. Harlow: Pearson Education Limited 1982, 2010.
[137] Brooks R. How Did Boston Get Its Name? [EB/OL]. [2016-02-17]. https://historyofmassachusetts.org/how-did-boston-get-its-name/
[138] Rawson M. Eden on the Charles: the making of Boston[M]. Cambridge, MA: Harvard University Press. 2010.
[139] 福格尔森. 下城[M]. 周尚意，志丞，吴莉萍，译. 上海：上海人民出版社，2010.
[140] Brooks R. History of the Boston Subway: The First Subway in America [EB/OL]. [2017-04-16]. https://historyofmassachusetts.org/boston-first-subway-america/
[141] Szerlip A. The Man Who Designed the Future: Norman Bel Geddes and the Invention of Twentieth-Century America[M]. New York: Melville House, 2017.
[142] General Motors Gallery of Photographs [EB/OL]. [2011-04-05] http://www.nywf64.com/gm06.shtml
[143] Maffei N. Norman Bel Geddes: American design visionary [M]. New York: Bloomsbury Academic, An imprint of Bloomsbury, 2015.
[144] Cohen L. Saving America's Cities: Ed Logue and the Struggle to Renew Urban America in the Suburban Age[M]. New York: Farrar, Straus and Giroux, 2019.
[145] Poorvu W. Yale, New Haven, and Me[M]. New Haven: Yale University, 2006.
[146] Rowsom F. Are Big Cities Ugly Monsters? [J]. Popular Science, 1944 (6): 103-106.
[147] AASHTO. Project: Central Artery Tunnel [EB/OL]. [2017-07-06] https://planningtools.transportation.

org/290/view-case-study.html?case_id=41
[148] Hoffman. A Study in Contradictions: The Origins and Legacy of the Housing Act of 1949[J]. Housing Policy Debate，2000（2）：299-326.
[149] West End Land Assembly and Redevelopment Plan [EB/OL]. [2018-10-29] http：//www.bostonplans.org/getattachment/9f4cec61-be95-4086-afbd-9bab46780af0
[150] Boyles A. The Demolition of the West End [EB/OL]. [2020-03-27]. https：//www.boston.gov/news/demolition-west-end
[151] Taylor K. Legendary Locals of Beacon Hill[M]. Vancouver：Arcadia Publishing，2014.
[152] Ross N. Marketplace Revival [EB/OL]. [1977-10-29]. https：//www.washingtonpost.com/archive/realestate/1977/10/29/marketplace-revival/796e0ce2-1ec9-471a-b31b-2a5273059404/.
[153] Quincy J. Quincy Market：a Boston Landmark[M]. Boston：Northeastern University Press，2003.
[154] Olsen J. Better Places，Better Lives：a biography of James Rouse[M]. Washington，D.C.：Urban Land Institute，2014.
[155] Choi M. The Architect Behind Xintiandi：Ben Wood，the founder of Studio Shanghai [EB/OL]. [2009-10-01].（2022-12-28）. http：//www.minachoi.com/articles/benwood.php#sthash.TlaUEoEO.1r6RzlXp.dpbs
[156] Flannery R. Architect Ben Wood Compares a Shanghai Icon with its Latest Progeny [EB/OL]. [2011-11-06].（2022-12-28）. https：//www.forbes.com/sites/russellflannery/2011/10/06/architect-ben-wood-compares-a-shanghai-icon-with-its-latest-progeny/?sh=1f969fde768d
[157] Associated Press. Boston Panners Debate What to Put atop Big Dig [EB/OL]. [2000/10/13].https：//www.deseret.com/2000/10/13/19533647/boston-planners-debate-what-to-put-atop-big-dig
[158] 霍华德. 明日的田园城市[M]. 金经元，译. 北京：商务印书馆，2010.
[159] HGS Trust. The History of The Suburb [EB/OL]. [2021-04-19] https：//www.hgstrust.org/the-suburb/history/index.shtml
[160] The Birth of Town Planning [EB/OL]. [2010-10-13] https：//www.parliament.uk/about/living-heritage/transformingsociety/towncountry/towns/overview/townplanning/
[161] Simpson M. Thomas Adams and the Modern Town-Planning Movement：British，Canada and the United States 1900-1940[M]. London：Mansell with the Alexandeine Press，1985.
[162] Barr J. The Birth and Growth of Modern Zoning（Part 1）：From Utopia to FARtopia. [EB/OL]. [2021-05-11]. https：//buildingtheskyline.org/tag/thomas-adams/
[163] 孙成仁. 英国韦林花园城：现实中的理想城市 [J]. 国外城市规划，2001（1）：45-46.
[164] Allen，E. Review of the Building of the Satellite Town[J]. The Economic Journal，1950，60（239）：592-594.
[165] Schröder M，Wanke H，Schwager B. Arbeiter-Siedlung Gmindersdorf：100 Jahre Architektur- und Alltagsgeschichte [EB/OL]. [2003-09-05]. https：//www.reutlingen.de/de/Rathaus/Aktuelles/Nachricht?cPageId=2428&view=publish&item=article&id=466
[166] Howaldt G. Die Arbeiterwohnkolonie Gmindersdorf in Reutlingen[J]. Beiträge，1973，2(3)：27-33.
[167] Margarethenhohe [EB/OL]. [2018-11-19] https：//www.gardencitiesinstitute.com/resources/garden-cities/margarethenhohe
[168] Hellerau [EB/OL]. [2017-03-13] https：//www.gardencitiesinstitute.com/resources/garden-cities/hellerau
[169] Terracesir. History of Forest Hills Gardens Station Square [EB/OL].[2017/04/20]. https：//www.foresthillsrealestate.com/blog/?p=1759.
[170] Cohen M. Forest Hills Gardens：a hidden NYC haven of historic modernity [EB/OL]. [2014-11-20].（2022-12-28）. https：//www.6sqft.com/forest-hills-gardens-a-hidden-nyc-haven-of-historic-modernity/
[171] American Planning History since 1900[EB/OL].（2022-12-28）. https：//www.planning.org/timeline/
[172] Landmarks Preservation Commission. Shively Sanitary Tenements [DB/OL]. [1985-07-09]. http：//www.neighborhoodpreservationcenter.org/db/bb_files/Shively-Sanitary-Tenements.pdf
[173] Update on the Famed Willard Suitcases：Free Lecture [EB/OL]. [2018-05-10]. https：//rihs.us/2020/09/19/housing-for-families-afflicted-with-tuberculosis/
[174] The Cherokee History [EB/OL]. [2012-11-01] http：//cherokee-nyc.com/history.html
[175] Gray C. Just What the Doctor Ordered[EB/OL]. [2014-02-01]. https：//yieldpro.com/2014/02/just-what-the-doctor-ordered/
[176] Toye D. “Dunbar Apartments.” Clio：Your Guide to History [EB/OL] [2014-12-09].（2022-12-28）. https：//theclio.com/entry/10425
[177] 波登沙茨. 柏林城市设计——一座欧洲城市的简史[M]. 易鑫，徐肖薇 译. 北京：中国建筑工业出版社，2016.
[178] Bernet C. The ‘Hobrecht Plan’（1862）and Berlin’s urban structure[J]. Urban History，2004，31（3）：400-419.
[179] Borsi K. Drawing the Region：Hermann Jansen’s Vision of Greater Berlin in 1910[J]. The Journal of Architecture，2015，20（1），47-72.
[180] Museum of the City of New York. The Master Plan of Manhattan 1811-Now [EB/OL]. [2015-08-14] https：//

thegreatestgrid.mcny.org/greatest-grid
[181] Duygu D. Hermann Jansen's Planning Principles and His Urban Legacy in Adana[J]. METU Journal of the Faculty of Architecture，2009，26(2)：45.
[182] Helmut G. Red Vienna：Experiment in Working-class Culture，1919-1934[M]. New York：Oxford University Press，1991.
[183] Wiki. Rabenhof [DB/OL]. [2006-08-18] https：//second.wiki/wiki/rabenhof_wien.
[184] Andernacat D，Kuhn G. Frankfurter Fordismus[C]//Ernst May et al. Ernst May und das Neue Frankfurt 1925-1930. Berlin：Wilhelm Ernst & Sohn Verlag，1986：45.
[185] Henderson S. Self-help Housing in the Weimar Republic：The Work of Ernst May[J]. Housing Studies，1999，14(3)，311-328.
[186] Henderson S. Building Culture：Ernst May and the New Frankfurt Initiative，1926-1931[M]. New York：Peter Lang publishing，2013.
[187] Lieberman B. Testing Peukert's Paradigm：The "Crisis of Classical Modernity" in the "New Frankfurt," 1925-1930[J]. German Studies Review，1994(2)：287.
[188] Peukert D. The Weimar Republic：The Crisis of Classical Modernity[M]. Richard Deveson，Translated. New York：Hill & Wang Pub，1992.
[189] Monoskop. Das neue Frankfurt [EB/OL]. [2014-09-08]. https：//monoskop.org/Das_neue_Frankfurt
[190] Wolfe R. Analysis of the Fundamental Elements of the Problem of "the Minimum House" [DB/OL]. [2011-09-14]. https：//modernistarchitecture.wordpress.com/2011/09/14/le-corbusier%E2%80%99s-%E2%80%9Cciam-2-1929%E2%80%9D-1929/
[191] Swenarton M. Rationality and Rationalism：The Theory and Practice of Site Planning in Modern Architecture 1905-1930[J]. AA Files，1983(4)：49-59.
[192] Mumford L. What is City[J]. Architecture Record，1937：92-96.
[193] Meyers A. Invisible Cities：Lewis Mumford，Thomas Adams，and the Invention of the Regional Cities，1923-1929[J]. Business and Economic History，1998，27(2)：292-306.
[194] Dorr N. Regional Plan of New York and Its Environs.[EB/OL]. [2022-05-06]. https：//rpa.org/work/reports/regional-plan-of-new-york-and-its-environs#overview
[195] 孙施文. 现代城市规划理论[M].北京：中国建筑工业出版社，2005.
[196] Parsons K. Collaborative Genius：The Regional Planning Association of America[J]. Journal of the American Planning Association，1994，60(4)：462-482.
[197] Bing A M. Sunnyside Gardens. A successful Experiment in Good Housing at Moderate Prices[J]. National Municipal Review，2007，15(6)：330-336.
[198] Johnson L D. Origin of the Neighborhood Unit[J]. Planning Perspectives，2002，17(3)：227-245.
[199] Clarence Perry. The Neighborhood Unit：from The Regional Plan of New York and its Environs(1929)[C]//Legates，Stout eds. The City Reader. 6th Edition，July 22，2015，London：Routledge：486-498.
[200] Perry C. Community Center Activities[M]. New York：Russel Sage Foundation，1916.
[201] Adams T. Acknowledgments Regional Plan of New York and its Environ [J/OL]. [2020-09-18] shttps：//rpa.org/acknowledgments-regional-plan-of-new-york-and-its-environs
[202] Sanya B，Vale L，Rosan C. Planning Ideas That Matter：Livability，Territoriality，Governance and Reflective Practice [M]. Cambridge，MA：MIT Press，2012.
[203] Chase S. The Suburban Garden City of the Motor Age [N]. New York Times，1928.6.24.
[204] Altshuler A. The City Planning Process [M]. New York：Cornell University Press，1968.
[205] Birch E. Radburn and the American Planning Movement [J]. Journal of the American Planning Association，1980，46(4)：424-431.
[206] Augur T. Radburn，the Challenge of a New Town [J]. Michigan municipal review，1931(2)：40.
[207] Kane H，Keylon S，Loe S. The Village Green Cultural Landscape Report- Part I Site History，Existing Conditions，Analysis and Evaluation [M]. Los Angeles：Public Review Draft，2013.
[208] Anthony Sutcliffe. Britain's First Town Planning Act：A Review of the 1909 Achievement [J]. The Town Planning Review，1988，59(3)：289-303.
[209] Pooley B. The Evolution of British Planning Legislation [M]. Ann Arbor：Michigan Legal Studies Series，1960.
[210] Taylor G. Satellite Cities：A Study of Industrial Suburbs [M]. New York and London：D. Appleton and Company，1915.
[211] Unwin R. Regional Planning [J]. Journal of the Royal Sanitary Institute，1929，50(4)：229-236.
[212] Purdom C. The Garden city：A Study in the Development of a Modern Town[M]. Letchworth：First Garden City Limited，1913.
[213] Allen E. Review of the Building of the Satellite Town [J]. Journal of the Royal Statistical Society，1925(88)，620-622.
[214] Allen J E. Review of the Building of the Satellite Town [J]. The Economic Journal，1950，60(239)：592-594.
[215] Oliveira D，Lemes F. Abercrombie's Green-wedge Vision for London：The County of London Plan 1943 and the Greater London Plan 1944[J]. The Town

Planning Review，2015，86（5）：495-518.
[216] Gibbon G. Greater London Plan，1944 [J]. The Architect and Building News，1945（6）：137-140.
[217] White J. London in the Twentieth Century [M]. London：Odley Head：Reissue edition，2016.
[218] McFarland J. The Administration of the English New Towns Program[J/OL]，[2015-02-22] WASH. U. L. Q. 17（1965）. https：//openscholarship.wustl.edu/law_lawreview/vol1965/iss1/6
[219] Donbrown. Big Problems Call for Big Solutions：the Abercrombie plan [EB/OL]. [2012.01.24]. https：//stuffaboutlondon.co.uk/architecture/big-problems-call-for-big-solutions-the-abercrombie-plan
[220] Power A. Hovels to Highrise- State Housing in Europe Since 1850[M]. London：Routledge，1993.
[221] Sutcliffe A. London：An Architectural History [M]. New Haven：Yale University Press，2006.
[222] Ministry of Health，Housing Manual 1949[M]. London：His Majesty's Stationery Office，1949.
[223] Barbican Living. Story of the Golden Lane Estate. [EB/OL]. [2019-08-20] https：//www.barbicanliving.co.uk/golden-lane-estate/the-estate/history-of-the-estate/
[224] Grylls V. Architect of Golden Lane in the City of London and the Barbican's Podium and Towers - though not its Unfindable Exits and Entrances [J/OL]. The Guardian，1999. [1999-12-20] https：//www.theguardian.com/news/1999/dec/20/guardianobituaries1
[225] Webster H. Modernism Without Rhetoric：Essays on the Work of Alison and Peter Smithson [M]. Maryland：Academy Editions. 1997.
[226] Mumford E. Golden Lane：The Design and Urbanism of Megastructures [C]// H.F. Mallgrave eds. The Companions to the History of Architecture，Volume IV. London：Wiley Blackwell，2017.
[227] Municipal Dreams in Housing. Robin Hood Gardens，Poplar：'An Exemplar - a Demonstration of a more Enjoyable Way of Living' [EB/OL]. [2014-02-04]. https：//municipaldreams.wordpress.com/2014/02/04/robin-hood-gardens-poplar-an-exemplar-a-demonstration-of-a-more-enjoyable-way-of-living/
[228] Furse J. The Smithsons at Robin Hood [D]. Plymouth：University of Plymouth，1982.
[229] Westad P. Remembering Robin Hood Gardens [EB/OL]. [2023-11-28]. https：//tankmagazine.com/tank/2017/09/robin-hood-gardens
[230] Historic England. Robin Hood Gardens Estate [EB/OL]. [2015.08.04]. https：//historicengland.org.uk/whats-new/news/robin-hood-gardens/#：~：text=A%20certificate%20of%20immunity%20from，the%20original%20decision%20was%20upheld.
[231] Chadwick E. Report on the Sanitary Condition of the Laboring Population of Great Britain[M]. London：W Clowes and Sons，1843.
[232] Gropius W. Rebuilding Our Community[M]. Chicago：P. Theobald，1945.
[233] Carmon N. Three Generations of Urban Renewal Policies：Analysis and Policy Implications[J]. Geoforum，1999：145-158.
[234] Hoffman Hoffman A. V. .A study in Contradictions：The Origins and Legacy of the Housing Act of 1949[J]. Housing Policy Debate，2000，11（2）：299-326.
[235] 利维. 现代城市规划[M]. 张景秋，等，译. 北京：中国人民大学出版社，2003
[236] Ephemeral New York. The 1950s Plan for a Washington Square Highway [EB/OL]. [2014-04-12]. https：//ephemeralnewyork.wordpress.com/2014/04/12/the-1950s-plan-for-a-washington-square-highway/
[237] Caro R. The Power Broker：Robert Moses and the Fall of New York [M]. Vintage：Vintage Books Edition，1975.
[238] The New York City Committee on Slum Clearance Plans. Washington Square South Slum Clearance Plan Under Title I of the Housing Act of 1949[S/OL]. [2018-11-08] https：//www.huduser.gov/portal/publications/Washington-Square-South-SCP.html
[239] Mumford L. Mother Jacobs' Home Remedies [J]. New Yorker，1962：148-179.
[240] Arnstein S. A Ladder of Citizen Participation [J]. Journal of the American Planning Association，1969（4）：216 - 224.
[241] Hatch R. The Scope of Social Architecture [M]. New York：Van Nostrand Reinhold，1984.
[242] Minton A. Byker Wall：Newcastle's Noble Failure of an Estate - A History of Cities in 50 Buildings，Day 41 [J/OL]. [2015-02-21] https：//www.theguardian.com/cities/2015/may/21/byker-wall-newcastles-noble-failure-of-an-estate-a-history-of-cities-in-50-buildings-day-41
[243] Landry C，Greene L，Matarasso F，Bianchini F. The Art of Regeneration Urban Renewal through Cultural Activity[J]. Open Grey Repository，1996：41-42.
[244] Hall T，Robertson I. Public Art and Urban Regeneration：Advocacy，Claims and Critical Debates[J]. Landscape Research，2001，26（1）：5-26.
[245] Miles M. Art，Space and the City：Public Art and Urban Futures [M]. London：Routledge，1997.
[246] Alexiou A. Jane Jacobs Urban Visionary[J]. Journal of Regional Science，2007，47（4）：106.
[247] Gratz R. The Greenwich Village Apartments Created by Jane Jacobs Are Threatened With Demolition [EB/OL]. [2017-11-07]. https：//commonedge.org/the-

greenwich-village-apartments-created-by-jane-jacobs-are-threatened-with-demolition/

[248] Berman A. A Groundbreaking Groundbreaking [EB/OL]. [2013-08-12]. https：//www.villagepreservation.org/2013/08/12/a-groundbreaking-groundbreaking/

[249] 上海市房屋管理局. 关于印发《上海市房产面积测算规范》的通知[EB/OL]. [2022-06-15] https：//www.shanghai.gov.cn/gwk/search/content/625681b8a2994896b81de1da99f9b09f

[250] Apmann S. How One Building Turned Greenwich Village into an Artists' Mecca [EB/OL]. [2019-08-06]. https：//www.villagepreservation.org/2019/08/06/how-one-building-turned-greenwich-village-into-an-artists-mecca/

[251] 周静敏. 装配式工业化住宅原理[M]. 北京：中国建筑工业出版社，2020.

[252] Newman O. Creating Defensive Space[M]. Washington，D.C.：U.S. Department of Housing and Urban Development，Office of Policy Department and Research. 1996.

[253] 邓述平，王仲谷. 居住区规划设计资料集[M]. 北京：中国建筑工业出版社，1996.

[254] Barcelona Field Study Center. The Eixample [EB/OL]. [2022-06-23].[2022-12-28]. https：//geographyfieldwork.com/Eixample.htm

[255] 新浪娱乐. 宋丹丹称建外SOHO太难看，潘石屹发微博回应[EB/OL].[2011-01-18]. [2022-12-28]. http：//ent.sina.com.cn/s/m/2011-01-18/11093211927.shtml

[256] Tours Aillaud [EB/OL].（2022-12-28）https：//www.wikiwand.com/en/Tours_Aillaud

[257] Audrey. Les Tours Aillaud à Nanterre：Un Symbole Architectural En Péril. [EB/OL] [2018-02-01.（2022-12-28）. https：//www.gralon.net/articles/art-et-culture/architecture/article-les-tours-aillaud-a-nanterre---un-symbole-architectural-en-peril-10788.htm

[258] Tours Aillaud - Tours nuages - Nanterre - France - 1977. [EB/OL]. [2015-08-10].（2022-12-28）. https：//autrecarnetdejimidi.wordpress.com/2015/08/10/tours-aillaud-tours-nuages-nanterre-france-1977/

[259] Chalmer S. A Lost Utopian Housing Project in Paris Captured from the Inside Out [EB/OL]. [2017-10-25].（2022-12-28）. https：//edition.cnn.com/style/article/laurent-kronental-aillaud-towers-paris/index.html

[260] AFP. The Nanterre Cloud Towers，an Architectural Emblem in Danger [EB/OL]. [2017-06-12].（2022-12-28）. https：//batinfo.com/en/actuality/the-towers-cloud-of-nanterre-architectural-emblem-in-danger_8960

[261] 侯丽.同济详规教研室两三事——邓述平先生访谈[J].城市规划学刊，2016（5）：130-131.

[262] 中华人民共和国住房和城乡建设部. 城市居住区规划设计标准：GB 50180—2018[S]. 北京：中国建筑工业出版社，2018.

[263] Urban Task Force. Towards an Urban Renaissance[M]. London：Department of the Environment，Transport and the Regions，1999.

[264] 徐景猷，方润秋.上海滬东住宅区规划设计的研讨[J].建筑学报，1958（1）：1-9.

[265] 蔡镇钰. 上海曲阳新村的规划设计[J]. 住宅科技，1986（1）：25-29.

[266] 上海市建设委员会编. 上海市居住区建设图集[M]. 上海：上海科学技术文献出版社，1998.

[267] 综合. 改革开放后上海第一个公建配套完善的大型居民住宅区——曲阳新村[EB/OL]. [2019-08-29].（2022-12-28）. http：//sh.sina.cn/zw/2019-08-29/detail-ihytcern4402904.d.html

[268] 姚栋，张侃. 文化设施集聚区伦敦展览路的街道改造[J]. 国际城市规划，2020，35（3）：152-158.

[269] Karnda A，Wilson D. Dunn R，et al. 城市环境中共享（街道）空间概念演变综述[J]. 城市交通，2015，13（3）：76-94.

[270] McKone J. "Naked streets" Without Traffic Lights Improve Flow and Safety [EB/OL]. The city fix.（2010-10-18）[2018-01-16]. http：// thecityfix.com/blog/naked-streets-without-traffic-lights-improve- flow-and-safety/.

[271] 上海市杨浦区志编纂委员会. 杨浦区志[M]. 上海：上海社会科学院出版社，1995.

[272]《上海地名志》编纂委员会. 上海地名志[M]. 上海：上海社会科学院出版社，1998.

[273] 熊培茵，官远发.上海市五角场——江湾市级副中心规划构思[J].城市规划，1997（1）：37-39.

[274] 上海2035. 上海城市总体规划1999版[EB/OL] [2018-01-24]（2024-05-20]. https：//m.planning.org.cn/zx_news/8095.htm

[275] 吴琪. 朱镕基与上海的艰难改革（中）（3）[EB/OL]. [2013-09-03]（2024-05-20）. http://old.lifeweek.com.cn//2013/0903/42265_3.shtml

[276] 李冬生, 官远发, 陈秉钊. 知识经济与上海大学城规划构想[J]. 城市规划汇刊, 2000（11）:69-72.

[277] 倪国和, 权良余. 杨浦区构筑"大学城"：总体规划确定，拟西、东、北3个区域，先用3年时间重点建设好西区[N]. 文汇报, 2000-07-17（15）.

[278] 小白. 瑞安房地产：创智天地-打造上海多功能创新社区[EB/OL]. [2020-09-01]（2024-05-20）. https://www.csr-china.net/a/zixun/shijian/zrjzlal/minqi/2020/0901/4877.html

[279] 美国SOM公司. 上海杨浦大学城总体规划参考概念，2003.

[280] 寇耿, 恩奎斯特, 若帕波特. 城市营造：21世纪城市设计的九项原则[M]. 赵瑾, 俞海星, 蒋璐, 等, 译. 南京：江苏人民出版社：2013.

[281] 曹晖. 杨浦知识创新区中央社区控制性详细规划[J]. 上海建设科技. 2004（6）: 10-11.

[282] 龚丹韵. 口述/上海地铁如何在软土上建成[N/OL]. [2015-

11-16]（2024-03-12）https://www.shobserver.com/wx/detail.do?id= 7611.

[283] 国务院办公厅. 国务院办公厅关于应对新冠肺炎疫情影响强化稳就业举措的实施意见（国办发〔2020〕6号）[S]. 北京：中华人民共和国中央人民政府, 2020.

[284] 新民周刊. 外摆位也是一个神奇空间[EB/OL]. [2020-08-12].（2022-12-28）. http://www.xinminweekly.com.cn/fengmian/2020/08/12/14661.html

[285] 商业科技资讯. 上海大学路发生便利店，创造街区活力的"第 三 空 间"[EB/OL]. [2019-12-05].（2022-12-28）. https://www.163.com/dy/article/EVL2JL660548AF2B.html

[286] 解放日报. 经营在内消费在外，外摆位让大学路成网红街[EB/OL]. [2020-06-08].（2022-12-28），http://www.sh.chinanews.com.cn/bdrd/2020-06-09/76876.shtml

# 致谢

感谢同济大学，得益于同济大学对跨专业通识选修课的开课机制，我才有机会在2020年创办“零基础的住宅和城市设计导论”课程。回望创建课程与写作本书的过程，有太多人值得感谢！

首先要感谢我的导师赵秀恒教授，引导我开始城市研究。1997年赵老师负责的“上海市长寿路景观规划”是我第一次接触到城市设计工作；1999年在赵老师带领下完成的《深圳未来城市形象发展研究》是我首次参与城市研究工作。在恩师言传身教下，2000年完成了自己的硕士论文《城市准公共空间研究》，是这本书最早的种子。

必须要感谢伍江教授，启发我思考城市设计通识教育的意义。2018年开始，荣幸被伍老师邀请参与同济大学建筑与城市规划学院的通识课“城市阅读”，促使我跳出设计师的习惯性思维。在准备和讲授这门通识课程之后，我开始思考如何从零开始教学，接触和探索混合式教学，思辨专业学习和日常生活的关系，逐步萌生了创办一门有关城市设计通识课程的想法。

感谢在课程教学中一路支持我的老师和同事们。课程和教材脱胎于同济大学建筑与城市规划学院的“住区规划和城市设计”课程。感谢黄一如教授、李振宇教授和周静敏教授，以及一起上课的同事们：李麟学教授、周晓红教授、戴颂华教授、罗兰教授、贺永教授和司马蕾教授。感谢您们的信任和支持，让我从2010年秋季开始负责“住区规划和城市设计”的任务书编写和教学组织工作。

感谢孙彤宇教授邀请我加入城市设计实践和专业建设。孙老师作为本书的主审，大幅提升了结构逻辑和表述方法。孙老师这些年来对我帮助巨大，不仅分享我宝贵的城市设计实践机会，还让我有机会加入中国大陆地区首个城市设计本科专业的建设中。也要感谢一起参与城市设计专业教学讨论的诸位老师，与各位一起创建一个新专业，与有荣焉。

在写作《住宅和城市设计导论》的过程中，也得到了许多老师和同学们的无私帮助。感谢在过去8年中不厌其烦地与我讨论教学改革的天津大学丁垚老师，以及一起参与讨论的张早老师和党晟老师。感谢华南理工大学的冯江教授、肖旻教授，让我生动理解城市设计是一种传承。在出版前的排版和插图工作中，我的硕士、博士生们发挥了巨大的力量，包括王瑶、温雨纯、李佳、方康文、陈科翰、魏聘东、边静雨和郑钰冰，感谢你们。

最后感谢陪伴我见证美好城市的家人和朋友们。感谢刘刚、许凯、孙俊和杨寒，你们分享的艺术照亮了我的天空。感谢童明，不仅珠玉在前指引方向，还有很多诚挚的鼓励。感谢王林、薛鸣华、袁烽、叶静还有那几个相伴长大的孩子们，我们曾分享太多美好时光。尤其要感谢侯丽，在我对城市和城市设计仍然一知半解的时候，就带着我走过了波士顿、纽约、华盛顿、芝加哥、洛杉矶和许多其他的伟大城市。